U0918014

城市地理国情监测理论方法与应用

杨伯钢　王森　黄迎春　等著

中国建筑工业出版社

图书在版编目（CIP）数据

城市地理国情监测理论方法与应用 / 杨伯钢，王淼，黄迎春等著.
北京：中国建筑工业出版社，2019.5
ISBN 978-7-112-23256-7

Ⅰ.①城… Ⅱ.①杨… ②王… ③黄… Ⅲ.①地理－监测－研究－中国 Ⅳ.① K92

中国版本图书馆 CIP 数据核字（2019）第 024160 号

地理国情是重要的基本国情，本书是作者在地理国情监测领域多年研究成果的总结。全书共分为4篇，包括：概述、关键技术与方法、统计分析与应用、未来与展望，详细阐述了城市地理国情监测的背景、方案、框架和监测成果，城市地理国情监测内容与指标、数据获取、数据处理、挖掘分析等关键技术，城市地理国情监测分析、服务和应用体系，新时代、新技术背景下城市地理国情监测未来发展和应用展望。本书内容全面、翔实，可供政府有关部门领导、测绘地理信息行业从业人员参考使用。

责任编辑：王砾瑶
责任校对：姜小莲

城市地理国情监测理论方法与应用
杨伯钢　王　淼　黄迎春　等著

*

中国建筑工业出版社出版、发行（北京海淀三里河路9号）
各地新华书店、建筑书店经销
北京光大印艺文化发展有限公司制版
天津翔远印刷有限公司印刷

*

开本：787×1092毫米　1/16　印张：24¾　字数：441千字
2019年7月第一版　2019年7月第一次印刷
定价：138.00元
ISBN 978-7-112-23256-7
（33556）

前　言

地理国情是重要的基本国情，是了解国情、把握国势、制定国策的重要基础。地理国情监测能够科学准确地摸清家底、发现规律、预测变化和支持决策，对一个国家和地区的政治、经济、社会、文化和生态文明可持续发展具有重要的现实意义和深远的历史意义，是中国测绘地理信息领域一个新的、极为重要的发展方向，促进测绘地理信息"由数据服务向决策服务"的转型升级。

城市是人类活动的中心地区，既是人类文明的核心区域，又是文明进步的前沿地带。随着中国城市化进程的加快，未来20年中国城镇居住人口将达80%左右，以北京为代表的大城市在住房、交通、人口、环境等方面的"城市病"问题将更为突出。地理国情监测作为一项重大国情国力调查，是城市规划、建设和治理的重要基础，也是监测"城市病"的重要手段。为支撑"城市病"治理在相关技术、方法、数据和应用的需求，迫切需要创建面向城市的地理国情监测技术、方法、装备、软件服务体系。《城市地理国情监测理论方法与应用》一书旨在从技术方法和应用服务的角度，系统地介绍城市地理国情监测，以满足治理"城市病"的迫切需求。

本书主要阐述城市地理国情监测的背景、方案、框架和监测成果，城市地理国情监测内容与指标、数据获取、数据处理、挖掘分析等关键技术，城市地理国情监测分析、服务和应用体系，新时代、新技术背景下城市地理国情监测未来发展和应用展望，全书共分为4篇、14章。第1篇概述包含3章，第1章介绍地理国情监测的背景、内涵与意义、发展现状及其分类；第2章介绍地理国情监测的总体框架、主要内容、技术路线与方法、关键技术及创新、数据特点；第3章重点介绍地理国情监测的成果内容与形式，包括公报、专报及成果审核发布等内容。第2篇关键技术与方法包含6章，第4章介绍地理国情监测对象、分类和描述方法，分别对基础性、专题性和城市地理国情监测的内容与指标进行阐述，并从基本统计汇总、综合统计分析、专题分析评价三方面描述统计分析内容与指标；第5章介绍地理国情监测数据获取与整合、地面车载移动测量、二三维一体化监测、众源式地理国情监测数据获取、地理国情信息整合等关键技术；第6章介绍数字正射影像制作、航测遥感控制点数据采集和建库、无像控匹配与处理、遥感影像预处理、遥感影像信息提取应用等高分辨率遥感影像处理与信息解译关键技术和内容；第7章介绍大比例尺、机载LiDAR、摄影测量等不同数字高程模型建立方法；第8章介绍数据组织模型、多源多尺度数据集成、数据压缩、数据库优化设计、数据维护与更新等数据库建库技术；第9章从空间分析技术出发，深入分析空间大数据分析技术、地理国情统计分析体系等空间数据分析与挖掘技术。第3篇统计分析与应用包含3章，第10章分别介绍基本统计汇总、综合统计分析、专题统计评价的地理国情监测分析成果；第11章介绍城市房屋、交通、水务、生态环境、公共安全、总体规划及实施评估等城市地理国情监测专题服务；第12章介绍面向城市治理的海绵城市下垫面、地表沉降、疑似违法用地违法建筑治理、城市体检评估分析等典型应用。第4篇未来与展望，包含2章，第13章面向自然资源综合管理、多规合一、“减量发展”等新时代背景，展望地理国情监测的发展方向和趋势；第14章介绍在“互联网+”、大数据、人工智能等新时代下，地理国情监测未来的科技创新、技术发展和服务领域。

在此谨向对本书撰写提供支持与帮助的单位领导、行业专家和研究人员表示诚挚的谢意。

地理国情监测理论与技术正处于快速发展之中，应用实践不断丰富，许多概念、技术方法还在不断地完善，由于笔者知识和能力有限，书中疏漏在所难免，欢迎各界同仁批评指正。

2019年1月于北京

目 录

第 1 篇

概　述

第1章

地理国情监测概述

1.1 背景介绍

地理环境对于一个民族、一个国家的发展变迁有着十分重大的影响。目前，我国正处于工业化、城镇化加快发展时期，也是地表自然、人文地理快速变化的时期，如何科学布局工业化、城镇化，如何统筹规划、合理利用国土发展空间，如何有效推进重大工程建设成为研究的重点和热点。随着社会各项事业的发展对地理信息的形式、内容、专题层次、尺度等应用需求不断扩大和深化，把握自然资源和环境等地理要素的空间分布特点和发展规律成为科学研判我国经济社会发展形势的基础，越来越重要。

改革开放以来，我国经济社会飞速发展，目前中国已成为世界第二大经济体，城镇化率也达到60%左右。与此同时，经济社会可持续发展的资源环境约束不断强化。国务院在印发《全国主体功能区规划》(国发[2010]46号)指出，近年来我国耕地减少过多过快，保障粮食安全压力大；生态损害严重，生态系统功能退化；资源开发强度大，环境问题突显；空间结构不合理，空间利用效率低；城乡和区域发展不协调，公共服务和生活条件差距大。为适应经济社会发展、国防建设和科学管理需要，更好地反映我国各类地理环境要素的分布与相互关系，党和国家从战略高度审时度势，要求测绘地理信息部门开展地理国情监测工作，并对地理国情监测工作作出一系列重要指示。

习近平总书记指出，我国一些领域底数不清、数据不实情况仍然存在。2010年

12月，时任国务院副总理李克强在全国测绘局长会议的批示中，要求“深入贯彻落实科学发展观，加强基础测绘和地理国情监测”。2011年5月23日，李克强同志在视察中国测绘创新基地时明确指出，“地理国情监测是重要的基本国情，是搞好宏观调控、促进可持续发展的重要的决策依据，也是建设责任政府、服务政府的重要支撑”，并多次做出重要批示，要加强地理国情监测。国土资源部于2011年提出了“构建数字中国、监测地理国情、发展壮大产业、建设测绘强国”的总体战略思想，并在全国范围内推进。2011年3月29日，《人民日报》刊发时任国土资源部副部长徐德明署名文章“监测地理国情 服务科学发展”，指出监测地理国情是新时期经济社会发展对测绘工作的新需求、新要求，是测绘部门主动服务科学发展的重要职责和战略任务，对深入揭示经济社会发展与自然资源环境的内在关系和演变规律，促进从地理空间上合理布局人口和经济活动、优化资源配置等意义重大。中国科学院、中国工程院的6位院士于2011年向国务院提出了“关于做好地理国情监测的建议”，强调在国家综合国力不断增强的新形势下，加强地理国情调查与监测工作，全面掌握国情国力，是推动我国经济社会科学、可持续发展的重大举措。地理国情监测正是在这种背景下提出的，有其客观的必然性和紧迫性。

1.2 地理国情监测的内涵与意义

1.2.1 地理国情监测的概念

国情是指一个国家的文化历史传统、自然地理环境、社会经济发展状况以及国际关系等各个方面的总和，也是指某一个国家某个时期的基本情况，主要包括一个国家的自然环境和自然资源、科技教育状况、经济发展状况、政治状况、社会状况、文化传统、国际环境和国际关系等多个方面内容。概括来说，国情是一个国家的社会性质、政治、经济、文化等方面的基本情况和特点，也特指一个国家某一时期的基本情况和特点，是国家制定发展战略和重大规划的依据，也是执行发展战略和发展政策的基础。

相关文献和专家学者对“基本国情”有不同的阐述。代表性的有：（1）百度百科指出：“基本国情指一个国家的社会性质及其所处的社会发展阶段”；（2）国务院发展研究中心的苏杨等专家指出“基本国情，即国家的社会性质，决定一个国家发展方向，具有高层次、长时效、广范围等特点”；(3)《国防经济大辞典(2001)》指出中国现阶段的基本国情包括以下主要内容：①建立了社会主义制度，显示出巨大的优越性。同时，经济体制和政治体制还存在着一些弊端，必须进一步推进改革。②人口众多，劳动力充足，国内市场广阔。同时也给经济和社会的发展造成了很大的压力。③幅员辽阔，是世界上国土面积最大的国家之一，并且自然资源和矿产资源比较丰富。但从人均占有量的角度来看，中国又是一个重要资源相对短缺的国家。④中国在国民经济整体水平不断提高的同时，还存在产业结构不合理、地区发展不平衡等突出问题。综合上述观点，“基本国情”反映了一个国家的社会性质以及在经济、政治、资源、人口等方面的状况和特点。

地理国情是重要的基本国情，是空间化、可视化的国情，是了解国情、把握国势、制定国策的重要基础，也是一个国家政治、军事、经济、科技、文化等战略要素的重要载体。狭义来看，是指与地理空间紧密相连的自然环境、自然资源基本情况和特点的总和；广义来看，是指通过地理空间属性将包括自然环境与自然资源、科技教育状况、经济发展状况、政治状况、社会状况、文化传统、国际环境和国际关系等在内的各类国情进行关联与分析，从而得出能够深入揭示经济社会发展的时空演变和内在关系的综合国情。

地理国情监测是一个新的专用名词。1981年上海辞书出版社出版的由国家测绘局等十多个单位编辑的《测绘词典》、全国科学技术名词审定委员会出版公布的三本相关权威著作(①《绘学名词》第三版，2010；②《地理信息系统名词》2002；③《海峡两岸测绘学名词》(2002)、测绘出版社出版的《测绘学叙词表》(2002))等均未出现“地理国情监测”或“地理国情”这一词条，所以对于这一概念，要通过跨学科的与时俱进的观点来认识和建立。清晰理解基本概念有助于进一步了解地理国情监测的内涵和外延，关系到地理国情监测工作的中心任务和边界等重要问题。

基于国内外知名院士、专家学者的研究成果和探索，我们认为，地理国情监测是综合利用全球卫星导航定位技术(GNSS)、航空航天遥感技术(RS)、地理信息系统技术(GIS)等现代测绘技术，综合各时期已有测绘成果档案，对地形、水系、交通、地表覆盖等要素进行动态和定量化、空间化的监测，并统计分析其变化量、变化频率、分布特征、地域差异、变化趋势等，形成反映各类资源、环境、生态、经济要素的空间分布及其发展变化规律的监测数据、地图图形和研究报告。地理国情监测通过对地理国情进行动态的测绘、统计，从地理的角度来综合分析和研究国情，为政府、企业和社会各方面提供真实可靠和准确权威的地理国情信息。

1.2.2 地理国情监测的特点

地理国情作为重要的“基本国情”，意味着地理国情监测是一项“基础性”工作，具有以下属性特点：

（1）从内容上看，地理国情信息应是标准化的。为了保证全国范围内信息一致，地理国情信息须符合国家标准，其制作工艺流程须依托严格的技术规范、管理制度和质量控制环节。

（2）从重要性上看，地理国情信息应是权威的。基本国情反映国家的社会性质、影响治国基本政策，必须具备可靠的精度和较高的质量，执行严格的审核审批程序，并依法向社会提供使用。

（3）从时间上看，地理国情信息要保持现势性。为了了解我国基本国策实施进展情况、国家核心利益维护情况以及让社会公众与时俱进地树立正确的国情观，需要持续开展地理国情监测，保持与地理空间相关的基本国情信息的现势性。

（4）从系统上看，地理国情监测起源于工程，是一项系统性和集成性的周期性工作。横向上，不仅包括传统的大地测量、航空摄影、摄影测量与遥感、工程测量、地理信息工程、地图制图、全球卫星导航、互联网地理信息服务等测绘地理信息领域，还包括计算机程序设计、自然地理、人文地理、经济地理、数理统计、数据库、图像处理、地理模拟、辅助决策等相关领域。纵向上，地理国情、地理省情、地理市情、地理区情、地理县情、地理村镇等是地理国情监测的有机组成。

（5）从频率上看，地理国情监测的关键在于与推动经济发展方式转变关系密切的地表和相关人文信息的变化监测，侧重于对“变化”的周期性监测，周期可以是年度、半年、季度、月度、周、天，甚至可以是实时的动态监测。

（6）从服务上看，地理国情监测的主要目的之一就是为决策者和社会大众提供信息和数据服务。

（7）从完整性上看，地理国情监测的完整性指地理国情信息的获取、处理、存储管理、统计分析、评估应用、发布的整个流程，需要不断地去发现变化、监测变化趋势、分析发展方向，是一个持续、不断往复、周期性、循环的完整过程。

1.2.3 地理国情监测的差异性

通过考察地理国情监测提出的历史背景和历史过程，可以推出地理国情监测与传统测绘具有以下差异：

（1）地理国情监测强调“动态测绘”。即改变传统测绘中按照更新周期测绘地形图的做法，更加强调时效性，做到随时发现变化、随时获取变化、随时提供使用。因此，高动态性是地理国情监测的本质属性。

（2）地理国情监测强调“按需测绘”。即改变过去一成不变的测绘、服务的方式，以更加积极、更加主动的姿态，根据经济社会发展的实际需要，调整工作内容、服务方式。

（3）地理国情监测强调“全面测绘”。即在内容上突破传统地形图七大要素的限定，根据需要进行丰富和拓展。在范围上要覆盖全部陆海国土，以及世界热点和重点地区。在形式上不仅仅限于地形图，还包括数据库、多媒体等，并应根据社会经济发展的需要不断丰富地理国情信息内容。

（4）地理国情监测强调“数据分析”。即根据经济社会发展和人民生活的实际需要，提供经过处理、知识含量更高的产品和服务，使测绘地理信息产品更好用、更适用、更实用。

综上所述，地理国情监测的实质是由“静态测绘”向“动态测绘”转变，由“稳定测绘”向“按需测绘”转变，由“有限测绘”向“全面综合测绘”转变，由“测绘数据”向“分析数据”转变，切实提高测绘地理信息服务的针对性、实用性、有效性、知识性，更好地适应新时期经济社会发展对测绘地理信息服务的新需求。

1.2.4 地理国情监测的定位

传统测绘产品服务适用、好用、实用程度有限，主要原因在于生产和应用彼此脱节、难以沟通，生产服务长期一成不变，而不同用户的需求往往差异巨大，且时有变化。地理国情监测在事业发展总体格局中的地位和作用，实质上是针对这个问题进行“补位”，通过构建地理国情监测这个服务平台，搭建联系生产和应用的桥梁，使用户的需求能够及时准确地传导到生产服务体系，使生产服务体系能够根据需求的变化调整生产服务内容和手段，实现动态、按需、全面综合的测绘，并开展数据分析挖掘，更好地满足用户的多样化和个性化需求。

具体而言，地理国情监测与目前的基础测绘业务的关系，不是谁包含谁、谁取代谁，也不是并驾齐驱，而是根与苗、地下基础与上层建筑的关系，是在测绘地理信息发展的新阶段，根据经济社会发展的新需求，在现有生产服务体系之中、在基础测绘基础之上，增加地理国情监测这一新成员，以适应保障服务的新形势。基础测绘的任务是实现基础地理信息资源的更广覆盖范围、更高现势性和更多要素内容，为地理国情监测打好基础，从而真正回归"基础"这一本质，对于经济社会而言是不可见的。地理国情监测则是在基础测绘成果的基础上，根据不同需求提供个性化产品和服务，对于经济社会而言才是可见的。开展地理国情监测，不是要在目前的基础测绘业务体系之外另起炉灶，单独建立一套地理国情监测业务体系，而是要根据地理国情监测的理念来改造、完善现有的测绘地理信息生产服务业务体系。

1.2.5 地理国情监测的意义

（1）地理国情监测是新时期政府进行科学决策的需要。

地理国情监测为各级政府部门提供权威、客观、准确的地理区情信息，是准确掌握国情国力的重要手段，科学发展的重要信息。

（2）地理国情监测是改善生态环境的需要。

通过开展地理国情监测，加强对资源环境、生态状况的调查、监测、评估与预测，为各级政府部门提供权威、客观、准确的地理区情信息，提高宏观调控的科学性和准确性，优化配置各类资源，促进人与自然和谐相处。

（3）地理国情监测是应对突发事件的需要。

以往在应对突发事件中，由于缺乏基础的地理信息数据，往往临渴掘井，既费时、费力，又因缺乏统筹，浪费了有限的资金，也影响了事件处置的决策和执行。

（4）地理国情监测是各部门开展专业普查与监测的重要基础。

地理国情监测是水利、生态、环境、经济、土地等普查、监测的公用基础。地理国情监测将节约各类普查、监测的经费投入，提高各类普查、监测的准确性与效率。

（5）地理国情监测是发展地理信息产业，带动技术创新的需要。

开展地理国情监测使我国的地理信息服务业向更高级的服务形式发展。同时地理国情监测要求将3S各独立技术中的有关部分有机集成起来，借助通信、云计算和物联网等技术，实现对各种空间信息和环境信息的快速、机动、准确、可靠的收集、处理与更新，这必将加快信息技术、空间技术、网络技术、测绘技术、通信技术、计算机技术的融合和向纵深发展，为我国的科技进步和自主创新提供有效需求动力。

1.3 地理国情监测的认识

1.3.1 地理国情监测概念认识

单从字面上认识地理国情监测难免偏颇、片面，简单给出一个定义对于更好地理解其本质意义也不大。这个概念虽然是最近才提出，但其所蕴涵的主要思想却是很早以前就已经萌芽，并不断发展演变，直至最近化茧成蝶。只有把地理国情监测放在测绘地理信息发展的历史背景和历史过程中去认识、理解，才能够更加准确地把握其特点、实质和核心。一些重要的测绘地理信息法律、法规、文件、报告，虽然其发布或颁布主体不全是测绘地理信息部门，也包括全国人大、国务院等机构，但这些重要文件在研究和制定过程中却是凝聚了整个行业的思考和智慧，因而其最能反映不同时期测绘人的思想和理念。

21世纪初以前，测绘人的基本思想仍停留在“静态测绘”的阶段，即按照一定的周期测绘基本地形图、建设基础地理信息数据库，这集中体现在2002年修订的《中华人民共和国测绘法》有关“基础测绘成果应当定期进行更新”的规定上。此后，测绘人的思想逐渐由“静态测绘”向“动态测绘”转变，2004年开展的第一轮测绘发展战略研究、2006年国务院转发九部门联合编制的《全国基础测绘中长期规划纲要》、2007年国务院印发的《国务院关于加强测绘工作的意见》等重要报告和文件，都充分体现了“监测”的思想，并将开展“基础地理信息变化监测”列为重点任务。从“静态测绘”到“动态监测”，体现了更加强调动态性和时效性。

2009 ~ 2010年开展的第二轮测绘发展战略研究充分继承和吸纳了以上思想，并开始提出开展“地表变化监测”。由“基础地理信息变化监测”到“地表变化监测”几个字的变化，内涵却是大大拓展，一是在监测要素内容的选择上不再拘泥于传统的几大要素，而是要根据需要丰富和拓展；二是更加强调“按需测绘”，即根据经济社会的实际需要开展测绘、提供服务，而不是一成不变的测绘地形图、建设数据库，提供一成不变的产品和服务。战略研究后期最终用“地理国情监测”取代“地表变化监测”，相对于后者，前者表达更贴切，高度更宏观，内涵更丰富，立意更深远，更容易作为一项政府职能树立起来。

因此，地理国情监测是近十年来广大测绘工作者对测绘本质的不断探索、不断积累、不断沉淀的产物，既一脉相承，又不断深化，充分体现了科学性、方向性、战略性、包容性。正因为如此，其一经提出，就能够迅速得到行业内外领导、专家、学者的广泛认可和国务院领导的充分肯定。

“十二五”期间，由国家测绘地理信息主管部门负责组织、中国测绘科学研究院牵头编制完成了《地理国情监测总体设计》和《地理国情监测经费预算》，并报财政部审批，中央财政从2012年起安排专项资金支持地理国情普查与监测工作。2013 ~ 2015年，国家测绘地理信息主管部门组织全国31个省市区开展第一次全国地理国情普查工作，从2016年起，进入到地理国情常态化监测阶段。

1.3.2 学术界对地理国情监测的认识

陈俊勇（2012）认为，地理国情监测就是从地理的角度，采用空间化的方法，对国情进行持续观测并对观测结果进行描述、分析、预测和可视化的过程，即：以地球表层自然、生物和人文现象的空间变化和它们之间的相互关系、特征等为基本内容，对构成国家物质基础的各种条件因素进行宏观性、整体性、综合性和动态性的调查、分析和描述，并通过可视化方法表达出来。

李德仁（2012）认为，地理国情监测综合利用现代测绘、遥感、GIS、空间统计学、云计算、通信等技术，在普查的基础上对自然、人文和社会经济要素进行动态、定量监测，分析评估地理国情信息的时空特征和变化趋势，形成涵盖资源分布与利用、生态环境评估、区域规划、城镇化发展、经济布局、社会公共服务等诸多方面的地理国情监测产品，从而向政府部门、社会、公众等提供科学、权威、准确的地理国情信息服务，为国家战略规划、政府管理决策、生态环境保护、突发事件应对、社会公众服务等提供科学支撑和有力保障。

1.3.3 测绘主管部门对地理国情监测的认识

2013年2月28日，国务院下发《关于开展第一次全国地理国情普查的通知》，明确提出：地理国情是重要的基本国情，是制定和实施国家发展战略与规划，优化国土空间开发格局的重要依据；是推进自然生态系统和环境保护，合理配置各类资源，实现绿色发展的重要支撑；是做好防灾减灾和应急保障服务，开展相关领域调查、普查的重要数据基础。

原国家测绘地理信息局局长徐德明（2011）认为，地理国情监测是综合利用全球导航卫星系统（GNSS）、航空航天遥感技术（RS）、地理信息系统技术（GIS）等现代测绘技术，综合各时期测绘成果档案资料，对自然地理要素或者地表人工设施要素等进行动态和定量化、空间化的监测，并统计分析其变化量、变化频率、分布特征、地域差异、变化趋势等，形成反映各类资源、环境、生态、经济要素的空间分布及其发展变化规律的监测数据、地图和研究报告等，从地理空间的角度客观、综合展示国情国力。

原国家测绘地理信息局副局长李维森（2013）认为，地理国情监测是基础测绘的延伸和拓展，是测绘地理信息部门的一项全新的工作，是对传统测绘地理信息事业的深刻变革，将实现从静态向动态、从被动向主动、从后台到前台、从测绘数据生产向国情信息服务的转变。

浙江省测绘与地理信息局陈建国（2011）认为，地理国情监测工作以3S技术和其他测绘方法为基本手段，与测绘工作存在的差别在于：

（1）信息表述的差别。单纯的测绘工作往往只对自然地理要素或者地表人工设施的形状、大小、空间位置及其属性等进行测定、采集、表述以及对获取的数据、信息、成果进行处理，得到的信息数据主要是位置（平面、高程、时间）、图形和属性，而地理国情监测却要复杂得多，需要从事地理国情监测研究和作业的人员，除了具备测绘知识和技能外，还需要掌握自然地理、人文地理、历史地理以及其他相关学科的知识。

（2）规范表示的差别。地理国情监测往往以现有的、现势性较强的基础地理信息为基础，量算也在图库中自动进行。由于测绘规范对地理实体的描述和量测与有关专业部门对地理实体的描述和量测存在不一致，因此，在地理国情监测中即便用同样的方法量算，取得的结果肯定是不一致的。

（3）监测实体对象的定义和边界不确定。测绘部门在用于地理国情监测的基础地理信息数据的掌握和监测量算的技术手段方面有着其他部门无可相比的优势，且具有权威性，但对某些地理国情监测实体对象的定义和量测边界的界定不具权威性，不同的部门往往存在很大争议，确实需要在会商有关部门达成共识后，共同确定。只有这样发布的地理国情信息，才是科学的、权威的。

1.3.4 地理国情监测与相关学科的关系

（1）地理国情监测与基础测绘的关系

基础测绘主要提供单一、离散的地理信息，侧重于前端的自然地理数据获取和管理。地理国情监测是基础测绘在数据分析应用方面的延展，侧重于自然地理数据和人文地理数据的综合分析和利用。

（2）地理国情监测与地理信息的关系

地理国情监测的内容既包含基础地理信息，如国家重要的战略性信息；也包括地理统计信息，如在地理信息的基础上，利用地理信息系统、数理统计等技术方法对所获取的数据和信息进行统计，获取社会经济等信息；还包括地理演化信息，对多源多时相地理空间信息及其他信息进行数据挖掘与推理，分析揭示监测对象的变化规律，预测未来发展演化趋势。

地理国情信息有别于地理信息。首先地理国情信息虽然来源于地理信息，但是，地理国情信息具有覆盖面广、综合性强、动态性等特点。地理国情是一定区域内各类地理信息的综合集成。一些常见的地理信息，如位置、高程、深度、面积、长度等，多是单一的、离散的。相比之下，地理国情信息则是一定区域内各种地理信息与非地理（人口、经济、社会等）信息的整合与分析的结果。地理国情信息具有时间性、现势性，反映一定时期内地理要素的发展变化。一些自然要素的地理信息，如地貌特征等，在短时间内的变化并不明显，呈现静态的特征。相形之下，许多地理国情信息则是动态的信息，往往随时间的推移而发生变化。例如，土地利用与土地覆盖情况、城镇化扩张等地理国情方面的信息，均具有明显的时间属性。

（3）地理国情监测与遥感学的关系

遥感学利用其空、天、地一体化对地观测技术，可以全天候和快速地为地理国情监测提供自然地理数据、动态变化数据和人文地理数据。遥感可以提供多尺度、多平台、多分辨率、多光谱、多时相遥感分类和变化监测数据，是当前地理国情监测最有效、最经济的数据获取手段之一。

（4）地理国情监测与地理学的关系

地理学理论、方法和知识是地理国情监测方法论的基础。地理学为地理国情监测提供地理认知、地理建模、地理分析、地理调查、地学表达等理论和方法。地理国情监测则是地理学的实践应用。

（5）地理国情监测与地理信息系统的关系

地理信息系统是为地理国情监测提供数据管理、数据建模、空间化、可视化、数据分析利用、成果表示、成果管理和数据共享服务的工具。地理国情监测是地理信息系统的重要应用领域和发展方向。

（6）地理国情监测与应用数学的关系

地理国情监测是建立在数据分析基础上的学科。应用数学的概率论与数理统计、矩阵论、数值分析等是建立地学分析模型、统计分析方法等计算方法的基础。地理国情监测是应用数学的计算方法在地学科学解释、政府科学管理和决策方面的充分利用和发展。

1.4 地理国情监测发展现状

1.4.1 国际上地理国情监测概况

虽然目前"地理国情监测"这一名称在国际上尚未统一，但美国、欧洲和亚太等国家和地区实际上已经开展了土地利用监测、环境监测和灾害监测等方面的工作，从覆盖范围和应用领域上说，均属于专题监测和区域性监测，与我国所开展的地理国情监测相比其监测范围窄、对象相对单一、要素类型较少且相关性较强，但其共同目的都是对各种类型的地理信息要素进行监测、分析和建模，从而为相关政策的制定提供决策支持。

目前，世界范围来看，许多国家和组织都开展了与地理国情监测相关的项目或工程，以便更好地服务于本国或地区的资源、环境、能源、社会等领域。

1. 美国地质调查局的"地理分析和动态监测计划"

2002年，美国地质调查局（United States Geological Survey，简称USGS）启动了一个为期5年的Geographic Analysis and Monitoring Program（简称GAM，中文名"地理分析和动态监测计划"），目的是从空间和时间尺度用量化方法描述美国和全国地表覆盖变化状态和趋势，分析之前、现在和未来对环境影响较大的地表覆盖变化情况对地表覆盖动态变化展开危险性和脆弱性评估，得到比较实用的地理空间公交与方法支持科学决策，从而促进对美国所面临的环境、自然资源和生态方面挑战的理解。该计划从空间和时间尺度评估土地覆盖状况。研究领域包括土地覆盖现状与趋势、生态效益和气候变化、社会脆弱性、生态地理、生态系统恢复和物候等，主要研究成果为国家土地覆盖数据库（The National Land Cover Data，简称NLCD）。

GAM的测绘产品和服务有许多用途，包括从娱乐生活到科学研究再到应急响应。准确的三维地质图和三维地质框架模型用于帮助减轻自然灾害、维持和改善生活质量及国家的经济活力。目前，USGS已经成为美国乃至全世界地理国情监测分析和信息状况发布的权威机构。

2. 英国的全球干旱监测网

英国的全球干旱监测网是一个免费的、实时监测全球旱情严重程度的网站。该网站由伦敦大学学院本菲尔德灾害研究中心创建和维护。全球干旱监测网提供了当前全球范围的水文旱灾情况，网站每月更新，数据空间分辨率为100km。用户通过交互界面可选择旱情评估的时间范围（1 ~ 36个月），显示用户定义区域内受旱灾影响的人数，以及选择是否显示城市名称、河流和湖泊等。通过网站发布的产品可以预警潜在的食物、水和健康问题。

3. 欧盟的“全球环境与安全监测计划”

2003年，欧盟启动了“全球环境与安全监测计划”（Global Monitoring for Environment and Security，简称GMES），主要目的是获取影响地球和气候变化的各类环境信息。

GMES项目目前提供的服务主要有5大类：陆地监测、海洋监测、应急管理、大气监测和安全。陆地监测服务涵盖诸多领域，如土地利用和土地覆盖变化、土壤固封、水体质量和可用性、空间规划、森林监测和全球粮食安全等；海洋环境监测服务提供关于海洋安全、海洋资源、海洋和海岸环境、气候和季节性预测等信息；大气监测服务涉及领域包括温室气体、影响空气的反射气体、臭氧层和太阳紫外线辐射以及气溶胶等；应急管理服务涉及领域包括：洪水、森林火灾、滑坡、地震、火山喷发、人道主义危机等；安全服务主要为边境监视、海上监视、欧盟对外行动等领域制定相关的政策提供支持。

GMES项目的协调和管理由欧盟委员会负责，欧洲航天局负责对地观测基础设施中空间部分的建设，欧洲环境局和各成员国负责地面部分的建设。

4. 日本地理信息局开展灾害监测

日本是个自然灾害频发的国家，经常受到地震、火山喷发、暴雨、台风、洪水、海啸等的威胁。日本官方测绘机构——地理信息局负责减灾管理，开发并提供与减灾密切相关的各类信息。在自然灾害监测尤其是地壳形变方面，该局所做的大量工作包括：①利用分布在日本各地的GPS控制点，对地壳实时移动进行持续观测；②精确测量沿着高速公路设置的1.7万多个标志的高程，通过分析这些高程数据，能够获得毫米精度的地壳垂直形变；③在地震或火山等灾害高发区，建立稠密的移动观测站网络；④利用合成孔径雷达（SAR）影像对地壳形变进行观测。

5. 亚太地区环境革新战略项目环境综合监测子项目

亚太地区环境革新战略项目（Asia-Pacific Environmental Innovation，简称APEIS）是日本2001年启动的一个环境方面的重大研究项目，由日本环境省资助，亚太地区各国的相关研究机构参加。环境综合监测子项目（IEM）是APEIS的3个子项目之一，旨在建立和发展一个综合性的环境监测系统，对亚太地区的环境破坏、环境退化和生态脆弱区进行长期有效的监测。IEM起初由日本国立环境研究所和中国科学院地理科学与资源研究所共同合作建设，之后，新加坡国立大学和澳大利亚联邦科学产业研究组织地球观测中心也宣布加入。

1.4.2 国内地理国情监测概况

重要地理信息数据是地理国情的重要组成部分，具有严格的政治性、严密的科学性、严格的法定性。依法测绘、公布国家重要地理信息数据是测绘地理信息部门的职责。

1. 重要地理信息数据监测

2006年6月至2007年3月，国家测绘地理信息主管部门组织了第一批名山高程测量。2007年4月27日，国务院新闻办公室举行新闻发布会，公布了第一批19座名山和高程数据，2008年9月28日又公布了第二批31座名山的高程数据。

国家测绘地理信息主管部门组织新疆测绘局开展重新测定中国陆地最低点新疆吐鲁番艾丁湖洼地海拔高程工作。2008年9月28日，国家测绘地理信息主管部门经国务院授权公布中国陆地最低点高程新数据，成为继2005年发布世界最高峰珠穆朗玛峰新高程后的又一重大数据发布。

国家测绘地理信息主管部门与国家文物局联合启动长城资源调查与测量工作。2009年4月18日，两局在北京八达岭长城脚下，联合公布了首次获得的明长城长度精确数据：8851.8km。

2008年青海省测绘局负责实施了三江源头科学考察工作，利用测绘高新技术，科学确定了长度、黄河、澜沧江源头地理位置，准确测定了坐标和高程等重要地理信息数据，建立了国家地理标志。

边界测绘是地理国情监测的重要内容。国家测绘地理信息主管部门从20世纪五六十年代起先后参与了中巴（基斯坦）、中阿（富汗）、中蒙（古）边界勘界，历时18年完成了中越（南）陆地边界勘界测绘保障任务，目前正在开展中尼（泊尔）边界联检测绘工作；为划界谈判、边界管理等提供了及时、精确、可靠的地理信息数据支持。

针对我国西部200余万平方千米的国土没有1∶50000地形图，严重制约西部大开发的现状。国家测绘地理信息主管部门组织实施了西部测图工程，并在五年时间里圆满完成了西部1∶50000地形图空白区地形图测图及数据建库任务，为服务西部大开发，开展我国西部地区地理国情监测储备了丰富的数据资源。

对地区的重要地理信息统计分析方面，如“十一五”期间，浙江省测绘与地理信息局开展了多项地理国情监测工作，包括：全省土地面积量算，运用现代测绘技术量算出浙江省陆域面积、全省不同高程分级和不同坡度分级的面积、内海面积和领海面积，界定了主要河流的省内流域边界范围，并量算了流域面积，单独量算了八大水系的水域面积、长度，以及四大名湖与千岛湖的面积，同时对全省11个设区市、90个县（市、区）的面积进行了量算和统计，全面清查了全省滩涂资源总量、近期可围垦的资源数量以及地理分布情况，建立了滩涂资源数据库和围垦管理信息系统，并分析、总结了全省不同区域的滩涂淤涨规律，为制定滩涂围垦规划和年度计划提供了科学依据。

又例如，山西省为了大幅度提高煤炭资源执法监察效率，该省遥感中心建设了山西省煤炭资源执法监察遥感动态监测系统，于2010年12月正式运行，该系统可对全省非法采煤活动实施全方位动态监测，并通过全省范围的卫星遥感监测及不定期的重点区域航空摄影及无人机遥感监测，实现了由传统人工监管向信息化监管的转变，为煤炭开采监管部门指挥决策提供了平台。

2. 资源生态环境监测

为了评价中国三峡工程建设对周边生态环境产生的影响，测绘地理信息部门联合有关部门开展了三峡库区生态环境监测工作。通过采用先进测绘技术，结合生态环境综合监测站网，提供了三峡库区土地利用、植被覆盖、水环境、滑坡等生态环境的现势性地理信息。

青海湖是我国最大的内陆咸水湖。2010年6月，青海省测绘局建成了青海湖面积遥感动态监测地理信息系统，利用高分辨率遥感卫星影像，每年在5月（枯水期）、9月（丰水期）分两期对青海湖面积进行监测，定期将监测成果向全社会公布，并提供多年数据的查询统计、面积及水位变化对比、影像变化对比、湖区动态变化展示等服务。此外，该局还建立了三江源区生态环境遥感动态监测地理信息系统，实现了三江源区生态环境监测成果发布、快速查询与综合分析，为宏观决策提供依据，并在三江源生态环境监测及应急事件中发挥重要作用。

2007年，江苏省测绘局组织开发太湖蓝藻水华遥感动态监测预警系统，并于2009年6月正式投入使用。此系统主要基于卫星影像，对太湖蓝藻水华的发生、发展与空间分布变化实施动态监测，为农业、渔业生产、人民生活用水等提供预警信息。

甘肃省政府办公厅和省测绘局联合实施了甘肃省退耕还林还草监测应用系统建设项目，该系统实现了精确监测的目标，监测对象是上一年度确定的退耕规划图斑，监测内容包括图斑的上报面积退耕前作物种类、退耕与否、同一区域重复上报情况，荒山育林误报为退耕还林等情况，促进了退耕还林还草工程信息化管理。

3. 灾害动态监测

2008年汶川大地震、2010年青海玉树地震、2010年甘肃丹曲山洪泥石流灾害、2011年云南盈江地震发生后，测绘地理信息部门快速获取和集成灾后最新影像数据，通过与历史资料进行比对，确定了受灾范围、受灾面积、道路房屋等设施的损毁程度、地形地貌变化情况等，为抢险救灾、灾害评估和灾后重建提供了及时准确的测绘地理信息成果。

测绘地理信息部门通过对汶川地震灾区的52个堰塞湖进行持续监测，为堰塞湖风险评估和应急处置提供了测绘地理信息保障。

2010年6月，内蒙古、黑龙江大兴安岭林区发生历史罕见的火灾。在扑灭林火战役中，黑龙江测绘地理信息局向省委省政府、军区、武警总队提供各类图件50多套，研制了黑龙江森林防火电子沙盘指挥系统，火场前线测绘人员随时利用无线网络获取卫星拍摄的火场信息，做好火点标绘标注，及时更新电子沙盘指挥系统，为扑火指挥决策提供了保障。

2010年6月，贵州省关岭县岗乌镇大寨发生特大地质灾害。贵州省测绘局利用无人机航摄系统，快速获取了清晰的低空航摄遥感影像资料，并在1小时内提供给抢险救灾指挥部，满足了抢险工作的急需。

2010年8月，云南怒江傈僳族自治州贡县突发泥石流灾害。云南省测绘局立即派出无人机航摄应急小分队，拍摄了148张7km^{2}的0.3m高分辨率影像图，及时、全面、真实地反映了灾情。

4. 土地利用动态监测

及时准确掌握土地利用变化情况，是加强国土资源管理、切实保护耕地的必要前提，为此，测绘地理信息部门长期以来在土地利用动态监测方面做了大量工作。

1999年以来，测绘地理信息部门配合国土资源部门，大范围大批量应用高分辨率卫星遥感数据，对全国66个50万人口以上的城市进行了监测，占全国土地面积7.4%。通过对全部直辖市、省会和自治区首府城市的监测，全面了解了20世纪70年代至21世纪初这些城市的扩展规模、用地面积等，并分析了这一扩展过程的时间特点及区域差异。

遥感监测还是土地执法监察的重要手段之一。它与土地执法动态巡查相结合，可以及早发现土地违法行为，特别是能够及时发现因执法监察工作不到位而遗漏，以及因交通不便不易通过巡查发现的土地违法行为。

5. 城镇建设管理监测

测绘地理信息部门采用遥感等技术，快速、持续地监测城镇建设的宏观发展情况，包括城市扩展规模、扩展方向、配套设施建设等。通过持续不断的影像监控成果和分析成果，实现对城镇化发展情况的总体把握，预测城镇化发展趋势，从而推动城镇的科学规划与管理。

“十一五”期间，重庆市地理信息中心连续多年开展了重庆主城区城市建设用地动态监测工作，找出了重庆城市建设发展特征，有力支持了城乡总体规划实施评估、规划编制及城市管理。中心还开展了重庆主城区内森林资源监测，每年为重庆市规划局提供监测结果，及时掌握城区内森林资源的变化情况，保护好城市“肺叶”。

在城市精细化管理中，北京市测绘地理信息部门配合相关部门，利用“北京一号”小卫星和航空遥感技术，开展了全市地表河湖水系及湿地动态监测，水土侵蚀调查，森林资源统计调查等工作，准确掌握了城市地表资源现状和发展趋势。

6. 农林水利监测

测绘地理信息部门配合农业部门，对全国小麦、稻米、玉米、大豆等农作物进行估产及长势监测，为国家掌握粮食生产、粮食储运、粮食调配和粮食安全情况提供了重要依据。

多年来，测绘地理信息部门配合林业部门，通过综合运用遥感、地理信息系统等技术，对国家级和区域级林火监测和管理进行了系统研究，特别是在森林火险预报、林火卫星监测、林火信息管理等方面取得了多项科技成果，在历年林火监测、防治与扑救中提供了技术服务，在2011年4月发生的威胁泰山安危的济南长清区山火扑救中，山东省国土测绘院采用无人机遥感技术，对火情进行实时监测，并将最新影像叠加到三维地理信息系统中，用于领导指挥决策。

2010年9月至10月，海南遭遇49年不遇的强降雨，引发大面积洪涝灾害。灾情发生后，海南测绘地理信息局迅速以灾区进行航空摄影，实时获取灾区最新影像资料，制作并提供了高分辨率影像图，有力保障了防汛救灾工作的急需。

7. 地面沉降监测

长江三角洲是我国发生地面沉降现象最具典型意义的地区之一。为应对地面沉降对长江三角洲地区的影响，上海、江苏、浙江等测绘地理信息部门建立了覆盖长江三角洲的地面沉降监测网络，实现了监测数据自动采集、传输。区域地面沉降每年监测一次，中心城市每年至少监测一次，从而为城市规划、建设提供了及时、准确的地面沉降信息，为制定科学的地面沉降防控措施打下了良好的基础。

1.4.3 我国地理国情普查概况

2013年2月28日，国务院印发《国务院关于开展第一次全国地理国情普查的通知》，8月19日，第一次全国地理国情普查工作正式启动。普查工作由时任国务院副总理张高丽任领导小组组长。

普查的目的是：查清我国地表自然和人文地理要素的现状和空间分布情况，为开展常态化地理国情监测奠定基础，满足经济社会发展和生态文明建设的需要，提高地理国情信息对政府、企业和公众的服务能力。

普查的对象是：我国陆地国土范围内的地表自然和人文地理要素。

普查内容是：（1）自然地理要素的基本情况，包括地形地貌、植被覆盖、水域、荒漠与裸露地等的类别、位置、范围、面积等，掌握其空间分布状况；（2）人文地理要素的基本情况，包括与人类活动密切相关的交通网络、居民地与设施、地理单元等的类别、位置、范围等，掌握其空间分布现状。

2013年8月至2016年11月，按照“全国统一领导、部门分工协作、地方分级负责、各方共同参与”的原则，我国圆满完成了第一次全国地理国情普查任务。

第一次全国地理国情普查是重大国情国力调查，普查工作的主要特点有：

——高效普查。坚持全国统一技术设计，全国统一质量控制，全国统筹进度计划，积极推动资源共享，确保全国普查工作一盘棋。

——客观普查。采用“室内高精度遥感影像判读+人工野外实地核查”相结合的方式进行数据采集，采集原则遵循“所见即所得”，坚持各省（区、市）数据直报国务院普查办，全国统一建设数据库和进行统计分析，确保普查数据全面、真实、准确。

——精细普查。统计指标超过300个，采用优于1m分辨率的遥感影像，全国重点要素最小采集面积为400m^2，城市中心城区最小采集面积为200m^2。

——创新普查。综合应用现代测绘地理信息高新技术和激光雷达等高新装备提高劳动生产率，实现了普查软件的国产化，在统计各类要素投影面积的同时，首次精准计算了表面实际面积。

——安全普查。建立了严格的安全生产体系，实现了整体工程无安全责任事故。

——优质普查。建立了完备的质量控制体系，切实加强人员培训，确保成果质量优良。

以2015年6月30日为标准时点，首次取得了我国全覆盖、无缝隙、高精度的由10个一级类、58个二级类和135个三级类构成的海量地理国情信息，全面查清了我国陆地国土范围内（未含港澳台地区）地表自然和人文地理要素的空间分布状况及其相互关系，建成了普查数据库及管理系统，编制了普查公报和统计数据汇编，编绘了普查图件图集，为开展常态化地理国情监测奠定了基础。主要成果有：

（1）普查数据成果。首次获取了普查范围内我国陆地国土表面面积，掌握了各类地形地貌的分布，查清了我国地表覆盖要素的类别、面积和空间分布，总图斑数超过2.6亿个。查清了我国铁路与道路、水域、构筑物等地理国情要素的类别、数量、面积和长度等，总要素量超过2500万个。

（2）普查信息管理服务系统。建成了普查成果数据库，数据总量达770TB，构建了数据库管理和应用服务系统，既可为用户提供三维浏览、成果查询、检索和分发服务，也可为政府、企业和社会提供个性化的统计分析定制服务。

（3）普查公报。公报包含普查内容和指标中可公开的10个一级类、54个二级类和80个三级类，并以图文并茂的形式客观反映了本次普查的主要统计成果，以便社会公众了解我国基本的地理国情“家底”。

（4）普查统计数据。是本次普查全部内容的统计成果，内容丰富翔实，由全国和东部、中部、西部、东北部地区5篇组成，客观反映了国家、省、市、县四级行政区域内地理国情要素的数量、构成和分布现状，主要为国务院及各部门、各省级政府决策提供地理国情信息参考。

（5）普查图件图集。以系列地图的形式直观揭示了我国地理国情的现状和分布，展示全国、分省、重点区域内的地理国情空间分布和统计结果。

按照“边普查、边监测、边应用”的精神，积极推动普查成果应用，在生态文明建设、国土空间开发、民生保障、社会治理等领域，为科学编制规划、优化空间布局、基础设施建设、促进管理创新等方面提供基础资料和决策参考，积极服务于“一带一路”、京津冀协同发展、智慧城市等重大战略和重大工程实施。

按照国务院对地理国情监测工作总体部署和测绘地理信息事业转型发展需要，从2016年起地理国情信息获取进入常态化监测阶段，在地理国情普查的基础上，进行地理国情监测业务化运行建设，构建功能完备的地理国情动态监测与综合信息分析发布系统，形成常态化地理国情监测机制，提供地理国情信息业务化、常态化服务。地理国情监测是采用与第一次全国地理国情普查相一致的内容体系，覆盖全国，面向通用目标、综合考虑多种需求而进行的常态化监测。

在第一次全国地理国情普查开展的同时，基于“边普查、边监测、边应用”的原则，选择不同的专题和方向国家开展了100多项地理国情监测试点，自2017年开始，全国以省为单位开展了常态化基础性地理国情监测，以全国为单位开展了专题性地理国情监测。截至2018年年底，普查和监测成果已经在多规合一、精准扶贫、不动产统一登记、领导干部自然资源资产离任审计、重点城市黑臭水体整治、打击违法用地违法建设专项行动、典型湖泊面积变化监测等多领域和地名、农业等普查中发挥了重要作用。下一步，根据新颁布的《测绘法》将开展常态化地理国情监测，更好地服务国计民生。但随着国家机构调整和各部门管理职责的变化，地理国情监测开展的方式和内容可能有所调整。

1.5 地理国情监测的分类

1.5.1 按监测的地理范围尺度分类

（1）全球地理监测，即监测对象和内容覆盖全球范围，如全球地表覆盖和土地利用变化监测、全球气候变化监测、全球粮食产量监测等。目前我国已完成全球30m分辨率地表覆盖数据制作，正在开展全球地理信息资源开发工作。

（2）区域地理监测，即跨洲和跨国家范围的监测，如区域地震监测、海啸监测、台风监测、厄尔尼诺现象监测等。目前我国正在抓紧开展“一带一路”测绘地理信息服务保障建设。

（3）局部地理监测，指在一个国家或一个省、市、县等范围从事的某种监测活动，或对重点区域、重大工程范围的监测活动，如地理国情、省情、市情监测，长江三角洲生态环境监测、长江三峡地质环境灾害监测、南水北调水源地环境监测、珠江三角洲城镇化和城市群落变化监测、主体功能区监测等。

1.5.2 按监测比例尺度或分辨率分类

（1）宏观监测，指在大范围、小比例尺或低分辨率基础上的监测。监测结果仅反映监测对象的宏观数量、质量、分布特征和变化趋势。

（2）微观监测，指在小范围、大比例尺或高分辨率基础上的监测。监测的结果反映监测对象的微观数量、质量、分布特征和变化趋势，对监测内容描述的精细程度比宏观监测更高。

（3）中观监测，是介于宏观监测和微观监测之间的一种监测尺度，它的内涵和外延比微观要大，而又小于宏观。

1.5.3 按监测的时效性分类

（1）常态化监测，是一种长期的、持续监测活动，一般设有固定的监测站（台）网络或稳定监测制度、计划和方案，持续获取监测对象的变化数据。

（2）应急监测，是一种短期内完成的监测活动。在应对突发事件、重大工程进展、抢险救灾等方面，经常需要在短时间内快速获取监测对象的状况和发展趋势，并进行分析评估。

1.5.4 按监测的工作体系分类

（1）基础性监测，是指以第一次全国地理国情普查成果作为本底数据，以年度监测为手段，结合各种自然和人文地理要素的自然变化规律和周期、社会经济发展需求制定监测内容与指标，达到及时、准确反映全国各种自然和人文地理要素动态变化及其特点、规律的目的。基础性地理国情监测将实现全国范围内各种自然和人文地理要素动态变化的经常性、规律性监测。

（2）专题性监测，是指充分利用地理国情普查与基础性地理国情监测成果，结合存档基础地理信息成果和航空航天遥感影像数据，开展精细化、抽样化、快速化的专题性监测。专题性监测内容要突出地域特色、有所侧重。例如，西部监测可侧重于生态环境保护，中部监测侧重于区域发展规划实施，东部监测侧重于国土空间开发和城镇发展格局变化，监测成果要可以直接为本地区经济社会发展、生态文明建设提供最贴切的地理国情信息服务。

1.6 城市地理国情监测

城市也叫城市聚落，是以非农业产业和非农业人口集聚形成的较大居民点，是人类经济发展到一定阶段的产物，本质上是人类的交易中心和聚集中心。中国目前有超过60%的人口居住在城市，专家预计未来20年中国在城市居住人口将达80%左右。

城市地理国情监测是围绕城市规划编制实施、自然资源管理、建设监管、生态环境保护、精细化管理、城市治理更新等需求，增加监测内容、细化采集指标，开展市辖区的地理国情监测。

近年来，我国部分城市深受“大城市病”问题的困扰。在人口方面，面临人口无序过快增长问题；在水资源方面，面临水资源短缺、地下水位持续下降、地表水污染、城市内涝等严峻的问题；在城市管理和社会服务方面，面临职住结构不平衡、入学难、就医难、交通拥堵、基础设施不配套等问题；在国土开发建设方面，面临如何盘活用地、优化国土空间开发建设格局、控制土地资源环境承载力问题；在生态保护和资源节约方面，面临如何处理好经济建设、人口增长与资源利用、生态环境保护的关系，如何正确处理城市化快速发展与人口资源环境的矛盾，将城市建设成为山川秀美、空气清新、环境优美、生态良好、人与自然和谐、经济社会全面协调、可持续发展的生态城市的问题，这些方面成为我国部分城市当前社会经济发展研究的热点、重点和难点。如何解决这些问题，是我国城市面临的一大难题。

党的十九大会议、中央城市工作会议，以及《中共中央关于制定国民经济和社会发展第十三个五年规划的建议》、《国家新型城镇化发展规划（2014 ～ 2020年）》等重要文件中均指出了当前中国城镇化道路上面临的一系列问题，并针对城镇化建设和城市群发展提出了具体要求，其中包括：加快城区老工业区搬迁改造，大力推进棚户区改造，加快城市综合交通网络建设，推进海绵城市建设，推动新型城市建设，增强城市规划的科学性和权威性，促进“多规合一”，全面开展城市设计，加快建设绿色城市、智慧城市、人文城市等新型城市，全面提升城市内在品质，提升城市公共服务水平等。开展城市地理国情监测，进行城市空间综合监测，城市基本公共服务水平监测，城市综合交通网络监测，城市群空间格局变化监测，城区老工业区搬迁改造和海绵城市专题监测等，切合新型城镇化建设需求，能够为新型城镇化政策制定提供切实的数据支撑和决策依据。

1.7 本章小结

地理国情监测是一项重大国情国力调查，是掌握地表自然、生态以及人类活动情况的基础性工作，是了解国情、把握国事、制定国策的重要战略性工作。开展地理国情监测，摸清地理国情家底，科学揭示资源、生态、环境、人口、经济、社会等要素在地理空间上相互作用、相互影响的内在关系，准确掌握、科学分析资源环境的承载能力和发展潜力，有效应对各种风险挑战，对于提高各级党委政府的管理决策水平，科学制定经济社会发展重大战略、长远规划和宏观政策具有重要意义。

本章介绍了地理国情监测产生的背景，阐述地理国情监测的概念、特点、差异性、定位和意义，分别从地理国情监测的概念、学术界、主管部门对地理国情的认识、地理国情监测与相关学科的关系进行分析，并介绍了国内外地理国情监测进展及不同分类，并提出城市地理国情监测的目的和意义，能够为读者提供概率、基础的认知。由于地理国情监测还处于发展的初步阶段，未来还要进一步探索和完善。

本章参考文献

[1] 国务院. 国务院关于开展第一次全国地理国情普查的通知[N]. 中国测绘报，2013-

3-5（3）.

[2] 北京市人民政府. 北京市人民政府关于开展第一次全市地理国情普查的通知[N]. 北京市人民政府公报，2013年26期.

[3] 北京市第一次地理国情普查领导小组办公室. 北京市第一次地理国情普查实施方案[G]. 北京：北京市第一次地理国情普查领导小组办公室，2014.

[4] 国家测绘地理信息局. 第一次全国地理国情普查内容与指标[G]. 北京：国家测绘地理信息局，2014.

[5] 李德仁，眭海刚，单杰. 论地理国情监测的技术支撑[J]. 武汉大学学报（信息科学版），2012（05）：505-512，502.

[6] 李德仁，丁霖，邵振峰. 关于地理国情监测若干问题的思考[J]. 武汉大学学报（信息科学版），2016（02）：143-147.

[7] 陈俊勇. 地理国情监测的学习札记[J]. 测绘学报，2012（5）：633-635.

[8] 陈俊勇. 关于地理国情普查的思考[J]. 地理空间信息，2014，12（2）:1-3.

[9] 陈俊勇. 简论地理国情监测[J]. 地理信息世界，2014，12（2）:1-3.

[10] 徐德明. 监测地理国情服务科学发展[N]. 人民日报，2011（016）.

[11] 徐德明. 监测地理国情服务科学发展[J]. 中国测绘，2012（4）：4-5.

[12] 李维森. 地理国情监测与测绘地理信息事业的转型升级[J]. 地理信息世界，2013（5）：11-14.

[13] 中国测绘宣传中心. 地理国情监测研究与探索[M]. 北京：测绘出版社，2011.

[14] 史文中等. 地理国情监测理论与技术[M]. 北京：科学出版社，2013.

[15] 杨伯钢，王淼. 北京市第一次地理国情普查方法浅谈[J]. 北京测绘，2015（01）1-4.

[16] 杨伯钢，虞欣. 北京市开展第一次地理国情普查工作的思考[J]. 测绘科学，2014（12）：47-50.

[17] 桂德竹等. 地理国情监测重点基础工程的探讨[J]. 北京测绘，2012（01）：24-28.

[18] 桂德竹，张月，刘芳等. 常态化地理国情监测内涵的再认识[J]. 测绘通报，2017（2）：1-4.

[19] 冯存均，左石磊，詹远增. 地理国情监测工作机制探讨[J]. 测绘科学，2014，39（4）：50-54.

[20] 罗名海. 城市地理国情统计分析研究与应用初探[J]. 地理空间信息，2014（12）：1-4.

[21] 张继贤，翟亮. 关于常态化地理国情监测的思考[J]. 地理空间信息，2016（4）：1-3.

[22] 刘若梅. 对地理国情监测的再认识[J]. 地理信息世界，2013（1）：27-30+37.

[23] 马万钟，杜清运. 地理国情监测的体系框架研究[J]. 国土资源科技管理，2016，28

(6): 104-111.

[24] 乔朝飞，桂德竹，张月等. 常态化地理国情监测领域研究[J]. 测绘与空间地理信息，2016，39(7): 15-17+20.

[25] 乔朝飞. 国外地理国情监测概况与启示[J]. 测绘通报. 2011(11): 81-83.

[26] 桂德竹，张月，刘芳等. 常态化地理国情监测内涵的再认识[J]. 测绘通报，2017(2): 133-137.

[27] 陈常松，阮于洲，乔朝飞等. 关于地理国情监测的几个战略性问题[J]. 中国测绘，2011(06):12-15.

[28] 肖建华，甄云鹏，罗名海. 城市地理国情普查监测的实践与思考[J]. 城市勘测，2017(03):5-12.

[29] 阮于洲. 对地理国情监测的战略思考[J]. 地理信息世界，2014(2):40-43.

[30] 阮于洲. 对地理国情监测工作的若干思考[J]. 测绘通报，2014(3):131-133.

[31] 李建松，洪亮，史晓明等. 对地理国情监测若干问题的认识[J]. 地理空间信息，2013(5):1-3，10.

[32] 袁潇潇，滕刚，陈雪娇. 浅谈对地理国情监测的认识[J]. 测绘与空间地理信息，2013(12): 191-192，195.

[33] 石晶，窦小楠. 初探地理国情普查与省级基础测绘的协同生产[J]. 河南科技，2015(1): 154-156.

[34] 吴卫东. 地理国情监测刍议[J]. 中国测绘，2011(4):30-35.

[35] 孙雪菲，纪国良，高木娟. 地理国情监测的发展现状及应用领域研究[J]. 才智，2012(32):310.

[36] 张友超，鲁铁定，张兰. 地理国情监测的探索与实践[J]. 安徽农业科学，2014(6): 1875-1877，1880

[37] 翟亮. 国外地理国情监测概况[J]. 中国测绘，2012(4): 30-33.

[38] 雷德容. 浅谈地理国情监测的内涵和原则[J]. 中国测绘，2011(2): 24-29.

[39] 毕凯，桂德竹. 浅谈地理国情监测与基础测绘[J]. 遥感信息，2014(4): 10-15.

[40] 袁潇潇，滕刚，陈雪娇. 浅谈对地理国情监测的认识[J]. 测绘与空间地理信息，2013(12): 191-192，195.

[41] 包煜. 探究地理国情监测与基础测绘方式间的联系[J]. 智能城市，2017(10): 117.

[42] 刘玉萍，包煜，张文. 现代测绘技术在省级地理国情普查监测中的思考[J]. 测绘技术装备，2014(1): 46-47.

第2章

地理国情监测框架

2.1 概述

地理国情是国情体系的有机组成部分，它既来源于地理信息，同时也是对地理信息的扩展，是提高国家宏观调控科学性、进行科学管理决策的需要。目前，我国尚未形成一个综合、完整的地理国情监测体系，因此，系统地研究分析地理国情及其监测的体系框架势在必行。

本章主要从框架结构建设上介绍地理国情监测的对象内容，探讨地理国情监测的工作内容和工作流程，总结地理国情监测中的关键技术及地理国情监测数据所具有的特点等。

2.2 地理国情监测框架内容

地理国情监测的框架内容包括监测对象的确定、监测工作实施的工作内容、监测采用的技术路线和方法、监测成果的管理及分析应用。其监测的对象包括自然环境要素、产业经济要素和社会人文要素共三个方面，监测的工作内容包括基础测绘及专题资料的收集整理、内业信息提取、外业调查核查、成果建库、成果统计分析等。监测的方法主要包括测绘方法、统计分析方法、评价预测方法和信息科学方法等。通过对地理国情信息进行采集与分析，最终形成相应的数据成果与管理制度成果。在地理国情监测过程中，应分类、分区、分层开展监测工作，突出监测的重点问题，建立统一的数据规范，完善地理国情监测的法律法规体系；强化监测成果的应用。

2.3 地理国情监测主要工作内容

1. 资料收集整理

资料收集是开展地理国情监测的基础性工作。主要收集民政、国土、环保、建设、交通、水利、农业、统计、林业等最新版专题数据资料，并进行资料整理、分析和整合。收集满足地理国情监测要求的资源三号、高分系列、天绘系列、资源一号02C等国产卫星遥感影像，补充采购国内外商业卫星遥感影像，确保优于1m分辨率遥感影像覆盖。

2. 影像处理

综合利用高分辨率全色影像和多光谱遥感影像资料，经过正射纠正、配准、融合、调色、镶嵌、裁剪等作业工序，制作高分辨率的DOM数据，为高精度地理国情信息获取提供基础解译数据。

3. 内业信息采集

对《北京市地理国情普查内容与指标》规定内容以遥感正射影像为基础，利用收集整理的基础地理信息和其他专业部门的资料，采用自动分类提取与人工解译相结合的方式，开展地表覆盖类型内业判读与解译，同时，补充或更新水域、交通、构筑物以及地理单元等重要地理国情实体要素，提取要素属性，形成相应的数据集，供外业调查核实，生产过程中同时采集元数据信息（图2-1）。

内业采集的地表覆盖及地理要素数据分层进行管理、编辑。地表覆盖分类数据存储在LCA层中；地理国情要素数据根据要素类型存储在其他图层中，数据层类型为点、线、面。

4. 工作底图制作

外业调查底图包括数字底图和纸质底图两种。数字底图是以电子数据的形式存储制作，输入外业调绘设备中使用。纸质底图是利用电子数据回放纸图的形式制作，外业调查人员直接在纸质工作底图上标绘。

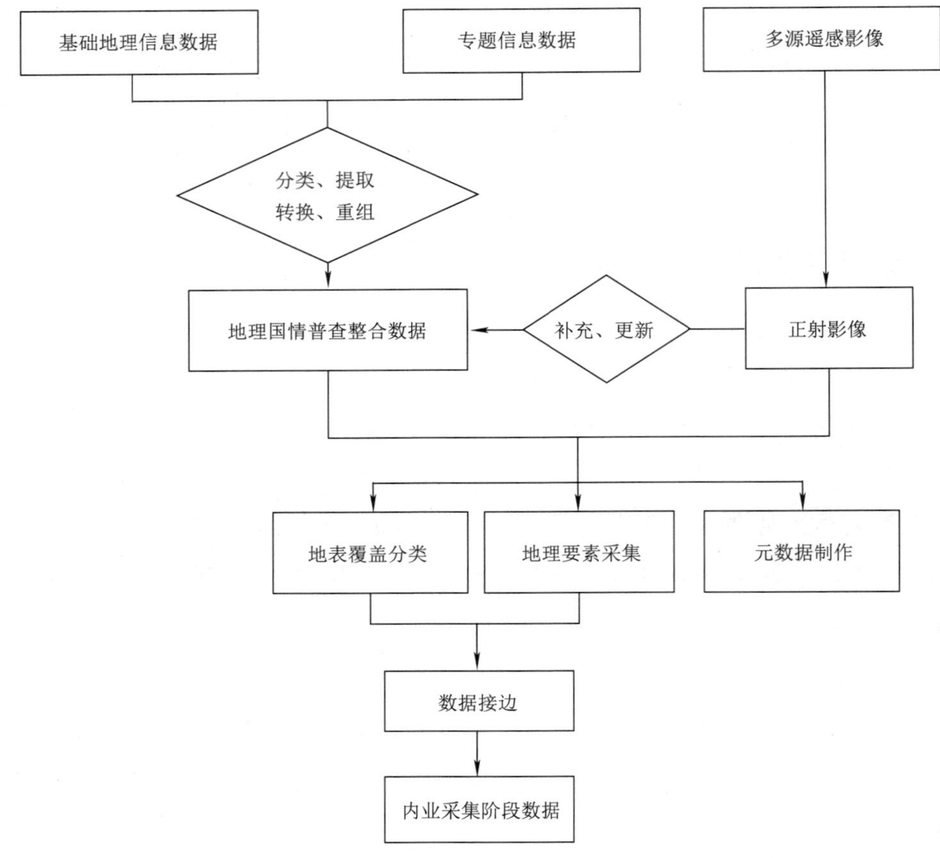

图2-1　地理国情普查内业信息采集工作流程图

外业调查底图内容包括：全市域航空遥感影像、全要素地形图、地表覆盖及地理要素内业采集阶段数据、疑问图层数据、北京市区县界、乡镇界、地名地址以及POI数据。

底图输出采用山区1∶10000标准分幅、平原区1∶2000标准分幅形式。技术流程如图2-2所示。

5．外业调查核查

地理国情信息外业调查技术是综合利用3S技术，根据外业调查底图，采用外业实地调查方式，对内业分类与解译中无法确定边界或属性的要素和无法准确确定类型的地表覆盖分类图斑，开展现场核实确认，并对内业判读正确率进行统计。同时对发生变化的图斑和要素进行地面照片拍摄，形成遥感影像解译样本数据，或者形成便于内业编辑整理的佐证照片。根据移动调查设备记录的外业调查路线和工作区域，形成外业调查元数据。对外业调查成果进行两级检查，最终形成合格的外业调查成果。图2-3为地理国情信息外业调查工作流程。

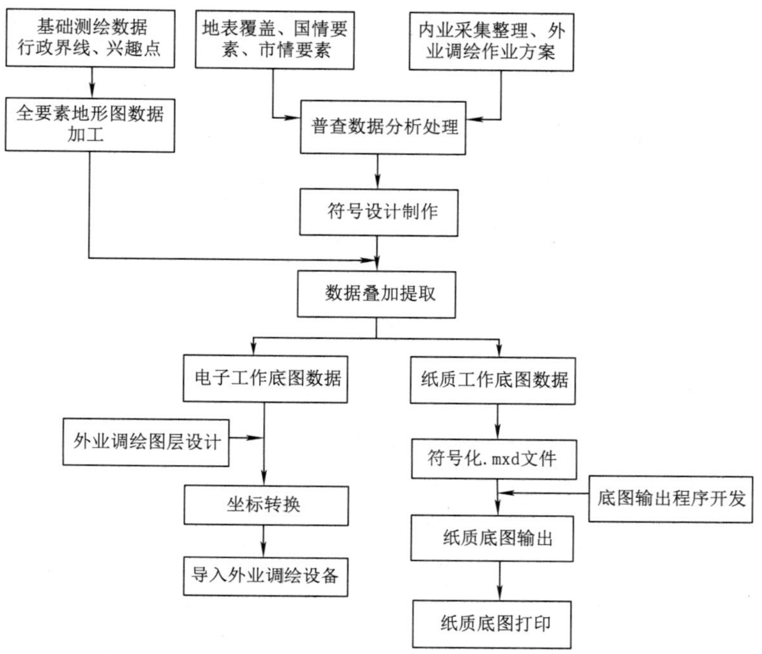

图2-2　外业调查底图制作技术流程图

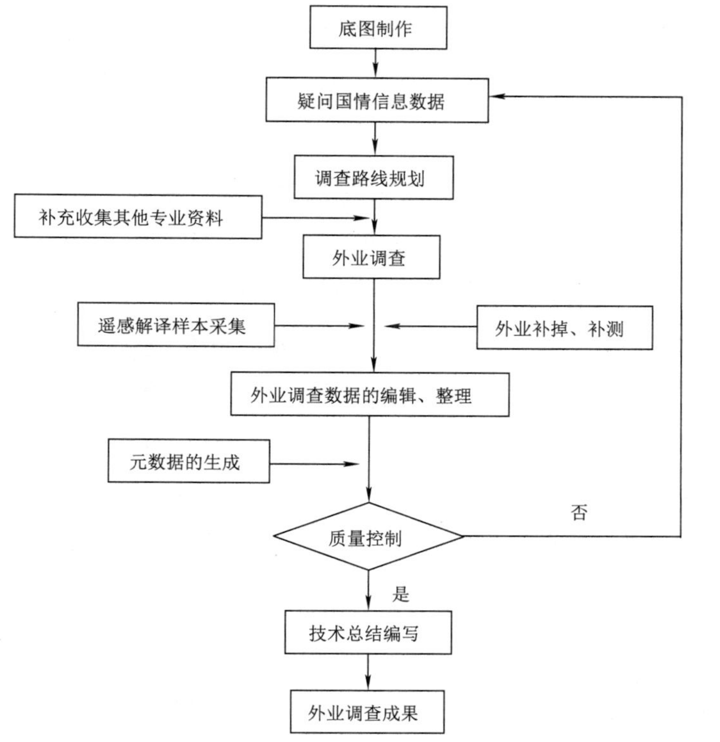

图2-3　地理国情信息外业调查工作流程

6. 遥感影像解译样本采集和制作

遥感影像解译样本数据是用于辅助遥感影像解译收集获取的地面实景照片和对照遥感影像等样本数据，是城市地理国情监测的重要组成之一。通过建立遥感影像解译样本库，可以为遥感影像解译者建立对相关地域的正确认识提供支持，也可在解译结果的质量控制方面发挥重要作用，同时也为长期监测积累实地参考资料。

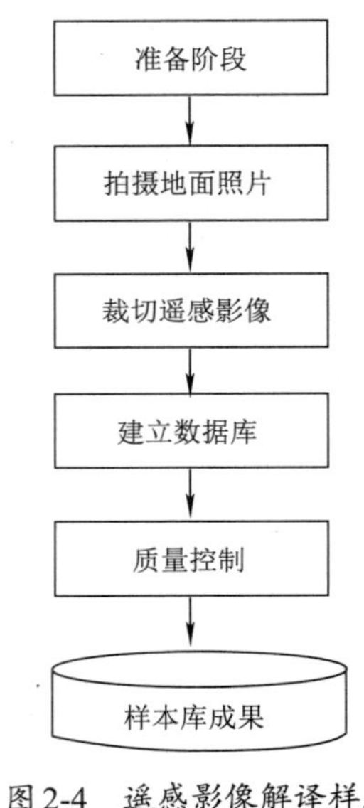

图 2-4 遥感影像解译样本采集和制作流程图

遥感解译样本数据包含两类，一是地面照片，二是遥感影像实例数据。两类数据分别从不同的侧面反映地物影像形态特征，起到相互印证的作用，可以帮助解译人员更高效地认知遥感影像所蕴含的信息。遥感影像解译样本采集和制作流程如图 2-4 所示。

7. 成果整理

根据外业核查结果与内业提取的信息进行比对，使内业提取成果与实际情况相符。按照要求整理形成遥感影像解译样本数据集；利用收集的最新专题信息数据，对变化属性进行更新；完成与其他任务区之间的接边工作；完成内业编辑整理阶段的生产元数据记录。

8. 元数据制作

元数据信息采集时依据不同的数据类型区别处理。影像数据的元数据依据《数字正射影像生产技术规定》GQJC 05—2018 的要求；地理国情信息遥感影像解译样本数据不单独记录元数据，相关信息直接记录到遥感影像解译样本数据中，具体依据《遥感影像解译样本数据技术规定》GQJC 06—2018；地表覆盖分类数据和地理国情要素数据的元数据采集遵照《地理国情监测生产元数据技术规定》GQJC 02—2018 执行，并与各数据采集工序同步开展相应元数据内容的采集和质量检查。

9. 数据接边

获取的地理国情普查数据必须经过接边处理，包括跨投影带相邻图幅的接边。跨任务区图幅的接边由面积占比较大的一方或后提交成果的一方负责接边。

接边时应叠加基础比例尺地形图，对相邻需接边要素和地表覆盖分类地类界之间的距离小于正射影像接边限差的，可以调整一边的数据直接接边；距离小于 2 倍正射影像接边限差的，两边相向平移接边；距离大于 2 倍正射影像接边限差的，应检查和分析原因，由技术负责人根据实际情况作出决定，并需记录重大问题。

10. 标准时点核准

按照普查时点的要求，订购北京市卫星或航空遥感影像数据。并对该影像数据进行正射纠正，形成新的DOM底图。适度结合外业调查，开展标准时点核准工作，使普查成果的整体现势性达到普查时点的要求。

11. 质量检查

开展全市范围内监测过程质量监督抽查，对任务区监测数据生产成果进行验后复核，对数据库、统计分析等成果进行质量验收。

12. 数据预处理及建库

经预处理和入库检查后，完成北京市地理国情监测中形成的各类遥感影像成果数据入库，包括分景单波段纠正数据、分景多波段融合数据相关元数据等的检查和入库。完成北京市地理国情监测成果数据更新入库，包括北京市地表覆盖分类数据、北京市重要地理国情要素数据、北京市遥感影像解译样本数据及相关数据生产元数据等，完成北京市地理国情监测成果数据集的汇总、预处理、数据入库和建库处理，更新北京市交通网络、水域网络等。入库流程如图2-5所示。

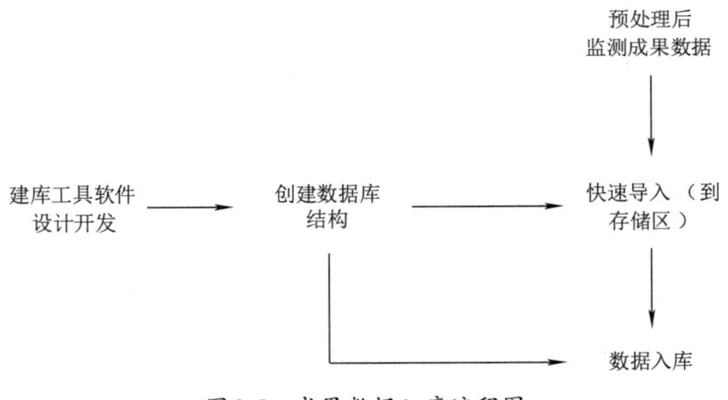

图2-5 成果数据入库流程图

13. 统计分析

在地理国情成果数据库基础上，按照统计分析相关技术规定，在相关软件操作平台支持下，完成统计分析工作。

（1）建立统计分析模型方法库。按照一定的组织方式，将支持统计、分析与评价、模拟与预测、数据挖掘的模型统一存储管理，建立面向地理国情信息的统计分析模型方法库，对模型进行有效的管理和使用，提高模型的组合能力和统计分析能力。

（2）基本统计分析。通过基本统计汇总，反映不同统计单元内各地表覆盖要素的几何和空间特性。以区县、多级网格、自然地理和社会经济区域单元为统计单元，开展地形地貌、植被覆盖、荒漠与裸露地、水域、交通网络、居民地及设施、地理界线等要素的基本数量、长度、面积、密度、位置、高程、形态的统计，反映地理国情普查要素的数量特征和分布特征。

（3）综合统计。通过综合统计分析，反映地理国情普查要素之间的空间关系和差异特性。

（4）专题统计。通过专题分析评价，反映我市国土资源布局、生态协调程度、区域发展状况和社会事业发展水平。

（5）基于国家要求的普查成果数据，制作国家要求的基本统计数据集和综合统计分析数据集。

14. 监测应用

基于“边普查边监测边应用”的指导思想，结合北京市自身需求和城市特点，北京市第一次全国地理国情普查开展了重点区域地表沉降、海绵城市下垫面、城六区排水管网等多项监测应用项目。

15. 成果审核与发布

基础性地理国情普查成果经验收通过后，汇交给国家测绘地理信息主管部门指定的实施机构。

根据全国地理国情监测成果审核与发布相关要求，监测成果发布权属于国家测绘地理信息主管部门。北京市监测成果经过北京市规划和国土资源管理委员会审核通过后，须经国家测绘地理信息主管部门协调、审核同意后方可发布。

2.4 地理国情监测技术路线与方法

2.4.1 地理国情监测总体技术路线

面向自然资源管理和生态环境保护需要，以地理国情监测技术方法研发为内容，以服务城市病治理为重点，以提高城市精细化管理水平为目的，创建城市地理国情监测理论和技术体系，支撑地理国情常态化监测，形成覆盖城市地理国情内容指标、信息采集、处理、存储、分析、应用的一整套标准规范、技术工艺、模型方法、系列软件等，提供城市地理国情动态监测和成果挖掘、展示解决方案。具体技术方案包括：

（1）面向城市规划管理和生态环境保护，建立全覆盖、种类齐、无缝隙、可衔接、能拓展的体现城市特点的地理国情监测内容与指标体系。

（2）面向海量数据自动采集、处理和质检，研究地理国情监数据采集与处理的理论和技术方法、工艺流程、技术装备及质量控制方法等监测体系。

（3）面向地理国情及相关人文、经济和社会感知等时空大数据挖掘与规律分析，构建城市地理国情统计分析指标体系和模型方法，开展空间决策建模及可视化研究。

（4）面向城市资源、城市环境、城市规划管理和政府、社会和公众服务需求，研究大数据、云计算、物联网、泛在网等“互联网+”新技术在地理国情监测中的深度融合与应用，研究地理国情时空动态数据建模与建库技术，研发综合信息服务平台，构建地理国情信息“一张图”，提供主动、精准、及时服务。

地理国情监测总体技术路线如图2-6所示。

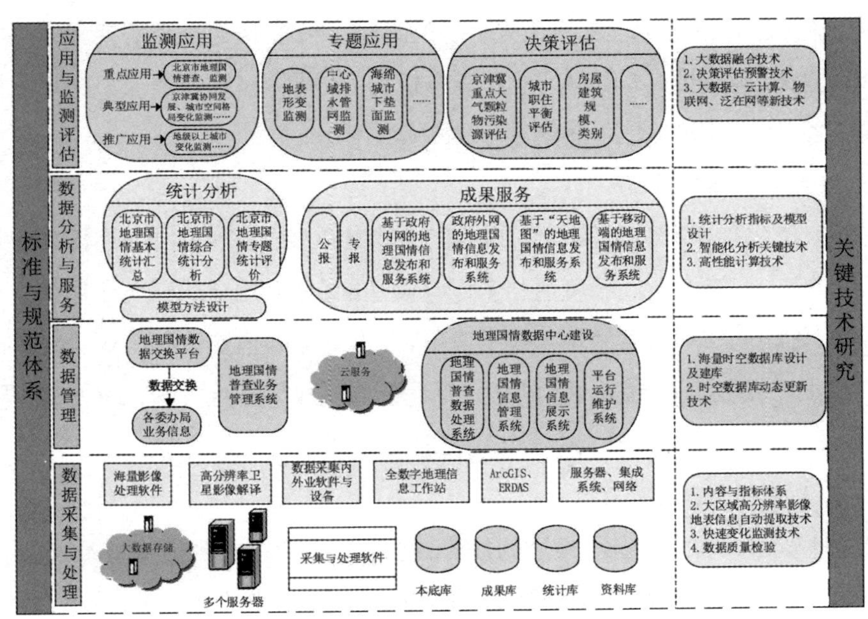

图2-6 地理国情监测总体技术路线

2.4.2 地理国情监测关键技术方法

“监测地理国情”是未来20年测绘地理信息工作的重要主题，是在数字中国建设初具规模、自主对地观测能力快速提升的前提和条件下，根据经济社会发展的实际需要，提供适用性、实用性、针对性更强的测绘地理信息产品和服务。相对于以地形图测绘、地理信息数据库建设等为主要内容的传统业务而言，开展地理国情监测体现了发展理念、工作重点、服务方式、产品形式、生产工艺等方面的深刻变化，是推动测绘地理信息转型发展的必然要求。

对地理国情进行常态化监测，需要统一标准规范、统一基准和技术方法，综合利用遥感对地观测技术、地理信息系统技术、卫星导航定位技术以及计算机和通信技术，构建网络化的地理信息动态获取、处理、分析与服务体系，对地理国情进行定量化的动态监测，并综合分析地理国情信息的变化及趋势，形成多式多样、内容丰富的地理国情信息，为国家决策提供依据。因此，要实现良好的地理国情监测，要解决的关键性技术有如下几点：

1. 遥感监测技术

遥感具备宏观、动态、快速、准确、及时等特点。充分利用航空、航天、地面遥感对地观测、无人机航摄系统等多种方式获取多分辨率、多时间频度的光学、雷达、LiDAR 遥感数据，满足地理国情成果信息的真实、准确、快速更新的要求，给国家提供一个独立的、客观的、不依赖其他第三方机构的数据，一方面供国家决策使用，另一方面对各专业部门的数据，还能够起到纠偏的作用。

2. 内外业一体化技术

内外一体化技术在地理国情监测工作中非常重要。按照内业预判、外业调查、补绘调查的方法，在内业高精度遥感影像判读基础上，采用全球导航卫星系统、无线传感网络、无线通信和移动终端等技术设备，开展地理国情要素移动式、网络化外业调查和验证，快速采集和编辑调查数据，既保证监测成果客观可靠，又保证成果精度精确统一。

3. 多源数据融合与处理技术

但是地理国情信息只有与人们的经济、社会、人口等信息结合后，才能揭示经济社会发展规律，也才能将经济发展情况落实在地理空间分布上，但是地理国情监测使用的测绘数据资料来源各不相同，可能会用到不同时段的数据，也可能用到不同类型的数据，包括雷达数据、光学数据等，这就需要采用遥感影像数据集群分布式处理、地面调查数据实时动态处理、专题数据空间化处理等技术手段对多源数据进行融合处理。

4. 遥感信息提取与解译技术

针对不同自然、人文地理要素的特点，建立地理要素特征库与解译知识库，构建地理国情监测信息提取等级体系，采用典型自然地理要素提取与解译技术、重要人文地理要素提取与解译技术等，建立多维动态遥感数据形态、时态、纹理和空间关系等特征提取及其优化组合模型，借助计算机技术进行自动和半自动的识别与提取，实现网络化信息提取与解译判读。

5. 地理要素变化检测技术

地理要素变化检测技术是地理国情监测的核心技术。它采用多源多时相遥感影像对比、高分辨率遥感影像与已有基础地理信息数据对比等技术手段，对地理要素进行变化对比，判断地理要素是否变化、确定发生变化的区域、鉴定变化的类别、评价变化的时空分布模式等，获取重要地理要素和重点区域的变化信息，准确揭示空间分布及发展变化规律。

6. 地理统计与分析技术

地理统计与分析技术指通过建立多尺度地理空间单元划分标准体系，发展地理空间单元模型与方法，形成地理国情统计单元。并基于既定的多级地理单元因子，采用空间分析等方法，通过领域搜索聚类、阈值平滑、叠加分析等技术开展统计与分析，从不同的维度综合分析地理国情监测对象的内在空间特性、相互关系，揭示他们的分布规律和发展趋势。地理统计和分析结果的好与坏，决定了能否将监测的信息和数据转化成能够决策和共享的国情信息。

2.5 地理国情监测的关键问题

1. 与自然资源调查之间的关系

面对自然资源管理的职责和使命，地理国情监测应该如何精准发力？最重要也是最直接的是加大科技创新力度，持续保持技术先进性，扩大地理国情监测应用服务领域。近年来，测绘地理信息部门开展了国家级地理国情监测总体设计、技术体系构建、地理国情监测与分析等工作，解决了监测内容指标体系缺失、成果应用不广等难题，攻克了由多源观测数据、基础和专题地理信息到地理国情知识转换过程中的数据处理与智能解译、信息提取与变化检测、综合统计与分析、地理国情解释与评价、动态可视化等关键技术，形成一系列技术规程、自主软件系统、监测报告、监测数据库。

2. 地理国情监测数据时空表达

时空概念体现了时间和空间概念的集成。因此，理解空间数据库、时态数据库和时空数据库的概念是建立时空数据库管理系统的基础。目前支持时空数据建模的时空模型主要有：快照模型、时空复合数据模型、简单时间标记模型、面向事件的模型、三域模型、历史图形模型、时空实体关系模型、对象-关系模型、面向对象的时空数据模型、位移对象数据模型、基态修正数据模型、时间立方体模型等。

3. 地理国情监测尺度

在地理国情监测方面，对相同的监测对象，监测结果可能不同，原因可能是使用了不同的分析和观测尺度。尺度选择问题是指尺度选择不当可能引起的有偏估计问题，即选择的尺度过大，会产生细节被省略，尺度过小则拘泥于局部而不能窥全貌等，最终影响监测的科学性和实用性。

4. 建立统一的数据规范，实现数据共享

我国现阶段的地理信息数据已经基本实现了国家范围内的全覆盖，然而各个职能部门掌握着各自管辖领域内的专业数据，这些部门数据间的相互流通与融合，是进行科学决策的基础。地理国情监测要将各个地理要素信息综合为一个整体，构建统一的数据库和数据共享的方式及标准。除此之外，我国现有各职能部门对数据的定义和采集有着不一样的标准，这样容易导致数据间的误差，也不利于数据共享。因此，地理国情监测工作必须建立各区域间和区域内的自然要素、产业经济要素、社会文化要素之间统一的定义方式、度量标准和转换标准，以统一的数据信息平台发布相关信息，便于政策的制定，提高政策服务的透明度。

5. 强化成果应用，提高服务水平

地理国情监测的目的在于全面掌握以地理为基础的国情信息，其监测成果应满足公众、企业和政府对地理信息及其相关应用的需求。

2.6 城市地理国情监测的数据特点

1. 全覆盖、无缝隙、系统化

地理国情监测数据结合了场模型、实体模型与网络模型等理论与方法，将地表形态和地表覆盖分类信息作为连续变量的场模型进行分类，以表达地表的连续起伏和地表覆盖物的物理组成，实现了地理国情监测数据内容的全覆盖、无缝隙。

将公园、河流、湖泊、机场、车站、大坝等典型地理国情要素以点、线、面、体等实体模型进行数字化表达，实现对其定位、定性、定量以及拓扑关系的描述，清晰、直观、准确反映地理国情要素现状；将水系、公路、城市道路和铁路等组织成有向图拓扑网络，建立了水系与水工构筑物、道路与道路构筑物的关系模型，反映了现实世界中常见的多对多关系，实现了监测数据的网络化、系统化。

2. 可实现其他资源调查内容指标的转换与共享

采用了面向实体对象的思想以及CRT回归树分类模型对地理国情监测内容进行分类，融合形成一套编码体系，使分类体系具有较强的可扩展性及体系兼容性，有效表达地理国情信息的位置、空间关系、属性和时间特征等四个方面相互联系的内涵，实现了多源信息集成与综合分析应用，有助于不同系统与不同用户之间实现数据转换与信息共享（图2-7）。

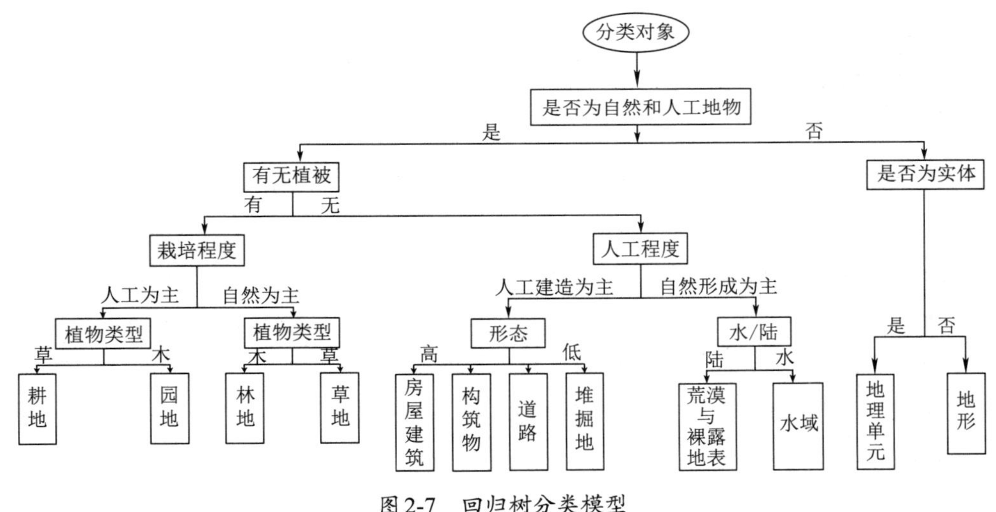

图2-7 回归树分类模型

3. 精细化、精准化

充分与园林、水利、住建、农业等自然资源内容衔接，将自然资源类调查的颗粒度细化了50%以上；面向城市规划管理和“城市病”治理，重点突出了房屋、用地、交通、水务、生态环境等城市内容与指标，实现了城市管理的精细化、精准化。

4. 综合性、动态性、时间性、现势性

地理国情数据是一定区域内各种地理信息与非地理（人口、经济、社会等）信息的整合与分析的结果。具有特定的空间范围，覆盖面广、综合性强、动态性等特点。

且具有时间性、现势性，反映一定时期内地理要素的发展变化。具有动态性，往往随时间的推移而发生变化。例如，土地利用与土地覆盖情况、城镇化扩张等地理国情方面的数据，均具有明显的时间属性。

2.7 本章小结

本章介绍了地理国情监测的框架内容、国情监测工作实施的主要工作内容、国情监测的技术路线和方法及监测的关键问题。本书在对比研究地理国情监测与其他学科及部门专业监测的基础上，初步提出了地理国情监测的体系框架，为监测工作的具体实施提供参考。

本章参考文献

[1] 张继贤，翟亮. 关于常态化地理国情监测的思考[J]. 地理空间信息，2016(04): 1-3，6，10.

[2] 杨子力. 地理国情监测内容及方法研究[J]. 城市地理，2015(09): 285-286.

[3] 新闻办就第一次全国地理国情普查工作和普查公报情况(http://www.gov.cn/xinwen/2017-04/24/content_5188549.htm#5).

[4] 袁宗福，董庆. 地理国情普查外业调查与核查探讨[J]. 测绘与空间地理信息 2016，39(11): 188-190.

[5] 刘俊颖. 地理国情普查调绘软件设计与实现[D]. 昆明：昆明理工大学，2015.

[6] 汪建光. 基于移动设备的数字外业调绘系统的研究[J]. 测绘与空间地理信息 2009，32(6): 30-32.

[7] 何蓉花. GNSS-Pad技术在沈阳市第二次土地调查中的应用研究[D]. 沈阳：东北大学，2008.

[8] 武琛. 地理国情监测内容分类与指标体系构建方法研究[D]. 泰安：山东农业大学，2012.

[9] 徐玲. 地理国情监测的体系框架研究[J]. 建筑学研究前沿，2017(18).

[10] 马万钟，杜清运. 地理国情监测的体系框架研究[J]. 国土资源科技管理，2011(6).

[11] 杨伯钢，王淼. 北京市第一次地理国情普查方法浅谈[J]. 北京测绘，2015（01）: 1-4，10.

[12] 杨伯钢，王淼，刘博文. 面向特大城市的地理国情监测框架体系建设与应用[J]. 北京测绘，2017（03）:31-34.

[13] 王淼，杨伯钢，刘博文等. 面向特大城市的地理国情监测与分析关键技术研究[J]. 北京测绘，2017（06）:44-48.

[14] 虞欣，杨伯钢，晁春浩等. 北京市地理国情普查试点的实践[J]. 测绘通报，2014（06）: 102-104.

[15] 刘清丽，刘博文. 北京市地理国情信息内容与指标体系研究[J]. 城市勘测，2017（05）:88-91.

第3章

地理国情监测成果

3.1 概述

测绘地理信息部门紧紧围绕国家发展大局，从供给端入手，开展地理国情监测，经过不懈的攻坚努力，完成了全国陆地范围全覆盖、无缝隙、高精度的地理国情普查与监测任务，全面摸清了“山水林田湖”等地表自然资源要素现状和空间分布，查清了人工设施空间分布情况，基本形成了地理国情监测数据库、地理国情发布与服务系统、地理国情分析报告和图件等成果，首次全面真实地绘制地理国情美好画卷。同时还进行了普查监测的审查与发布，最终成果将会在各领域和公众范围内达到不同程度的共享，从而服务大局、服务社会、服务民生。

3.2 成果构架

地理国情监测成果能够反映地表特征、地理现象和人类活动基本地理环境要素的数据成果，包含地理环境要素的位置、范围、属性和数量等属性信息，以及在此基础上，通过各项统计分析所得到的地理国情数据分析、应用及创新成果。

从内容上总共可分为七大类成果，如图3-1所示。

从形式上又可分为四大类：

（1）报告成果，可直接用于政策建议和领导决策。地理国情普查报告主要采用

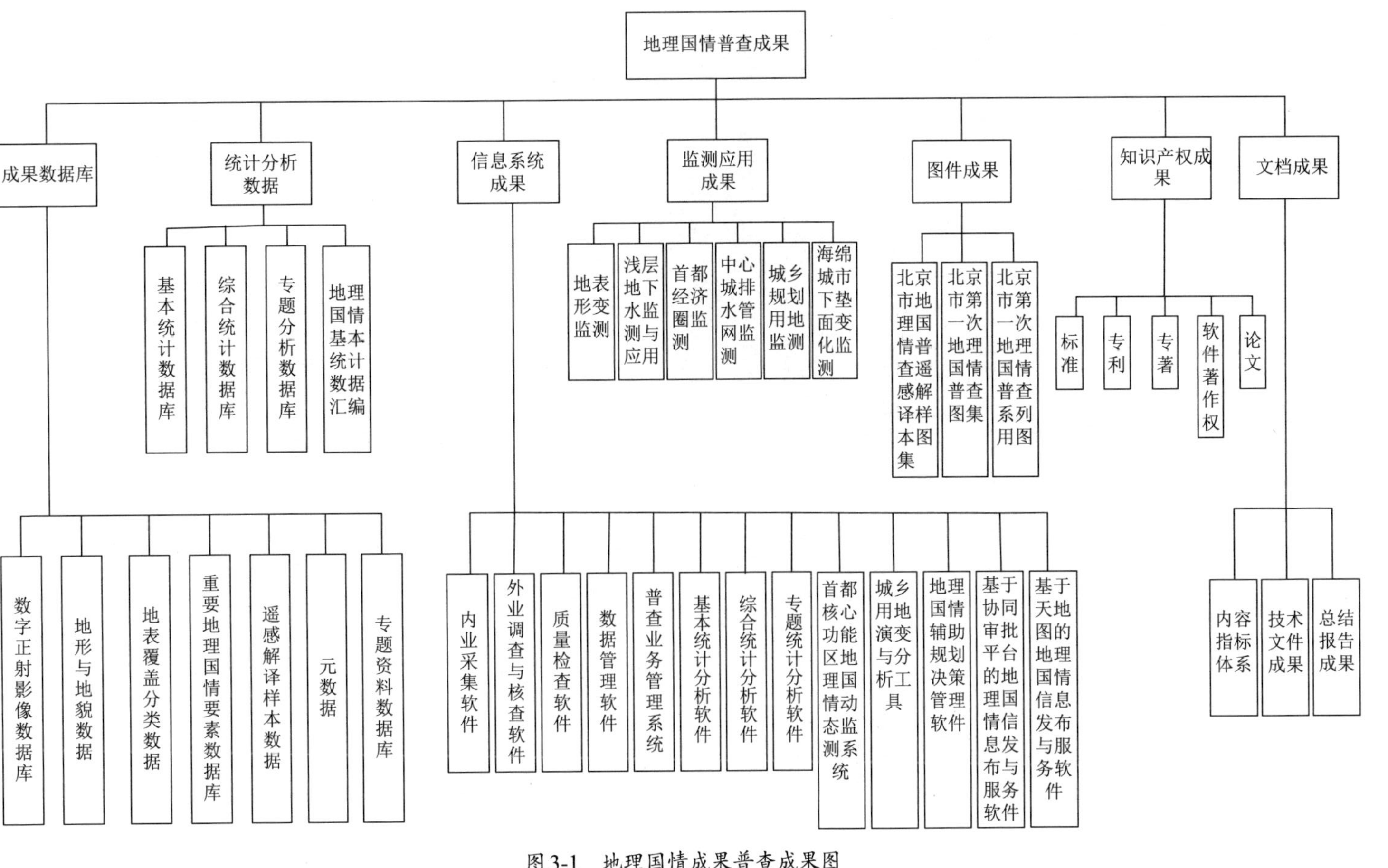

图3-1 地理国情成果普查成果图

插入专题图的方式说明普查对象的空间特性及时空变化规律，采用各种统计图的方式说明监测对象属性的特点及变化情况，或是基于模型来预测对象的发展趋势。

（2）数据成果，是地理国情普查成果的基础部分，主要包括地形地貌、自然地理要素、人文地理要素和专题地理要素四大普查数据集。自然地理要素数据集主要是表达普查对象的自然属性，以影像地图、矢量地图等呈现。人文地理要素数据集主要是表达普查对象的社会属性，主要形式为地图与属性数据库。专题地理要素数据集主要是综合表达专题对象的自然特点和社会属性，除了影像与矢量数据，还包括了相关的视频、图片等。

（3）信息系统成果，是地理国情普查的重要组成部分，是进行产品存储管理、分发和服务的平台和工具，对地理国情信息进行管理、发布和服务。通过信息系统，建立空间信息共享平台、空间信息处理资源和服务资源的协同使用环境，提供方便快捷的网络化数据查询与下载服务。

（4）图件成果，是地理国情普查成果中最直观的部分。通过完成地理国情普查，形成数字化、多维度、高精度的地理国情图。根据内容和区域的不同，主要有专题图、区域系列图、时序图、预测分析图等。根据载体的不同，又可分为地图集（册）、挂图、电子地图、三维地图等。

3.3 数据库成果——以北京为例

1. 数字正射影像成果

2013年全市域UC系列数码航空正射影像：全市0.5m分辨率；按照国家要求制作全市0.5m分辨率航空影像DOM、全市2m分辨率卫星影像DOM，实现了同一年度航空影像、卫星影像的全覆盖。

完成了0.5m分辨率数字正射影像，全市232幅国家1 ∶ 25000分幅DOM影像，全市影像控制点制作772个。并且以国家1 ∶ 50000标准分幅存储，形成了涉及北京市范围的1 ∶ 50000分幅DOM 69幅，数据量为368GB（图3-2）。

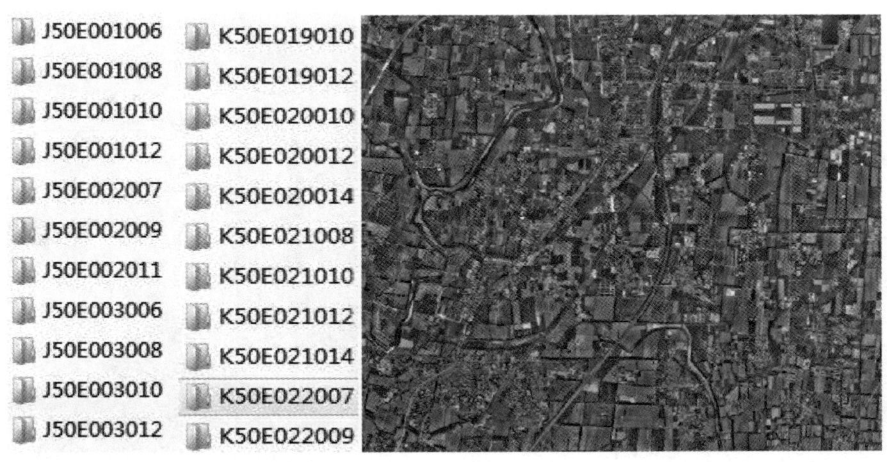

图3-2 DOM成果图

2. 地形地貌数据成果

地形地貌数据子库的主要数据内容包括精细化处理的DEM数据以及派生的坡度与高程、坡度分带数据等。

（1）多尺度数字高程模型数据

获取了全市2m和10m格网间距高精度DEM成果，掌握全市时相最新、精度最高、覆盖最全的数字高程数据。完成了北京市域范围2m格网DEM数据加工，共768幅1：10000国家图幅，涉及北京市市域范围约合1.64万 km^2，数据量约为27GB（图3-3）。

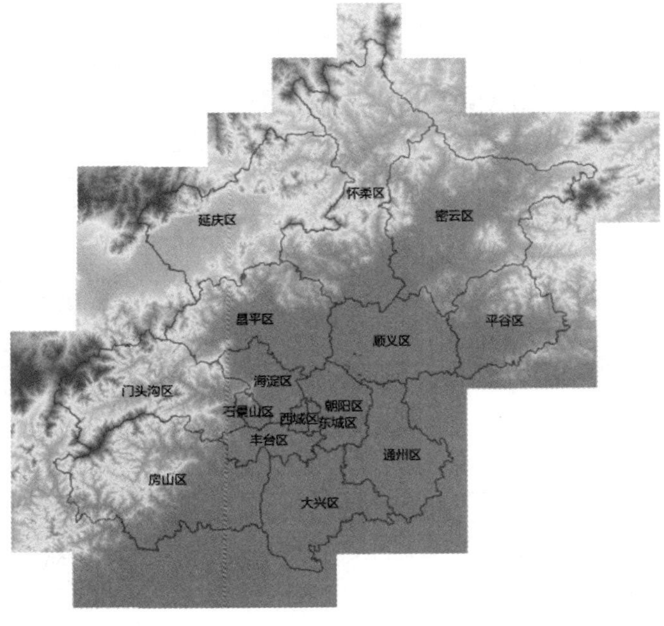

图3-3 DEM成果图

（2）高程和坡度数据（图3-4）

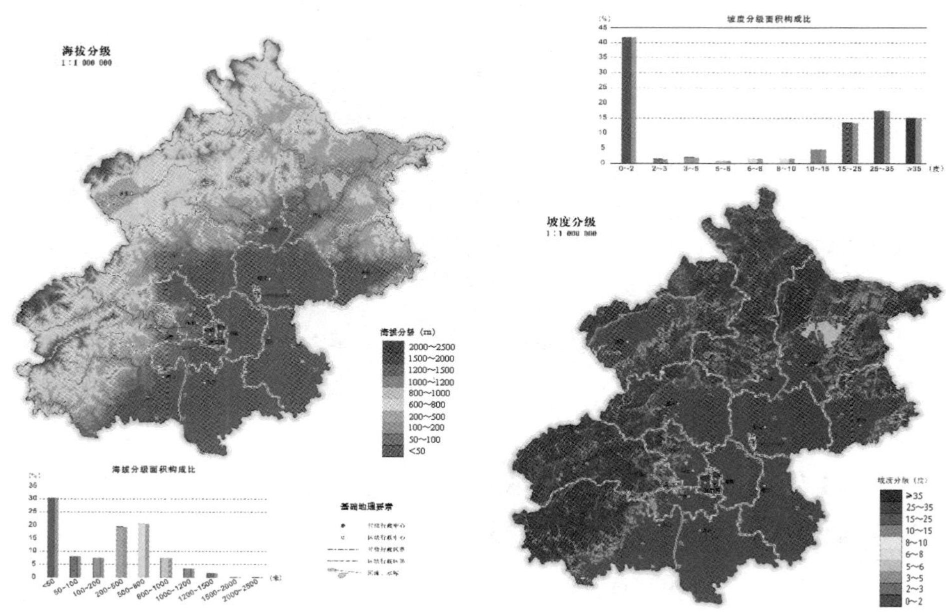

图3-4　北京高程和坡度分级图

北京市全市域海拔分级情况如表3-1所示。

北京市全市域不同海拔陆地国土面积构成　　表3-1

海拔分区	海拔分级	表面面积（km^2）	面积（km^2）	构成比（%）
低海拔区域	50 m以下	4971.84	4971.59	30.30
	50（含）~ 100 m	1343.07	1339.53	8.17
	100（含）~ 200 m	1325.54	1276.29	7.78
	200（含）~ 500 m	3714.70	3227.26	19.67
中海拔区域	500（含）~ 800 m	4024.22	3378.61	20.59
	800（含）~ 1000 m	1588.86	1287.73	7.84
	1000（含）~ 1200 m	699.13	562.96	3.43
	1200（含）~ 1500 m	345.02	278.21	1.70
高海拔区域	1500（含）~ 2000 m	98.60	81.86	0.50
	2000（含）~ 2500 m	3.04	2.58	0.02
合计				100

北京市全市域坡度分级成果如表3-2所示。

北京市全市域不同坡度陆地国土面积构成 表3–2

坡度分区	坡度分级	表面面积（km^2）	面积（km^2）	构成比（%）
平坡地	0°（含）~ 2°	6852.52	6851.95	41.77
较平坡地	2°（含）~ 3°	249.61	249.30	1.52
	3°（含）~ 5°	331.06	329.94	2.01
缓坡地	5°（含）~ 6°	135.67	134.75	0.82
	6°（含）~ 8°	259.41	256.42	1.56
	8°（含）~ 10°	266.87	261.69	1.60
	10°（含）~ 15°	793.43	764.49	4.66
较缓坡地	15°（含）~ 25°	2401.02	2209.03	13.46
陡坡地	25°（含）~ 35°	3374.25	2868.05	17.48
极陡坡地	35°（含）以上	3450.17	2481.01	15.12
合计				100.00

3. 地表覆盖分类数据

基于航空和航天影像，以400m^2为基本单元、解译和采集全市无缝衔接的地表覆盖分类成果数据，为全市自然生态环境保护、城市空间变化与发展、城乡发展规划研究等提供数据支撑。

按照地表覆盖数据采集了10个一级类，45个二级类，85个三级类。查清我市按地表覆盖物的自然属性划分的耕地、园地、林地、草地、房屋建筑区、道路、构筑物、人工堆掘地、荒漠与裸露地表、水域十大类要素的覆盖情况。

4. 重要地理国情要素分类数据

地理国情要素数据子库的主要数据内容是《北京市第一次地理国情普查内容与指标》中规定采集的河流湖泊、交通道路、构筑物等地物实体要素数据集，以及用于地理国情统计分析单元的各级行政区划单元、社会经济区域单元、自然地理单元、城镇综合功能单元等数据集。

包括全市的铁路与道路及设施、水域及设施、各类行政区划、自然地理、社会经济和城镇综合功能单元等重点地理要素数据，可为其他部门开展信息化工作或专项普查提供数据基础。获取了全市的水域要素，北京市的水域类型主要有河流、水渠、湖泊、水库、坑塘等水域数据。

根据自身需求，北京市普查在房屋、交通、水务、用地和生态环境五个方面扩充、细化了国家《地理国情普查内容与指标》的普查内容。分为房屋建筑、城乡用地、交通设施、水务设施和生态环境5个专题。

5. 遥感解译样本数据

分区域、分类型采集典型遥感影像和地面照片解译样本，建立了遥感影像解译样本知识库。遥感解译样本数据子库的主要数据内容是采集对象的地面照片和遥感影像解译样本数据集。地面照片是以jpg格式存储，遥感影像实例是以tif格式存储，两者的关联关系以mdb数据库存储。

6. 元数据

以空间数据形式记录北京市地理国情普查全过程元数据，实现进度质量的空间化、可视化管理。

元数据内容包括成果数据基本信息、数据源情、数据采集、外业调绘核查、数据整理编辑、质量检查、成果验收、负责单位以及成果总体精度8个方面。地表覆盖分类数据和地理国情要素数据的元数据按任务区域合并、集成为一个整体，按图层统一存储在gdb数据库中。

3.4 统计分析及报告成果

以地理国情普查数据为基础，结合专业部门数据，构建多种地理国情统计单元。基于既定的多级地理单元因子，采用空间量算、算术平均、比值分析法、极值法、空间统计、指数计算、综合评价等方法，通过邻域搜索聚类，阈值平滑，空间叠加，网络分析等技术开展统计与分析，从不同的维度综合分析地理国情普查要素的空间分布，物理结构，相互关系，揭示它们的分布规律和发展趋势。结合北京市地理国情的实际情况，建立基本统计、综合统计、专题分析的一整套统计分析方法、分析模型、分析图件、报表、报告和数据集等成果。

3.4.1 基本统计分析及成果内容

以地理国情普查数据为基础，基于规则地理格网、行政区划与管理单元、自然地理单元、地形单元、社会经济区域5类统计单元，对地理国情普查地表覆盖层和地理要素数据的点、线、面几何特征类型及实体对象的个数、长度、面积、占比等统计指标进行基本特征统计，形成包括地形地貌、植被覆盖、水域、荒漠与裸露地表、交通网络、居民地及设施、地理单元等自然和人文地理国情信息基本统计数据，生成基本统计数据集、报表、报告等多种类型成果。

通过基本统计汇总，反映不同统计单元内各地表覆盖要素的几何和空间特性。以区县、多级网格、自然地理和社会经济区域单元为统计单元，开展地形地貌、植被覆盖、荒漠与裸露地、水域、交通网络、居民地及设施、地理界线等要素的基本数量、长度、面积、密度、位置、高程、形态的统计，反映地理国情普查要素的数量特征和分布特征。

3.4.2 综合统计分析及成果内容

在基本统计及汇总基础上，结合社会经济等部门专题数据，运用综合统计分析模型和方法，对地理国情普查要素的空间关系及差异特性等内容进行综合分析，主要对地形地貌、植被覆盖、荒漠与裸露地、水域、交通网络、居民地及设施等要素的空间分布形态、地表覆盖空间格局、地面覆盖程度、基础设施配置水平、地面交通通达性、地表要素空间相关性进行分析，构建生态协调性、城镇发展、基本公共服务均等化、区域经济潜能等地理国情指数。

运用综合统计分析模型和方法，对地理国情普查要素的空间关系及差异特性等内容进行综合分析，反映地理国情信息的物理结构、空间关系及差异特性。包括覆盖程度、景观格局、空间分布格局、通达性、优势性、弱势性、土地开发程度、空间相关性、城市景观扩张程度、地表形变危险性等方面（表3-3）。

综合统计分析内容指标 表3–3

序号	综合分析名称	相关普查数据	分析模型/方法	计算指标
1	地表要素空间分布形态分析	居民地、交通网络、植被覆盖，以及学校、医院等	空间聚类、离散分析、层次分析	水平分布、垂直分布、聚集度、离散度等
2	地表覆盖空间格局分析	耕地、林地、园地、草地等	景观格局分析	地表复杂度、地表破碎度、地表稳定性、地表多样性、地表均匀度、地表优势度等
3	地表覆盖程度分析	居民地、交通、植被覆盖、水域等	覆盖分析、脆弱性分析	覆盖度指标、地理优势度、脆弱性等
4	地面交通通达性分析	居民地、交通网络、植被覆盖等	网络分析	交通网络通达程度指数、交通网络通达能力指数
5	基础设施配置水平分析	居民地、交通网络以及学校、医院、社会福利机构等	空间配置优化、风险评估等	区域配置指标、困难程度指标
6	地表要素空间相关性分析	水体、植被覆盖、居民地、交通、地形地貌等	空间相关分析、关联分析等	空间关联度和空间相关指数

3.4.3 专题分析评价及成果内容

基于地理国情基本统计汇总和综合统计分析成果，结合社会、经济等统计数据，定量与定性分析相结合，从生态文明、城镇发展、区域经济、社会民生等方面，基于自然、人文、社会、经济等维度测量地理国情综合状况。综合评估自然和人文地理国情要素的现状，形成地理国情系列分析评价报告。

通过专题分析评价，反映我市国土资源布局、生态协调程度、区域发展状况和社会事业发展水平。基于地理国情基本统计汇总和综合统计分析成果，结合社会、经济、人口等统计数据，定量与定性分析相结合，从房屋建筑、水利、交通、生态环境、人口、城市安全等角度，基于自然、人文、社会、经济等维度测量地理国情综合状况。综合评估自然和人文地理国情要素的现状，形成地理国情系列专题分析评价报告。包括房屋建筑专题、水利专题、交通专题、生态环境专题、人口专题、城市安全专题。

3.4.4 数据汇编

数据汇编是本次普查全部内容的统计结果，内容丰富翔实。统计数据汇编采用统计表格为主，配以适量插图，少量文字的表达方式，以县级行政区划为最小统计单元，反映统计区域内不同统计单元内地理国情要素的数量、构成和分布，成果作为涉密内容资料，是供北京市政府及各部门了解地理国情的重要参考。它的内容集中、资料丰富、便于阅读，区别于其他文献，具有替代原文、指导利用、提供线索、综合工具的作用，利用汇编应注意防止片面和疏漏。

数据汇编主要内容包括地理国情普查简介，例如开展时间、数据源、普查范围等内容说明；本次普查的质量控制体系说明；汇编的组织形式和文档结构说明；其他需要说明的内容（图3-5）。

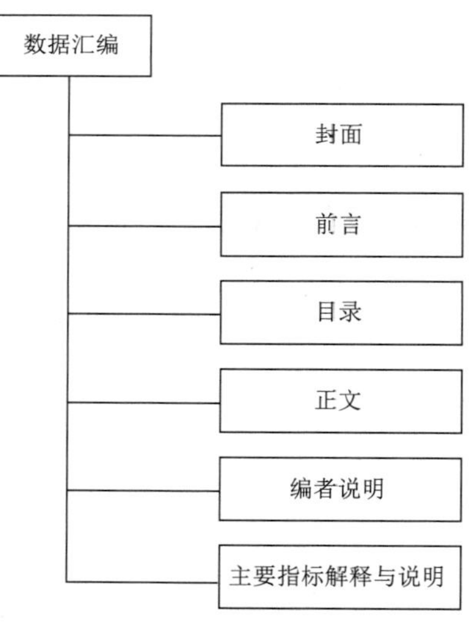

图 3-5 数据汇编构架

3.4.5 公报

地理国情监测是一项重大的国情国力调查，是了解国情、把握国势、制定国策的基础性工作。按照国际惯例，重大国情国力调查数据通过登记、审核、数据处理和质量抽查评估验收后，要对外发布公报，使社会各界对普查的过程、普查的主要结果有一个基本的了解。

统计公报是政府工作成果的权威发布，重点反映社会经济发展现象及其变化，一般不做深入分析。普查公报作为统计公报的一个重要组成部分，其格式在符合一般公报的基本要求的基础上，也有自身的一些特点（图3-6）。

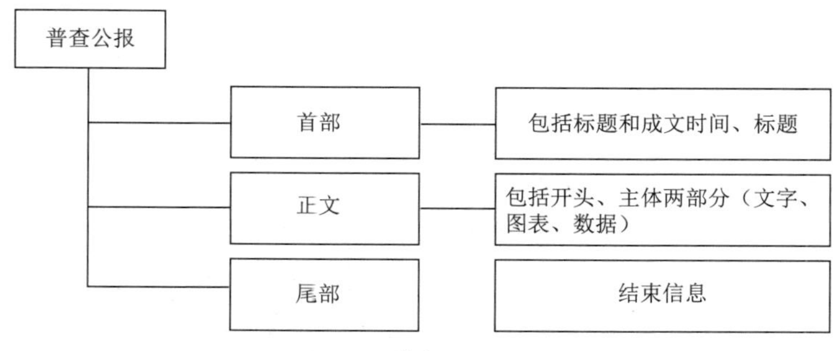

图3-6 普查公报框架

3.4.6 专报

专报是政府部门的办公室（厅）的信息部门就某件事进行专门整理和归纳，要求突破时间和空间的限制，根据领导和社会公众的需要灵活选题，做到重点突出，认识深刻，成果供领导参考，以便做出决策。地理国情普查专报是普查机构在整理、汇总、统计、分析和评估普查成果的基础上，专门整理和归纳形成的转向信息报告，供领导决策参考。围绕国家关注的重点区域和热点问题，面向政府、社会和公众的不同层次需求，编制针对性强的普查专报，满足普查成果的审核发布和决策支持。

专报信息反映社会经济发展过程中出现的新事物、新情况和新问题的信息。专报信息可归结为三个层次：一是党和政府关于经济工作的重大决策贯彻执行过程中的情况和出现的问题，企业和群众对党和国家政策的反映；二是对经济发展起到重大影响作用的事件和问题，包括政治、经济、法律、自然环境等；三是在经济工作中出现的一些值得借鉴、交流、推广，具有示范效应的方法经验等。专报的具体内容包括房屋建筑专题、水利专题、交通专题、生态环境专题、人口专题和城市安全专题共6个专题的内容（图3-7）。

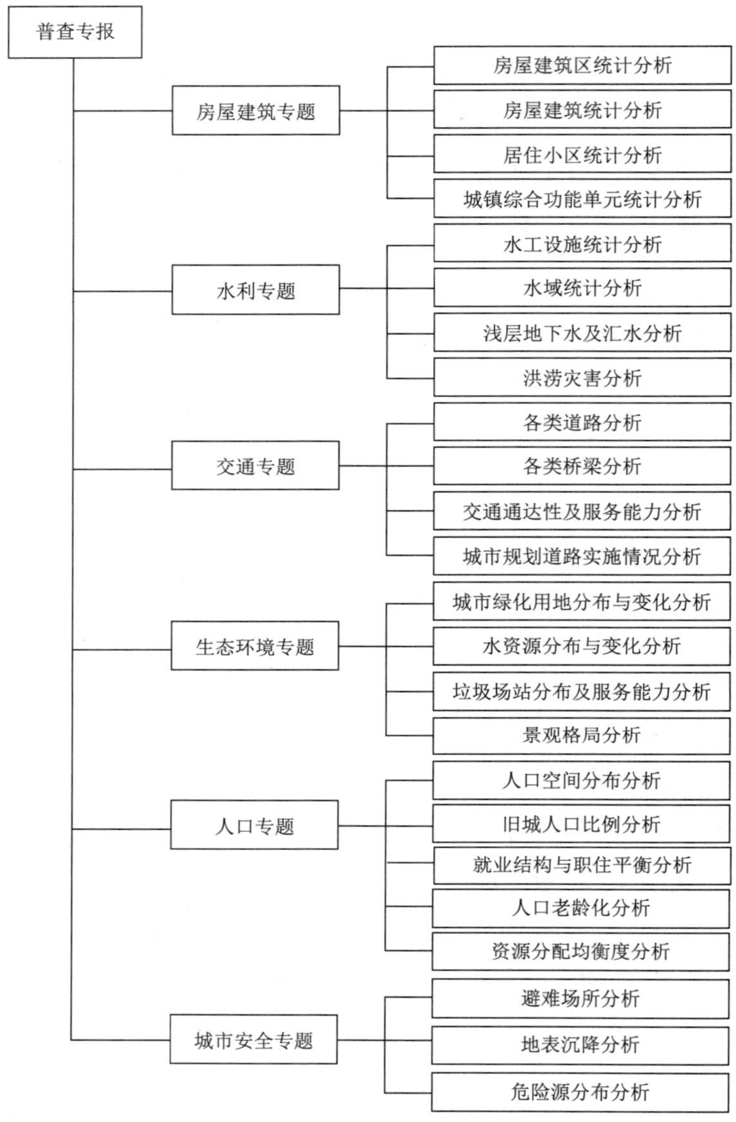

图3-7　专报框架

3.5　监测应用成果

按照“边普查、边监测、边应用”的总体构想，结合北京市实际情况和重大区域规划，北京市地理国情监测应用包括地表形变、浅层地下水、首都经济圈、排水管网、城乡用地和城市下垫面6个专题。

按照服务对象，可分为领导决策类地理国情普查成果、政务类地理国情普查成果、公众类地理国情普查成果。领导决策类成果直接服务领导科学管理决策，要求成果详细、权威、全面。政务类成果为城市部门运行管理提供依据，针对各部门的需求和专业应用，提供有针对性的成果。公众类成果主要围绕公众关注的热点，为百姓提供最便捷、最友好的各类信息和应用（图3-8）。

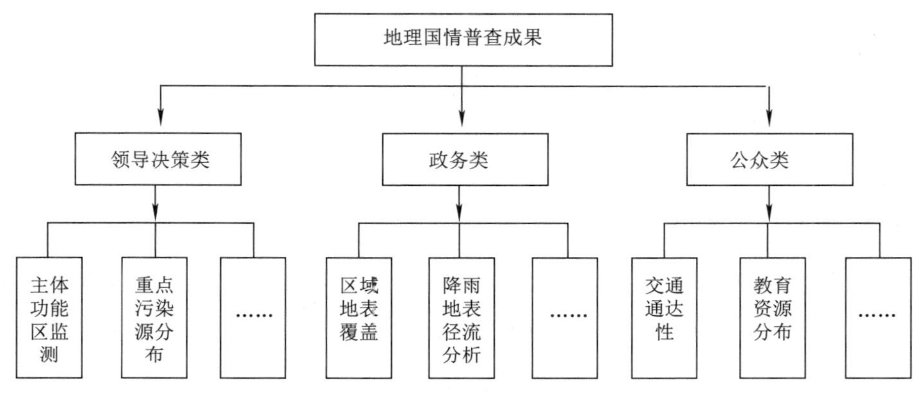

图3-8 地理国情监测应用图

领导决策类地理国情普查成果是直接服务北京市政府。此类成果关系国计民生、经济社会发展和城市规划建设管理等。基于统一的地理位置整合各类自然资源与经济社会信息，对决策进行模拟、反演和预测，可以使领导者在应对复杂问题时进行全面、系统、精准、快速地科学决策、科学评价和科学管理。这类成果主要包括重点区域地面沉降监测、主体功能区实施评估、职住结构空间布局等。

政务类地理国情普查成果面向政府各部门，在普查基础数据基础上，将各部门专题信息进行叠加整合，使部门数据空间化，为各部门提供地理国情普查数据、专题应用系统、图集、报告等，促进城市信息资源的共建共享和有效开发利用。重点包括用地、房屋、交通、水务和生态环境等专题地理国情普查成果。通过地理国情普查成果与土地、人口、房屋、水利等普查调查信息集成、数据挖掘和统计分析等，为部门的专业应用提供数据保障和技术支撑等。

通过网络、新闻媒体、广播电台、正式出版物等途径向北京市民公布各类地理国情普查成果信息，服务百姓日常生活，满足社会公众地理国情信息知情权。通过提供北京市地形地貌、交通通达性、教育资源分布等百姓生活息息相关的各类成果，为社会公众提供最便捷、最友好、多样化、准确直观的服务。

3.6 信息系统成果

可根据需要开发信息系统，北京市地理国情普查研发了动态监测、用地演变与分析、辅助决策监测应用3个软件，以及协同审批发布、天地图共享服务等2项成果审核发布软件。

3.6.1 国情信息外业调查软件的设计开发

移动外业调查系统，一般是基于Android或者Windows等桌面系统按照地理国情信息外业调查要求而开发。移动电子设备是软件设计的基础，外业调查软件一般包括的主要模块有：数据采集、图形处理模块、坐标系统模块、属性与编码模块、数据源管理模块、地图符号化模块、界面交互模块、系统配置模块和具有保护数据安全模块。同时软件应该支持离线地图作业与在线地图作业两种模式，离线环境下，可首先将底图放在SD存储卡中，并加载到软件中，外业调查完毕再导出到内业作业系统进行处理。

1. 数据采集模块

数据采集主要是应用于外业数据采集，例如使用北斗高精度外业移动调查设备进行的数据采集应用，以及在数据制图中的人工手绘数据采集，如栅格数据矢量化操作，草图制图等。

2. 图形处理模块

图形处理主要涉及要素的编辑与基本图形绘制，数据编辑涉及常用的点、线、面编辑、节点捕捉与高级图形绘制，方便用户快速实现地图制图工作（图3-9）。

3. 坐标系统模块

坐标系统，主要涉及坐标系统设置，例如坐标系统参数设置、投影椭球设置、转换参数设置以及数据动态投影与转换转换功能。支持EPSG的通用型坐标系统与国内常见的地方坐标系统。

4. 属性与编码模块

属性包括图层属性、编码属性、对象属性。该部分主要描述通过属性和属性表，实现数据源的编辑与即采即显，能够实现快速的展点与数据编码管理，以及根据地物地貌的属性信息管理，实现快速的数据检索，根据属性值实现地物要素的绘制订制功能。

图层属性主要是关于图层的一些属性信息，如图层锁定、图层标注字段、是否显示、图层类型等信息。

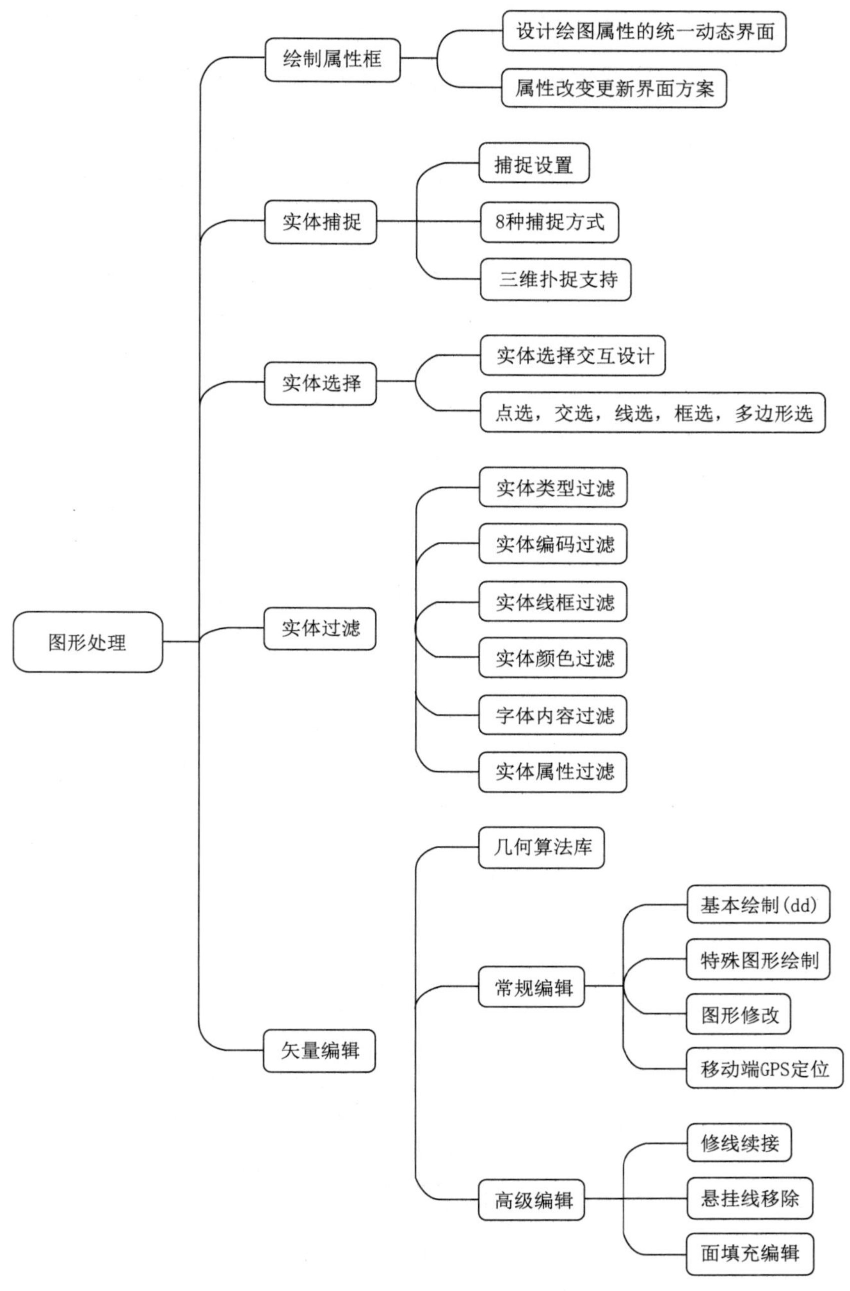

图3-9 图形处理模块

编码属性是在测绘行业中一个特有的概念，在测绘中符号的显示是非常主要的，没有符号那么就无法精确地表达出一个地理对象，为了让一个地理对象更好地展现它的地物类型，使用一个标示来说明它是哪一类地物，这就是编码。编码属性包含了地物所在的图层、颜色、符号协议、编码名称等信息。

要素是空间地理对象加上属性信息组成，而关于空间对象的查询主要体现在两个地方：一个是通过属性定位空间地理对象，还有一个是通过空间地理对象查询属性（图3-10）。

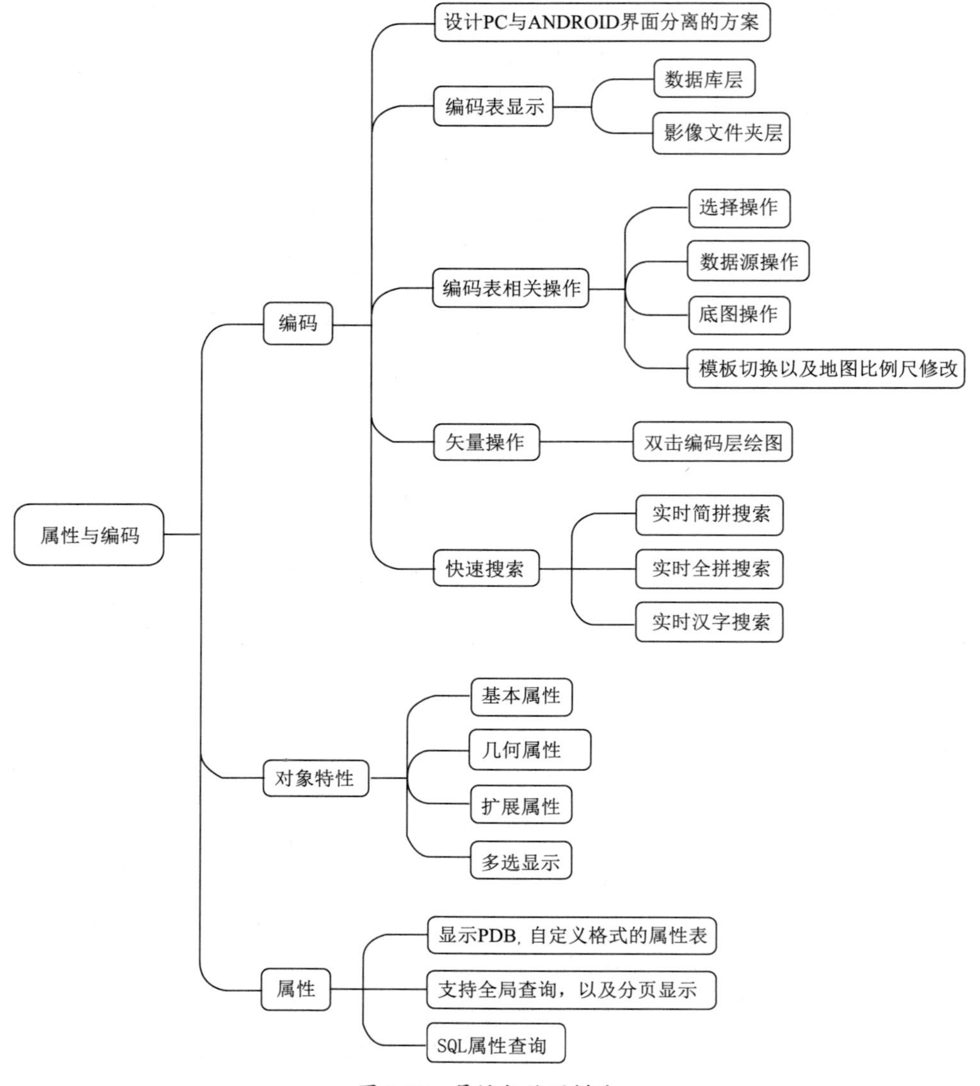

图3-10 属性与编码模块

（1）数据源管理模块

实现多源数据的管理，目前支持PDB、HDB、DWG、SHP数据类型，实现多源数据的相互转换。

内业数据完成或草图制作完成后需要对成果进行公布与发放，在工程应用中实现工程制图应用输出，例如CAD的出图，地图制图中图幅整饰完成后的制图输出，生成BMP、PDF等格式文档用于实际生产应用。数据分发，制图成果需要以固定模板分发给子单位与兄弟部门单位或第三方使用人员（图3-11）。

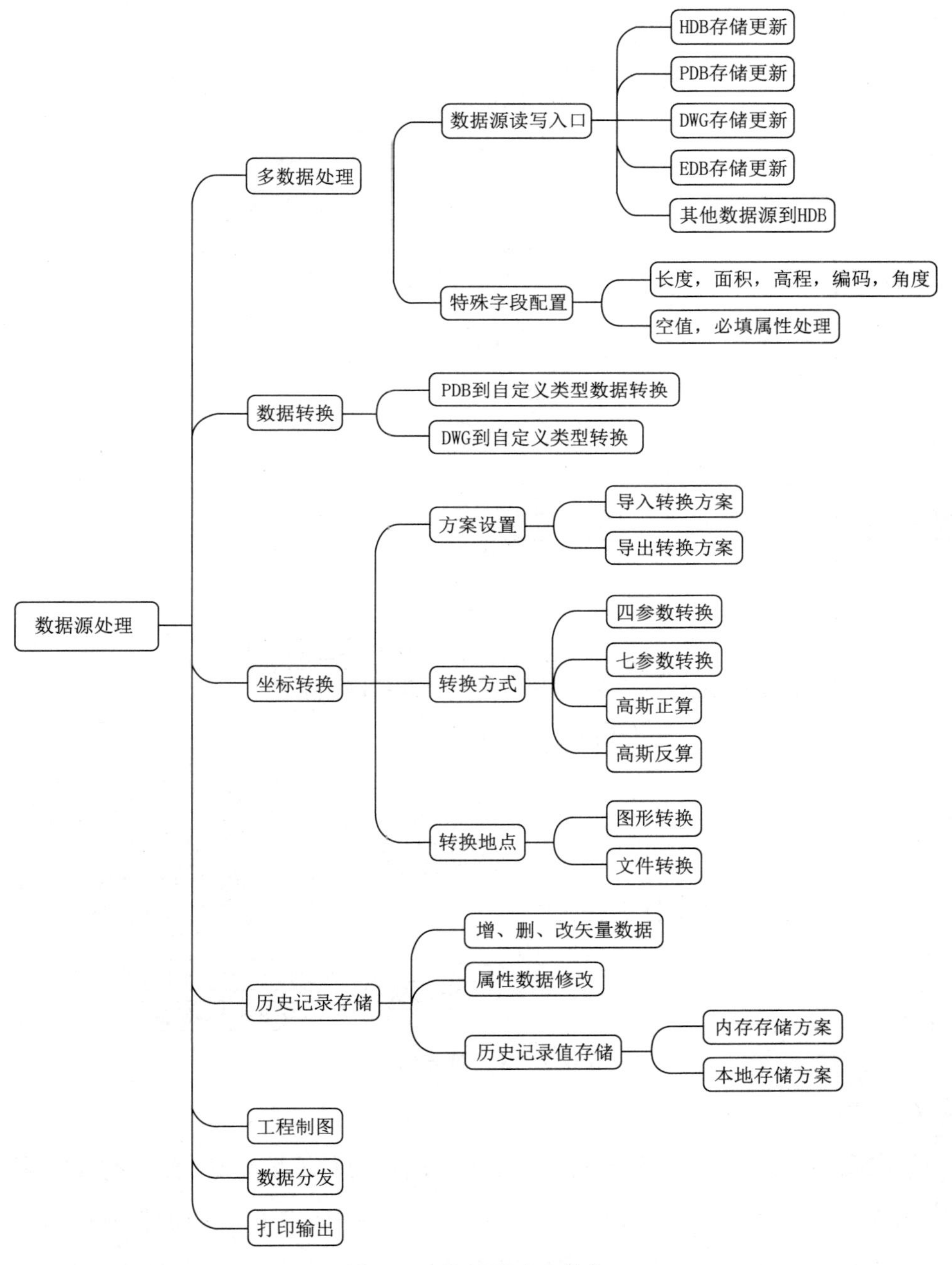

图3-11　数据源处理模块

（2）地图符号化模块

支持图形图像的显示绘制，实现地物要素的可视化表现，对地图制作中的地图符号化表达实现，支持ArcGIS、CAD、HiMap符号类型与相应的编辑管理操作。针对不同设备（PC、Android等）可视化输出与整体界面适应性处理（图3-12）。

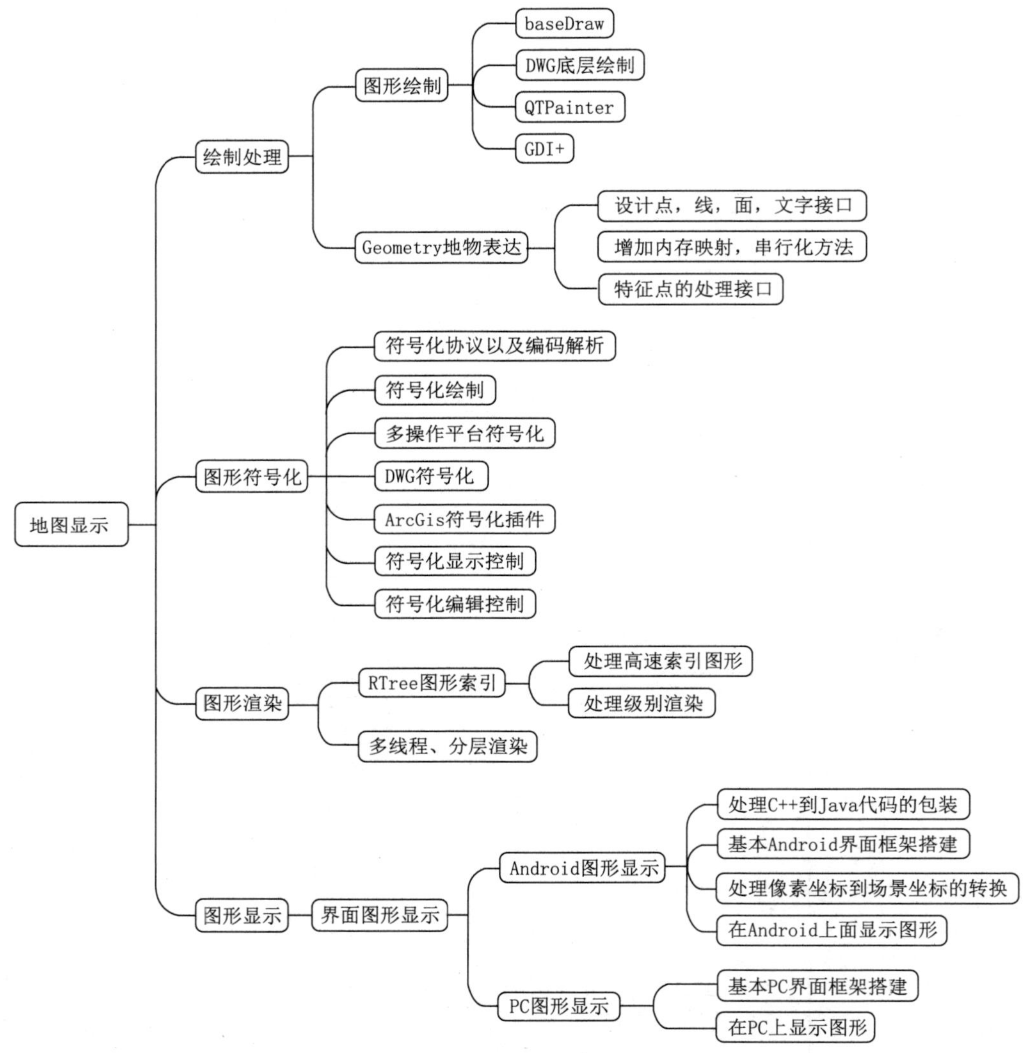

图3-12　地图符号化模块

（3）界面交互模块

为提高用户体验，简化流程操作，提升界面美观舒适度设计，操作的便捷高效性应用采用多文档管理（MDI）设计模式，能够满足用户的多视窗操作应用与不同业务应用场景（例如航测模块），保持传统的CAD用户地图制图需求，提供良好的

CAD命令便捷性操作，对于熟悉CAD的用户能够实现快速完成地图制图工作，提高内业工作效率。同时提供智能语音操作，解放双手，提高外业工作效率。

（4）系统配置模块

系统设置，主要涉及GUI界面风格的用户自定义操作，菜单与常用工具的重新排布与自适应调整，多终端设备的屏幕尺寸的适应调整，支持多国语言资源化版本，软件系统版本信息与用户操作帮助（图3-13）。

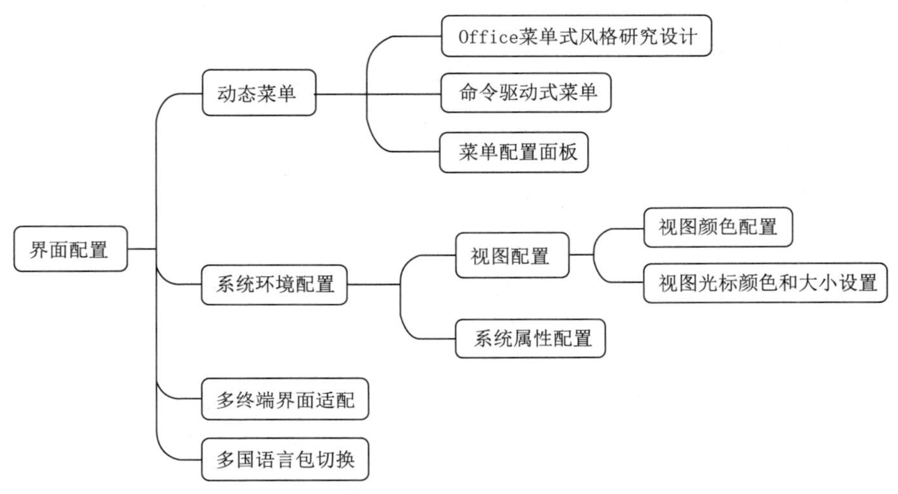

图3-13 系统配置模块

（5）数据安全解决方案

由于导入到移动电子设备中的外业调查数据为涉密数据，在外业调绘生产中，如何保证测绘数据安全，是需要解决的一个重要问题。对所有拷贝到数字外业调查系统中的数据均进行加密处理，系统采用三级安全保护，即：①开机密码获取计算机的使用权；②调绘系统的进入密码；③从U盘中获取测绘成果数据的使用证书。通过上述三级保护，即使计算机遗失，多次错误输入用户名和密码时，移动电子设备中的外业调查数据就会自动清除，并且无法恢复。因此，用上述方法确保调查数据安全。

3.6.2 动态监测系统

开发首都核心功能区地理国情动态监测系统，基于物联网、传感器、计算机可视化等技术，实现城市空间动态数据的实时监测、数据传输、可视化展示、规划支持与成果共享等方面的功能，并将监测数据与可视化分析结果共享给规划相关部门，支持智慧城市的规划决策。软件的用户包括对城市空间动态数据有应用的城市规划相关部门人员（图3-14）。

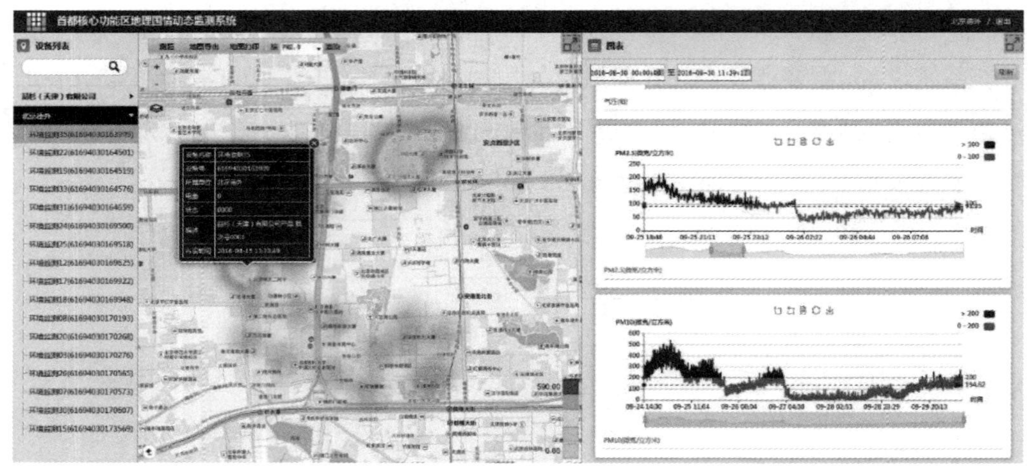

图3-14 首都核心功能区地理国情动态监测系统

3.6.3 用地演变与分析

开发城乡用地演变与分析工具，针对城乡规划用地专题中用地信息的演变与相互关系，应用信息化的手段将基础数据快速地进行数据处理分析及统计，实现指标自动计算，辅助用地演变与分析。城乡规划用地演变与分析数据工具是辅助开展北京城乡规划用地专题国情普查业务工作和辅助监测用地演变的应用系统，是北京地理国情普查的专题分析软件。通过开展城乡规划用地演变与分析数据工具系统研究，可以应用信息化的手段将基础数据快速地进行数据处理分析及统计，实现指标自动计算，可解决工作效率低下、审核结果的准确性难以保证等问题，可使业务人员脱离“苦海”，而将精力用于更具价值的定性因素分析上。项目周期得以缩短，社会效益巨大（图3-15）。

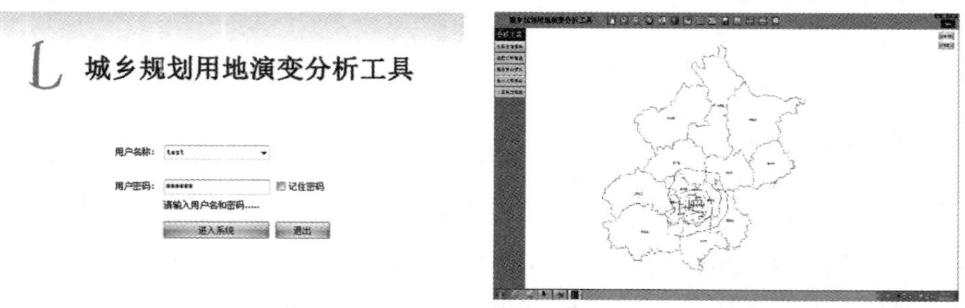

图3-15 城乡用地演变与分析工具

3.6.4 辅助决策软件

开发地理国情辅助规划决策管理软件，实现空间反演分析，利用公共服务设施分析等功能，判断教育、医疗和交通三种公共设施的数量是否满足覆盖区的要求，并对研究区域的设施完善提出策略性建议，解决公共设施分配合理性问题。软件的用户包括北京市规划委员会的领导（决策人员）、业务处室人员、出图人员、系统管理人员等（图3-16）。

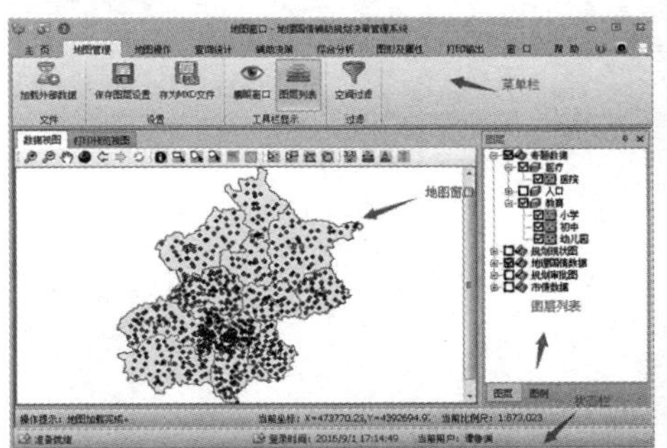

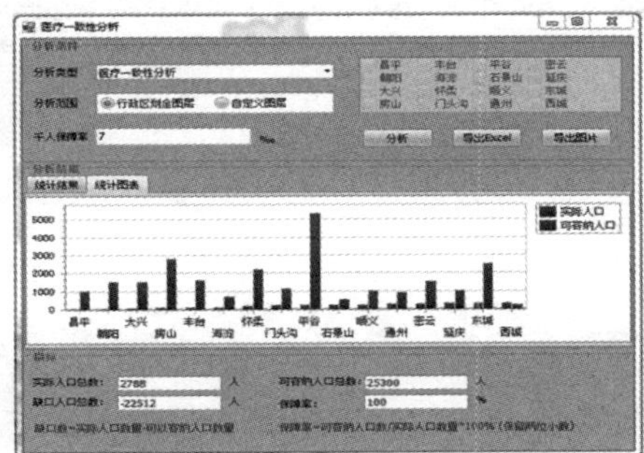

图3-16 地理国情辅助规划决策管理软件

3.6.5 协同审批发布

开发基于协同审批平台的地理国情信息发布与服务软件，通过政务外网或互联网进行发布共享给市政府、市相关委办局、区县政府及社会大众，各委办局根据权限、空间管理范围申请数据共享服务，实现数据和服务层面的共享。平台提供多种类型、多种层次的空间基础信息服务，各政府相关单位可以基于平台应用服务接口，对本部门业务对象进行空间化管理，并通过信息挖掘建立集成信息空间化应用（图3-17）。

图3-17 基于协同审批平台的地理国情信息发布与服务软件

3.6.6 天地图发布

开发基于天地图的地理国情信息发布与服务软件，以天地图服务作为基础底图，利用已有的地图服务资源，将国情普查的空间数据进行保密技术处理，将地理国情普查成果与天地图应用很好地结合起来，将地理国情普查成果通过天地图平台进行应用和展示（图3-18、图3-19）。

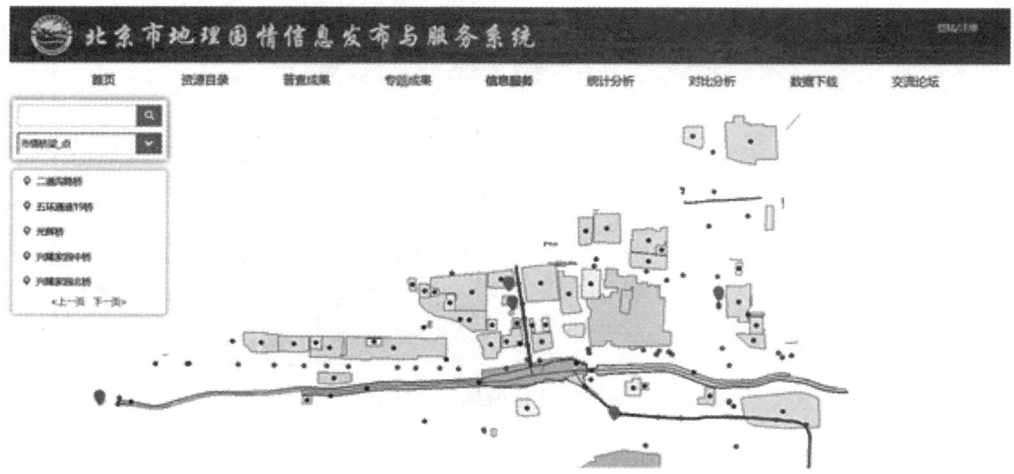

图3-18 基于天地图的地理国情信息发布与服务软件

图3-19 基于天地图的地理国情信息发布与服务软件

3.7 图件成果

编制具有地方特色的图集、图册、挂图，融合自然地理和人文社会环境，结合图表、文字、图片，利用点位分布、柱状图、饼状图等多种形式，横向展示逐个、逐类对象的业务特征，纵向体现各区县的分布特征，构建了多种地理国情成果成图，凝练展示地理国情监测成果。

3.7.1 图集

图集的主要内容如下：

一是展示自然地理要素的基本情况，包括与自然资源环境相关的地形地貌、植被覆盖、水域、荒漠与裸露地等自然地理要素的类别、位置、范围、面积等，体现其空间分布状况。

二是展示人文地理要素的基本情况，包括与人类活动相关的交通网络、居民地与设施、地理单元等地理要素的类别、位置、范围、面积等，体现其空间分布现状。

以上两部分内容均是以地理国情普查数据（地表覆盖、重要地理国情要素、地形地貌）为基础资料，全面、均衡地表示制图区域内自然地理（地形地貌、水系、植被）和社会经济要素（居民地、境界、交通）基本特征、分布规律及其相互关系的普通地图。

三是围绕北京地方特色和城市规划发展目标，根据北京市人口、水务、交通、房屋建筑、生态环境及城市安全等几个重点专题，将地理信息与经济社会其他属性数据进行整合，进行空间化、综合性统计分析评价，在地理国情普查基本统计、综合统计成果和专题统计成果等分析基础上，利用统计制图表达方法，进一步反映这些专题要素的数量、质量等特征及其对比、构成以及随时空变化的动态信息，形成统计分析专题地图。

3.7.2 图册

图册的主要内容如下：

（1）制作区县地理单元分幅地理国情分布专题图，主要反映行政区划，地表覆盖，植被覆盖，交通网络、居民地及设施等专题要素的空间分布。

（2）制作区县地理单元分幅地理国情统计专题图，基于的各区县的基本统计、全市综合统计以及房屋建筑、水利、交通、生态环境、居民地设施以及植被覆盖等专题统计分析成果，利用统计制图表达方法，反映一类或几类要素的分布现状，数量、质量等特征，对比、构成以及随时空变化的动态信息的专题地图。

3.7.3 挂图

挂图的主要内容如下：

（1）制作地理国情基本图，包括北京市域范围、中心城以及16个区县地理单元分幅地图。展示自然地理要素的基本情况，包括与自然资源环境相关的地形地貌、植被覆盖、水域、荒漠与裸露地等自然地理要素的类别、位置、范围、面积等，体现其空间分布状况。以地理国情普查数据（地表覆盖、重要地理国情要素、地形地貌）为基础资料，全面、均衡地表示制图区域内自然地理（地形地貌、水系、植被）和社会经济要素（居民地、境界、交通）基本特征、分布规律及其相互关系的普通地图。

（2）制作地理国情专题要素分布图。除制作地势图、影像图外，围绕地方特色，根据北京市房屋建筑、水利、交通、生态环境、人口以及城市安全6 个专题制作专题图组，反映一类或几类要素的分布现状。

3.7.4 遥感解译样本图集

为了有效地指导和总结地理国情监测遥感影像解译判读工作，按照地理国情普查内容与指标体系，收集整理了一些典型地表覆盖样本的地面实景照片和遥感解译样本成果实例，分析总结了不同地类在遥感影像上的解译特征和采集要求，可帮助解译人员在遥感影像与实际地类之间建立联系和认知，从而辅助和提高对地理国情信息的采集、了解和认知。

3.8 本章小结

地理国情监测成果受到社会各界的广泛关注，特别是在城镇规划设计、城市房屋建设、生态环境保护、城市人口疏解等方面，应用的需求空间逐步扩大。以北京市为例成果已经应用到京津冀协同发展、冬奥会场馆选址与规划、新机场建设、城市副中心新建设、疏解整治促提升、文物保护测绘、美丽乡村、保障性住房、棚户区改造、北京市建设工程项目核验、老城区留白增绿、旧城保护、无障碍设施调查、轨道交通、拆违测量等领域。

本章参考文献

[1] 陈俊勇. 地理国情监测的学习札记[J]. 测绘学报，2012（5）:633-635.

[2] 马万钟，杜清运. 地理国情监测的体系框架研究[J]. 国土资源科技管理，2016，28（6）: 104-111.

[3] 杨伯钢，王淼. 北京市第一次地理国情普查方法浅谈[J]. 北京测绘，2015（01）: 1-4.

[4] 肖建华，甄云鹏，罗名海. 城市地理国情普查监测的实践与思考[J]. 城市勘测，2017（03）: 5-12.

[5] 何建宁，王辉，王莉莉等. 地理国情监测图集的设计研究[J]. 测绘技术装备，2013（4）: 35-38.

[6] 杨旭东，杨伯钢，刘博文等. 北京市地理国情普查数据建库及应用系统研究与实现[J]. 北京测绘，2018（12）: 1433-1437.

[7] 张禹，周博飞，任思思. 基于地理国情监测成果的通用专题服务平台设计[J]. 测绘与空间地理信息，2014（6）: 63-65.

[8] 董菲. 浅议如何进行地理国情统计分析[J]. 测绘与空间地理信息，2014（6）: 186-187.

[9] 曲平，黄焱，代玉. 地理国情监测成果在线发布方案的研究[J]. 测绘与空间地理信息，2014（6）:18-20.

[10] 刘芳，桂德竹. 地理国情监测成果体系与服务模式初探[J]. 遥感信息，2014（4）: 16-19.

[11] 徐红岩，王荣辉. 第一次地理国情普查成果及其应用分析[J]. 江西测绘，2014（4）: 62-64.

[12] 曹銮，石江南，潘星. 地理国情监测图件产品制作探讨[J]. 测绘，2015（3）: 137-140，144.

[13] 张宁丽，朱陈明，李英利. 地理国情普查成果应用方法研究[J]. 测绘，2015（4）: 28-31.

[14] 洪亮，余晓敏，史晓明. 地理国情普查成果应用实践与探索[J]. 测绘通报，2017（1）: 119-121，129.

[15] 李福洪，朱雪虹. 市县地理国情普查成果应用平台的设计与实现[J]. 现代测绘，2018（2）: 54-57.

[16] 甄云鹏，李盼盼，唐名阳等. 城市地理国情普查公报的探索与实践[J]. 地理空间信息，2018（8）: 15-18，40，7.

第2篇

关键技术与方法

第4章

地理国情监测内容与指标体系

4.1 概述

目前我国对于地理国情监测的研究尚处于起步阶段，对于地理国情监测的内容、对象、分类还没有形成一个统一的认识。为此，系统的建立地理国情监测的内容和指标体系，以全面获取地理国情的现状、动态以及发展趋势等信息，为国家重大决策和政策的制定提供依据，为相关部门专业监测提供公共基础数据具有重要意义。

本章从地理国情监测应用角度出发，综合分析自然、生态、人文等地理要素，结合国家基础地理信息数据成果，划定了地理国情监测内容的范围，并运用线分类法对地理国情监测内容要素进行了分类，构建了面向对象的地理国情监测内容分类体系。在明确地理国情监测对象的基础上，基于监测内容分类体系，吸收借鉴国内外已有指标体系研究的先进成果与经验，针对每类监测对象分别选取基础指标、统计指标和分析指标，初步构建了地理国情监测指标体系。

4.2 地理国情监测对象

地理国情监测的对象可归纳为自然环境要素、产业经济要素、社会人文要素三大类。自然环境要素指的是与地理空间紧密相连的自然环境、自然资源基本情况和特点，是地理国情信息的基础内容，称为基础性地理国情对象。产业经济要素和社会人文要素是针对地理国情广义的含义，面向特定应用或局部区域的需求进行分类时的内容，称为专题性地理国情对象。

自然环境要素，指地表及其上下一定空间范围内的自然资源和生态环境及其特征，是地理国情监测中的基础内容，称为基础性地理国情对象。主要包括：土地要素的面积、位置、形状、地形地貌、土壤、土地覆盖、建筑物及构筑物、水系、植被、矿产、生态环境等。

社会人文要素，主要指一定范围内的社会构成和人文要素，主要包括城市化进程、人口空间分布、人文景观空间分布、空间规划编制与实施、区域协调发展战略、重大自然灾害防治和国土空间开发利用、民族关系等。地理国情监测除了要获取地理自然要素信息之外，还必须掌握社会人文的相关信息，抓住社会发展和人类活动的规律，从而实现对一定范围内地理现象的现状和时空演变过程进行准确的表达和预测分析。

产业经济要素。是自然要素和社会人文要素相联系的媒介，同时也是两者结合的具体产物。产业经济要素包括产业结构、生产力布局、产业发展状态和特色产业等。按照产业经济要素与自然要素和社会人文要素之间的关系，可以进一步将产业经济要素划分为两个方面，即产业经济结构和产业基础结构。其中产业经济结构是产业经济要素与社会人文要素的耦合体，产业基础结构是产业经济要素与自然要素的耦合体。

4.3 地理国情对象分类与描述方法

4.3.1 地理国情对象分类方法

1. 信息分类方法

概括来说信息分类的基本方法有两种：线分类法与面分类法。

线分类法：线分类法也称等级分类法。线分类法按选定的若干属性（或特征）将分类对象逐次地分为若干层级，每个层级又分为若干类目。统一分支的同层级类目之间构成并列关系，不同层级类目之间构成隶属关系。同层级类目互不重复，互不交叉。例如，我国行政区划编码，是采用线分类法，6位数字码。第1、2位表示省（自治区、直辖市），第3、4位表示地区（市、州、盟），第5、6位表示县（市、旗、镇、区）的名称。

面分类法也称平行分类法，它是把拟分类的商品集合总体根据其本身固有的属性或特征，分成相互之间没有隶属关系的面，每个面都包含一组类目。将某个面中的一种类目与另一个面的一种类目组合在一起，即组成一个复合类目。面分类法具有类目可以较大量地扩充、结构弹性好、不必预先确定好最后的分组、适用于计算机管理等优点，但也存在不能充分利用容量、组配结构太复杂、不便于手工处理等缺点。

面分类法则将整形码分为若干码段，一个码段定义事物的一重意义，需要定义多重意义就可以采用多个码段。这种代码的数值当然也可以在数轴上找到表达，然而，一根数轴却只能约束一重意义上父类与子类的从属关系，多重意义的约束就要用多根数轴来实现，也就是说一个码段对应一根数轴。面分类是若干个线分类的合成。

2. 基础性地理国情对象分类方法

针对地理国情基础内容分类采用线分类法。利用该方法将地理国情对象分为耕地、园地、林地、草地、房屋建筑（区）、构筑物、道路、人工堆掘地、荒漠与裸露地表、水域、地理单元及地形，为避免与土地利用等分类的混淆，分类结果将耕地与园地合并为种植土地、林地与草地合并为林草覆盖，形成10个一级类，下级类在各一级类基础上细分。其中一级类本分类是根据地理国情定义，涵盖所有自然地理要素和人文地理要素，同时结合土地利用分类、地表覆盖分类、基础地理信息要素分类等分类体系形成，一级类划分思路如图4-1所示。

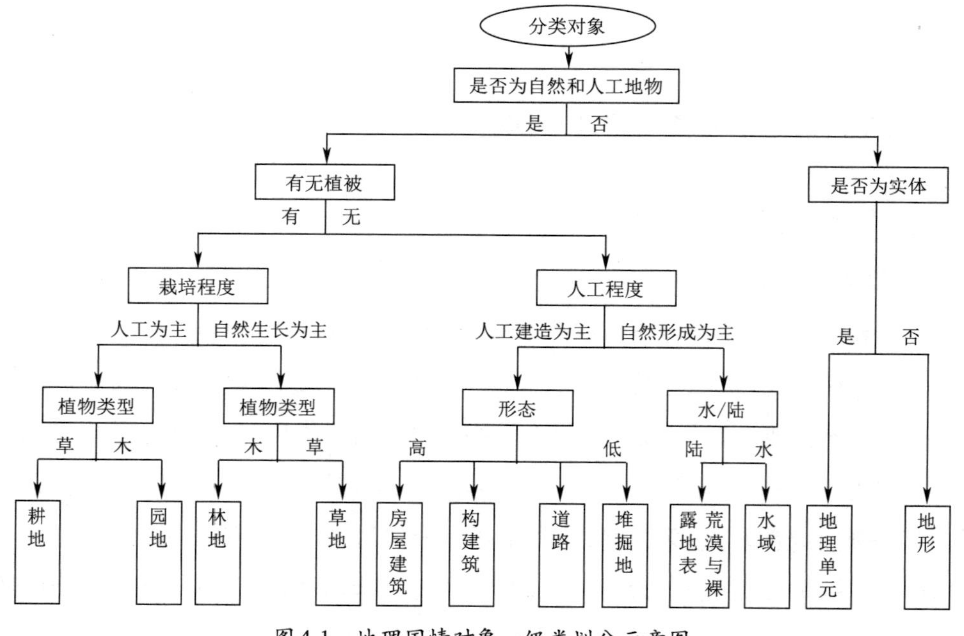

图4-1 地理国情对象一级类划分示意图

3．专题性地理国情对象分类方法

专题性地理国情对象是具有明显的地域特色，针对不同地区的不同需求，专题性地理国情对象不尽相同。主要可分为国土空间开发、生态环境保护、资源节约利用、城镇化发展、国家重大战略和区域总体发展规划实施等专题。

4.3.2 地理国情对象描述方法

1．基础性地理国情对象描述方法

基础性地理国情对象的描述主要根据每个类型特征，分别从类型定义或说明、地面实景照片与遥感影像实例、地理国情要素采集要求、地表覆盖分类要求、属性项定义和有关说明共6个方面进行描述。

描述内容参考相关专业部门开展的普查（调查、监测）内容分类，根据地理国情的分析和应用需求，进行适当筛选和扩充，选择和扩充必要的属性项，并规定统一的、定量化的采集指标，以保证信息采集的完整性和一致性。各地理要素类型属性的取值应遵循相关领域的现行国家标准或行业标准。

2．专题性地理国情对象描述方法

专题性地理国情对象的描述评价需要根据区域特点及需要解决的问题研究确定指标体系，构建计算评价模型，利用地理国情普查成果、基础性监测成果、多时相高分辨率遥感影像和大地基准观测数据，以及历史基础地理信息、经济社会专题数据等，通过数据融合与配准等处理，形成变化监测数据集，采用变化检测与变化分析技术，开展国情信息的定量化、空间化连续监测，形成内容丰富、形式多样、准确可靠的地理国情监测成果。

4.4 基础性地理国情监测内容与指标

基础性地理国情监测目的是对地理国情普查成果进行持续更新，保持地理国情普查成果的现势性。从应用的角度来看，通过对地理国情普查成果进行更新以及集成相关信息进行统计分析，形成反映“基本国情”的指标信息，服务于“基本国情”的维护、研究，以及为行政管理、新闻传播、对外交流、教学科研等对社会公众有影响的活动中使用与地理空间相关的信息数据提供标准。地理国情的“基本国情”属性，意味着基础性地理国情监测成果要具备可靠的精度和较高的质量，保证内容完整、标准一致、信息权威。因此，国家综合考虑提出地理国情的对象、内容及指标要求，最终形成《基础性地理国情监测内容与指标》，包括10个一级类、59个二级类、143个三级类。

在实际工作中，分为地表覆盖、重要国情要素和地表形态三类信息开展监测。地表覆盖分类信息反映地表自然营造物和人工建造物的自然属性或状况，地表覆盖不同于土地利用，一般不侧重于土地的社会属性（人类对土地的利用方式和目的意图）等，包括种植土地、林草覆盖、房屋建筑（区）、构筑物、道路、人工堆掘地、荒漠与裸露地表、水域8个一级类；重要地理国情要素信息（以下简称地理国情要素）反映与社会经济生活密切相关、具有较为稳定的空间范围或边界、具有或可以明确标识、有独立监测和统计分析意义的重要地物及其属性。如城市、道路、设施和管理区域等人文要素实体，湖泊、河流、沼泽、沙漠等自然要素实体，以及高程带、平原、盆地等自然地理单元。地表形态数据反映地表的地形及地势特征，也间接反映了地貌形态。数字高程模型是反映地表形态常用的计算机表示方法。具体分类见表4-1。

基础性地理国情监测内容与指标表　　表4-1

代码	一级	二级	三级	信息分类
0100	种植土地			地表覆盖
0110		水田		地表覆盖
0120		旱地		地表覆盖
0210		果园		地表覆盖
0211			乔灌果园	地表覆盖
0212			藤本果园	地表覆盖
0213			草本果园	地表覆盖
0220		茶园		地表覆盖
0230		桑园		地表覆盖
0240		橡胶园		地表覆盖
0250		苗圃		地表覆盖
0260		花圃		地表覆盖
0290		其他园地		地表覆盖
0291			其他乔灌果园	地表覆盖
0292			其他藤本果园	地表覆盖
0293			其他草本果园	地表覆盖

续表

代码	一级	二级	三级	信息分类
0300	林草覆盖			地表覆盖
0310		乔木林		地表覆盖
0311			阔叶林	地表覆盖
0312			针叶林	地表覆盖
0313			针阔混交林	地表覆盖
0320		灌木林		地表覆盖
0321			阔叶灌木林	地表覆盖
0322			针叶灌木林	地表覆盖
0323			针阔混交灌木林	地表覆盖
0330		乔灌混合林		地表覆盖
0340		竹林		地表覆盖
0350		疏林		地表覆盖
0360		绿化林地		地表覆盖
0370		人工幼林		地表覆盖
0380		稀疏灌丛		地表覆盖
0410		天然草地		地表覆盖
0411			高覆盖度草地	地表覆盖
0412			中覆盖度草地	地表覆盖
0413			低覆盖度草地	地表覆盖
0420		人工草地		地表覆盖
0421			牧草地	地表覆盖
0422			绿化草地	地表覆盖
0423			固沙灌草	地表覆盖
0424			护坡灌草	地表覆盖
0429			其他人工草地	地表覆盖
0500	房屋建筑（区）			地表覆盖
0510		多层及以上房屋建筑区		地表覆盖
0511			高密度多层及以上房屋建筑区	地表覆盖
0512			低密度多层及以上房屋建筑区	地表覆盖
0520		低矮房屋建筑区		地表覆盖

续表

代码	一级	二级	三级	信息分类
0521			高密度低矮房屋建筑区	地表覆盖
0522			低密度低矮房屋建筑区	地表覆盖
0530		废弃房屋建筑区		地表覆盖
0540		多层及以上独立房屋建筑		地表覆盖
0541			多层独立房屋建筑	地表覆盖
0542			中高层独立房屋建筑	地表覆盖
0543			高层独立房屋建筑	地表覆盖
0544			超高层独立房屋建筑	地表覆盖
0550		低矮独立房屋建筑		地表覆盖
0600	道路			地表覆盖、地理国情要素
0610		铁路		地表覆盖、地理国情要素
0620		公路		地表覆盖、地理国情要素
0630		城市道路		地表覆盖、地理国情要素
0640		乡村道路		地表覆盖、地理国情要素
0650		匝道		地表覆盖、地理国情要素
0700	构筑物			地表覆盖、地理国情要素
0710		硬化地表		地表覆盖、地理国情要素
0711			广场	地表覆盖、地理国情要素
0712			露天体育场	地表覆盖、地理国情要素
0713			露天停车场	地表覆盖、地理国情要素
0714			停机坪与跑道	地表覆盖、地理国情要素
0715			硬化护坡	地表覆盖、地理国情要素
0716			场院	地表覆盖、地理国情要素
0717			露天堆放场	地表覆盖、地理国情要素
0718			碾压踩踏地表	地表覆盖、地理国情要素
0719			其他硬化地表	地表覆盖、地理国情要素
0720		水工设施		地表覆盖、地理国情要素
0721			堤坝	地表覆盖、地理国情要素
0722			闸	地表覆盖、地理国情要素
0723			排灌泵站	地表覆盖、地理国情要素
0729			其他水工构筑物	地表覆盖、地理国情要素

续表

代码	一级	二级	三级	信息分类
0730		交通设施		地表覆盖、地理国情要素
0731			隧道	地表覆盖、地理国情要素
0732			桥梁	地表覆盖、地理国情要素
0733			码头	地表覆盖、地理国情要素
0734			车渡	地表覆盖、地理国情要素
0735			高速公路出入口	地表覆盖、地理国情要素
0736			加油（气）、充电站	地表覆盖、地理国情要素
0737			立交桥	地表覆盖、地理国情要素
0740		城墙		地表覆盖
0750		温室、大棚		地表覆盖
0760		固化池		地表覆盖
0761			游泳池	地表覆盖
0762			污水处理池	地表覆盖
0763			晒盐池	地表覆盖
0769			其他固化池	地表覆盖
0770		工业设施		地表覆盖
0780		沙障		地表覆盖
0790		其他构筑物		地表覆盖
0800	人工堆掘地			
0810		露天采掘场		地表覆盖
0811			露天煤矿采掘场	地表覆盖
0812			露天铁矿采掘场	地表覆盖
0813			露天铜矿采掘场	地表覆盖
0814			露天采石场	地表覆盖
0815			露天稀土矿采掘场	地表覆盖
0819			其他采掘场	地表覆盖
0820		堆放物		地表覆盖、地理国情要素
0821			尾矿堆放物	地表覆盖、地理国情要素
0822			垃圾堆放物	地表覆盖
0829			其他堆放物	地表覆盖
0830		建筑工地		地表覆盖
0831			拆迁待建工地	地表覆盖
0832			房屋建筑工地	地表覆盖
0833			道路建筑工地	地表覆盖

续表

代码	一级	二级	三级	信息分类
0839			其他建筑工地	地表覆盖
0890		其他人工堆掘地		地表覆盖
0900	荒漠与裸露地表			地表覆盖
0910		盐碱地表		地表覆盖
0920		泥土地表		地表覆盖
0930		沙质地表		地表覆盖
0940		砾石地表		地表覆盖
0950		岩石地表		地表覆盖
1000	水域			地表覆盖、地理国情要素
1010		河渠		地表覆盖、地理国情要素
1011			河流	地表覆盖、地理国情要素
1012			水渠	地表覆盖、地理国情要素
1020		湖泊		地表覆盖、地理国情要素
1030		库塘		地表覆盖、地理国情要素
1031			水库	地表覆盖、地理国情要素
1032			坑塘	地表覆盖、地理国情要素
1040		海面		地表覆盖、地理国情要素
1050		冰川与常年积雪		地表覆盖、地理国情要素
1051			冰川	地表覆盖、地理国情要素
1052			常年积雪	地表覆盖、地理国情要素
1100	地理单元			
1110		行政区划与管理单元		地理国情要素
1111			国家级行政区	地理国情要素
1112			省级行政区	地理国情要素
1113			特别行政区	地理国情要素
1114			地、市、州级行政区	地理国情要素
1115			县级行政区	地理国情要素
1116			乡、镇行政区	地理国情要素
1117			行政村	地理国情要素
1118			城市中心城区	地理国情要素
1119			其他特殊行政管理区	地理国情要素
1120		社会经济区域单元		地理国情要素
1121			主体功能区	地理国情要素

续表

代码	一级	二级	三级	信息分类
1122			开发区、保税区	地理国情要素
1123			国有农、林、牧场	地理国情要素
1124			自然、文化保护区	地理国情要素
1125			自然、文化遗产	地理国情要素
1126			风景名胜区、旅游区	地理国情要素
1127			森林公园	地理国情要素
1128			地质公园	地理国情要素
1129			行、蓄、滞洪区	地理国情要素
112A			饮用水水源保护区	地理国情要素
112B			生态保护红线	地理国情要素
112C			永久基本农田保护区	地理国情要素
112D			城镇开发边界	地理国情要素
1130		自然地理单元		地理国情要素
1131			流域	地理国情要素
1132			地形分区	地理国情要素
1133			地貌类型单元	地理国情要素
1134			湿地保护区	地理国情要素
1135			沼泽区	地理国情要素
1140		城镇综合功能单元		地理国情要素
1141			居住小区	地理国情要素
1142			工矿企业	地理国情要素
1143			单位院落	地理国情要素
1144			休闲娱乐、景区	地理国情要素
1145			体育活动场所	地理国情要素
1146			名胜古迹	地理国情要素
1147			宗教场所	地理国情要素
1148			保障性住房建设区	地理国情要素
1149			收费停车场	地理国情要素
1200	地形			
1210		高程信息		
1220		坡度信息		
1230		坡向信息		
总计	10	59	143	

4.5 专题性地理国情监测内容与指标

专题性地理国情监测是指充分利用地理国情普查与基础性地理国情监测成果，结合存档基础地理信息成果和航空航天遥感影像数据，开展精细化、抽样化、快速化的专题性监测。专题性地理国情监测面向特定应用或局部区域的需求，照顾的是点，主要围绕国家和地方国土空间开发利用、资源环境及生态管理、空间规划编制与实施、区域协调发展战略、重大自然灾害防治、生产力优化布局等方面的管理决策需要，确定监测重点领域和任务内容。专题性监测内容要突出地域特色、有所侧重，例如，西部监测可侧重于生态环境保护，中部监测侧重于区域发展规划实施，东部监测侧重于国土空间开发和城镇发展格局变化，监测成果要可以直接为本地区经济社会发展、生态文明建设提供最贴切的地理国情信息服务。

自2016年开始，国家层面围绕国土空间开发、生态环境保护、国家重大战略实施等专题，充分利用第一次全国地理国情普查和监测成果，结合基础地理信息成果和最新的航空航天遥感影像数据，在基础性地理国情监测基础上，按需开展了专题性地理国情监测。

4.5.1 国土空间开发监测

以地理国情普查和基础性地理国情监测成果为基础，结合基础地理信息数据和社会经济统计资料，利用多源、多期高分辨率遥感影像数据，以主体功能定位为依据，主要对优化开发区（主要对城市建成区发展、工业用地和城郊农业用地变化、公共服务设施和基础设施的空间分布进行监测）、重点开发区（主要监测国土利用变化、公共服务设施空间分布、基础设施空间分布等）、农产品主产区（主要监测农业用地空间分布及变化、主要作物类型分布、各类基础设施空间分及配置程度等）进行监测，服务国家、部门和地方国土空间格局优化发展的需要。在省级层面，依据国土空间开发适宜程度评价结果，结合各地实际情况，划定市县的城镇空间、农业空间和生态空间，服务省级空间规划编制试点、生态保护红线划定等工作，推进“多规合一”省域全覆盖，为构建以空间规划为基础、以用途管制为主要手段的国土空间治理体系提供支撑。

4.5.2 生态环境保护监测

采用多源、多时相中高分辨率多光谱遥感数据、地理国情普查的高分辨率遥感影像数据以及资源三号卫星影像、基础地理信息数据等，对全国生态文明建设具有重要影响的重点生态功能区、生态脆弱区开展自然生态空间监测，包括：地表覆盖状况、自然生态状况、生态环境安全等；对我国主要湿地、典型沙漠、典型冰川和永久积雪覆盖区域的空间位置、面积变化进行长时间序列的监测，掌握其变化特点和规律。满足国家、部门和地方生态环境保护和管理的迫切需要，保障国家和区域生态安全，促进经济社会可持续发展。

4.5.3 资源节约利用监测

利用多平台、多种类、多时相的中、高分辨率光学、微波、激光雷达等遥感数据，围绕能源矿产、森林资源、水资源、沿海滩涂资源等，结合基础地理信息数据以及社会经济相关专题资料，开展各类资源的数量、质量的空间分布变化监测。利用地理国情普查、基础性地理国情监测以及各类自然资源监测成果，服务各地自然资源资产负债表编制、领导干部自然资源资产离任审计等工作。结合社会经济要素的空间分布，评估各类资源的承载能力，根据资源约束，评估资源综合承载力，结合人口社会经济的发展现状，分析自然资源节约集约利用水平，促进人口、经济、资源环境相协调发展。

4.5.4 城镇化发展监测

利用多时相的航空航天遥感影像，并结合不同时期的基础地理信息数据及土地利用数据、城市规划数据、地籍测绘数据等专题资料，开展城市地理国情监测，准确掌握城市自然和人文资源禀赋，摸清城市地理国情家底，为统筹城市空间布局，开展环境容量和城市综合承载能力评价，确定城市功能定位和规模，控制城市开发强度，科学划定城市开发边界，为“多规合一”等提供基准统一、系统全面的城市监测数据支撑；准确掌握城市自然山体、河湖湿地、耕地、林地、草地等空间分布信息，为建设海绵城市、提升水源涵养能力、优化城市绿地布局等提供决策依据；掌握城市历史文化街区和历史建筑的空间分布信息，为有序实施城市修补和有机更新，解决老城区环境品质下降、历史文化遗产损毁等问题提供数据支撑；掌握城区轮廓范围、面积及变化类型，城市区域土地利用/覆盖变化信息，开展城市形态与结构变化分析、城市热岛效应、地表沉降、产业发展空间布局、重大基础设施空间布局、医疗/文教/卫生空间布局等方面的监测。

4.5.5 国家重大战略和区域总体发展规划实施监测

充分利用地理国情普查成果数据、基础性地理国情监测成果数据、高分辨率遥感数据、基础地理信息成果数据等，对我国重大发展战略、重大工程、区域总体发展规划等实施状况及影响进行动态监测。对长江经济带、一带一路、京津冀协同发展等重大战略实施区域的地表覆盖状况、产业空间布局、基础设施建设、生态环境承载力等进行监测。对国家级新区、生态保护区与经济转型区的基本自然生态指标、综合自然生态指标、城乡统筹发展格局、基本公共服务水平等进行监测，实现对区域发展规划实施过程的跟踪、监督和评估，反映规划实施以来的生态保护建设进展、经济转型效果等。对重大工程建设实施之前、实施期间以及工程结束之后一段时间内的工程建设区域及周边的地表覆盖、生态环境等变化开展监测，反映工程实施进展、效果和影响等。

4.6 城市地理国情监测内容与指标

城市地理国情监测指的是以城市为空间范围进行的基础性地理国情监测和专题性地理国情监测。城市地理国情监测在国家经济建设发展全局中的地位举足轻重，开展城市地理国情监测对于提升城市治理能力和治理水平具有重要意义。城市地理国情监测需要准确把握城市主攻方向，要围绕城市规划开展监测，增强城市规划的前瞻性、严肃性；围绕公共服务开展监测，促进城市公共服务更加高效；围绕城市治理开展监测，营造城市宜居环境；围绕特色风貌开展监测，提高历史文化风貌保护水平；围绕应急救灾开展监测，切实保障城市安全，为城市工作提供多元化、精细化、个性化的监测产品和服务。

国家级基础性地理国情监测综合考虑全国统一的需求、各区完成任务的能力等因素，确定基本的、适用于全国各地区的监测内容与指标，反映城市特色的内容较少。国家级专题性地理国情监测主要考虑党中央、国务院确定的重大战略实施、重大工程建设、重要政策的论证和执行效果评估等事项的需要确定的监测内容，部分内容城市监测可借鉴，但在实际监测过程中，需要根据城市的特点、发展定位、城市布局等进一步扩充优化监测的内容与指标，以满足城市管理的需要。

4.6.1 城市基础性地理国情监测

城市基础性地理国情监测在满足国家要求内容基础上，可根据城市管理的业务需要适当扩充细化城市监测的内容与指标。下面以北京市为例说明：

北京市在进行地理国情普查及监测之初，从住房、用地、交通、水务、生态环境五个方面考虑，调研政府管理部门的业务需求，在国家基础性监测内容与指标基础上扩充细化了2个二级类、22个三级类、48个四级类。扩充细化内容如表4-2所示。

北京市基础性地理国情监测内容与指标表 表4-2

代码	一级	二级	三级	四级
0314			古树名木	
03141				古树
03142				名木
0560		单体建筑		
0561			住宅	
05611				平房
05612				楼房
0562			公共建筑	
05621				行政办公
05622				商业服务
05623				文化娱乐
05624				体育
05625				医疗卫生
05626				教育
05627				交通建筑
05628				环境卫生
05629				园林建筑
0562A				文物古迹
0562B				社会福利院
0562C				宗教活动场所
0562D				通信广播建筑

续表

代码	一级	二级	三级	四级
0562E				纪念性建筑
0563			工业仓储	
05631				一二三类工业
05632				高新技术产业
05633				绿隔产业
05634				其他企业建筑
05635				仓储
0564			农业建筑	农业建筑
0565			其他建筑	其他建筑
0660		规划路	规划路	规划路
071A			垃圾场站	垃圾场站
0724			排水管线	排水管线
0725			城市易积水点	城市易积水点
0726			浅层地下水监测点	浅层地下水监测点
0738			交通场站	交通场站
0739			轨道交通站点出入口	轨道交通站点出入口
07A0			无障碍设施	
07A1				缘石坡道
07A2				行进盲道
07A3				提示盲道
07A4				盲道障碍点
07A5				无障碍出入口
07A6				无障碍电梯
07A7				无障碍公共厕所
07A8				无障碍机动车停车位
112E			危险废物处置场	危险废物处置场
112F			重点调查污染源	重点调查污染源
112G			人口分布	人口分布
114A			城乡规划用地	城乡规划用地
114B			城市下垫面	城市下垫面
114C			地震应急避难场所	地震应急避难场所
114D			城镇典型地质点	城镇典型地质点
114E			地表沉降监测点	地表沉降监测点
总计		2	21	39

4.6.2 城市专题性地理国情监测

城市专题性地理国情监测是常态化地理国情监测工作的重要内容之一。开展专题性监测，对监测成果进行综合分析和深入挖掘，能够有效促进监测成果转化和推广应用。下面举例说明城市专题性地理国情监测情况。

2017 ~ 2018年北京市针对总体规划编制及落地实施、违法建筑拆除等重大工程项目开展进行了单体建筑、地表沉降等专题性监测。

2015 ~ 2017年，广西壮族自治区按照“突出地域特色、有所侧重”的原则，先后开展了城市空间格局变化、海岸带开发利用、尾矿库、土地资源开发利用、生态环境、糖业生产管理等20项专题性地理国情监测项目，为优化广西国土空间开发格局，推进自然生态系统和环境保护，合理配置各类资源，实现绿色发展提供支撑。

近几年来，湖南省国土资源厅开展了一系列的地理国情监测项目：与中国测绘科学研究院、中南大学共建地理国情监测湖南研究中心，联合开展“全国地级以上城市及典型城市群空间格局变化监测”、“湘江新区空间格局变化监测”、“长江经济带（湖南省）国家投资基础设施建设监测”等国家级地理国情监测；开展洞庭湖生态经济区、长株潭城市群，长株潭绿心区、湖南省粮食种植面积、湖南省主体功能区、湖南省“矿山复绿”行动进展、衡邵干旱走廊、湘江流域下游区等多项省级重大专题性地理国情监测项目；全省14个市州围绕国土空间开发布局、红线边线划定、自然保护区及生态敏感区、城镇与开发园区用地扩张、精准扶贫等内容开展市州地理国情监测。

2018年1月12日，浙江省测绘科学技术研究院承担的“专题性地理国情监测——平原区InSAR地面沉降监测”项目通过验收。使用多套InSAR处理软件和多种类型SAR影像对杭州、台州地区开展地面沉降监测，获取监测区域高精度的地表沉降信息。通过对地面沉降趋势评价、典型区域分析、外业实地勘查等多种手段进行综合评价，并针对杭州地铁等重大工程进行了重点监测。项目形成的区域性地面沉降监测成果和杭州地铁地面沉降专题成果将为政府部门减灾救灾等工作提供决策参考。项目成功研究并应用了低成本的连续动态、大范围地面沉降监测和三维、精细化地面沉降小区域监测技术，积累的技术成果和经验可为后续区域性、工程性地面沉降监测提供良好的基础。

4.7 地理国情监测统计分析内容与指标

以地理国情监测数据为基础，结合社会经济等专题数据，对自然、人文等地理国情要素进行基本统计、综合统计和专题分析评价，依托统计分析系统和监测平台，形成反映地形地貌、地表覆盖、地理界线等基本状况的地理国情信息统计分析报表以及各类资源、环境、生态、社会、经济的空间分布、空间结构、空间关系、地域差异的地理国情统计分析报告，揭示经济社会发展和自然资源环境的空间分布规律。

在统计分析评价前，需要根据统计对象、统计要求、统计侧重点不同构建基本统计、综合统计和专题分析评价的内容与指标体系。

4.7.1 地理国情监测统计分析单元

地理国情监测统计分析一般以规则地理格网单元、行政区划与管理单元、地形单元为统计单元，如表4-3所示。

地理国情监测统计单元表 表4–3

统计单元	统计单元内容
规则地理格网	10km × 10km格网、1km × 1km格网、500m × 500m格网、100m × 100m格网
行政区划	省级行政单元、地市州盟级行政单元、县级行政单元、乡镇级行政单元
管理单元	城市中心城区、其他特殊行政管理单元
高程带	<50m、[50m，100m)、[100m，200m)、[200m，300m)、[300m，500m)、[500m，800m)、[800m，1000m)、[1000m，1200m)、[1200m，1500m)、[1500m，2000m)、[2000m，2500m)、[2500m，3000m)、[3000m，3500m)、[3500m，5000m)、[5000m以上)
坡度带	[0°，2°)、[2°，3°)、[3°，5°)、[5°，6°)、[6°，8°)、[8°，10°)、[10°，15°)、[15°，25°)、[25°，35°)、[35°以上)
地貌单元	平原、台地、丘陵和山地
其他单元	流域、生态保护红线区、永久基本农田保护区、饮用水水源地保护区、开发区、保税区

4.7.2 基本统计内容与指标

基本统计是地理国情监测工作的重要内容，是根据地理国情监测采集的点、线、面等几何特征类型和地理实体对象，进行地形地貌、植被覆盖、荒漠与裸露地表、水域、交通网络、居民地与设施、地理单元的数量、密度、位置、高程、范围等内容的统计。

1. 统计指标

针对自然和人文两种普查对象，按照几何特征类型划分为点、线、面以及地理实体，进行要素个数、长度、面积、密度、占比、高程、范围等基本指标的统计。地理实体是指现实世界中具有唯一名称及代码、独立的自然或人工地物，例如黄河、密云水库、大广高速等。

（1）点状要素应进行要素个数、密度、距离、交通距离等基本指标的统计。

（2）线状要素应进行要素密度、表面长度等基本指标的统计。

（3）面状要素应进行要素个数、面积、表面面积、占比、构成比、四至坐标、东西和南北长度、平均高程、最高高程、最低高程、地表平整系数等基本指标的统计。

（4）地理实体应进行实体个数、长度、面积等基本指标的统计。

2. 统计内容

（1）地形地貌一般按照行政区划单元进行面积、表面面积、占比、最高、最低、平均值等的统计。

（2）植被覆盖一般按照规则地理格网、行政区划、管理单元、高程带、坡度带等进行表面面积、面积、占比、构成比的统计。

（3）水域一般按照规则地理格网、行政区划、管理单元、高程带、坡度带、地貌类型等进行面积、占比、个数、长度等的统计。

（4）裸露地一般按照规则地理格网、行政区划、管理单元、高程带、坡度带等进行表面面积、面积、占比、构成比等的统计。

（5）铁路与道路及设施一般按照规则地理格网、行政区划、管理单元等进行面积、占比、长度、密度等的统计。

（6）居民地与设施一般按照规则地理格网、行政区划、管理单元等进行面积、占比、构成比、长度、密度等的统计。

（7）地理单元一般按照规则地理格网、行政区划、管理单元等进行表面面积、面积、占比、个数等的统计。

4.7.3 综合统计内容与指标

综合统计主要是基于地理国情监测采集的数据，进行适当组合计算，用于反映地表覆盖或地理国情要素的空间分布。主要内容可包括地表要素空间分布形态分析、地表覆盖空间格局分析、地表覆盖程度分析、地面交通通达性分析、基础设施配置水平分析、地表要素空间相关性分析共6个方面，可从空间分布格局、景观格局、覆盖程度、通达性、优势性、弱势性、土地开发程度、空间相关性、城市景观扩张程度、地表形变危险性等指数进行统计（表4-4）。

综合统计内容与指标表 表4-4

序号	综合分析名称	普查信息	分析模型/方法	计算指标
1	覆盖程度	水域、交通网络、交通设施、植被覆盖、教育、医疗设施、文化娱乐	覆盖分析模型和方法	辐射覆盖指数、覆盖度指标
2	景观格局	地表覆盖、道路、交通设施、水渠	景观格局分析模型	复杂度、破碎度、稳定性、多样性、均匀度、优势度等
3	空间分布格局	居民地、交通网络、植被覆盖，以及学校、医院等	空间聚类、离散分析、层次分析	水平分布、垂直分布、聚集度、离散度等
4	交通通达性	居民地、交通网络、植被覆盖等	网络分析	交通网络通达程度指数、交通网络通达能力指数
5	优势性	居民地、交通、植被覆盖，以及学校、医院、广播电视发射塔	空间配置优化等模型和方法	配置优化指数、地理优势度
6	弱势性	居民地、交通、植被覆盖、水域，以及文化、教育、医疗设施	脆弱性分析、风险评估等模型和方法	要素脆弱性指数、地形风险指数、困难程度指数
7	土地开发程度	居民地、交通、构筑物、人工堆掘地	承载力分析等模型和方法	土地开发强度
8	空间相关性	水体、植被覆盖、居民地、交通、地形地貌	空间相关分析、关联分析等模型和方法	空间关联度和空间相关指数
9	城市景观扩张程度	城镇居住区、农村居民点、工商交通用地、绿地景观、农业用地、人工水域	空间相关分析、空间变化分析等模型和方法	城市景观扩张指数、城市发展指数
10	地表形变危险性	沉降点、学校医院、地铁、高等级公路等	空间相关分析、空间变化分析等模型和方法	地面沉降范围、面积，沉降中心位置，累计沉降量，沉降速率、沉降范围扩展速率

4.7.4 专题分析内容与指标

专题性地理国情监测面向特定应用或局部区域的需求，照顾的是点，主要围绕国家和地方国土空间开发利用、资源环境及生态管理、空间规划编制与实施、区域协调发展战略、重大自然灾害防治、生产力优化布局等方面的管理决策需要，确定监测重点领域和任务内容。因此专题分析的内容与指标需要根据监测内容的不同、区域的不同等因素有针对性地确定。

4.8 本章小结

本章首先简要说明地理国情分类对象及分类描述方法，接下来着重说明基础性地理国情监测、专题性地理国情监测和城市地理国情监测的内容与指标体系，最后从地理国情监测成果应用的角度给出了地理国情监测统计分析的内容与指标体系。地理国情监测的内容与指标体系是地理国情监测工作的基础，地理国情监测实施的基本依据。

本章参考文献

[1] 国务院第一次全国地理国情普查领导小组办公室. GDPJ01 — 2013 地理国情普查内容与指标[G]. 北京：国务院第一次全国地理国情普查领导小组办公室，2013.

[2] 马万钟，杜清运. 地理国情监测的体系框架研究[J]. 国土资源科技管理，2011，28（6）.

[3] 冯俊贵. 地理国情监测内容分类与指标体系构建方法研究[J]. 价值工程，2017，36（33）:149-151.

[4] 赵莎莎. 宁夏地区地理国情普查内容分类与指标体系[J]. 西安科技大学，2014.

[5] 袁宗福，董庆. 地理国情普查外业调查与核查探讨[J]. 测绘与空间地理信息，2016（11）: 188-191.

[6] 徐婵. 地理国情普查成果在森林资源监测中的关键技术研究与应用[J]. 测绘与空间地理信息，2017（02）: 56-58，62.

[7] 兀伟，邓国庆，张静等. 地理国情监测内容与分类体系探讨[J]. 测绘标准化，2012（04）

[8] 董冬，龚伟. 浅谈地理国情普查基本要素内容[J]. 测绘与空间地理信息，2013，36（8）: 199-202.

[9] 洪亮，张凯，车风等. 浅析湖北省第一次全国地理国情普查实施方案[J]. 地理空间

信息，2013（5）: 10-14.

[10] 宋尚萍，陈世培，李井春等. 地理国情普查内容与指标体系构建方法研究[J]. 测绘与空间地理信息，2014，37（06）:60-62.

[11] 武琛. 地理国情监测内容分类与指标体系构建方法研究[D]. 泰安：山东农业大学，2012.

第5章

地理国情监测数据获取与整合

5.1 概述

地理国情监测关注点是空间位置和空间分布，主要使用地理信息技术和地图语言，主要任务是研究各类自然和人文要素的空间位置、空间关系及其变化规律，以及各类经济社会开发活动的空间位置、空间分布及其变化规律。

地理国情监测数据的采集按照获取角度主要可以分为地面数据获取和遥感数据获取两个方面。其中地面数据的获取方法主要包括：

（1）大地测量；

（2）地面采样或普查；

（3）数字化地形图；

（4）全球定位系统（GNSS）；

（5）其他形式的地理空间数据。

遥感数据的获取方法主要包括：

（1）航天航空像片；

（2）多光谱；

（3）高光谱；

（4）热红外；

（5）LiDAR（激光探测与测距）；

（6）RADAR（无线电探测与测距）；

（7）InSAR（干涉合成孔径雷达探测与测距）。

地理国情监测数据的整合主要包括资料收集、数据预处理、统一参考系、数据整合关联、数据检查和管理、数据清洗等内容。数据整合内容主要包括地理国情数据生产、统计分析、管理应用等流程的各类参考数据与成果数据，是保证数据标准化、规范化、科学性的基础。数据整合不是独立的环节，同时要考虑数据库的建库要求以及应用需求。数据整合的质量要求主要包括：完整性、规范性、一致性。地理国情普查与监测数据获取与整合最终形成了坐标统一、时效一致、内容完整、标准合理、适用性强的各类数据参考，从而为空间分析与数据挖掘提供基础素材，支撑地理国情普查与监测体系的构建，服务地理国情上层平台的建设。

5.2 航空航天遥感地理国情监测数据获取技术

凡是只纪录各种地物电磁波大小的胶片（或相片），都称为遥感影像（Remote Sensing Image），在遥感中主要是指航空像片和卫星相片。遥感影像产品生产系统是面向遥感空间信息技术产品的生产加工的系统，围绕卫星遥感数据产品生产、加工的需求，实现遥感影像数据的格式转换、辐射校正、几何校正、图像镶嵌、切割、影像分类及分类后处理等功能，同时提供高级数据产品的生产加工功能。光谱分辨率（Spectral Resolution）指遥感器接受目标辐射时能分辨的最小波长间隔。

航空摄影测量是获取空间地理信息的重要手段，也是国家基础测绘的重要组成部分。随着数字城市、智慧城市、交通、地理国情普查与监测、全国土地调查、不动产测绘等重大工程对数据获取和应用的需求越来越大、质量越来越高、响应和更新速度越来越快，航空摄影测量应用越来越广泛。根据统计数据，2016年，仅测绘地理信息系统内单位全年获取的航空影像面积达149.51万km^2。随着机载LiDAR、倾斜航空摄影、无人机航空摄影等航摄新技术的不断发展应用，获取能力逐步增加，航空数据种类更加丰富。

5.2.1 遥感数据来源

地理空间信息空间分析中很大一部分是通过获取到的遥感数据进行的，例如土地利用、土地管理、工程建筑、交通网络、数字地面模型、地形测量和海洋勘测等。

随着技术的发展，遥感数据的获取途径越来越多、技术手段越来越先进、采集频率越来越高，获取周期越来越短。

遥感数据来源主要有车载仪器、亚轨道飞行器以及卫星，其中车载仪器包括照相机、多光谱和高光谱扫描仪、热红外探测仪、无线电探测与测距传感器和光探测与测距传感器；亚轨道飞行器包括飞机、直升机和无人机等。城市地理国情监测主要使用满足要求的资源三号、高分系列、天绘系列、资源一号02C等国产卫星遥感影像，补充采购国内外商业卫星遥感影像，确保优于1m分辨率遥感影像覆盖。另外收集一些INSAR影像数据，进行数据处理与分析。

5.2.2 遥感信息处理

1. 遥感图像校正

遥感图像校正是指纠正变形的图像数据或低质量的图像数据，从而更加真实地反映其情景。图像校正主要包括辐射校正与几何校正两种。

2. 遥感图像增强

遥感图像增强是通过增加图像中某些特征在外观上的反差来提高图像的目视解译性能。主要包括对比度变换、空间滤波、彩色变换、图像运算和多光谱变换等。图像校正是以消除伴随观测而产生的误差与畸变，使遥感观测数据更接近于真实值为主要目的的处理；而图像增强则把重点放在如何使分析者从视觉上便于识别图像的内容之上。

3. 遥感图像镶嵌

遥感图像镶嵌是将两幅或多幅数字图像（它们有可能是在不同的摄影条件下获取的）拼接在一起，构成一幅更大范围的遥感图像。

4. 遥感图像融合

遥感图像融合是将多源遥感数据在统一的地理坐标系中采用一定算法生成一组新的信息或合成图像的过程。遥感图像融合可将多种遥感平台、多时相遥感数据之间以及遥感数据与非遥感数据之间的信息进行组合匹配、信息补充，融合后的数据更有利于综合分析。

5. 遥感影像特征提取

为了利用仪器进行图像判读及分析处理，需要从原始图像数据中求出有益于分析的判读标志及统计量等各种参数。对图像进行变换，突出其具有代表性的特征的方法，叫特征提取。遥感图像自动判读是根据遥感图像数据特征的差异和变化，通过计算机处理，自动输出地物目标的识别分类结果。它是计算机模式识别技术在遥感领域的具体应用，可提高从遥感数据中提取信息的速度与客观性。

6．遥感解译

遥感影像的解译也称判读，它是针对遥感图像上能直接反映和判别地物信息的影像特征，进而确定地物属性的过程。这些特征即为图像解译标志，包括形状、大小、阴影、色调、颜色、纹理、图案、位置和布局。遥感解译可以分为直接解译和间接解译两种类型。可以直接在图像上识别地物或现象的性质、类型和状况的为直接解译；通过已识别出的地物或现象，进行相互关系的推理分析，进一步弄清楚其他不易在遥感影像上直接解译的目标为间接解译，例如根据植被、地貌与土壤的关系，识别土壤的类型和分布等。

5.2.3 分辨率

空间分辨率（Spatial Resolution），又称地面分辨率。前者是针对遥感器或图像而言的，指图像上能够详细区分的最小单元的尺寸或大小，或指遥感器区分两个目标的最小角度或线性距离的度量。后者是针对地面而言，指可以识别的最小地面距离或最小目标物的大小。它们均反映对两个非常靠近的目标物的识别、区分能力，有时也称分辨力或解像力。

波谱分辨率（Spectral Resolution）指遥感器接受目标辐射时能分辨的最小波长间隔。间隔越小，分辨率越高。所选用的波段数量的多少、各波段的波长位置及波长间隔的大小，这三个因素共同决定光谱分辨率。光谱分辨率越高，专题研究的针对性越强，对物体的识别精度越高，遥感应用分析的效果也就越好。但是，面对大量多波段信息以及它所提供的这些微小的差异，人们要直接地将它们与地物特征联系起来，综合解译是比较难的，而多波段的数据分析，可以改善识别和提取信息特征的概率和精度。

辐射分辨率（Radiant Resolution）指探测器的灵敏度——遥感器感测元件在接收光谱信号时能分辨的最小辐射度差，或指对两个不同辐射源的辐射量的分辨能力。一般用灰度的分级数来表示，即最暗—最亮灰度值（亮度值）间分级的数目——量化级数。它对于目标识别是一个很有意义的元素。

时间分辨率（Temporal Resolution）是关于遥感影像间隔时间的一项性能指标。

遥感探测器按一定的时间周期重复采集数据，这种重复周期，又称回归周期。它是由飞行器的轨道高度、轨道倾角、运行周期、轨道间隔、偏移系数等参数所决定。这种重复观测的最小时间间隔称为时间分辨率。

5.3 地面车载移动测量技术

地面车载移动测量系统将激光扫描模块、惯导模块、卫星定位模块、里程计和全景相机等传感器、高性能计算机高度集成、封装在一起，可用于陆地车载或海洋船舶上，配合相应的系统软件，在高速移动过程中，快速获取高质量的三维点云和影像数据，可轻松完成三维地理数据制作、实景数据制作、矢量地图数据建库，已广泛应用于三维数字城市、街景数据生产、城管部件普查、交通基础设施测量、矿山三维测量、航道堤岸测量等领域。

5.3.1 地面车载移动测量数据获取流程

在车载移动测量系统中，GPS和惯性导航系统（Inertial Navigation system ）INS仅提供车辆行驶的轨迹和姿态数据，其他大量的空间信息是通过多台CCD相机组成的摄影测量系统得到的。要使车载移动测量系统能进行数据采集的第一步工作就是进行系统的检校，包括立体摄影测量系统的相对标定和绝对标定，其中系统检校是在高精度的三维标定场中进行。车载立体摄影系统使用的是非量测型数码相机，其主距、相机内方位元素及相机的畸变参数都是未知的，为了建立三维坐标解析模型并解算模型中的相应参数，需要进行立体摄影系统的相对标定。而相对标定所建立的坐标系统是一个相对坐标系统，为保证测量得到的空间信息的统一性，必须将立体摄影系统的相对坐标系纳入到统一的地理坐标系中来，此即是系统的绝对标定。经过摄影测量系统的相对标定和绝对标定后，可得到系统在任意时刻的相对于地面坐标系的旋转和平移参数，再结合立体影像匹配技术，即可实现车载系统在无地面控制点情况下的地物目标的直接定位及其相关几何信息的解算。

地面车载移动测量的数据采集与处理流程主要包括系统检校、外业数据采集、内业数据处理三个部分，系统可在测绘、交通、城市规划等领域得到大规模的应用，完成城市3D数据采集与建模、道路沿线设备设施的采集与管理、城市地图的更新与修正等任务（图5-1）。

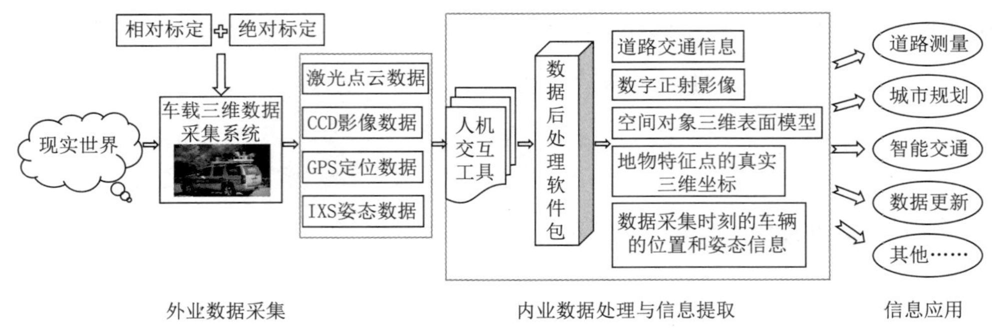

图5-1　车载移动测量系统的数据采集与处理流程

5.3.2　地面车载移动测量数据采集

传统的数据采集是一个非常艰苦的工作，需要大量人工现场数据采集和后续的数据整理，而地面车载移动测量系统由于集成了GPS、GIS 及RS 基本技术，结合不同领域的需要，多种传感器在这个技术平台上进一步加载和集成，可以形成适用于测绘成图、交通安全、事故处理、国防军事侦察、公安现场勘测、城市规划等领域的系统和产品。

1. 定位及定姿

定位及定姿子系统由双频GPS 天线、双频GPS 接收机、惯性测量单元（IMU）及里程编码器（odometer）构成，可采集到基站双频GPS 数据、流动站双频GPS 数据、高频率的惯性测量单元数据及里程编码器数据，经差分处理、惯性数据集成处理后，得到车辆高动态的位置和姿态数据。

2. 立体图像测量

立体摄影测量子系统包括4个百万像素以上的工业彩色数字CCD相机和1台3CCD彩色景观相机。4个工业彩色数字CCD相机分别组成两组立体摄影测量单元，对道路及道路两旁地物进行拍照。作为车载移动平台中的一类的传感器——工业彩色数字CCD相机是进行地面移动平台的近景摄影测量的重要传感器，摄影测量的基础理论和方法都在近景摄影测量中得到深入的应用。

3. 三维空间点云数据

激光扫描雷达测量子系统由3 台高速激光扫描仪构成。作为车载移动平台中的一类的传感器——激光雷达扫描仪正快速成为一种三维空间信息的实时获取手段。激光扫描系统能够快速获取精确的高分辨率目标的三维空间点云数据，有效地拓宽数据来源。激光扫描传感器提供以车辆移动中心为原点的相对测量点云数据，这个测量是自动化的，使用GPS /INS 提供的位置和姿态信息后，这些点云数据就可以根据标定的参数，转换成具有全球描述能力的绝对坐标。

4. 数据同步与匹配

在测量车辆运行过程中，数据采集的同步控制非常重要，否则不同的数据将失去相互联系的桥梁，不能进行有效的操作和管理。同步控制单元是车载移动测量系统中非常重要的硬件设备。车载移动测量系统包含有多种类型数据源，这些数据来自不同类型的传感器件和子系统。同步控制单元用于从GPS 中获取时间基准，从而控制立体测量图像采集、激光测量系统数据采集等，使采集到的数据具有统一的时间基准，从而能够使激光扫描雷达测量子系统和立体摄影测量子系统相对测量结果转换到绝对测量结果中。

5.3.3 地面车载移动测量系统特点

车载移动测量系统是在GPS、GIS、航测遥感、光学、机械、电子、计算机等技术的基础上发展起来的，是当今测绘界最前沿的科技之一，代表着未来道路测量的发展主流。通过在机动车上安装GPS（全球定位系统）、CCD（立体摄影测量系统）、INS（惯性导航系统）或航位推算系统、激光扫描系统、数字视频系统、属性采集和语音输入等传感器和数据获取设备，可在车辆的高速行进之中，快速采集道路及道路两旁地物的地理空间位置等几何数据、属性数据，如道路中心线或边线位置坐标、目标地物的位置坐标、路（车道）宽、桥（隧道）高、交通标志、道路设施等。数据同步存储在车载计算机系统中，经事后集成、融合及编辑处理，形成各种有用的专题数据成果，该系统具有的特点如下：

（1）一体化。系统将三维激光扫描设备（LS）、卫星定位模块（GNSS）、惯性导航装置（IMU）、里程计、全景相机、集成控制模块和高性能板卡计算机等高度集成、封装在一起，是一个完整的一体化设备，无需对车、船等载体进行改装。

（2）高精度。在高精度系统和高性能激光模块的支持下，提供高达分米级的测量精度。

（3）可靠性。具有很高的可靠性，支持长时间稳定的工作。

(4)智能化。配套软件齐全，提供从数据采集、处理到应用的一体化解决方案，并提供海量点云高效索引、点云分类、点云全景自动配准、自动探面等智能功能，减轻数据处理难度。

(5)便利性。设备体积小、重量轻，携带方便，方便运输至远距离地点作业；无需对载体改装，可以简单方便的快速安装；插拔式数据存储设计，无需为海量数据拷贝耗费大量时间。

5.4 二三维一体化监测技术

二维GIS经历了一个比较长的发展过程，从最早的桌面式GIS 经过组件式GIS、WebGIS 发展到目前的服务式GIS，其技术体系已经发展得非常成熟，二维GIS 具有强大的二维空间查询分析统计功能，灵活多样的应用形式。三维GIS无需投影即可描述真实世界面貌，可表达二维GIS无法表达的地物和自然现象，且更加形象、直观，有利于将GIS推向大众化；在空间分析上，三维GIS不仅能完全集成二维的空间分析功能，还能突破空间信息在二维平面中单调展示的束缚，为信息判读和空间分析提供了更好的途径，也可为各行业提供更直观的辅助决策支持。

基于二维和三维的地理信息系统各有优势，人们常常希望在一个系统中同时包含二维和三维的功能。然而，就现在大部分的三维系统而言，即使包含了三维和二维的展示部分，但两者本质上是相互独立的，在数据管理、表现方法和分析功能等方面都不相同，这无疑为二者的一体化带来了巨大的成本和困难。将二维空间数据与三维空间数据整合在一个平台下，打破了以前三维GIS 系统相对于二维GIS 系统在数据、功能、结构上需要另起炉灶的弊端。这样，用户建设一套系统，就可以同时拥有二维和三维两种应用形式。

5.4.1 二三维一体化内容

1. 数据存储管理的一体化

采用了空间数据库技术来高效地、一体化地存储和管理二维三维空间数据，使二维数据与三维数据在数据模型和数据结构上保持了一体化。不仅三维GIS数据能够兼容二维数据结构，而且二维数据也做了适当调整，可以在无需任何转换处理的情况下，直接高性能地在三维场景中可视化，使得数据更新和维护更为容易。

2．显示的一体化

在数据一体化的基础上，将海量二维数据不经任何转换地、高效地加载到三维场景中显示，同时也支持将三维模型以快照的形式呈现到二维窗口中。

在制图方面，集成二维专题图的功能，支持在三维场景中制作二维的大部分专题图，例如点密度专题图、分段专题图、标签专题图等，同时还支持制作具有立体感的柱状图、饼图等专题图效果。

3．统计分析一体化

空间查询和分析是GIS的基本特征，传统的二维GIS系统在缓冲区分析、叠加分析、表面分析、交通网络分析等方面已经非常成熟。在三维场景中使用基于二维算法的缓冲区分析、叠加分析、网络分析、统计分析等功能仍然具有很大的实用价值。采用了与二维一体化的空间分析和算法引擎，所以二维的大部分查询（包括属性查询、空间查询）、分析功能都可以在三维系统中使用，同时还可以提供通视分析、淹没分析、三维量算等一些真三维空间的分析功能。

4．服务一体化

现在已经有一些较为完整的二三维一体化的服务发布方案，即二维服务与三维服务采用同样的方法发布，采用统一的设计方法和界面进行配置管理。同时，三维场景中可以直接加载二维数据集、二维地图及其二三维缓存数据，二维数据集、地图与加载在三维场景中的数据可保存在同一工作空间中并进行三维发布。

5.4.2 二三维一体化技术应用

二三维一体化GIS并非简单的二、三维视图切换，它实现了从数据结构、数据存储、数据管理、可视化和分析功能等多层次整合，形成了完整二维与三维一体化的解决方案，从而为三维GIS技术的深度应用提供了技术基础。在这种情况下，二维建库成果可以直接在三维里进行应用，而通过二维数据和三维模型的组合，还可实现二维功能和三维效果的完美搭配应用。不但能够节省资源、减轻系统对接的难度，还将为应急管理等行业领域创造一些新的应用需求及市场机会。

当前各种应急指挥平台正在朝着应用集成一体化，信息一体化、信息更新维护、信息综合分析等新方向发展，原有二、三维简单应用模式已无法满足其应用需求。而二三维一体化应用集成彻底摆脱了庞大而复杂的GIS专业支撑体系，利用其统一提供的应用服务接口，即可直接实现性能和质量更高的专业GIS应用服务，极大地消除了以往跨平台所需解决的专业支撑、异构环境整合、接口转换等综合性难题。

由于二维地图具有较强的抽象能力，在小比例尺下能够更加醒目地显示地理空间要素（以表达指挥标绘等宏观层次信息），在较大比例尺下其高分辨率影像直观真实的特点则比矢量地图更具优势；而在城市街道、广场等局部地区，三维场景可多角度、全方位地对作战环境进行观察，比二维地图更具优势。

5.5 众源式地理国情监测数据获取技术

众源式地理数据是由大量志愿者获取并通过互联网提供的开放性的地理信息数据，用户直接利用智能终端接收机等收集某一时刻的位置信息，然后标注属性并上传，使得更多用户成为义务的信息提供者。常见的众源式地理信息数据有GPS路线数据（如OpenStreetMap，简称OSM），各类社交网站数据，公开的兴趣点数据等。这些数据需经过处理才能形成规范的地理信息。与传统地理信息采集和更新方式相比，来自非专业大众的众源式地理数据具有现势性高、传播快、信息丰富、成本低、数据量大等优点；但是存在数据质量各异、冗余而不完整、覆盖不均匀、缺少统一规范、隐私和安全难以控制等问题，成为近年来国际地理信息科学领域的研究热点。众源地理数据可以用于应急制图、交通分析、早期预警、地图更新、灾害救援、疾病传播分析等诸多地理空间信息服务领域（图5-2、图5-3）。

图 5-2 OpenStreeMap

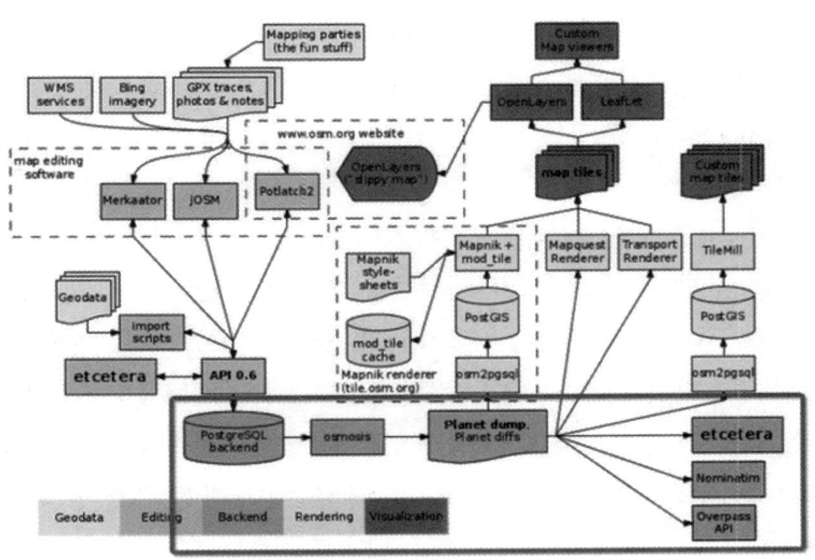

图5-3　OSM架构图

5.5.1　众源式地理数据支撑技术

1. Web 2.0技术

"Web 2.0"的概念2004年始于出版社经营者O' Reilly和Media Live International之间的一场论坛。Web 2.0并不是万维网（World Wide Web）的新版本，而是相对于Web 1.0（2003年以前的互联网模式）的新的一类互联网的统称，它是一次从核心内容到外部应用的革命。过去我们提到互联网强调的是用户通过浏览器访问远程站点、获取信息的能力。用户通过互联网可以获取文本、图像、视频等信息，但用户（客户端）与网页（服务器）之间的关系是单向的，即用户只能打开页面实现信息的浏览。Web 2.0更注重用户的交互作用，用户既是网站内容的浏览者，也是网站内容的制造者。它使用户能够便捷地上传和共享信息，相互之间通过社交网站、视频共享网站及博客等进行交互和协作。用户在模式上由单纯的"读"向"写"以及"共同建设"发展；由被动地接收互联网信息向主动创造互联网信息发展，从而更加人性化。OSM、Flickr、You Tube等都是Web 2.0的实例。

2. GPS定位技术

全球定位系统（Global Positioning System，简称GPS）利用GPS定位卫星，在全球范围内实时进行定位、导航的系统，该系统可以直接确定地表位置。GPS导航系统是以全球24颗定位人造卫星为基础，向全球各地全天候地提供三维位置、三维速度等信息的一种无线电导航定位系统。GPS曾是军方用来攻击、防御敌方的军事系统，如今已逐渐深入人们的日常生活，而GPS技术与手机的结合更加方便了人们实时地获取当前的位置信息。

3. 网络通信技术

网络通信技术是通信技术与计算机技术相结合的产物。计算机网络是按照网络协议，将地球上分散的、独立的计算机相互连接的集合。连接介质可以是电缆、双绞线、光纤、微波、载波或通信卫星。计算机网络具有共享硬件、软件和数据资源的功能，具有对共享数据资源集中处理及管理和维护的能力。网络通信技术是依托数字化、宽带化、智能化、综合多样化的网络通信技术，在数据传输方面突破了传统通信网络在容量、时间和速率上的限制，从而更好地向用户提供数据、图像、视频的交互式信息服务。

5.5.2 众源式地理数据处理

众源地理数据的处理一般包括以下环节：

1. 下载初始化设置

包括设定下载API和登录信息，选定数据范围（包括空间范围和时间范围等）。根据研究目标，指定行政区划或区域边界坐标，或指定用户某时间段所发布的数据等，作为待获取数据的区域或范围。

2. 数据获取

利用开放的众源地理数据网站所提供的API接口，如Google Map API，高德API等，在网站所提供权限范围内，实现所选区域数据的直接读取。也可以利用网络爬虫技术设计专用的网页分析算法，从互联网上搜索并下载GPS路线数据、矢量地图数据等。

3. 数据规范化分析与转换

众源地理数据具有多源异构性，其存储格式多样、时间版本不一、坐标体系相异。合理有效地利用众源地理数据需要对其数据格式进行分析。一般通过利用文本解析、空间数据引擎等技术将众源地理数据转换为在统一存储格式、坐标体系及概念体系下表达的空间数据，并建立相应的众源地理数据表达规范。

4. 数据入库

将众源地理数据按统一规范转换后，将其导入到空间数据库中进行存储和管理。

5.5.3 众源式地理数据的分析与应用

众源地理数据的分析与挖掘方法众源地理数据作为一种由大众采集并向大众提供的开放地理信息数据，蕴含着丰富的空间信息和规律性知识。利用空间数据分析与挖掘方法可以从中提取信息、挖掘知识，从而为具体应用提供服务。

（1）众源地理数据拓扑分析。大部分众源地理数据的描述采用的是一种包含拓扑性质的数据结构。如OSM数据中的点、线、面等几何要素及其关系是通过顶点、路线和关系等来描述的。通过对某区域内的要素进行拓扑分析，能发现点、线、面的分布规律，挖掘该区域的空间结构和模式。例如，利用街道网络数据和年度平均的每天交通流量数据，通过街道网络的拓扑表示和分析，从而进行交通流量预测。进行拓扑分析时经常用到平均度、平均路径长度和聚类系数等统计指标，结合空间统计方法可以探索地理要素的分布结构和模式。在利用众源地理数据进行网络拓扑分析时，可考虑与其他地理数据源集成和综合分析。

（2）地图更新。传统测绘遥感获取数据的方法极大地依赖人工，效率低下且数据现势性差。众源式地理数据现势性强的特点为地图更新提供了新的途径。通过将众源地理数据与基础地理数据进行叠置分析，依据GPS轨迹可以检测到新增的道路，从而实现地图的及时更新。

（3）利用众源地理数据进行导航分析，为人们出行提供帮助。Open Street Map已基于OSM数据对外提供了一系列位置服务，不仅包括对于汽车（如时间最短、距离最短等）、行人和自行车的导航服务，还包含了对于地址和区域的搜索功能。例如，综合应用OSM地图与航空影像研制协作导航系统，在交通网络上进行路线计算和搜索，为行动不便以及有个人偏好的行人提供路线设计；对OSM的一些城市道路网络数据进行分析，计算转弯最少、路径最短的导航路线。

5.6 地理国情信息整合

5.6.1 整合需求

对于信息资源整合的概念可从狭义和广义两方面理解，从狭义方面讲，它是指将某一范围内的，原本离散、多元化异构的、分布的信息资源通过逻辑的或物理的方式组织为一个整体，使之有利于管理、利用和服务。广义的信息资源整合概念，就是把分散的资源集中起来，把无序的资源变为有序，使之方便用户，它包含了信息采集、组织、加工以及服务等过程。

我国信息化经过多年的发展，已开发了众多计算机信息系统和数据库系统，并积累了大量的基础数据。然而，丰富的数据资源由于建设时期不同，开发部门不同、使用设备不同、技术发展阶段不同和能力水平的不同等，数据存储管理极为分散，造成了过量的数据冗余和数据不一致性，使得数据资源难于查询访问，管理层无法获得有效的决策数据支持。往往管理者要了解所管辖不同部门的信息，需要进入众多不同的系统，而且数据不能直接比较分析。

地理国情普查及监测是测绘地理信息面临的又一新的重大发展战略，既是对现有基础地理信息数据的整合、提取和加工，又是与其他专业部门业务数据的融合和集成。不同于传统的基本大比例尺地形图测绘，地理国情普查及监测需要最大限度地整合、利用现有的基础地理信息数据源。

地理国情普查及监测的重要数据包括地表覆盖分类数据和地理国情要素数据两类。就其数据格式而言，地表覆盖分类数据和地理国情要素数据按任务区域集成为一个整体，并按图层统一存储在 ArcGIS Geo-database 数据库中；从数据结构看，其数据分层、属性表结构都与基本比例尺地形图不同。搜集的各单位的不同数据其形式、结构千差万别，需要经过内业整理，再通过多源异构数据整合，形成时效性强、准确、全面的数据。

5.6.2 整合原则

1. 数据来源权威性原则

不同专业部门提供的同一种数据参考时，由于不同部门针对同一数据的口径、方法、关注重点不同，所提供的数据的精度、完整性也不同。在同一类数据使用过程中属性或位置发生冲突时，优先选用权威性部门提供的参考资料。如道路要素技术等级、管理等级等属性值的填写要以交通部门提供的数据为主，其他资料辅助判断。

2. 数据时间现势性原则

所收集到的资料以年份新的作为优先参考资料，如收集到的学校、医院名录数据有不同年份的，应当选择最新年份的数据作为采集资料，年份较早的数据也不需要进行参考，直接舍弃。

3. 数据高精度原则

根据所收集到的1：50000 DLG、1：10000 DLG、1：2000 DLG和1：500 DLG数据，根据大比例尺所覆盖的区域进行选择所需要参考的DLG。以北京市为例，如1：500 DLG覆盖区域为东西城、1：2000 DLG覆盖区域为平原区、1：50000 DLG、1：10000 DLG覆盖区域为北京市全市域，因此针对有高精度的DLG区域首先参考高精度的DLG。例如东西城区域有1：10000 DLG、1：2000 DLG和1：500 DLG数据覆盖，优先选择1：500 DLG精度高的进行参考。

5.6.3 数据整合方法

5.6.3.1 基础地理信息数据

基础地理信息数据主要包括1：50000 DLG、1：10000 DLG、1：2000DLG和1：500 DLG数据，格式为CAD格式。首先对数据进行坐标转换，统一转换到CGCS2000国家大地球面坐标系上，根据北京市市域范围选取符合范围内的数据。

1. 数据分析

分析原始CAD数据的分层分类情况，数据本身是否保留有CASS码、数据是否被破坏，以及成果数据所采用的分类方法。

2. 数据格式转换

根据数据分析的结果制定相应的转换方案，要求在转换过程保留原数据的信息，如原始CAD中的CASS码，点状数据的角度等信息。并将DWG格式的数据转换为成果常用的地理信息数据格式（如shpfile格式）。

3. 分类代码转换

将原始CAD数据中的CASS码转化为DLG要素分类代码，具体代码依据《基础地理信息要素分类与代码》GB/T13923－2006。

4. 数据组织重构

将提取的数据进行整理、归并，重新进行要素的分层组织，并依照数据模型规范要素层命名。并将图层进行结构化处理，与目标数据模型相一致，根据目标数据模型的设计，对属性项进行增加或删除，对要素和要素属性项的名称进行重新定义，对属性项的类型进行重新定义。

5. 数据采集、编辑处理

数据采集：如果CAD数据未被破坏即要素为炸开，点状要素以块的形式表示，线状要素以线性表示，那么在转移过程中点状、线状的地物可以直接转换过来，但面状、复合型无法直接转换，需要人工采集和编辑。如面状居民地、面状水系，面状道路需要根据提出的线进行构面处理，并将构面数归相应面状图层，面状道路需要提取道路中心线并归线状道路图层，其边线归道路辅助线图层。复合型要素如依比例尺围墙，加固陡坎等，需采集其面状信息，并将辅助线归入相应图层。其具体各要素地物表达详见《基础地理信息要素数据字典 第1部分：1 ∶ 500、1 ∶ 1 000、1 ∶ 2 000基础地理信息要素数据字典》GB/T 20258.1 — 2007。数据编辑：原始CAD数据是按成图方式进行表达，因此存在着数据不连续、不完善，空间逻辑关系不一致、具有多重属性的公共边不完全重合等问题，必须对数据进行编辑，主要是处理水系、交通、境界、植被与土质图层。水系图层应保证其连通性，在遇到桥梁、输水渡槽、输水隧道等水利设施使河流表达中断时，应在断开处添加河流使其表达完整。交通数据应构成合理的路网，在遇有桥梁、涵洞使道路中断时，应添加道路使其完整表示，道路中心线应与采集的桥梁、隧道等附属设施重合。

6. 属性采集、编辑处理

原始CAD数据是以图面的形式显示，并没有存储数据的属性，而是以表面注记形式显示，因此，必须将相关的表面注记采集到数据的属性中，如河流采集其河流名称、道路采集其道路名称、等级等，建立图形与属性的关联关系。

5.6.3.2 专题资料

以北京市第一次地理国情普查为例，专题资料主要包括25家委办局提供的专题数据，根据其数据形式分为三大类空间矢量、文本文档、图集图片。

将不同格式数据按照数据使用性质及要求根据其优先参考顺序，将其统一转换到shp格式下，并对属性进行完善。所收集到的部分资料如表5-1所示。

5.6.3.3 其他参考资料

其他参考资料主要包括三大类：地名数据、地址数据、公益性兴趣点数据。

1. 地名数据

地名数据分自然地名实体名称和人文地理实体名称两大类。自然地名实体包含水系和山名两部分，人文地理实体包含行政区划地名、非行政区域（地片与小区地名）和交通运输设施三部分。

专题资料数据情况 表5-1

来源	部门	内容	分辨率/比例尺	数据年代	数据类型
原国家测绘地理信息主管部门下发数据	国家测绘信息局	1 : 50000地形要素数据	1 : 50000	2013年	GDB
	交通部	公路数据(国、省、县、乡、村道)/桥梁、隧道数据	—	2012年底	SHP
		公路数据属性表格、数据说明等	—	2012年底	DOC/XLS
	水利部	第一次全国水利普查数据(农村供水工程、堤防、引调水、水闸、水电站、湖泊、泵站、水库水体、观测设施、灌区、水系轴线、东北黑土区侵蚀沟道、西北黄土区侵蚀沟道、1 ~ 6级流域)	不优于1 : 50000	2011年底	SHP
	原国土资源部	矿业数据(北京市矿业权分布与矿产资源分布综合图、成果报告)	—	2010年	SHP/MDB
	国家林业局	2012年全市自然保护区统计年报、国家森林公园基本情况、国有林场基本情况、全市湿地公园现状统计表、全市植物园、自然保护区2013年各类总数名录	—	2012 ~ 2013年	DOC/XLS
市委办局数据	市规划委	基础地形图数据	1 : 500	2013年	DWG
			1 : 2000	2012年	DWG/SHP
			1 : 10000	2010年	DWG/SHP
		规划中心城区范围(城市地区范围)	—	2005年	SHP
		山区平原界数据	—	—	SHP
		地址地名数据	—	2013年	SHP
		POI数据(分类数据)	—	2013年	SHP
	市经信委	航空正射影像图(DOM)	0.2m	2012 ~ 2013年	img/eya
			0.5m	2012 ~ 2013年	img/eya
		北京市19家开发区名录	—	2012年	纸质
	市民政局	行政界线数据(市、区县、乡镇街道)	—	2012年	SHP
		社会福利机构、全市公墓、殡仪馆、社区	—	—	DOC/XLS
	市园林绿化局	林业二类小班	1 : 10000	2009年	SHP
		名木、古树	—	—	
		湿地、林场、自然保护区	—	—	
		公园、风景名胜区、森林公园	—	—	
		附属绿地	1 : 10000	2009年	
	市交通委	公路	—	2013年	SHP
		城市道路(快速、主干、次干、支路)			

续表

来源	部门	内容	分辨率/比例尺	数据年代	数据类型
市委办局数据	市交通委	轨道交通线/站点	—	2013年	SHP
		桥梁、隧道、省际客运场站、货运站点			
	原市国土局	土地利用现状地类数据（国土二调）	—	2012年	SHP
		线状地物（国土二调）	—	2012年	SHP
		地质公园（世界级和国家级）	—	2014年	SHP
		突发地质灾害隐患点	—	2014年	SHP
		行政区划（村级）	—	2009年	SHP
		地面沉降量	—	2012年	SHP
		地面沉降发育程度	—	2012年	SHP
	市住房城乡建设委	房屋现状数据及其属性	—	—	SHP/XLS
	市公安局	交通相关点、旅店、社区	—	—	SHP
		大型活动场所、社区常住人口	—	—	XLS
	市文物局	1 ~ 4批地下文物埋藏区	—	2012年	DWG/JPG
		1 ~ 8批文物保护范围建设控制地带	—	2012年	DWG/JPG
		2013年博物馆年检表	—	2013年	XLS
		挂牌四合院（保护院落）	—	—	DOC
		北京不可移动文物名录（第三次全国文物普查）	—	—	XLS
		区县级文物保护单位	—	2012年	XLS
	市水务局	水务普查成果（泵站、防汛仓库、桥梁、水库、水闸、塘坝窖池、橡胶坝、引调水工程）	—	2011年	SHP
	市农业局	各区县农机学校情况、全市肥料生产企业情况	—	—	纸质
	市发改委	主体功能区	—	—	纸质
		保税区、产业功能区、开发区	—	2013年	纸质
		北京市现有电厂情况表	—	2014年	XLS
	市民委	宗教活动场所一览表（佛教/道教/伊斯兰教/基督教/天主教）、民族村、少数民族乡村、街道、民族乡	—	2014年	DOC/XLS
	市教委	各类学校名录、学生、教职工、占地面积、办学条件	—	2013年	XLS
	市旅游委	景区名录、饭店名录、“北京人家”名单	—	—	DOC/XLS
	市地震局	应急避难场所规划与建设情况汇总表	—	—	DOC

续表

来源	部门	内容	分辨率/比例尺	数据年代	数据类型
市委办局数据	市地震局	1 ∶ 250000断裂	1 ∶ 250000	—	SHP
	市体育局	传统校、开放校、俱乐部名录、体育产业功能区、体育场馆	—	—	DOC/XLS
	市统计局	二经普基本单位库表结构	—	—	XLS
	市卫生计划委	三级十等医院数据清单	—	—	XLS
	市工商局	楼宇名录	—	—	XLS
	市文化局	公共图书馆、群众艺术馆、文化馆、文化站画廊、美术馆、剧场、上网营业服务场所	—	—	XLS
	市社会办	一刻钟社区服务圈、社工事务所、商务楼宇	—	—	XLS
	市市政市容委	加油加气站、垃圾卫生填埋场、垃圾转运站、瓶装液化石油气供应站	—	—	Shp
		垃圾处理厂数据、基于百度地图的公厕数据、密闭清洁站台账	—	—	XLS
	市环保局	污染源名录（工业、火电、水泥厂、钢铁厂、农业）、污水处理厂、垃圾处理厂、医废危废集中处置场名录、自然保护区名录、地表水水源地名录、空气质量监测数据	—	—	XLS
	市农委	北京星级休闲农业观光园信息、历史文化名镇、名村基本情况、龙头企业	—	—	DOC/XLS
其他数据	行业标准	地理国情普查中引用的33个国家与行业标准	—	—	PDF
	市政务外网	开发区、文物保护单位、名胜古迹、文化保护区、主体功能区、风景名胜区、地质公园、应急避难场所、自然保护区、宗教场所、湿地保护区、世界自然文化遗产等名录	—	—	DOC/XLS/PDF
		各类学校名录	—	—	DOC/XLS
		各类医院名录	—	—	DOC/XLS

2. 地址数据

地址数据包括门（楼）牌地址和兴趣点地址。门（楼）牌地址又分为门牌地址和楼牌地址。兴趣点地址应包括沿街及小区中具有地理标识作用的店铺、单位等标志物。兴趣点名称应为描述该兴趣点的最小名称单元。兴趣点采集密度要求在 20 ~ 30m 为宜，个别比较偏僻的地方依据实地情况进行采集。

3．公益性兴趣点

采集对象包括：机关事业及社会团体、医疗卫生、文化教育、住宿宾馆、餐饮美食、旅游交通、金融业、文化艺术业、休闲娱乐业、购物、通信传媒、企业、地产小区等。

5.6.3.4 整合流程

1．明确数据的目标格式

北京市地理国情监测及普查数据是建立在ArcGIS地理信息数据库平台上的gdb数据，所以将ArcGIS平台的Shape格式作为数据目标转换格式，数据建库统一采用1985国家高程基准，CGCS2000国家大地球面坐标系。分类编码采用《基础地理信息要素分类与代码》GB/T 13923—2006。

2．确定统一转换规范

根据数据获取的权威性、重要性及时效性，确定数据的整合顺序是很有必要的。整合顺序的确定主要考虑两个方面的因素，一方面是数据的现势性，通常生产时期较晚的数据其现势性优于生产时期较早的数据；另一方面是数据的准确性，哪类数据准确，哪些数据准确性高以哪类数据为主进行整合。

3．确定不同类型数据整合顺序

统一数据的逻辑分层，明确图层名称；制定各图层属性结构标准，包括字段名称、字段类型和字段长度；规范数据的表现形式，即制定规范的符号库。以此规范数据整合成果，将各类数据整合成系统的、规范的数据体系。

4．制定数据检查机制

首先完善检查程序，实行数据成果自检—互检—终检制度。通过一系列查找问题、发现问题并解决问题，从而提高数据质量。其次，在数据检查过程中要注重图形与属性两方面数据的检查，对于图形数据的检查，应特别注意图形是否存在拓扑关系错误，接边是否存在缝隙，是否有图形缺失现象，以及多图层叠加后是否发现问题等。对于属性数据的检查，最重要的就是其与图形的匹配关系是否正确，是否一一对应；除此之外，就是检查属性数据的完整性和准确性。

5．基于FME的数据整合

FME（Feature Manipulate Engine，简称FME）是加拿大Safe Software公司开发的空间数据转换处理系统，它是完整的空间ETL解决方案。该方案基于OpenGIS组织提出的新的数据转换理念“语义转换”，通过提供在转换过程中重构数据的功能，实现了超过250种不同空间数据格式（模型）之间的转换，为进行快速、高质量、多需求的数据转换应用提供了高效、可靠的手段。利用FME实现多尺度、多源、多元化异构的数据整合是目前最佳的选择。

通过对多源数据的研究，经过数据预处理后，采用FME技术实现北京市地理国情监测数据的多源数据整合，如图5-4所示。

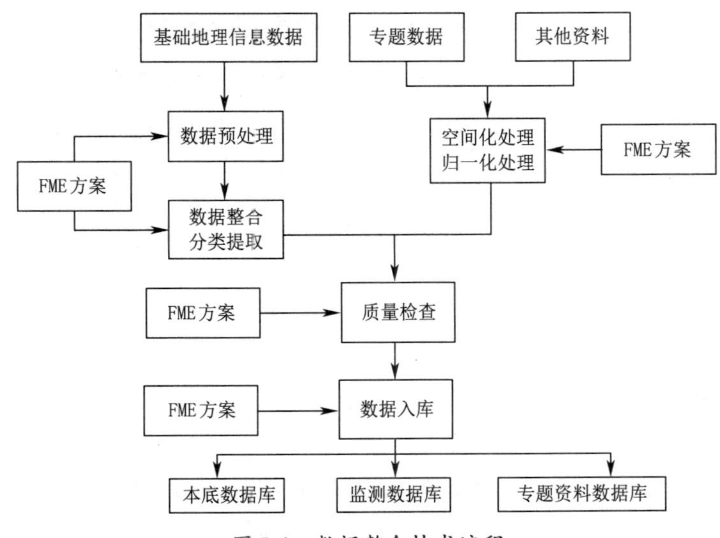

图5-4 数据整合技术流程

基于FME的地理国情监测信息的整合提取，是在充分分析基础地理信息数据、专题数据和其他参考资料数据等地理国情监测数据源基础上，参照地理国情监测的内容、指标和技术要求，制定出监测地理信息整合提取方案，利用FME强大的数据转换和数据处理能力，采用FME Workbench定制FME程序进行规范化监测信息整合，获得地理国情监测本底数据库、监测数据库和专题数据库。

5.7 本章小结

近年来，随着互联网时代的深刻变革，云计算、大数据、物联网等智能化技术的发展对测绘科学不断渗透，地理信息服务业的产业结构、产品内容及服务范围发生了重大变化，基于“互联网+测绘”的城市地理国情监测将成为地理信息服务业新常态。

地理国情监测综合运用移动互联网技术、众源地理信息技术和现代测绘技术等手段实现基础数据采集，并利用云计算、数据挖掘、深度学习等智能技术实现测绘地理信息大数据管理，逐步实现测绘数据从信息服务到知识服务的转变，最终全面实现测绘手段和成果应用的进一步转型升级，是智能测绘、泛在测绘与知识服务为一体的新一代测绘体系。

城市大比例地理信息整合是将多种数据来源、多种数据结构、多种数据组织方式按照一定的原则及要求，整合为一种可进行存储、方便查找的数据库。地理国情监测的数据整合建立了专题资料数据库。地理国情监测的测绘工作在我国经济与社会发展中越来越受关注，目前，我国很多地区都利用现代化的先进技术对行政区域进行全面的国情监测与测绘工作，有效推进地理国情监测事业的发展。

本章参考文献

[1] 宁津生，陈俊勇，李德仁等. 测绘学概论[M]. 武汉：武汉大学出版社，2004.

[2] 朱庆. 三维GIS及其在智慧城市中的应用[J]. 地球信息科学，2014（3）:151-157.

[3] 汤国安，杨昕. 地理信息系统空间分析实验教程[M]. 北京：科学出版社，2018.

[4] 北京市第一次地理国情普查成果对外公布[J]. Beijing Institute of Surveying and Mapping. 北京测绘，2018（03）.

[5] 李德仁，丁霖，邵振峰. 关于地理国情监测若干问题的思考[J]. 武汉大学学报（信息科学版），2016（02）.

[6] 李德仁，眭海刚，单杰. 论地理国情监测的技术支撑[J]. 武汉大学学报（信息科学版），2012（05）.

[7] 史文中，秦昆，陈江平等. 可靠性地理国情动态监测的理论与关键技术探讨[J]. 科学通报，2012（24）.

[8] 宋晓红，张立朝，禄丰年等. 地理国情普查中多源异构数据整合研究[J]. 测绘通报，2014（9）:104-107.

[9] 张小兵，刘利凯. 基于地理国情监测的多源地理测绘信息整合[J]. 测绘与空间地理信息，2014，37（12）:208-210.

[10] 张玲. 地理信息数据整合问题的探讨—以韶关市为例[J]. 技创新导报，2010（33）:14.

[11] 张林曼. 基础地理信息数据整合建库方案研究[J]. 测绘与空间地理信息，2015，38（8）:119-121.

[12] 赵敏，吴燕平，鹿晓东等．地理国情普查数据在基础地理信息数据更新中的应用[J]. 测绘标准化，2016，32（04）:12-14.

[13] 谢艾伶，杨海明，朱熙．面向地理国情监测的多源地理信息整合[J]. 地理空间信息，2014，12（01）:17-20，8.

[14] 陈艳苹．常态化开展地理市情监测的思考[J]. 城市勘测，2018（03）:48-52.

[15] 乔朝飞．测绘地理信息部门信息化建设的有关思考[J]. 测绘与空间地理信息，2018，41（06）:17-20，24.

[16] 赵丽娟，陈诚，沈锐锋．基于地理国情普查成果的城乡用地现状数据生产方法研究[J]. 现代测绘，2018，41（03）:6-9.

[17] 夏立福，赵淑玲，李井春等．新时期测绘地理信息产业发展的探讨[J]. 经纬天地，2018（02）:14-17，31.

[18] 程滔，周旭，贾云鹏．地理国情监测与基础测绘联合生产外业作业系统设计思考[J]. 地理信息世界，2018，25（02）:45-49.

[19] 黄运能．基于地理国情普查数据的荒漠与裸露地监测研究[J]. 测绘与空间地理信息，2018，41（03）:106-108.

[20] 刘蓉国．基于大数据环境探究地理国情监测[J]. 电脑知识与技术，2018，14（03）:20-21.

第6章

高分辨率遥感影像处理与信息解译

6.1 概述

航空航天遥感技术是获取空间地理信息的重要手段，也是地理国情监测的重要数据来源。随着数字城市、智慧城市、交通、地理国情普查与监测、全国土地调查、不动产测绘等重大工程对遥感数据获取和应用的需求越来越大、质量越来越高、响应和更新速度越来越快，遥感影像处理和解译应用越来越广泛。

本章将详细介绍地理国情监测中遥感影像数据和特征提取处理背景和主要流程，从遥感技术概念和技术分类入手，紧密结合生产需求，介绍了基于航空、航天遥感影像数字正射影像制作、像控点采集和建库，以及无像控匹配技术的时点核准影像制作方法。针对遥感特征提取，主要探讨遥感影像解译样本采集、遥感影像分类、不同地物特征提取、遥感影像变化监测和PS-InSAR沉降监测方法，并结合实际应用介绍了国土专题查违和副中心城市地表沉降中的应用案例。

6.2 遥感分类和数据获取

6.2.1 遥感和分类

遥感（Remote Sensing，简称RS）是指非接触的，远距离的探测技术。一般指运用传感器/遥感器对物体的电磁波的辐射、反射特性的探测。通过遥感器这类对电磁波敏感的仪器，在远离目标和非接触目标物体条件下探测目标地物。获取其反射、辐射或散射的电磁波信息（如电场、磁场、电磁波、地震波等信息），并进行提取、判定、加工处理、分析与应用的一门科学和技术。

在我国城市快速发展的新形势下，各种地形、地貌、地物的变化日新月异，遥感技术作为最新一代的地理信息采集方式，在其很短的发展时间内，为城市地理国情监测、国土调查、环境资源、水利建设、交通规划、城市建设等做出了巨大的贡献。随着我国测绘地理信息产业的蓬勃发展，航天技术、计算机技术、通信技术、信息处理技术的进步，对航空航天遥感影像的需求越来越多，新型遥感手段不断呈现并广泛应用于测绘生产，使影像获取能力及水平大幅提升，通过获取不同时段的航空航天影像，可以更加快速、准确地反映人文与自然要素的实际变化，为政府部门的管理决策提供了帮助。

遥感技术的类型往往从以下方面对其进行划分：

（1）根据工作平台层面区分：地面遥感（梯架、塔、测量车等）、航空遥感（气球、飞机）、航天遥感（人造卫星、飞船、空间站、火箭）；

（2）根据记录方式层面区分：成像遥感、非成像遥感；

（3）根据应用领域区分：环境遥感、大气遥感、资源遥感、海洋遥感、地质遥感、农业遥感、林业遥感等；

（4）按传感器的探测范围波段分为：紫外遥感（探测波段在0.05 ～ 0.38μm）、可见光遥感（探测波段在0.38 ～ 0.76μm）、红外遥感（0.76 ～ 1000μm）、微波遥感（1mm ～ 1m）、多波段遥感；

根据工作方式分为：主动遥感、被动遥感（图6-1）。

最早使用“遥感”一词的是美国海军研究局的艾佛林·布鲁伊特（Evelyn L. Pruitt）。1962年在美国密执安大学召开的国际环境科学遥感讨论会之后，在世界范围内遥感作为一门新兴的独立学科，获得了飞速发展。但是，遥感学科的技术积累和酝酿却经历了几百年的历史和发展阶段。我国对遥感事业的发展一直给予重视和支持。20世纪50年代，我国就组织了专业飞行队伍，开展航空摄影和应用工作，60年代，我国航空摄影工作已初具规模，完成了我国大部分地区的航空摄影测量工作，应用范围不断扩展。有关院校也设立了航空摄影测量相关专业和课程。培养了一批专业人才，为我国遥感事业的发展打下基础。70年代，随着国际上空间技术和遥感技术的发展，我国的遥感事业迎来了新的发展时期。1970年4月24日，我国成功发

图 6-1 主要的遥感传感器

射了第一颗人造地球卫星。继而，1975年11月26日我国发射的卫星在正常运行之后，按计划返回地面，并获得了质量良好、清晰的卫星相片。随着美国陆地卫星图像以及数字图像处理系统等遥感资料和设备的引进，特别是我国经济建设的恢复和发展需要，80年代遥感事业在我国空前的活跃起来。经80年代及90年代初的发展，我国相继完成了从单一黑白摄影向彩色、彩红外、多波段摄影等多手段探测的航空遥感的转变；特别是数项大型综合遥感试验和遥感工程的完成，使我国遥感事业得到长足的发展，大大缩短了与世界先进水平的差距。

6.2.2 遥感影像获取方法

航空影像获取具有自主性强、精度高、效率高、灵活方便等优点，是快速获取高精度影像数据的有效手段。数字航空摄影已完全取代胶片航摄，IMU/GPS辅助航空摄影、机载SAR、机LiDAR、无人机航摄和倾斜摄影等影像获取技术发展迅猛，在基础测绘、应急资料获取等方面得到了广泛应用。

卫星在太空昼夜不停地运转，几天或十几天就可以把地球观测一遍，因而可以获得最新、最现实的数据。通过卫星对同一地区、不同时间重复观测，获取的影像进行对比分析，能够掌握地表自然、生态以及人类活动的基本情况。目前世界各国都在积极研发各类遥感卫星，充分利用遥感手段可以快速获取实时地面现状的优势，我国从20世纪70年代开始，逐步建立了气象、资源、海洋和环境四个类别的国产卫星对地观测卫星体系。在测绘领域，遥感影像获取能力逐年提升，应用较多的是资源二号、资源三号、高分一号，高分二号、北京二号、天绘一号、高景一号等高分辨率遥感卫星，城市地理国情监测逐渐利用上述国产卫星影像替代传统航空影像。常用国产卫星数据的详细设计参数见表6-1。

常用国产卫星数据的详细设计参数表 表6–1

卫星名称	轨道高度	波段数	空间分辨率	重访周期	发射时间	设计周期	其他特点
高分一号	645km	1	全色2m	4天	2013年4月26日	5～8年	在国内民用小卫星上首次具备中继测控能力，可实现境外时段的测控与管理，实现无地面控制点50m图像定位精度
		4	多光谱8m				
高分二号	631km	1	全色1m	5天	2014年8月19日		空间分辨率优于1m，同时还具有高辐射精度、高定位精度和快速姿态机动能力等特点
		4	多光谱4m				
资源二号-01	近地轨道484km 远地轨道500km	1	全色3m	3天	2000年9月1日	4年	运行轨道可以随时调整，使得资源二号卫星数据的每一个点都能达到3m分辨率
资源二号-02		1	全色3m	3天	2002年10月27日	4年	
资源二号-03		1	全色3m	3天	2004年11月6日	4年	
资源三号	506km	1	下视2.1m 前后视3.5m	5天	2012年1月9日	5年	我国民用高分辨率测绘卫星领域零的突破。经验证，可用于1：50000比例尺立体测图和数字影像制作，以及1：25000等更大比例尺地形图部分要素的更新
		4	多光谱5.8m				
		4	多光谱3.2m				
天绘一号	500km	1	全色2m	最短1天	2010年8月24日 2012年5月6日	3年	采用国际首例的LMCCD测绘体系、中国自主研发的传输型CCD测绘相机。在无地面控制条件下，绝对定位精度优于15m，相对定位精度平面优于10m，高程优于6m
		4	多光谱10m				
		1	全色立体5m				

续表

卫星名称	轨道高度	波段数	空间分辨率	重访周期	发射时间	设计周期	其他特点
北京二号	651km	1	全色0.8m	1天	2015年7月11日	7年	可提供覆盖全球、空间和时间分辨率俱佳的遥感卫星数据和空间信息产品
		4	多光谱3.2m				
高景一号01/02	530km	1	全色0.5m	4天	2016年12月28日	8年	中国首个全自主研发的商业遥感卫星星座，日采集能力达到300万km^2，实现国内让十大城市3天覆盖一次的能力
高景一号03/04		4	多光谱2m		2018年1月9日		

6.3 基于航空航天遥感数据的数字正射影像制作

数字正射影像（Digital Orthophoto Map，简称DOM））是利用数字高程模型对扫描处理的数字化的航空像片/遥感影像（单色/彩色），经逐个像元进行投影差改正，再按影像镶嵌，根据图幅范围剪裁生成的影像数据。

DOM具有精度高、信息丰富、直观逼真、制作周期短的优点，它可作为地图分析背景控制信息，评价其他数据的精度、现实性和完整性，也可从中提取自然资源和社会经济发展信息，为城市建设规划和防治灾害等应用提供可靠依据，还可从中提取和派生新的信息，实现地图的更新。

由于DOM是数字的，在计算机上可局部开发放大，具有良好的判读性能与量测性能和管理性能等，对重复覆盖地表的卫星影像可逐年对城市地区进行变化监测。DOM可作为独立的背景层与地名注名、坐标注记、经纬度线、图廓线公里格、公里格网及其他要素层复合，制作各种专题图。

数字正射影像的制作就是利用数字高程模型对扫描处理的数字化的航空像片或遥感影像，经过逐个像元进行处理，再按影像镶嵌，根据图幅范围剪裁生成的影像数据。使用数字影像处理技术，不仅便于影像增强、改变反差等，而且可以非常灵活地应用到影像的几何变换中，形成数字微分纠正技术。根据有关的参数与数字地面模型，利用相应的构像方程式，或按一定的数学模型用控制点解算，从原始非正射投影的数字影像获取正射影像，这种过程是将影像化为很多微小的区域逐一进行，而且使用的是数字方式处理，因此叫作数字微分纠正或数字纠正。数字微分纠正的基本任务是：实现两个二维图像之间的几何变换。核心是：确定原始图像与纠正后图像之间的几何关系。在数字纠正过程当中首先是解求对应元素的位置，然后再进行灰度的内插与赋值运算。下面分别介绍航空正射影像制作和遥感正射影像制作的一般制作流程。

6.3.1 航空正射影像制作

一般城市地区航空正射影像制作分辨率为0.5m可满足1 ∶ 10000比例尺地形图测图需要，高精度可达0.2m可满足1 ∶ 2000比例尺影像数据输出需要。航空正射影像制作一般包括以下步骤：资料准备→空三加密→正射纠正→影像镶嵌与裁切→成果输出。如图6-2所示。

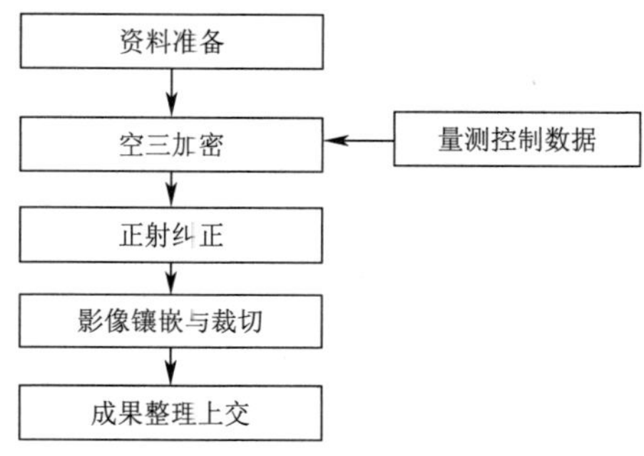

图6-2 航空正射影像制作流程图

1. 资料准备

整理获取的航摄资料，按照大比例尺成图精度要求，开展外业控制采集工作。对提供的航摄资料及像片控制测量成果进行分析，依据外业布设的像片控制点及航摄分区进行区域网划分。

2. 空三加密

利用空三软件自动匹配连接点、人工量测控制点进行空中三角测量作业。优先采用全自动匹配连接点，自动匹配弱区可进行人工选取连接点。 经过区域网调整、平差计算等流程得到空中三角测量成果。相邻加密区转刺公共像控点，连接点不转刺。加密分区接边处，人工选取同名点进行接边精度检测，保证接边精度满足要求。相邻加密区转刺公共像控点，连接点不转刺。加密分区接边处，人工选取同名点进行接边精度检测，保证接边精度满足要求。

3. 正射纠正

在影像处理软件中建立项目工程，根据测区实际情况设置相关参数。利用原始影像及空三结果匹配生成 DSM，并对 DSM 进行滤波处理，滤除精度较差以及高于地面的信息。对匹配精度较差的区域，如居民地、林木覆盖区域等进行匹配编辑或采用增加特征点、线方式，生成过程 DEM 数据。利用原始影像、空三成果、过程 DEM 数据进行单片正射纠正。

4．影像镶嵌与裁切

对纠正后的单片影像按区域进行匀光匀色处理，使区域内影像色调柔和一致，纹理清晰、反差适中，避免影像信息损失。利用匀光匀色后的影像进行自动镶嵌线生成。影像镶嵌时最大可能运用单片影像的中心区域，镶嵌线尽量沿线状地物边缘行进，避免切割人工地物，尽量避免在同一道路上来回穿越；对于大面积田块及大面积树林覆盖区域的镶嵌线，只要镶嵌线附近影像色调一致，线状地物无错位现象，可不对此区域的镶嵌线进行调整。对镶嵌后的区域整体影像进行浏览检查。对影像上存在的扭曲、变形、拉花、错位等问题进行过程 DEM 编辑，对存在的色调差异进行镶嵌线调整或局部颜色调整，同步修补 DOM。对融合影像进行镶嵌后，按数学基础要求进行分带，并按要求进行分幅裁切。正射影像接边两侧的色调尽量保持一致，应根据接边精度情况进行接边改正，改正后的接边差不应超过接边差要求。

6.3.2 遥感正射影像制作

整理获取的卫星原始影像资料，充分利用像控等资料，利用卫星影像数据RPC/轨道参数模型，开展单景纠正。制作流程如图6-3所示。

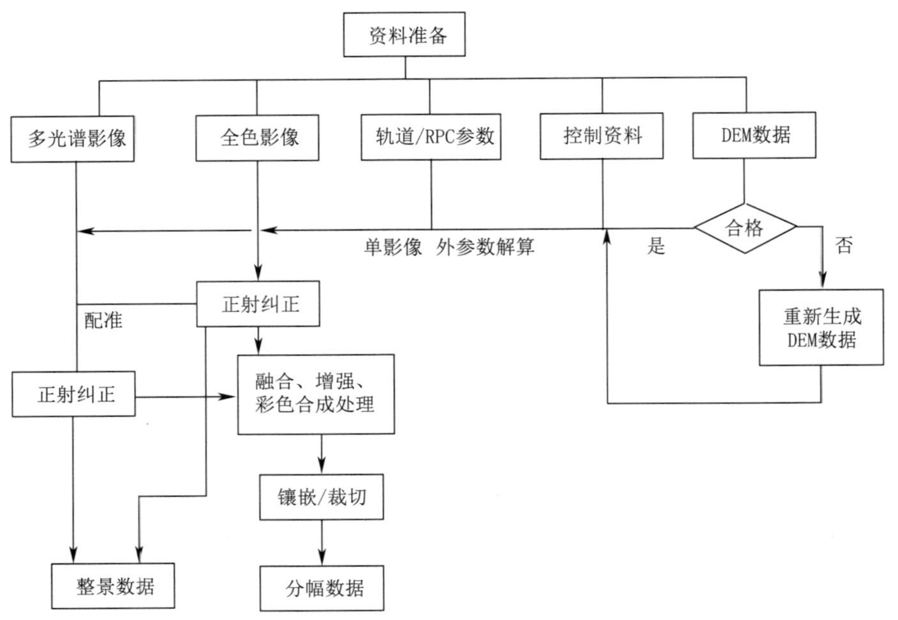

图6-3 遥感正射影像制作流程图

1. 数据源准备

在处理遥感影像前，需要对原始数据进行整理准备，检查原始影像的质量。准备相关的参考资料如：高精度DOM数据、DEM数据、控制点信息等。

2. 影像纠正

首先进行全色影像纠正。基于遥感影像处理软件，选取卫星原始灰度影像本身的卫星参数文件，以DOM影像作为参考基准，同时加载覆盖本区域的DEM数据，配准全色影像。为了保证图像精度，采集的控制点GCP要在全图均匀分布，采集完成后进行影像重采样，完成原始全色影像纠正。卫星原始多光谱影像用纠正好的全色影像做参考，用相同方法进行多光谱影像纠正。

3. 影像融合

对全色及多光谱影像进行影像融合处理，将融合后四波段的卫星影像组合成红、绿、蓝的三波段影像，调色生成高分辨率的彩色正射影像。

4. 影像镶嵌与裁切

影像镶嵌与裁切的方法与航空正射影像制作一样。随着计算机水平的提高，制作数字正射影像的软件越来越多，功能越来越强大，操作越来越简单，可以全流程处理，不需要人工干预。

6.3.3 航测遥感控制点数据采集和建库

传统的影像控制点采集是基于遥感影像选择合适的控制点进行外业观测，以人工方式寻找并记录控制点信息，通常以Word或Excel的格式，不便于使用。随着摄影测量技术的发展，更多类型的数据可以用作控制点数据，如已有的矢量数据、正射影像数据及SRTM（Shuttle Radar Topography Mission）数据等。这些数据的特点是数据量大、格式多样、坐标系不统一，在使用前需要进一步的信息提取和格式转换，传统的人工控制点数据管理方法已经无法适应新形势下数据使用的要求。

早在21世纪初，就有人提出影像控制点数据库的概念，要实现影像控制点数据库管理，必须要清楚像控点采集方法和获取的数据结构，然后在此基础上进行数据库建设。

1. 像控点测量

随着GNSS技术的快速发展，像控点测量通常采用GPS快速静态模式施测，该方法极大的提高了作业质量和效率，定位精度也完全满足要求。

2. 数据库平台建设

首先需要归纳或统一收集的控制点坐标系，统一采用最新的2000国家大地坐标系（CGCS2000），再把文本格式的控制点展绘到矢量图中并录入属性。控制点数据属性包括控制点地理坐标、比例尺、数据类型、生产时间、存放路径以及对应的影像、矢量线划图、正射影像图等。实现像控点空间数据和属性数据入库，对采集到的各种影像控制点信息进行查看、查询检索和管理。

6.3.4 基于无像控匹配技术的时点核准影像制作

无像控影像匹配技术，顾名思义就是用已有的DOM和DEM测绘成果资料和卫星的RPC/RPB姿态参数，通过区域网平差进行影像正射纠正。2015年开展全国地理国情普查时点核准工作，时点核准采用2015年第二季度获取的以资源三号卫星为主的国产高分辨率卫星影像作为主要数据源。以北京市为例，获取了资源三号卫星影像、高分一号卫星影像、资源二号影像。

利用PixelGrid软件的卫星模块中无像控影像匹配，基于RPC/RPB参数，按照软件的生产步骤，以高精度的DOM影像作为基准参考影像，结合DEM数据，对时点核准卫星原始全色及多光谱影像进行正射纠正。检查两个影像上的同名地物点的匹配精度，满足要求后对全色及多光谱影像进行影像融合，将融合后四波段的卫星影像组合成红、绿、蓝的三波段影像，调色生成原始分辨率的彩色正射影像。对生成的遥感正射影像进行精度分析，检查合格后形成最终的整景纠正遥感影像成果。虽然基于已有1:2000 DOM资料提取控制信息，利用PixelGrid软件的卫星模块中无像控影像匹配，但仍存在个别点位位置精度超限问题。需采用人工增加像控点的方式对个别点位进行调整。

6.4 遥感影像特征提取方法

6.4.1 遥感影像判读

遥感影像判读是遥感影像的重要应用之一，是对遥感影像上的各种特征进行综合分析、比较、推理和判断，最后提取出感兴趣信息的一种方法。地物在遥感影像上的表征主要有光谱特征、空间特征和时间特征。

1．光谱特征

自然界中任何地物都具备其自身独特的电磁辐射规律，具体有反射特性、发射特性，少数地物还具有透射电磁波的特性，这种特性称为地物的波谱特性。不同地物具有各自不同的波谱特性，被动遥感即通过地物对太阳光的反射，在遥感传感器中成像形成“遥感影像”。遥感中以“光谱特性曲线”来表征地物的反射波谱特性。不同地物对入射电磁波的反射能力是不一样的，通常采用反射率来表示。一般来说，当入射电磁波波长一定时，反射能力强的地物，反射率大，在遥感图像上呈现的色调就浅。反之，反射入射光能力弱的地物，反射率小，在遥感图像上呈现的色调就深。在遥感图像上色调的差异是判读遥感图像的重要标志。

色调与色彩对不同类型的遥感影像其意义是不一样的。对于可见光遥感影像，地物的亮度和颜色都由影像色调来表达，即我们常说的“真彩色”遥感影像。对于热红外影像上色调差别则反映地物辐射温度的差别。对于侧视雷达图像上色调差别是表示地物反射微波能量的大小。对于多光谱遥感影像上彩色物体的色调判读，反映不同波段的地物反射率特性。

2．空间特征

地物的各种几何形态为其空间特征，它与地物真实空间坐标（X、Y、Z）密切相关。这种空间特征在图像上也由不同的色调对比表现出来。包括通常目视判读中应用的一些判读标志：形状、大小、图形、阴影、位置、纹理、类型等。

形状指各种地物的外形、轮廓。影像上物体形状是其在$X-Y$平面内的投影；不同物体显然其形状不同，其形状与物体本身的性质和形成有密切关系。大小指地物的尺寸、面积、体积在影像上按比例缩小后的相似性记录。阴影是由于地物高度阻挡太阳光照射而产生的，它既表示了地物高度，又显示了地物侧面形状。纹理指影像上细部结构以一定频率重复出现的单一特征的集合，实地为同类地物聚集分布。影像纹理包括光滑的、波纹的、斑纹的、线性及不规则的纹理特征。

根据空间特征进行影像判读时，应充分考虑地物的投影特性，传感器成像的几何投影特性影响也很大，不同的传感器影像变形不同。

3．时间特征

对于同一地区地物的时间特征表现在不同时间地面覆盖状态不同，地面景观发生很大变化。时间特征在图像上以光谱特征及空间特征的变化表现出来。尤其是植物，随着出芽、生长、茂盛、枯黄的自然生长过程，景物及景观也在发生巨大变化。

植物在不同生长阶段的波谱特征明显不同，以此作为时间特征进行遥感判读。

6.4.2 遥感影像分类和不同地物提取方法

6.4.2.1 遥感影像解译和样本采集

遥感图像解译是根据图像的几何特征和物理性质，进行综合分析，从而揭示出物体或现象的质量和数量特征，以及它们之间的相互关系，进而研究其发生发展过程和分布规律的方法。遥感影像数据可提供地物判读的标志分为直接判读标志，如地物大小、形状、阴影、色调、纹理、图形和位置及与周围的关系等可以直接反映和表现地物信息的遥感影像特征和间接判读标志，如NDVI指数等间接反映和表现目标地物信息遥感特征指数。

遥感影像解译样本数据是用于辅助遥感影像解译收集获取的地面实景照片和对照遥感影像等样本数据，是城市地理国情监测的重要组成之一。通过建立遥感影像解译样本库，可以为遥感影像解译者建立对相关地域的正确认识提供支持，也可在解译结果的质量控制方面发挥重要作用，同时也为长期监测积累实地参考资料。

遥感解译样本数据包含两类，一是地面照片，二是遥感影像实例数据。两类数据分别从不同的侧面反映地物影像形态特征，起到相互印证的作用，可以帮助解译人员更高效地认知遥感影像所蕴含的信息。

遥感影像解译样本采集和制作流程如图6-4所示。

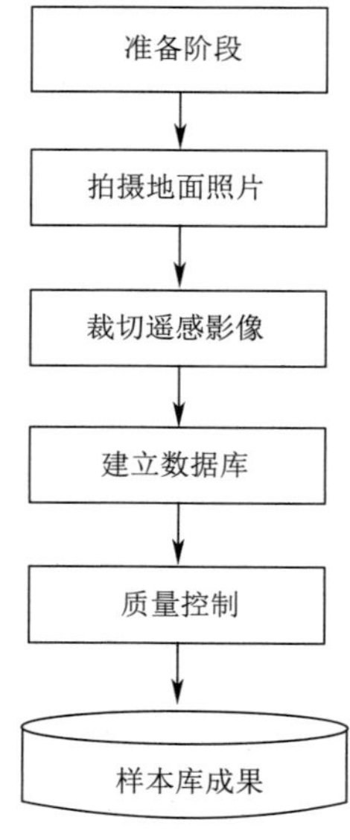

图6-4 遥感影像解译样本采集和制作流程图

1. 准备工作

主要是人员安排，车辆、设备配备，软件安装，遥感影像数据、基础测绘数据等的准备。

2. 拍摄地面照片

使用支持自动记录相机姿态参数和相机成像参数信息的一体化外业调绘核查设备按照设计好的外业拍摄路线，拍摄符合《遥感影像解译样本数据技术规定》的地面照片并记录照片的经纬度、高程、观测到的卫星数量等、相机的俯仰角、横滚角、照片方位角等相关的属性信息，为建立样本库提供了准确可靠的属性信息。

3. 裁切遥感影像

根据地面照片的拍摄点经纬度、照片方位角和拍摄距离，得到拍摄对象的位置，以此作为遥感影像实例的中心点，从采集图斑所用的影像上裁切长宽为511 × 511像素大小的遥感影像，并且在此影像上标绘出地面照片拍摄位置。

4. 建立数据库

现场采集的样本照片、照片属性和遥感影像实例信息完整后，生成遥感影像解译样本数据库，建立符合要求的遥感影像解译样本数据库。

根据《遥感影像解译样本数据技术规定》，地面照片和遥感影像实例的属性信息存储在统一的数据库中，保存在数据库文件中，后缀名为“.mdb”。数据库由三个表构成，分别为记录地面照片属性及文件名的PHOTO数据表，记录遥感影像实例属性及文件名的SMPIMG数据表以及反映地面照片和遥感影像实例对应关系的PHOTO_IMG 关系表。

PHOTO 数据表包含地面照片的18个属性和文件名共19个字段；SMPIMG数据表包含遥感影像实例的13个属性和文件名共14个字段；关系表 PHOTO_IMG 定义数据表 PHOTO 和SMPIMG 之间的关系，并记录这种关系建立的一些信息，共包含5 个字段。根据相关规定设计各个表的结构和各个字段的名称、数据类型、单位、可否为空等属性。

将整理好的地面拍摄照片和裁切的遥感影像导入数据库中，如果使用的相机支持数据自动录入，在PHOTO 数据表中的许多属性数据就可以自动获取，如照片的标识符、文件名、拍摄时间、拍摄点的经纬度、高程、照片方位角、拍摄距离、相机的俯仰角和横滚角、相机焦距等，而另外一些属性必须通过人机交互的方式录入，如样点地理环境描述、拍摄者等。SMPIMG 数据表中，遥感影像四个角点的经纬度坐标可以根据 PHOTO 表中的拍摄点坐标计算得出从而自动录入，文件名和标识符也可以自动录入，其他属性项如影像的类型、分辨率、拍摄时间和波段数需要手工录入，可以参考元数据的 MPID（主要影像数据源）和 MSID（补充影像数据源）层的相关属性。关系表 PHOTO_IMG 中，地面照片的标识符和遥感影像的标识符自动录入，其他属性项都需要人工输入。并将数据表和关系表之间建立对应关系。对地表覆盖分类采集时发现的内业难以确认也无相关样本可参考的类型和没有采集到或数量过少的样本。进行样本补充工作。补充后的样本成果与原样本成果进行合并。

5. 质量控制

与其他测绘产品一样，遥感解译样本库的质量控制应严格执行两级检查、一级验收制度，质量检查分别从数据完整性、样本数量及分布密度样本数据库、地面照片及遥感影像等方面设立质量检查与控制的关键点。按相关要求整理成果资料，最终形成遥感解译样本成果。

6.4.2.2 遥感影像分类

监督分类（Supervised Classification）又称训练场地法，是以建立统计识别函数为理论基础，依据典型样本训练方法进行分类的技术。监督分类根据已知训练区提供的样本，通过计算选择特征参数，求出特征参数作为决策规则，建立判别函数以对各待分类影像进行的图像分类，是模式识别的一种方法。要求训练区域具有典型性和代表性。在遥感影像的计算机分类过程中，采用一定数量的影像分类标准样板，作为计算机分类的训练基准的技术，即一种有已知类别标准的分类方法，或具有先验知识的分类方法。判别准则若满足分类精度要求，则此准则成立；反之，需重新建立分类的决策规则，直至满足分类精度要求为止。常用算法有：判别分析、最大似然分析、特征分析、序贯分析和图形识别等。

非监督分类（Unsupervised Classification）是以不同影像地物在特征空间中类别特征的差别为依据的一种无先验（已知）类别标准的图像分类，是以集群为理论基础，非监督分类：以不同影像地物在特征空间中类别特征的差别为依据的一种无先验类别标准的图像分类。在遥感影像的计算机分类过程中，无需采用训练样板的分类技术，或没有先验知识的分类方法。通过计算机对图像进行集聚统计分析的方法。根据待分类样本特征参数的统计特征，建立决策规则来进行分类，而不需事先知道类别特征。把各样本的空间分布按其相似性分割或合并成一群集，每一群集代表的地物类别，需经实地调查或与已知类型的地物加以比较才能确定。它是模式识别的一种方法。一般算法有：回归分析、趋势分析、等混合距离法、集群分析、主成分分析和图形识别等。

6.4.2.3 不同地物的信息提取

地表地物种类繁多，特征复杂（主要的影像上地表覆盖特征见图6-5），同一大的类别中有许多亚类、子亚类。由于各种内在或外部因素的影响，不同类别出现相似或相同的判读标志，而同一类别又出现不同的判读标志，从而在遥感数据中出现同物异谱与同谱异物的情况。因此，对于不同地物的信息提取，首先需要了解地物的波谱特性，选用最合适的波谱组合提取对应的地物信息。

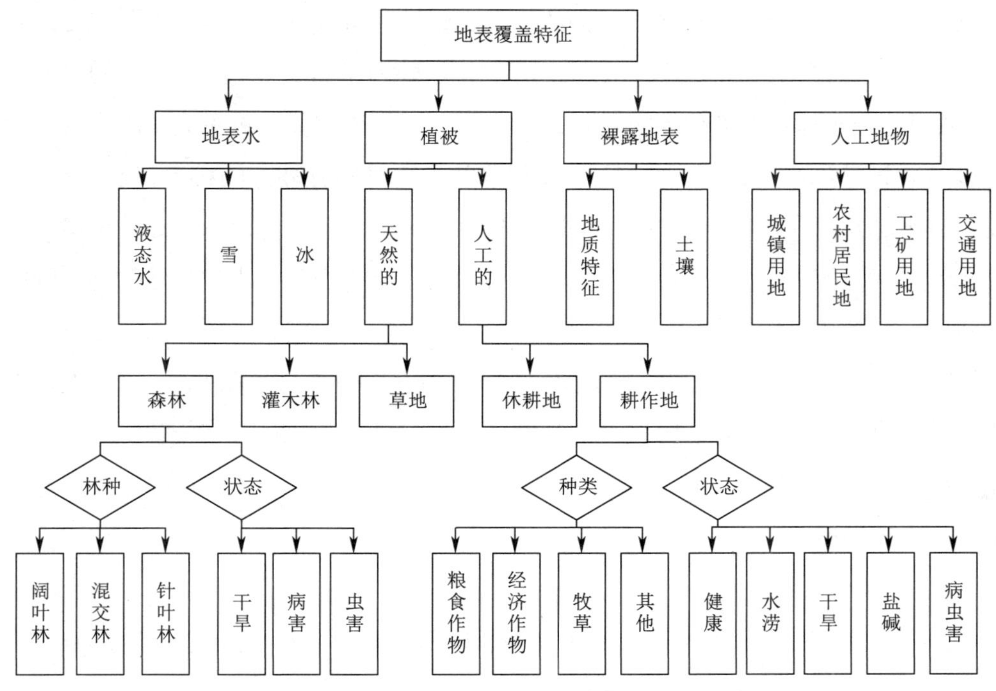

图6-5 遥感影像上的地表覆盖特征分类图

1. 水系信息提取

纯净水体对于大气窗口光谱波段的反射主要集中于蓝绿光波段，对其他可见光波段反射率很低。尤其对于近红外和中红外反射率几乎为0，因此纯净水系在由近红外、红波段、绿波段组成的假彩色影像中呈黑色，几乎无反射强度。这是进行水体提取的最显著特征。

自然界水系的反射特征受到水体中各光学活性物质的影响，水中悬浮泥沙的含量、水生植物叶绿素浓度、人工注入物、水底物质的不同都将反映为水体在遥感图像上的纹理、灰阶及色调的不同。水中悬浮泥沙含量增大，反射率增高，特别是在黄色和红色光区增值较大，在近红外区反射率也会增高。泥沙含量高达100mg/L时的混浊水体，水深超过30cm时，从上方测定水的反射率，只与水体本身有关，而与水底的各种特性无关。叶绿素浓度增加时，蓝光部分的反射率显著下降，但绿光部分反射率上升，在近红外区的反射率也略有提高。

水系随着水体内其他要素含量在波谱上的变化特征广泛用于水资源保护领域，譬如对水体悬浮物的确定、水体富营养化监测、水温监测、水体污染探测、水深探测等。水中叶绿素浓度是反映水体富营养化的主要因子，尤其是叶绿素a浓度。首先依据叶绿素生物量等数据进行现场采样，其次根据遥感数据及采样数据反映出的水体绿度指数创建遥感回归模型，最后推算出水体中叶绿素含量及生物量的空间分布，从而达到水体富营养化监测的目的。水体在近红外波段与可见光范围内的反射亮度随着悬浮物浓度的增大而增加，反射峰波长同时向长波方向移动，反射峰形态变得越来越宽。在580 ~ 680nm波段下，对可见光遥感而言不同悬浮泥沙浓度出现相应的辐射峰值，即遥感监测水中悬浮物含量的最佳波段是对水中悬浮泥沙反映敏感波段。水体的热容量较大，在热红外波段有明显特征。白天水体将太阳辐射能量大量吸收存储，增温比陆地慢，在遥感影像上表现为热红外波段暗色调；在夜间水温比周围地物温度高，发射辐射强，在热红影像上呈亮色调。因此，夜间热红外影像可用于寻找泉水，特备是温泉。根据热红外传感器的温度定标，还可在热红外影像上反演出水体的温度。

2. 植被信息提取

健康的绿色植被的波谱曲线有着明显特征（图6-6）。在可见光0.55μm（绿光）有一个小的反射波峰；在0.45μm和0.65μm附近有两个明显的吸收谷；在0.7 ~ 0.8μm是一个陡坡，反射率急剧增高，到达近红外0.8 ~ 1.3μm成为一个峰值，反射率高达40%，形成植物的独有特征；在1.45μm、1.95μm、2.7μm处是水的吸收带，受到绿色植物含水量影响，成为三个吸收谷。

不同的植被类型、季节影响、病虫害影响会导致植被波谱特征的差异，通过这些差异表现可以区分植被类型、长势及生物量估算。

植被水分对于植被光谱特征有显著影响，叶子含水量的增多将使整个光谱反射率降低，特别是在近红外波段，几个吸收谷更为突出。

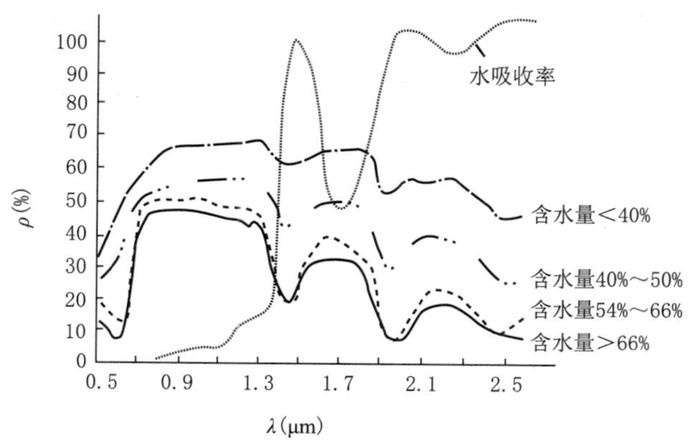

图6-6 不同含水量植被反射波谱

不同植被类型，由于组织结构不同，季相不同，生态条件不同而具有不同的光谱特征、形态特征和环境特征，在遥感影像中可以表现出来。不同植物由于叶子的组织结构和所含色素不同，具有不同的光谱特征。如禾本科草本植物的叶片组织比较均一，没有栅状组织和海绵组织的区别，细胞壁多角质化并含有硅质，透光性较阔叶树差。茂密的草本植物在可见光区低于阔叶树，而在近红外光区可高于阔叶树。阔叶树叶片中的海绵组织使得它在近红外光区的反射明显高于没有海绵组织的针叶树。图6-7表明，在0.8 ～ 1.1μm的近红外光区影像上，可以有效地区分出针叶树、阔叶树和草本植物。

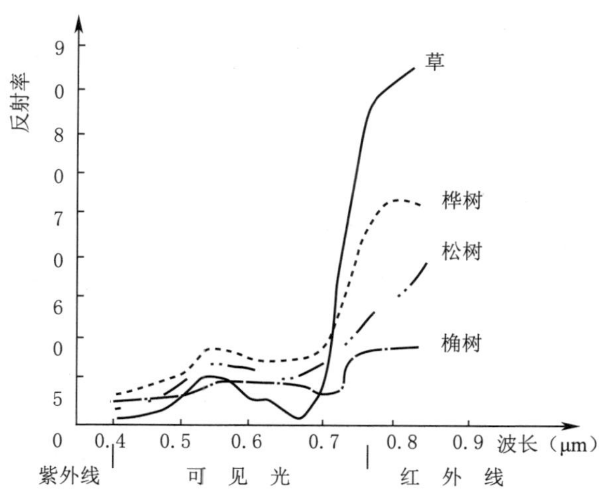

图6-7 不同植被类型波谱特性

在高分辨率遥感影像上，不仅可以利用植物的光谱来区分植被类型，而且可以直接看到植物顶部和部分侧面的形状、阴影、群落结构等，可比较直接地确定乔木灌木、草地等类型，还可以分出次一级的类型。

草本植物在高分辨遥感影像上表现为大片均匀的色调，由于草本植物比较低矮因而看不出阴影，这有别于灌木和乔木。灌木在遥感影像呈不均匀的细颗粒结构，一般灌木植株高度不大，阴影不明。乔木形体比较高大的有明显阴影，根据其落影可看到其侧面的轮廓。从乔木的树冠也可明显地识别出其阳面和阴面（本影）以及树冠的形状，并结合其纹理结构的粗细明确地区分出针叶树和阔叶树，甚至具体的树种。

当植被收到病虫害影响，其波谱曲线也会随之改变。农作物在受到病虫害影响，海绵组织受到破坏，叶子色素比例发生变化，使得可见光区的两个吸收谷不明显，0.55μm处的反射峰按植物叶子被损伤的程度而变低、变平。近红外光区的变化更为明显，峰值被削低，甚至消失，整个反射光谱曲线的波状特征被拉平（图6-8）。因此，根据受损植物与健康植物光谱曲线的比较，可以确定植物受伤害的程度。

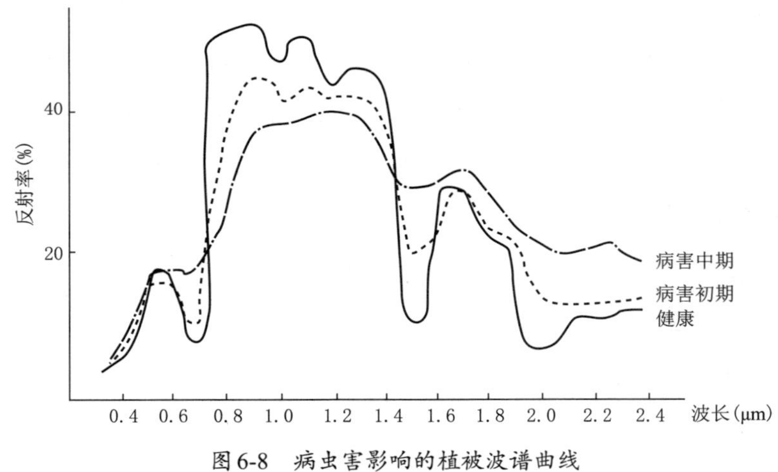

图6-8 病虫害影响的植被波谱曲线

大面积农作物的遥感估产主要包括三方面内容:农作物的识别与种植面积估算，长势监测和估产模式的建立。

（1）大面积的农作物除了具备与一般植被相似的光谱特征外，大都分布在地面较为平坦的平原、盆地、河谷内，少量分布在山坡、丘陵的顶部。由于耕作的需要，田块通常具有规则的几何形状（山区零星小块耕地除外）。在农作物估产时，一般使用中低空间分辨率卫星遥感影像，如NOAA的AVHRR、Landsat、CBERS等，制作农作物的分布图。

（2）利用高时相分辨率的卫星影像（如NOAA、FY-1、FY-2等）对作物生长的全过程进行动态观测。对作物的播种返青、拔节、封行、抽穗、灌浆等不同阶段的苗情、长势制出分片分级图，并与往年同样苗情的产量进行比较、拟合，并对可能的单产作出预估。在这些阶段中，如发生病虫害或其他灾害，使作物受到损伤，也能及时地从卫星影像上发现，及时地对预估的产量作出修正。监测作物长势水平的有效方法是利用多光谱影像的反射值得到植被指数。常用的植被指数有比值植被指数（RVI. Ratio Vegetation Index）归化植被指数（NVL. Normalized Vegetation Index）、差值植被指数（DVI，Difference Vegetation Index）和正交植被指数（PVI，Perpendicular Vegetation Index）等。

（3）建立农作物估产模式。用选定的植物灌浆期植被指数与某一作物的单产进行回归分析，得到回归方程。如果作物返黄成熟期没有发生灾害或天气突变等影响作物产量的事件。那么估产方程作为模型被确定。

近十年，随着各类高空间、高时间、高光谱分辨率民用卫星的出现，定量遥感技术的发展，农业遥感与地理信息系统、全球导航技术等技术的融合，遥感在农业领域的应用广度和深度不断扩展，在农业资源调查、生物产量估计、农业灾害监测等方面发挥了重要作用。

3. 土壤信息提取

在遥感影像上，不同类型土壤的特征不如水体、植被的差别那么大，同时，由于土壤性质主要表现在剖面上，而不是表现在土壤的表面，因此仅靠土壤表面电磁波谱的辐射特性来判别土壤类型，并不直接。但是由于土壤与上述成土因子关系密切，特别是受主导因素的影响较大，因此仍有规可循。通过遥感影像综合分析，可以取得较好的判别效果。依靠间接的解译标志，进行综合分析对于土壤解译显得特别重要。

土壤的光谱特征曲线与土壤含水量、有机质含量、氧化铁含量、黏土、砂、粉砂相对百分含量、土壤表面的粗糙度息息相关。在地面植被稀少的情况下，土壤的反射曲线与其机械组成和颜色密切相关。颜色浅的土壤具有较高的反射率，颜色较深的土壤反射率较低。在干燥条件下同样物质组成的细颗粒的土壤，具有较高的反射率，而较粗的颗粒具有相对较低的反射率。有机质含量高，也使反射率降低。土壤水的含量增加，会使反射率曲线平移下降，并有两个明显的水分吸收谷，但当土壤水超过最大毛管持水量时，土壤的反射光谱不再降低，而当土壤水处于饱和状态或过饱和状态，使土壤表面形成一层薄薄的水膜。在地表平坦时，接近于镜面反射，其反射率反而增高（图6-9、图6-10）。

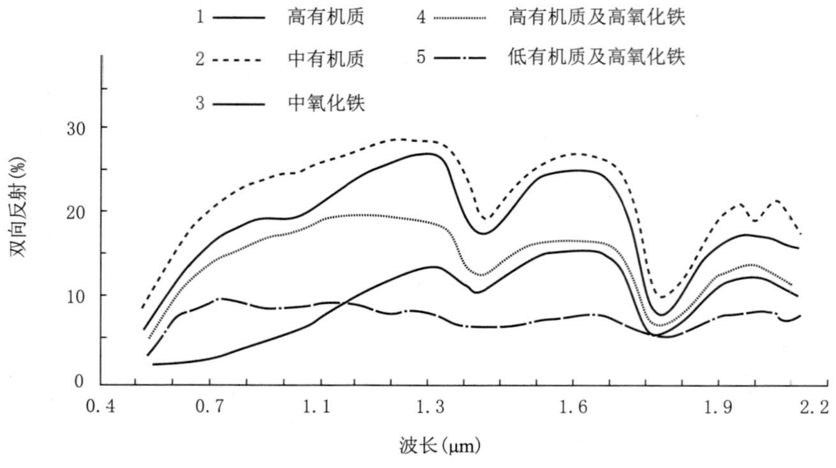

图6-9　不同成分土壤波谱曲线

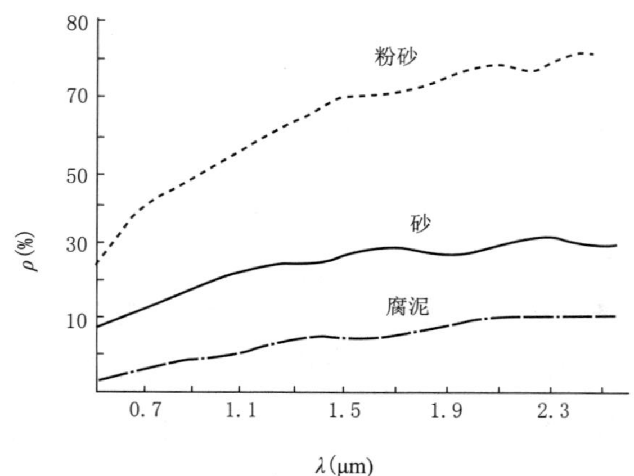

图6-10　不同颗粒度土壤波谱曲线

当土壤表面有植被覆盖时，如覆盖度小于15%其光谱反射特征仍与裸土相近。植被覆盖度在15% ~ 70%时，表现为土壤和植被的混合光谱，光谱反射值是两者的加权平均。植被覆盖度大于70%时，基本上表现为植被的光谱特征。此外，土壤的光谱特征还受到地貌耕作特点等影响。

不同分辨率、不同波段的遥感影像在土壤类型的解译中有不同的作用。分辨率较低的遥感影像对土壤类型和亚类的划分和识别可以起到较大的作用。由于其视野较广，有利于区域的宏观综合分析，适合于进行小比例尺的制图。高分辨率的遥感影像，对地面的细节显示得比较清楚，有利于确定土壤形成的具体地貌条件、植被类型等，能帮助土属和土种的确定，适合于中、大比例尺的土壤制图。具有较大的波段覆盖范围和较多波段数的传感器可以显示土壤的特征光谱。波段覆盖范围较窄波段数少的传感器，不利于土壤的遥感探测。

4. 人工地物提取

人工地物类型复杂多样，最为常见的监测对象无外乎人工建筑物（构筑物）、道路、城市绿地等地表要素。

完成建筑物在遥感影像上的光谱特征主要由屋顶材质决定，屋顶材质主要有瓦片、沥青防水层、金属、水泥、玻璃等。不同建筑物顶部光谱特征随着材质、光照、纹理不同（图6-11）。

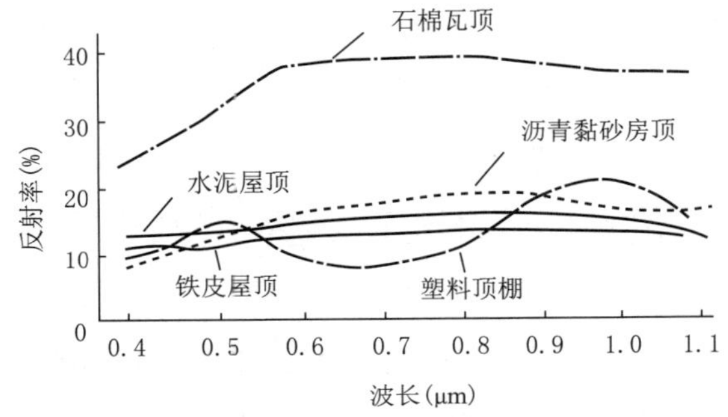

图6-11 不同建筑物材质波谱曲线

对于建（构）筑物的信息提取主要结合其空间特征进行解译。对于完整建筑物的形状特征包括：矩形度、侧墙、阴影、边缘关系等。

人工道路的反射光谱特征也主要由其路面材质决定，主要由沥青、水泥、土质道路（图6-12）。

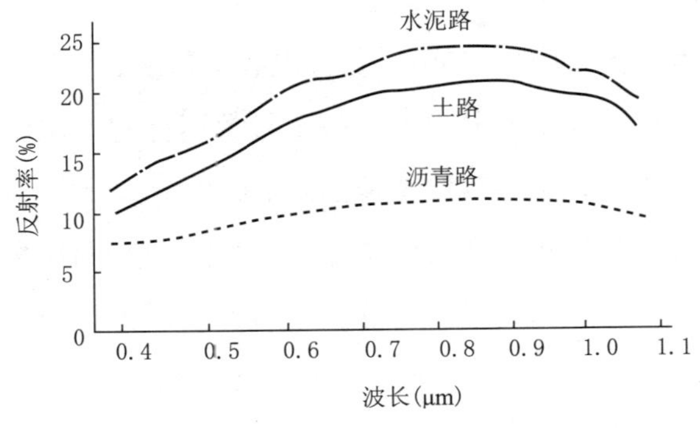

图6-12 道路材质波谱曲线

道路的空间特征比较明显，具有线状条带、平行的边缘的特征，常常与树木或者绿地相接。快速路和主干道的纹理也较明显，在高分辨率影像上可见白色分道线和道路指示标线等。

城市空地主要指裸露地、水泥地和施工工地。平整裸地的光谱特征明显。纹理简单，同质且均匀。通过光谱、形状和边缘特征即可识别。水泥地的光谱特征明显，形状和边缘特征与裸露地类似。大型建筑工地具有比较明显的光谱特征。钢筋混凝土结构、裸露土地构成明显光谱特征。例如，MSS影像的第五波段可用于城市研究，对道路、大型建筑工地、沙石料场和采矿区区分明显。

6.4.2.4 基于遥感影像的变化监测

由于遥感信息的周期性和信息质量的连续性，动态监测一直是卫星遥感最主要的应用领域，已广泛应用于土地利用变化分析、耕地变更监测、森林砍伐评估、植被物候变化研究、草场生产力的季节变化、作物生长监测、灾害损失评估、灾情监测、雪溶化测量、热状况日夜差异等环境变化领域。

地物的变化是通过其地学特征的变化表现出来，通过不同时相地物的遥感特性可以检测这些变化。变化检测可以利用的地学特征有空间分布、光谱特征和时间变化特性。遥感图像同时具有它的物理属性——空间分辨率、光谱分辨率、辐射分辨率和时间分辨率。通常通过分析地物所对应的遥感图像的物理属性的变化来检测地物的变化。李德仁院士将变化监测方法总结为五类：

（1）基于不同时相新旧影像的变化检测；

（2）基于新影像和旧数字线划图的变化检测；

（3）基于新旧影像和旧数字线划图的变化检测；

（4）基于新的多源影像和旧影像/地形图的变化检测；

（5）基于不同时相立体像对的三维变化检测。

基于影像对影像变化检测的方法主要有代数运算法、光谱特征变异法、主成分变换法、小波变换法和面向对象分类法。基于代数运算的变化检测方法简单易行，对于新旧影像的灰度进行代数运算实现地物的变化检测。此类方法的前期条件是新旧影像需进行高精度的辐射校正和几何校正。光谱特征变异法通常是指基于数据融合的光谱特征变异。当对两个时相的影像或衍生的波段进行融合时，如果地物发生了变化，则对应区域的光谱就会发生变异，与周围地物的光谱失去协调性，而这种光谱变异就是地物发生变化的特征。由于将不同时相的遥感影像进行组合显示时，同样能够自动发现变化信息，而且发现变化信息的原理和前者一致。主成分分析法是一种去除多光谱图像波段间相关性，同时不丢失信息的一种正交变换。采用主成分变换法对多光谱数据进行变化检测是较常见的使用方法，该方法可以去除多光谱图像波段间相关性，同时不丢失信息。因此对于同数据源、同时相的多光谱数据比较适合，对于城市规划遥感监测中的某些监测专题也适用。利用面向对象分类法的变化检测首先结合影像光谱特征、语义信息、纹理信息、空间拓扑关系进行影像分割分类，得到目标地物矢量，在此基础上进行变化检测。面向对象的分类方法更关注于像元集合体所构成的影像对象之间的光谱、空间和纹理等关系，而不是针对单个像元的处理分析，所以比较适合于城市规划动态监测目标的分割和变化检测研究。

地表土地覆盖具有显著的空间特征、时间特征。随着时间的变化，地表土地覆盖的空间变化是变化检测的主要内容。这种变化也分量变和质变，同种地表土地覆盖类型的细微变化反映了地表土地覆盖的量变，而不同种地表土地覆盖类型之间的转化则反映了地表土地覆盖的质变。用遥感数据进行地表土地覆盖变化动态检测方法通常可以概括为两大类基于分类后比较法和基于像元光谱数据的直接比较方法。前一类方法存在的明显不足在于能区分不同类型间的质变即从一种类型转变为另一种类型，但无法探测同种类型在不同时间上的量变。后一类方法则可探测出像元细微变化并可以避免前一类方法中分类误差对变化检测精度的影响。在地表土地覆盖特征的生物物理参数的选择上，几乎都要用到归一化植被指数NDVI。NDVI能够较好反映植被的代谢强度及其季节性变化和年际变化特征，因而被广泛应用于植被的监测与分类、物候分析、农作物估产、植被—气候关系分析等方面。利用NDVI时间序列数据研究不同类型植被对气候变化的响应，是当前植被生态系统研究的热点之一。骆成凤利用MODIS增强型植被指数EVI对全国地表植被状态从2001年到2004年的动态变化进行监测。增强型植被指数MODIS-EVI对原始数据经过较好的大气校正，所以避免了基于比值的植被指数的饱和问题。同时耦合了抗大气植被指数和土壤调节植被指数，减少了大气和土壤背景影响EVI的合成，是以数据质量为基础，优先选择晴天时传感器视角小的像元，在这些方面的改进，为遥感定量研究提供了更好的基础。

除了光学遥感卫星影像数据在土地覆盖中的变化检测应用，雷达卫星数据在地表沉降中的监测应用、激光测高卫星数据在高度变化监测中的应用也取得很多研究成果。宋春桥等利用CryoSat-2卫星测高数据对纳木错在2003 ~ 2013年的水位变化进行监测和规律分析，CryoSat-2卫星获取的湖泊水位与实测结果相关系数达到0.71，平均误差和均方根误差分别为－0.12m和0.18m，该精度可以满足湖泊水位米级的动态监测。

6.4.3 PS-InSAR技术开展城市地表沉降方法

PS-InSAR形变测量技术的处理流程如图6-13所示，PS-InSAR算法以N幅SAR图像为输入，先通过图像配准的方法将所有SAR图像配准到相同坐标系中。然后，选择时间和空间基线较小的SAR图像对生成干涉图，并通过二轨法去除由地形起伏引入的干涉相位。同时，在图像中选择候选PS点（PSC），并利用PSC的信息补偿由大气变化引入的误差相位和由轨道数据不精确引入的误差相位。最后，利用补偿后的相位信息对图像中所有像素点进行逐点分析，重新识别PS点，并估计其形变信息和高程误差信息。

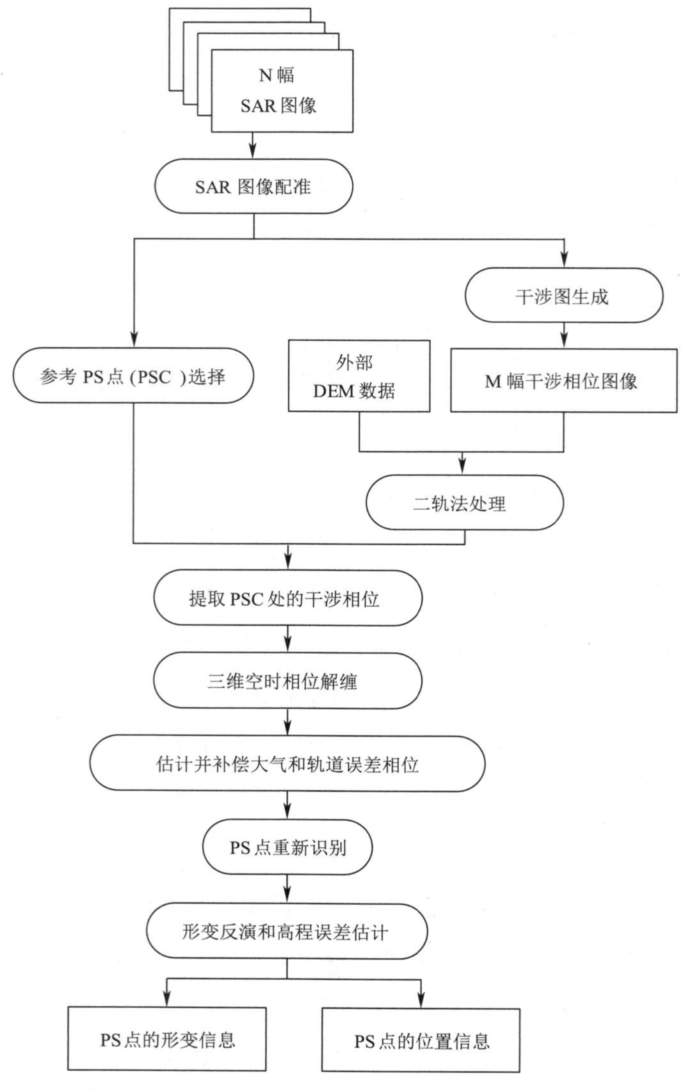

图6-13　PS-InSAR形变测量的处理算法基本流程图

PS-InSAR形变测量算法各个步骤的详细描述如下：

1. SAR图像配准

由于不同SAR图像之间存在空间基线，其所对应的卫星位置存在差异，导致同一目标点在不同SAR图像内的位置不同，为此需要进行图像配准，考虑到目标点的偏移量可能较大，为了提高运算效率，在处理过程中采用三级配准的方法：1）基于卫星轨道数据的粗配准；2）基于像素级的配准；3）基于亚像素级的配准。经过三级配准处理，SAR图像的配准精度可达0.1个像素级，完全能够达到高精度形变反演的需求。

2. 干涉图生成

如图6-14（a）所示，在传统的PS-InSAR干涉图生成过程中，如果输入N幅SAR图像，是以一幅SAR图像为主图像，其他N-1幅SAR图像为辅图像，共生成N-1幅干涉图。目标点的干涉相位可以表示为：

$$\varphi_{\text{Int}} = \varphi_{\text{Master}} - \varphi_{\text{Slave}} \tag{6-1}$$

式中，φ_{Master}表示目标点在主图像的相位，φ_{Slave}表示目标点在辅图像的相位。

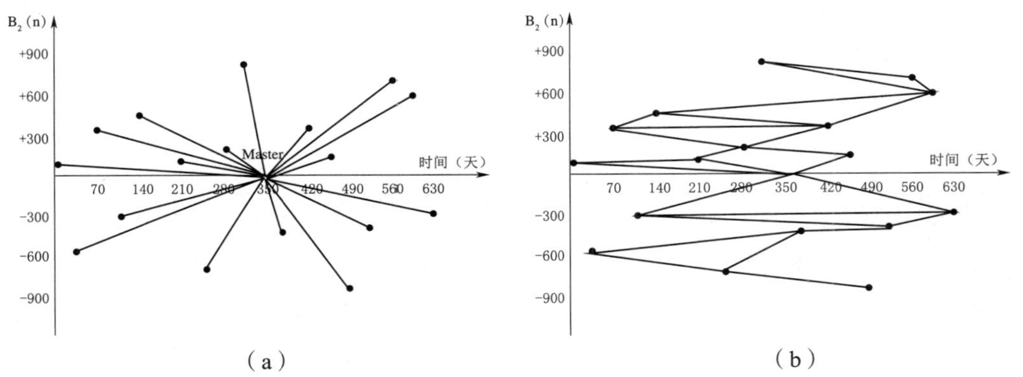

图6-14　SAR干涉相位图

（a）单一主影像；（b）图像对构网

在图像中，纵轴表示空间基线，横轴表示时间基线，每个点表示一幅SAR图像，每条线表示用两幅SAR图像生成的干涉图。

在干涉图生成的过程中，如果两幅SAR图像的空间基线或时间基线过大，生成的干涉相位有很大概率会有较大误差。一般情况下，当形变监测的时间范围较大时，如果仍然采用传统的PS-InSAR干涉图生成方法，不可避免地会出现两幅SAR图像空间基线或时间基线过大的情况，进而势必会降低最终的形变反演精度。

为了解决这个问题，如图6-14（b）所示，在新的PS-InSAR干涉图生成过程中，不再仅仅采用某幅SAR图像作为主图像，而是选择空间基线和时间基线较小的SAR图像对生成干涉图，并且在图6-14（b）中的时间基线和空间基线平面构建网格。由于生成了更多的干涉图，干涉数据会出现冗余，多幅干涉图在时间基线和空间基线的平面构成了“闭环”，通过对“闭环”内的干涉数据进行处理，能校准相位误差，最终提高相位精度。

3．二轨法处理

在二轨法的实际处理过程中，先利用主辅SAR图像的卫星轨道数据和外部DEM信息，计算出DEM每个像素点的干涉相位，并将每个像素点投影到SAR图像的坐标系中。此时，DEM的像素点非均匀地分布在SAR图像的网格中。然后，利用Delaunay三角插值的方法对SAR图像的均匀网格进行重采样，获取由地形信息模拟的干涉相位图。最后，再在真实的干涉相位中减去由外部DEM模拟的干涉相位。

4．参考PS点（PSC）选择和提取PSC处的干涉相位

PSC的选择主要包含两类方法：1）基于幅度统计特性的选择方法；2）基于相关系数的选择方法。一般而言，基于幅度统计特性的选择方法应用最为广泛。此方法主要利用目标点的幅度离差信息来选择PS点。幅度离差的计算公式如下：

$$D_{\mathrm{A}}=\frac{\sigma_{\mathrm{A}}}{m_{\mathrm{A}}} \tag{6-2}$$

式中，σ_{A}表示目标点在输入的N幅SAR图像中幅值的标准差，m_{A}表示目标点在输入的N幅SAR图像中幅值的均值。在实际处理过程中，先设定幅度离差门限$D_{\mathrm{Threshold}}$，然后将那些满足条件$D_{\mathrm{A}}<D_{\mathrm{Threshold}}$的像素点选为PS点，幅度离差门限$D_{\mathrm{Threshold}}$可设置为0.3。同时，为了保证PSC选择的质量，输入的SAR图像尽量多于25 ~ 30幅，否则，需要利用其他信息，采用更加复杂的方法来选择PSC。

选出PSC后，提取PSC处的干涉相位，此时，提取的干涉相位为经过二轨法处理后的相位。

5．三维空时相位解缠

在InSAR测量的过程中，雷达获取的相位数据是缠绕在区间[－π，π）内的数据。因此，为了恢复目标点的真实相位，需要对相位数据进行解缠绕处理。目标点真实相位和缠绕相位关系的数学表达式如下式所示：

$$\varphi_u=\varphi_w+2\pi n \quad n\in Z \tag{6-3}$$

相位解缠处理也可以理解是估计未知整数n的过程。相位解缠是InSAR数据处理中最关键的步骤，其误差会在空间和时间范围内扩散，最终会影响整个形变反演结果。相位解缠算法一般分为三类，L^0范数法、L^1范数法和L^2范数法。一般而言，基于L^1范数法的统计最小费用流算法（Minimum Cost Flow，MCF）是性能比较优越的算法，它在解缠精度上有很大的保证，且没有解缠失败的区域，是常采用的解缠方法。在PS-InSAR的处理过程中，需要进行相位解缠，在空间二维的图像域，先根据PSC的位置建立Delaunay三角网，然后再利用MCF算法获取空间二维的解缠结果。

6．估计并补偿大气和轨道误差相位

相位数据解缠后，就能对大气相位和轨道误差相位进行估计和补偿。一般而言，大气相位和轨道误差相位是变化的，因此，它们可以建模为以空间二维坐标为自变量的一阶函数（如果需要的话，也可以建立为二阶或高阶函数）：

$$\Delta\varphi_{\text{atm}}+\Delta\varphi_{\text{track}}=A\varepsilon+B\eta+C \tag{6-4}$$

式中，待估参数有三个A，B和C，而ε和η分别表示PSC在SAR图像中所对应的距离和方位二维坐标。因此，轨道误差相位和大气相位估计的问题可以转化为三个待估参数的估计问题。根据参数估计理论，可以使用最小二乘方法，估计出轨道误差相位和大气相位，并最终将其补偿。

7．PS点重新识别及形变反演和高程误差估计

大气和轨道误差相位补偿后，就能对SAR图像的每个像素点进行逐点分析，确认其是否是PS点，并估计其形变量和高程误差。一般来说，识别一个点是否是PS点的关键是看这个点是否与已知的形变和高程误差模型相比匹配。判断模型匹配的方法可以依据这个点的时间相关系数，其计算公式如下式所示：

$$\gamma_t(P)=\max_P\left|\frac{1}{N}\sum_{i=1}^{N}e^{j\varphi_i(P)}e^{-jm_i(P)}\right| \tag{6-5}$$

式中，$\varphi_i(P)$表示目标点P在第i幅干涉图像中的干涉相位（补偿大气和轨道误差相位后），$m_i(P)$表示由目标点P的形变运动模型和高程误差模型估计出的相位。最后通过设置相关系数门限，将大于门限的像素点选为最终的PS点，并估计这个PS点的形变量和高程误差。

8. 地理编码

地理编码的方法可利用DEM产品进行地理编码。利用DEM坐标系到SAR影像坐标系的转换查找表，完成地面沉降监测成果由SAR影像坐标系到大地坐标系的反变换，即对监测成果垂直向形变量进行地理编码。集合所有地理编码后的点目标，将垂直向形变量的时间单位换算成年，生成年度地面沉降速率，逐像元计算生成地面沉降速率图。

9. 地面沉降速率基准修正

地理编码后点目标的地面沉降速率可以利用已有的水准等高精度控制点数据（同期观测的沉降量）修正基准，具体为：以同步水准测量结果作为基准参考，在邻近点上计算点目标沉降量与水准沉降量之间差值的平均值，即与地面实际沉降量之间存在的整体偏差值。将上一步得到的整体偏差加入每个点目标的沉降值，修正因参考点不统一产生的InSAR结果沉降量的整体偏差，完成基准修正。

10. 成果检验

一般采用同时段观测（同步观测最好）得到的沉降数据对PS-InSAR结果进行精度评定。实测点位尽量均匀分布于监测区。

6.5 遥感影像信息提取应用

6.5.1 基于遥感影像变化检测的国土查违

2017年10月北京市规划和国土资源管理委员会组织召开了关于研究按月开展土地卫片执法检查工作，2018年，在委员会科技处统筹下，开始启动全委卫星影像数据统筹与按月卫片执法项目，通过购买服务方式，从原始数据采集、正射影像制作、变化图斑内业提取、外业调查核实到成果整理和分发应用。

其中原始数据采集以国产遥感亚米级卫星为主，同一区域相邻影像时间间隔不超过45天，正射影像定位精度不低于1 ∶ 10000DOM要求，从2017年第3季度开始进行监测，用地监测最小图斑100m^2，得到变化图斑位置、变化属性和核拍实地照片，主要用于违法建设查处、土地变更调查、批后用地监管等方面。

（1）从无到有的新增建设。前期是非建设用地，后期是封顶完整的建筑物（图6-15）。

2018年8月

2018年9月

图6-15　从无到有的新增建设图

（2）改建建设。前期是完整建设无、后期也是完整建设物。但形态改变（图6-16）。

2018年8月

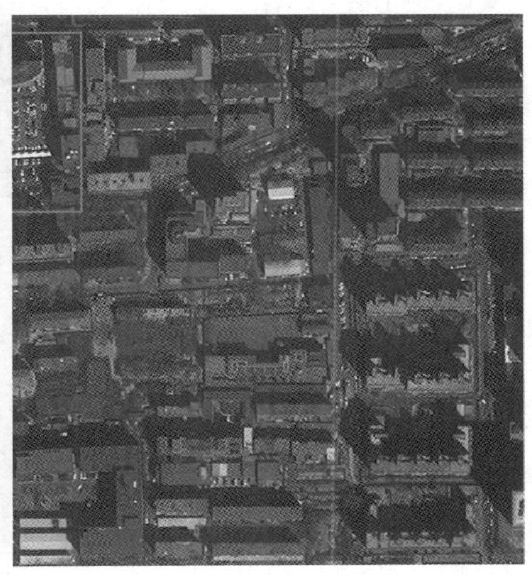
2018年9月

图6-16　改建建设图

（3）前期是裸土、植被等非建设状态，后期是施工开工状态（图6-17）。

2018年8月

2018年9月

图6-17　施工开工状态

（4）没有动工迹象，疑似要施工的临时工棚（图6-18）。

2018年8月

2018年9月

图6-18　临时工棚

6.5.2　基于星载雷达干涉测量技术监测城市地表沉降

北京市第一次地理国情普查项目获取COSMO-SkyMed高分辨率雷达数据71景，数据为X波段、波长 3.1cm，空间分辨率3m，HH单极化升轨模式，INSAR数据获取的面积为4641 km^2，为3个标准景覆盖，获取时间2015年6月至2017年1月。共获取数据71景，西侧2个标准景各25期数据，东侧1个标准景21期数据，覆盖范围如图6-19所示，本次方法研究数据为东侧覆盖通州副中心数据，数据范围和获取列表如图6-19所示。

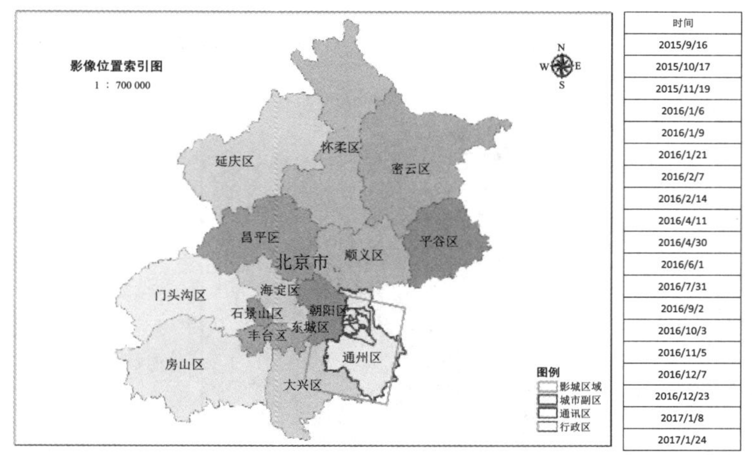

时间
2015/9/16
2015/10/17
2015/11/19
2016/1/6
2016/1/9
2016/1/21
2016/2/7
2016/2/14
2016/4/11
2016/4/30
2016/6/1
2016/7/31
2016/9/2
2016/10/3
2016/11/5
2016/12/7
2016/12/23
2017/1/8
2017/1/24

图6-19　方法研究结合图和时序列表

本次获取影像沉降结果涉及朝阳区、通州区、大兴区以及河北部分地区，涵盖通州大部，副中心全部，最大沉降点在朝阳金盏，为-131.5mm/年，通州地区最大沉降点位于通州城区。北京市昌平八仙庄，海淀西小营，朝阳金盏，朝阳三间房，朝阳黑庄户，通州城区，大兴榆垡-礼贤七个沉降中心位于该影像有4个，分别为朝阳金盏，朝阳三间房，朝阳黑庄户，通州城区。在影像范围内，沉降在120mm/年、100～120mm/年、80～100mm/年、60～80mm/年的分别占总面积的0.05%、0.24%、2.08%、5.44%，副中心位于该主要沉降区域内（图6-20、图6-21）。

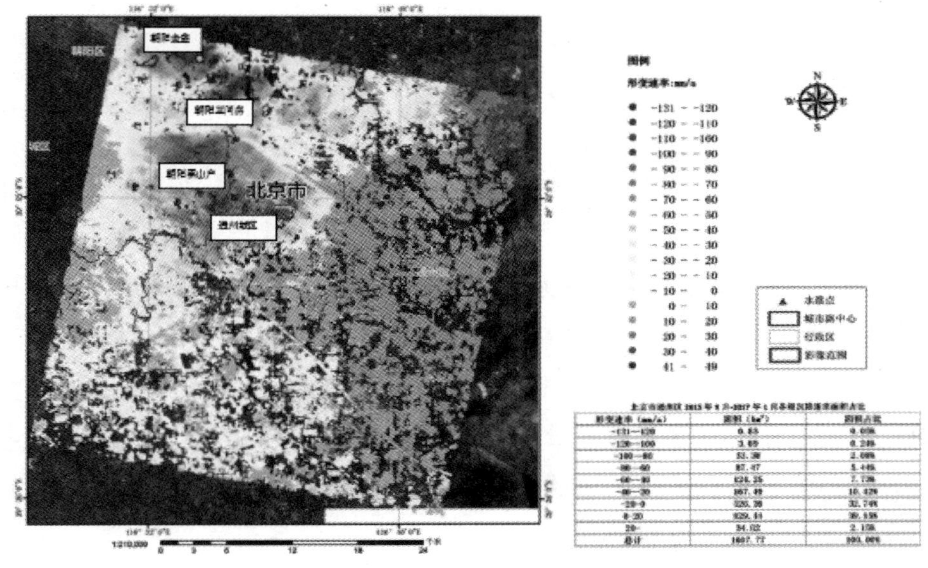

形变速率（mm/a）	面积（km²）	面积占比
-131~-120	0.83	0.05%
-120~-100	3.89	0.24%
-100~-80	33.38	2.08%
-80~-60	87.47	5.44%
-60~-40	124.25	7.73%
-40~-20	167.49	10.42%
-20~0	526.38	32.74%
0~20	629.44	39.15%
20~	34.02	2.15%
总计	1607.77	100.00%

图6-20　北京市通州区2015年9月～2017年1月的地表形变速率图

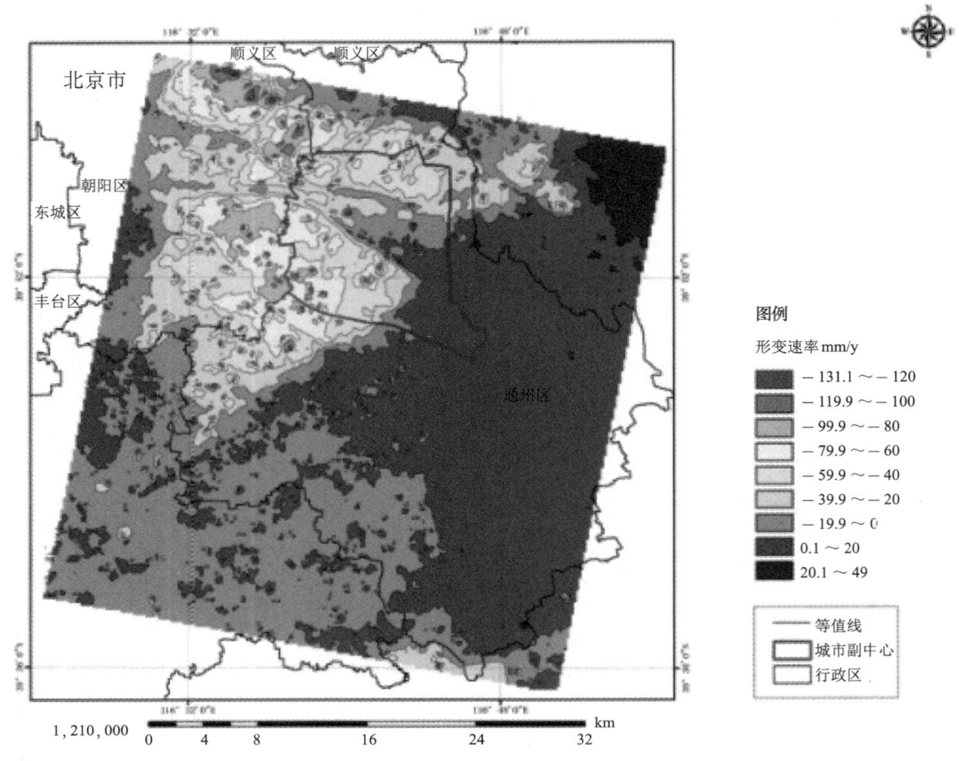

图 6-21 北京市通州区 2015 年 9 月 ~ 2017 年 1 月的地表形变等值线图

6.6 本章小结

高分辨率遥感影像是数字的，精度高、信息丰富、直观逼真、制作周期短。可在计算机上局部开发放大，有良好的判读性能、量测性能和管理性能。作为地图分析背景控制信息，评价其他数据的精度、现实性和完整性，也可从中提取自然资源和社会经济发展信息，为防治灾害和公共设施建设规划等应用提供可靠依据，是城市地理国情监测的基础。本章介绍了遥感的概念，从遥感影像分类、可利用的特征信息、不同地物地类的信息提取介绍了遥感影像特征提取方法，并介绍了利用PS-InSAR开展城市地表沉降提取的方法，并从国土查违和基于星载雷达干涉测量副中心城市地表沉降介绍了具体应用案例。

本章参考文献

[1] 李明，赵俊霞，胡芬. 国家航空航天遥感影像获取现状及发展[J]. 测绘通报，2015（10）:12-15.

[2] 桂德竹，张成成，洪志刚. 我国航空遥感发展现状及若干建议[J]. 遥感信息，2013（1）:119-122.

[3] 孙家柄. 遥感原理与应用[M]. 武汉：武汉大学出版社，2009.

[4] 刘亚文，陈茂霖，孟庆祥等. 面向遥感影像数据生产的多源控制点数据管理方法研究[J]. 测绘通报，2016（3）:29-32.

[5] 任为，李毅，李森. 北京市第一次地理国情普查遥感影像解译样本的采集分析[J]. 北京测绘，2016（01）:1-4.

[6] 王旭楠，陈圣波，吕航等. 遥感监测水质参数的方法概述[J]. 吉林大学学报（地球科学版），2007（S1）:189-193.

[7] 李素菊，王学军. 内陆水体水质参数光谱特征与定量遥感[J]. 地理学与国土研究，2002（02）:26-30.

[8] 梅安新，彭望琭，秦其明等. 遥感导论[M]. 北京：高等教育出版社，2001.

[9] 覃志豪，ZHANG Minghua，KA R NIELI A，et al. 用陆地卫星TM6数据演算地表温度的单窗算法[J]. 地理学报，2001，56（4）:456-466.

[10] 张保安. 城市热岛效应研究进展[J]. 四川环境，2007，25（2）:88-91.

[11] 梁松. 城市规划动态监管卫星遥感关键技术研究[D]. 北京：中国矿业大学，2009.

[12] 李德仁. 利用遥感影像进行变化检测[J]. 武汉大学学报（信息科学版），2003，28（5）:7-11.

[13] 肖平. 土地利用覆盖变化探测技术研究[D]. 武汉：武汉大学，2001.

[14] 刘慧平，朱启疆. 应用高分辨率遥感数据进行土地利用与覆盖变化监测的方法及其研究进展[J]. 资源科学，1999，21（3）:23-27.

[15] 王妮. 基于3S技术的森林资源变化动态监测—以2000~2010年间江苏省宿迁市为例[D]. 南京：南京林业大学，2012.

[16] 骆成凤. 中国土地覆盖分类与变化监测遥感研究[D]. 北京：中国科学院遥感应用研究所，2005.

[17] 刘宝柱，方秀琴，何祺胜等. 基于MODIS数据和BFAST方法的植被变化监测[J]. 国土资源遥感，2016，28（3）:146-153.

[18] 刘丹丹，常慧娟，刘发明. 基于遥感影像的城市用地变化监测方法研究[J]. 测绘与地理信息，2015，38（10）:101-103.

[19] 宋春桥，叶庆华，程晓. 基于ICESat/CryoSat-2卫星测高及站点观测的纳木错湖水位趋势变化监测[J]. 科学通报，2015，60（21）:1287-1297.

[20] 廖明生，王腾. 时间序列InSAR技术与应用[M]. 北京：科学出版社，2014.

第7章

高精度数字高程模型数据处理

7.1 概述

数字高程模型实现对地面地形的数字化模拟或地形表面形态的数字化表达，它在测绘、水文、气象、地貌、地质、土壤、工程建设、通信、军事等国民经济和国防建设以及人文和自然科学领域有着广泛的应用。在地理国情监测中，也是各种地形分析的基础，坡度坡向分析、汇水分析等，并成为一个重要统计参考从而实现地表长度、面积的统计量算。

本章以地理国情监测中数字高程模型成果制作为目标，紧密结合生产需求，从数字高程模型概念入手，介绍了数字高程模型的主要类型、应用方向和常用的数字高程模型数据，并介绍了基于大比例尺地图、基于机载LiDAR、基于摄影测量的三种DEM制作原理、方法和流程。

7.2 数字高程模型分类和应用

7.2.1 数字高程模型定义

数字地面模型（Digital Terrain Model）简称DTM，是利用一个任意坐标系中大量选择的已知X、Y、Z的坐标点对连续地面的一种模拟表示，DTM就是地形表面形态属性信息的数字表达，是带有空间位置特征和地形属性特征的数字描述。其中X、

Y表示该点的平面坐标，Z值可以表示高程、坡度、温度等信息，地形表面形态的属性信息一般包括高程、坡度、坡向等。当Z表示高程时，就是数字高程模型（Digital Elevation Model），简称DEM。DEM是通过有限的地形高程数据实现对地面地形的数字化模拟或地形表面形态的数字化表达，它是用一组有序数值阵列形式表示地面高程的一种实体地面模型。一般认为，DTM是描述包括高程在内的各种地貌因子，如坡度、坡向、坡度变化率等因子在内的线性和非线性组合的空间分布，其中DEM是零阶单纯的单项数字地貌模型，其他如坡度、坡向及坡度变化率等地貌特性可在DEM的基础上派生。

7.2.2 数字高程模型的主要类型

数字高程模型的数据组织表达形式有多种，其中在实际工程应用中常用的有规则的矩形格网与不规则的三角网两种。

7.2.2.1 规则格网类数字高程模型

规则矩形格网是高斯投影平台上，在Z、Y轴方向按等间隔排列的地形点的平面坐标（Z, Y）及其方程（Z）的数据集，其任一点$P\{i, j\}$的平面坐标，可根据该点在DEM中的行列号i, j及存放在该DEM文件基本信息中推算出来。矩形格网DEM的优点是存储量较小，可以压缩存储，便于使用和管理。在实际应用中，由于范围较小而且地形变化较小，测算土方量时一般采用方格网法，因此用矩形格网法组成DEM较为适用。

7.2.2.2 不规则三角网数字高程模型

不规则三角网是用不规则的三角网表示的DEM，通常称DEM或TIN（Triangulated Irregular Network），由于构成TIN的每个点都是原始数据，避免了内插精度损失，所以TIN能较好地估计地貌的特征点、线，表示复杂地形比矩形格网精确。但是TIN的数据量较大，除存储其三维坐标外还要设网点连线的拓扑关系，一般应用于较大范围航摄测量方式获取数值。

7.2.2.3 等高线模型

用等高线表示的DEM，通常称等高线DEM模型（Contour-based DEM），由于构成等高线上每个点都是真实高程，避免了内插精度损失，所以T等高线能较好地估计地貌的特征线，表示复杂地形比矩形格网精确。但是TIN的数据量较大，除存储其三维坐标外还要设网点连线的拓扑关系，一般应用于较大范围航摄测量方式获取数值。

7.2.3 DEM的应用

由于DEM描述的是地面高程信息，它在测绘、水文、气象、地貌、地质、土壤、工程建设、通信、军事等国民经济和国防建设以及人文和自然科学领域有着广泛的应用。如在工程建设上，可用于如土方量计算、通视分析等；在防洪减灾方面，DEM是进行水文分析如汇水区分析、水系网络分析、降雨分析、蓄洪计算、淹没分析等的基础；在无线通信上，可用于蜂窝电话的基站分析等。

7.2.4 常用数字高程模型数据

1．SRTM

SRTM（Shuttle Radar Topography Mission）即航天飞机雷达地形测绘使命，是美国太空总署（NASA）和国防部国家测绘局（NIMA）以及德国与意大利航天机构共同合作完成联合测量，由美国发射的“奋进”号航天飞机上搭载SRTM系统完成。本次测图任务从2000年2月11日开始至22日结束，共进行了11天总计222小时23分钟的数据采集工作，获取北纬60度至南纬60度之间总面积超过1.19亿km^2的雷达影像数据，覆盖地球80%以上的陆地表面。SRTM DEM有多个版本（V1，V2，V4），多种格式（hgt/Geotiff/Bil/Arc Grid），多种精度（SRTM1/ SRTM3/ SRTM30）其中V1为原始版本，V2为利用现有水体数据库在V1基础上进行修正的版本，V4版是在V2版缺失数据区域进行插值和修补。SRTM1是以地球等角坐标系的1角秒作为采样间隔（约30m），SRTM3和SRTM30分别是以3角秒和30角秒为采样间隔（约90m和900m）。全球数据采样间隔为90m，美国本土数据采样间隔为30m。

2．Aster GDEM

ASTER GDEM（全称Advanced Spaceborne Thermal Emission and Reflection Radiometer Global Digital Elevation Model）即先进星载热发射和反射辐射仪的全球数字高程模型，其全球空间分辨率为30m。该数据是根据NASA的新一代对地观测卫星Terra的详尽观测结果制作完成的。其数据覆盖范围为北纬83° 到南纬83° 之间的所有陆地区域，达到了地球陆地表面的99%。投影：UTM/WGS84，覆盖范围：全球，空间分辨率：1弧度秒（约30 m），精度：垂直精度20m，水平精度30m，目前共有2版，第一版V1于2009年公布，第二版V002于2011年10月公布。

3. WorldDEM

源自德国雷达卫星TerraSAR-X和TanDEM-X，这两颗卫星组成了世界上第一个在太空自由飞翔的高精度雷达干涉仪。两颗卫星会对全球的任意一片区域采集两到四遍的数据。具有2m（相对）和4m（绝对）垂直精度、12m×12m网格、覆盖全球、高度一致，不需要地面控制信息，传感器具有高几何精确度。目前完成了全球12m产品的数据收集工作，还将以6m间距收集和处理特殊地区的DEM产品。

4. 全国ChinaDSM库

资源三号卫星数字表面模型库（简称ChinaDSM-China Digital Surface Model）是以资源三号卫星立体影像为数据源，采用自主知识产权的基于多基线、多匹配特征的地形信息自动提取技术，快速处理和生产提取的高精度、高保真15m格网数字表面模型产品。ChinaDSM产品包括地面高程、建筑物高度和植被高度等信息。2015年版本ChinaDSM产品采用2012年1月至2015年6月的影像数据加工制作而成。产品与国际上主流的数字表面模型产品相比，现势性强（均为2012年以后数据），具有更高的空间分辨率（15m网格间距）和时间分辨率（计划两年更新一次）。主要应用于高分辨率卫星遥感影像正射纠正，为地形相关的地理因子计算和分析（坡度、坡向、汇水区域等）提供高精度数据源，全国1∶50000和1∶10000高程数据更新，在地理国情监测、城乡规划、土地确权等领域发挥重要基础作用。

7.3 数字高程模型的建立方法

数字高程模型的建立方法有多种。从数据源及采集方式讲有：

（1）基于地面测量DEM建立方法。直接从地面测量，所涉及的仪器有水平导轨、测针、测针架和相对高程测量板等构件，也可以用GPS等高端仪器进行地面高程点和特征线的采集，通过内插得到格网DEM成果。

（2）基于大比例尺地图的DEM建立方法。从现有地形图上采集，如格网读点法、数字化仪手扶跟踪及扫描仪半自动采集然后通过内插生成格网DEM成果等方法。

（3）摄影测量建立DEM的建立方法。根据航空或航天影像，通过摄影测量途径获取，如立体坐标仪观测及空三加密法、解析测图、数字摄影测量等方法，密集匹配得到地表高程点，也可以通过人工采集等高线等，通过内插得到格网DEM成果。

（4）基于LiDAR的DSM和DEM建立方法。主要是机载激光探测与测量（Light Detection And Ranging，简称LiDAR），通过采集地表、地面点，数据中含有空间三维信息和激光强度信息，可计算得到数字表面模型（Digital Surface Model，简称DSM）。通过应用分类（Classification）技术在这些原始数字表面模型中移除建筑物、人造物、覆盖植物等测点，得到点云DEM数据，通过内插得到格网DEM。

（5）基于雷达干涉测量（Interferometry）InSAR的DEM提取方法。主要是基于星载、机载合成孔径雷达（Sythetic Aperture Radar），通过影像匹配、干涉滤波、去平、轨道精化、相位解缠、高程反算和地理编码，提取得到DEM。

DEM内插方法很多，主要有整体内插、分块内插和逐点内插三种。整体内插的拟合模型是由研究区内所有采样点的观测值建立的。分块内插是把参考空间分成若干大小相同的块，对各分块使用不同的函数。逐点内插是以待内插点为中心，定义一个局部函数去拟合周围的数据点，数据点范围随着待内插位置的变化而变化，因此又称移动拟合法。有规则网络结构和不规则三角网（Triangular Irregular Network，简称TIN）两种算法。目前常用的算法是TIN，然后在TIN基础上通过线性和双线性内插建DEM。用规则方格网高程数据记录地表起伏的优点有：(X, Y)位置信息可隐含，无需全部作为原始数据存储由于是规则格网高程数据，以后在数据处理方面比较容易。缺点有：数据采集较麻烦，因为网格点不是特征点，一些微地形可能没有记录。TIN结构数据的优点：能以不同层次的分辨率来描述地表形态。与格网数据模型相比，TIN模型在某一特定分辨率下能用更少的空间和时间更精确地表示更加复杂的表面。特别当地形包含有大量特征如断裂线、构造线时，TIN模型能更好地顾及这些特征。

在国情普查具体应用中，采用了三种常用DEM建立方法，基于大比例尺地形图的DEM制作、基于机载LiDAR的DSM/DEM制作、基于摄影测量的高精度数字高程模型制作，将具体介绍相关内容。

7.4 基于大比例尺地形图的DEM制作

7.4.1 大比例尺地图制作DEM的原理

利用扫描后的大比例尺地形图或地形图数据库中的包括特征点、线等地形要素，内插生成DEM，是常规DEM生产中常用方法。

7.4.2 基于地形图制作数字高程模型方法

利用地形图地形要素生产DEM的方法很多，有基于地形图建栅格网读网点高程的方法，有基于TIN三角网内插和基于GRID内插建DEM的方法，常用软件包括ESRI公司的ArcGIS以及国内GeoStar公司的GeoTIN均实现了基于地形图制作DEM的技术方法。

7.4.3 基于地形图制作数字高程模型流程

在地形图数据的基础上，选取其中的等高线、高程点及水系等要素以及已有的地形特征数据，同时进一步利用各种地形特征信息提取算法，基于等高线数据采集地形特征点、特征线，进一步丰富地形特征信息，并按照统一设计的格网大小，采用数学内插方法生成 DEM 数据。整个生产过程以软件自动处理和人机交互处理相结合，必要时可通过人工方式处理。生产作业流程见图7-1。

1. 数据预处理和地形特征信息提取

DEM生产前，要从数据源中提取等高线、高程点、水体等要素，并进行质量检查，主要检查高程点、等高线高程赋值正确性；选取静止水域，如湖泊、水库、池塘等，并根据相邻等高线或高程点估读其水涯线高程并赋值。DEM生产过程中，要充分提取各种地形特征信息，如山脊线、山谷线、地形变换线等，提高DEM数据对真实地形的仿真度，优化DEM数据的相对高程精度。

2. 数字高程模型内插

针对不同地貌区域，选择采用合适的数学内插方法进行DEM生产。对于地形完整连续、等高线信息丰富的山地区域，一般采用不规则三角网（TIN）内插算法；对于等高线信息稀少的平坦地区或地形破碎地区，可灵活采用不同的内插算法，如基于距离变化的栅格插值法、基于地形特征的栅格插值法等。内插生产精细化DEM时，为了保证图幅边缘DEM的精度，需调用周边图幅数据参与内插处理；采用不规则三角网（TIN）内插DEM时，生成的TIN要与等高线叠合检查，检查三角形构网是否有明显的不合理之处。如发现异常问题，需对相关数据检查后重新构网，生成

DEM时应按照规定的数据范围进行裁切处理，此外，DEM数据必须进行接边处理，接边后同名格网点的高程值应保持一致。对内插生成的DEM要进行质量检查，重点对数据范围、格网尺寸、高程粗差、高程无值区、DEM反生产等高线与原DLG套合程度等方面进行检查。

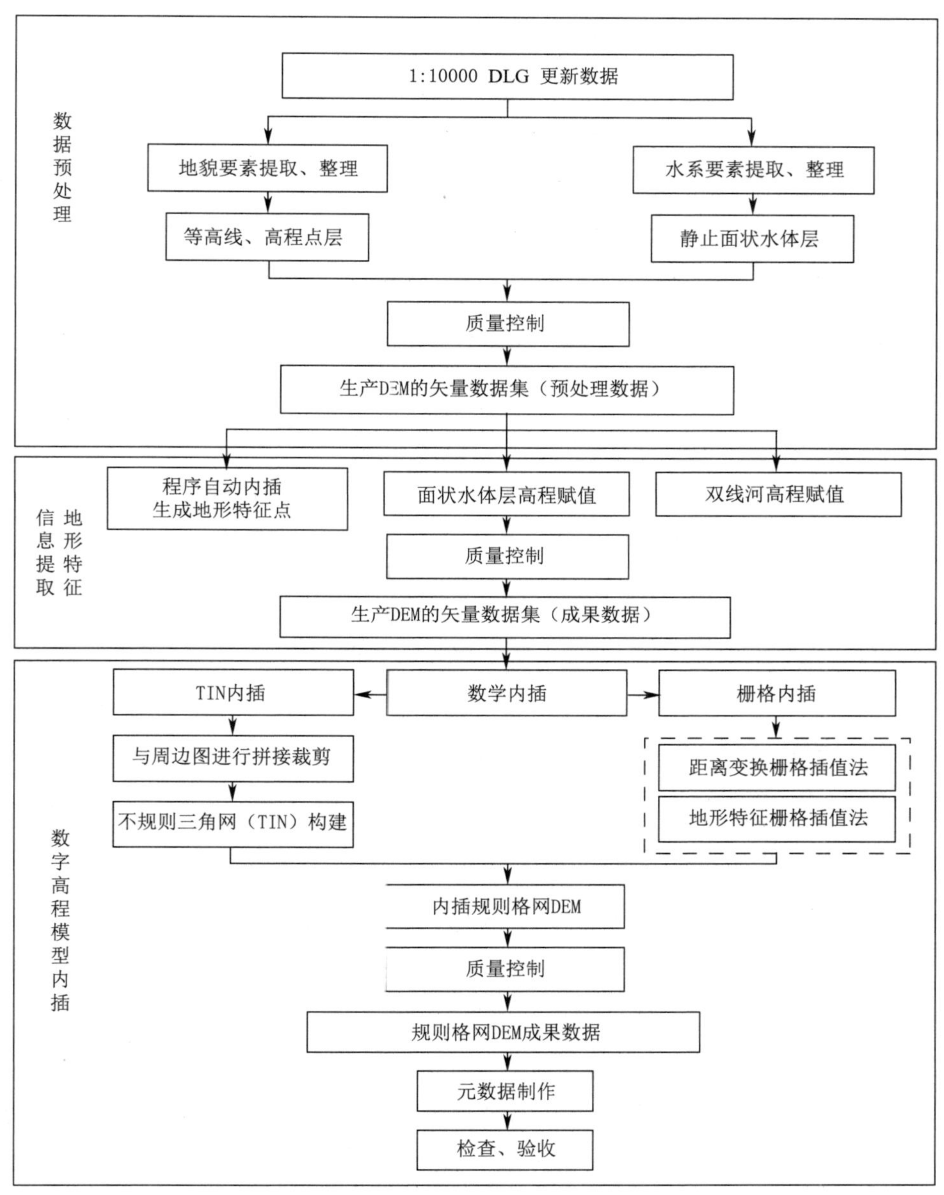

图7-1 DEM加工流程图

7.5 基于机载LiDAR的DEM制作

7.5.1 机载LiDAR的特点

LiDAR——Light Detection And Ranging，即激光探测与测量，也就是激光雷达。是利用GPS（Global Position System）和IMU（Inertial Measurement Unit，惯性测量装置）机载激光扫描。其所测得的数据为数字表面模型（Digital Surface Model，DSM）的离散点表示，数据中含有空间三维信息和激光强度信息。应用分类（Classification）技术在这些原始数字表面模型中移除建筑物、人造物、覆盖植物等测点，即可获得数字高程模型（Digital Elevation Model，DEM），并同时得到地面覆盖物的高度。

LiDAR大致分为机载和地面两大类，其中机载激光雷达是一种安装在飞机上的机载激光探测和测距系统，可以量测地面物体的三维坐标。机载LIDAR是一种主动式对地观测系统，是20世纪90年代初首先由西方国家发展起来并投入商业化应用的一门新兴技术。它集成激光测距技术、计算机技术、惯性测量单元（IMU）/DGPS差分定位技术于一体，该技术在三维空间信息的实时获取方面产生了重大突破，为获取高时空分辨率地球空间信息提供了一种全新的技术手段。它具有自动化程度高、受天气影响小、数据生产周期短、精度高等特点。机载LIDAR传感器发射的激光脉冲能部分地穿透树林遮挡，直接获取高精度三维地表地形数据。机载LIDAR数据经过相关软件数据处理后，可以生成高精度的数字地面模型DTM、等高线图，具有传统摄影测量和地面常规测量技术无法取代的优越性，因此引起了测绘界的浓厚兴趣。机载激光雷达技术的商业化应用，使航测制图如生成DEM、等高线和地物要素的自动提取更加便捷，其地面数据通过软件处理很容易合并到各种数字图中。

机载LiDAR技术在国外的发展和应用已有十几年的历史，但是我国在这方面的研究和应用还只是刚刚起步，其中利用航空激光扫描探测数据进行困难地区DEM、DOM、DLG数据产品生产是当今的研究热点之一。该技术在地形测绘、环境检测、三维城市建模等诸多领域具有广阔的发展前景和应用需求，有可能为测绘行业带来一场新的技术革命。针对不同的应用领域及成果要求，结合灵活的搭载方式，

LiDAR技术可以广泛应用于基础测绘、道路工程、电力电网、水利、石油管线、海岸线及海岛礁、数字城市等领域，提供高精度、大比例尺（1 ∶ 500 ～ 1 ∶ 10000）的空间数据成果。

7.5.2 基于机载LiDAR提取高精度数字高程模型方法

传感器发射激光束并经空气传播到地面或物体表面，再经表面反射，反射能量被传感器接收并记录为一个电信号。如果将发射时刻和接收时刻的时间精确记录，那么激光器至地面或者物体表面的距离（R）就可以通过式（7-1）计算出来：

$$R=ct/2 \tag{7-1}$$

其中，c是光速，t是发射时刻和接受时刻的差。光脉冲以光速传播，由激光发射器发射一束离散的光脉冲，打在地表并反射，接收器总会在下一个光脉冲发出之前，收到一个被反射回来的光脉冲，通过记录瞬时红外线激光射到目标的时间从而测出距离。

当代激光雷达一般将发射和接收光路设计为同一光路。激光扫描设备装置可记录一个单发射脉冲返回的首回波、中间多个回波与最后回波，通过对每个回波时刻记录，可同时获得多个高程信息，将IMU/DGPS系统和激光扫描技术进行集成，飞机向前飞行时，扫描仪横向对地面发射连续的激光束，同时接受地面反射回波，IMU/DGPS系统记录每一个激光发射点的瞬间空间位置和姿态，从而可计算得到激光反射点的空间位置。LiDAR数据处理软件包括TerraSolid系列软件、Lastools、BCAL LiDAR tools（IDL编写）、MCC-LiDAR、FUSION、LizarTech、Global Mapper LiDAR Module、RiALITY、LiDAR in ArcGIS、LP360、FME等；其中TerraSolid系列软件是第一套商业化LiDAR数据处理软件，基于Microstation开发，也是目前最多采用的数据采集和处理软件，常用的主要包括TerraMatch、TerraScan、TerraModeler、TerraPhoto四个重要模块。

7.5.3 基于机载LiDAR提取高精度数字高程模型流程

基于LiDAR数据制作DEM主要包括航摄数据收集和检查、数据分块、噪声点滤除、航带重叠区处理、自动滤波、DEM人工编辑、特征线采集、构TIN、数据内插、接边、规则分幅和元数据制作等步骤。该方法生产作业流程如图7-2所示。

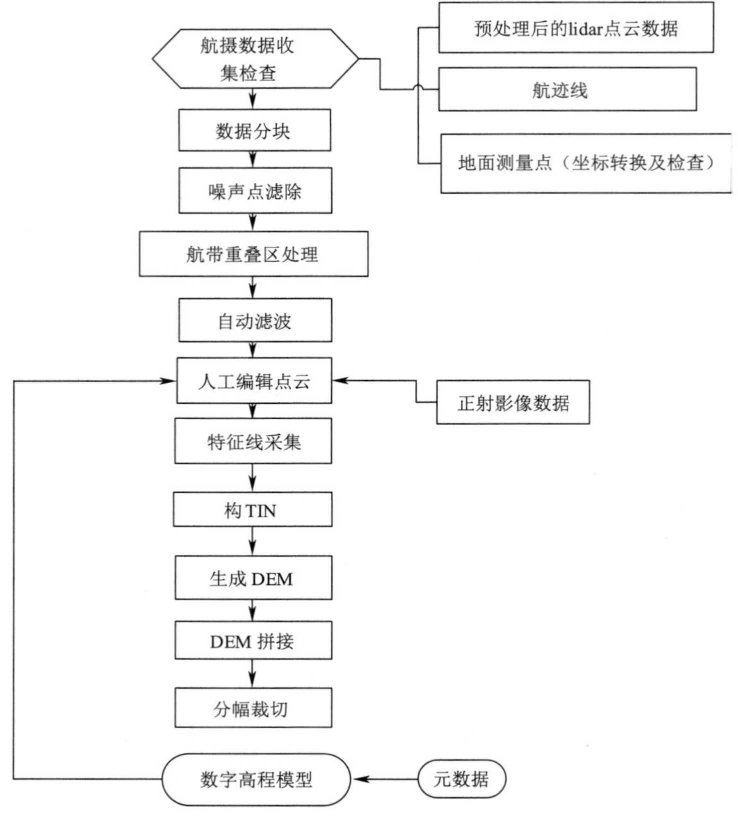

图7-2　基于LiDAR点云的DEM生产技术流程图

1. 航摄数据收集检查

(1)资料收集。收集如下资料：

1)航摄分区图表、索引图；

2)原始LiDAR记录数据、原始影像数据；

3)摄区机载LiDAR扫描航线、影像接合图；

4)设备检校的相关资料；

5)原始IMU/DGPS数据、激光测距数据、原始地面基站观测数据、飞行记录数据和地面基站参数距离资料等；

6)机载LiDAR精度检验场与LiDAR高程精度检验点测量成果；

7)机载LiDAR数据过程成果：经过预处理的扫描成果等；

8)机载LiDAR数据产品成果：处理好的分区点云成果和DSM等；

9)点云数据、图历簿；

10)点云数据精度检查报告；

11）技术设计书；

12）检查报告与验收报告；

13）原始数字影像数据、影像外方位元素等。

（2）资料检查。检查如下内容：

1）检查提供航摄LiDAR数据的完整性，是否覆盖测区；

2）检查提供LiDAR数据的坐标系统；

3）航带重叠度，点云密度；

4）检查提供LiDAR数据的重叠区、航带间接边情况；

5）检查IMU/DGPS数据处理成果是否齐全；

6）应用收集的导线点、像片控制点，外业应用RTK采集高程点等数据资料检查点云成果的精度；

7）检查存在影像数据的区域及影像质量；

8）检查相应报告是否齐全。

2. 数据分块

大面积大容量数据是难以在计算机上同时运行的，所以数据分块是数据处理编辑中必不可少的一部分。数据分块的标准，按照项目组中数据编辑计算机的配置确定，以能完全加载数据块为原则，点云分块应参考点云密度和电脑RAM，根据设备情况并方便作业管理，平原按照2000图幅（1000m × 800m）分块。

3. 噪声点（非DSM野点）剔除

飞机在飞行测量过程中，由于外界因素（如风、云、雾霾、颗粒粉尘等）和内在因素的影响，致使高空和低于地面的位置出现部分杂噪点。在数据处理中，滤除噪声点是必不可少的一部分。噪声点的滤除，主要分为自动滤除和人工检查滤除两步。

4. 航带重叠区处理

航带重叠区处理是为了滤除由于航带重叠而产生的冗余数据，参照航迹文件，将冗余数据进行裁切。

5. 自动滤波

自动滤波即自动分类，又称为粗分类，采用分类算法对激光点云数据进行过滤，将植被、建筑物、电力设施等地物数据分类成非地面点数据，将地表数据分类为地面点，从而实现对地表数据的提取。

6. DEM人工编辑

人工编辑分类又称为精细分类，即利用点云分类软件对自动滤波后的地面点数据进行构TIN检查，对分类错误数据进行修正。人工编辑的目的主要是修正在自动滤波时分错的点云数据。精细分类的过程是人工交互编辑分类的过程，通过大量的人工干预，弥补自动分类算法在地物、地表数据判别不准确的问题。人工编辑过程是对数据进行逐屏浏览检查，使用不同的显示模式，采用建立地面模型、绘制断面图等方法，检查点云分类成果，准确分出地面点云数据，保证地面点云的数据质量。人工交互分类中需要参考实时获取的数码像片判读点云，辅助检查点云分类数据。

（1）快速正射影像制作

将同步获取的原始航片处理成快视正射影像，用于人工点云分类判读而快速生成的参考正射底图。

（2）机载LiDAR地面点分类要求

应用LiDAR点云数据制作DEM的过程就是从经过预处理的原始点云数据中分离地面点和非地面点，用地面点构TIN，生成DEM的过程。地面点是反映地面真实起伏落于裸地表面的点，包括落在道路、广场、堤坝等反映地貌形态的点，放在地面数据层中。非地面点主要是指落于建筑物、构筑物、植被、管线等上的能反映地物形态的点，放在其他数据层中。

点云数据编辑的原则：DEM中表示的地形包括地貌以及与地面相连接而成的道路、水系、高台、水坝等地物；DEM中不表示的地形包括建筑物、构筑物（尤其是架空跨越的桥梁）、高塔、植被、临时地物（如临时土堆等静地物，车辆、行人、飞鸟等动地物）等地物。特征线采集由于机载LiDAR系统采集数据的盲目性，所获取的点云数据为离散点，很难保证采样到所有的地形特征点；另一方面，由于地表地物复杂多变的形态以及水体对激光的吸收作用，点云数据集中会出现许多“空洞”，因此，即使点云数据中不存在干扰点，在构建DEM时也常常会出现错误，故应进行特征线采集。特征线主要是为了表达坡度的不连续性和保持地形表面的锐度，可以向模型表面增加描述线性的边。为了更有效地表达效果，特征线主要应用于河流、湖泊、溪流等要素。

7. 构TIN

利用经过上述处理后的机载激光雷达点云Ground层数据和特征线数据，利用TerraModel软件构建不规则三角网TIN，按照成果图幅外扩区域中点云成果构TIN。

8．生成DEM

将TIN按规定的格网尺寸进行内插。形成DEM格网。

9．接边

检查接边处数据的高程，若高程较差大于规定的2倍中误差，则视为超限，应返回进行分类编辑。接边较差符合规定后，接边处地形应过渡自然，地物应保持其真实性，不应出现明显的错位与变形。

10．规则分幅

利用ERDAS软件进行数据拼接，并按规定将数据覆盖范围进行裁切，生成标准分幅的DEM成果。

11．元数据制作

制作DEM成果的元数据。

7.6 基于摄影测量的DEM制作

7.6.1 摄影测量提取DEM的原理

数字摄影测量是通过立体相对，根据视差模型，匹配左右影像同名点，重建三维物体进而获取地面高程信息的方法。作为近年来发展较快的一种技术，以摄影测量工作站为平台，通过人工或自动匹配的方式采集制作DEM数据。

7.6.2 基于航卫片提取高精度数字高程模型方法

利用数字化摄影测量方法生产DEM的基本步骤包括模拟影像数字化、影像定向、核线影像重采样、影像匹配、立体编辑（影像匹配）、生成特征点、线、内插生成DEM、DEM成果拼接和裁切。目前除航空飞机外，各国还陆续发射了高分辨率卫星，通过同轨或异轨的立体影像数据源得以保证。摄影测量工作站技术也进一步成熟，国外有代表性的产品包括美国Intergraph公司的Z/I Image系列、Leica公司的DPW、德国的Inpho、俄罗斯的PhotoMod等，国内如武汉大学的DPGrid、适普公司的VirtuoZo、航天远景MapMatrix、四维远见JX4/JX5、中国测绘科学研究院PixGrid等。摄影测量的主要数据源除可见光外，还可采用合成孔径雷达影像。

7.6.3 基于航卫片提取高精度数字高程模型流程

这里以高分辨率立体卫星影像制作DEM流程为例，介绍基于航卫片提取DEM的方法。卫星立体进行空三的原理与航空摄影测量一样，是基于影像间重叠区域同名光线对对相交的交会原理，利用卫星影像严密（或通用）的成像模型平差解算大地加密点坐标。课题采用卫星通用成像模型RFM模型进行立体像对的空三平差。在满足定向精度后，通过密集匹配获取测区点云DSM数据，而后进行人工点云编辑或自动滤波生成DEM成果。具体流程如图7-3所示。

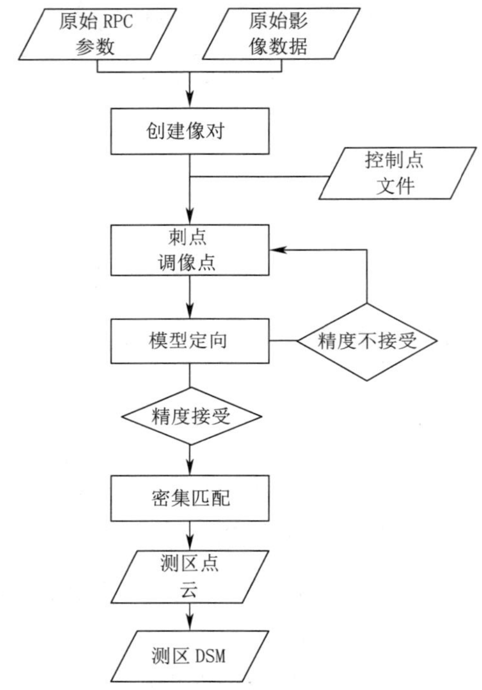

图7-3 立体卫片生成DEM流程

（1）像控点布点和模型定向平差。基于外业像控点或影像控制点库数据，进行布点，满足解算要求：对于卫星影像数据，RPC文件即为其RFM（RPC）参数，其物方和像方坐标关系如式（7-2）所示：

$$x=\frac{F_x(B,L,H)}{G_x(B,L,H)},y=\frac{F_y(B,L,H)}{G_y(B,L,H)} \tag{7-2}$$

其中，(x,y)和(B,L,H)分别是像方、物方正则化坐标值，F_x、G_x、F_y、G_y为有理函数，最高三次。通过连接点和控制点优化后的参数是通过像方仿射变换精化的结果，具体为以下6个参数（a_0,b_0,c_0,a_1,b_1,c_1）：

$$\begin{aligned} x_{\text{new}} &= a_0 + b_0 x + c_0 y \\ y_{\text{new}} &= a_1 + b_1 x + c_1 y \end{aligned} \tag{7-3}$$

通过上述控制点刺点，可以实现RFM（RPC）参数和仿射变换6个参数解算，不同景间可通过联合平差进行参数的联合解算。

（2）密集匹配

通过亚像元级密集匹配生成DSM，通过人工或自动滤波，内插输出DEM，也可以人工在立体上采集等高线、高程点，利用矢量法生成DEM。

7.7 本章小结

数字高程模型作为地面高程信息的承载数据，它在测绘、水文、气象、地貌、地质、土壤、工程建设、通信、军事等国民经济和国防建设以及人文和自然科学领域有着广泛的应用。本章介绍了数字高程模型的定义、类型和常用的数字高程模型数据，从原理、方法到技术流程，介绍了基于大比例尺地形图的DEM制作、基于机载LiDAR的DEM制作、基于摄影测量的DEM制作三种在地里国情普查中使用的DEM制作方法。

本章参考文献

[1] 李志林，朱庆. 数字高程模型[M]. 武汉：武汉大学出版社，2003.

[2] 祝晓坤，岳京宪，李鸣. 1:10000DEM生产工艺改进方法研究和应用[J]. 北京测绘，2007（3）:1-4.

[3] 古林玉，卢小平，李英成等. 基于LiDAR点云与特征线的DEM更新方法[J]. 测绘通报，2011，2:17-20.

[4] 王茜，薛怀平，吴胜军等. 利用地形图批量生产DEM数据的方法[J]. 上海师范大学学报：自然科学版，2003，32（2）：83-86.

[5] 张小咏，陈正超，赵海涛. 一种基于遥感影像和DEM的滑坡体体积快速计算方法

[J]. 应用基础与工程科学学报，2013，21（05）:938-945.

[6] 马东岭，崔健，丁宁等. 一种数字正射影像图制作方法[J]. 测绘科学，2013，38（04）: 188-189，199.

[7] 廖明，闫国年，周良辰等. 一种基于ROAM的大型DEM实时剖分算法[J]. 计算机工程与应用，2011，47（28）:201-205，211.

[8] 邹小香，李伟，刘海华. 数字高程模型（DEM）的获取方法及其应用[J]. 江西测绘，2011（03）:61-62，64.

[9] 于海滨. 基于地形数据的三维模型的建立[J]. 硅谷，2011（10）:140-141.

[10] 钟静. 数字高程模型DEM的更新在土地利用动态监测的应用[J]. 测绘与空间地理信息，2009，32（03）:165-167.

[11] 李玉华，陈静云，袁永博. 基于等高线的数字高程模型带状区域建模法[J]. 大连理工大学学报，2008（02）:253-258.

[12] 郭超颖，毕华兴，陈涛等. 基于DEM的马莲河流域数字地形分析[J]. 中国水土保持科学，2008（01）:101-106.

[13] 薛选宁. 浅析数字地形测量中的野外数据采集[J]. 陕西煤炭，2007（03）:20-22.

[14] 杨万春. 基于小波多尺度分解的数字高程模型研究[D]. 贵阳：贵州大学，2007.

第8章

数据建库与更新

8.1 概述

多源、异构、海量的城市地理国情监测数据将真实地表及其相关现象统一进行空间化和数字化，经过抽象、重构自然和社会等方面的信息，使大众能够通过一定方式获得、认识并应用他们所想了解的有关城市的信息。人类生活和生产的信息有80%与空间位置有关，对于城市的监测信息构筑在空间地理信息数据库的基础上，其战略目的是实现城市各种数据的整合，使之便于共享和容易使用。

地理国情监测数据库包含地形地貌、遥感影像、遥感影像解译样本、地表覆盖、地理国情要素、专题数据、地理国情统计分析等内容，由国家及各地区建立、运行、管理和维护，实现了地理国情数据一体化集成管理、二三维展示、信息查询分析、成果应用服务、数据库运行维护等方面功能。另外，地理国情监测为周期持续性监测以及变化监测，形成了时间序列的地理国情数据集及分析应用产品，在已有数据的基础上实现了数据库的增量更新。城市地理国情监测数据库系统结构，主要由基础设施、数据库、数据库管理与应用服务系统三个部分组成。

（1）基础设施：是支撑整个数据库以及数据库管理与应用服务系统运转的软硬件和网络环境，主要包含计算资源、存储资源、网络资源以及安全设备等的IT基础设施资源，具体包括一体机、云存储、服务器等。采用虚拟化技术，对基础设施资源进行虚拟化管理，实现云基础设施平台。

（2）数据资源：是整个数据库系统的数据资源，提供数据的存储和管理能力，内容涵盖所有数据成果，涉及遥感影像、遥感影像解译样本、地表覆盖、地理国情要素、地理国情统计分析成果等多个子库。

（3）数据库管理与应用服务系统：基于基础设施、数据库及其数据统一访问接口，完善开发地理国情二三维展示、信息查询检索、成果应用服务、监测业务分析、数据更新维护、系统安全管理等方面的功能组件或服务接口，在此基础上面向桌面端、WEB端不同的应用模式来构建数据库管理与应用服务系统。

为地理国情监测开发的数据库要满足地理国情监测数据一体化集成管理、成果展示、数据更新维护、地表三维、网格分析计算、变化对比、计划设计等方面的需求。对于高效浏览和集成展示的数据，采用静态切片或动态矢量瓦片技术进行成果发布。基于Oracle ExaData进行并行计算处理的高性能空间计算和统计分析，以及基于Hadoop大数据框架和Spark技术构建地理国情高性能计算分析平台框架，实现了并行计算功能，专门用于各种区域裁切计算、表面积计算、变化对比计算等耗时的统计，提高数据库运行和统计分析效率（图8-1）。

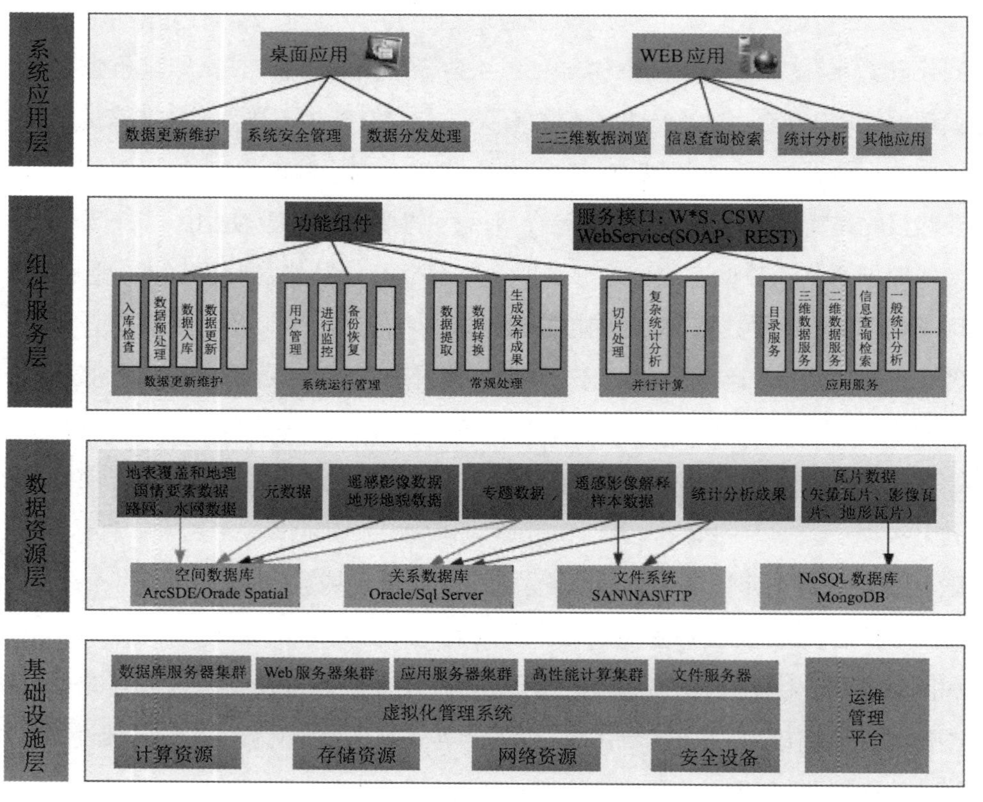

图8-1　基础性地理国情监测数据库框架

8.2 地理国情数据组织模型

空间数据模型为组织多来源和多尺度的古地理信息提供框架，是关于现实世界中空间实体及其相互间联系的概念，它为描述空间数据的组织和设计空间数据库模式提供着基本方法。为了能够利用地理信息系统工具来解决现实世界中的问题，首先必须将复杂的地理事物和现象抽象到计算机中进行表示、处理和分析，其结果就是空间数据模型。数据组织模型是数据库构成的基础，是现实世界的空间地物实体及其相互关系在计算机中抽象表达的有效建模手段，是空间数据库建库的关键。地理国情数据模型包括概念模型、逻辑数据模型以及物理数据模型。

8.2.1 概念模型

概念模型可以分为场模型、对象模型以及网络模型。场模型一般模拟具有一定空间内连续分布特点的现象，如空气中污染物的集中程度、地表温度、土壤湿度等。在实际应用中，采用场模型对空间信息进行建模，通常使用两种互补的方法，即函数法和网格法。对象模型用于描述各种空间地物，对象可以描述某个空间要素，其将“现象”看作原形实体的集合，并组成空间实体。网络模型一般应用于运输规划、海陆空交通管制、水电煤气等管线设施管理、物流等众多领域。在网络模型中，地物实体被抽象为弧段、节点等对象。网络模型更关注于要素之间的连通性问题，节点对象之间没有明确的从属关系，一个节点可以与其他多个节点建立关系。

DEM成果为地理国情普查与监测数据库中常见的场模型，如图8-2所示。

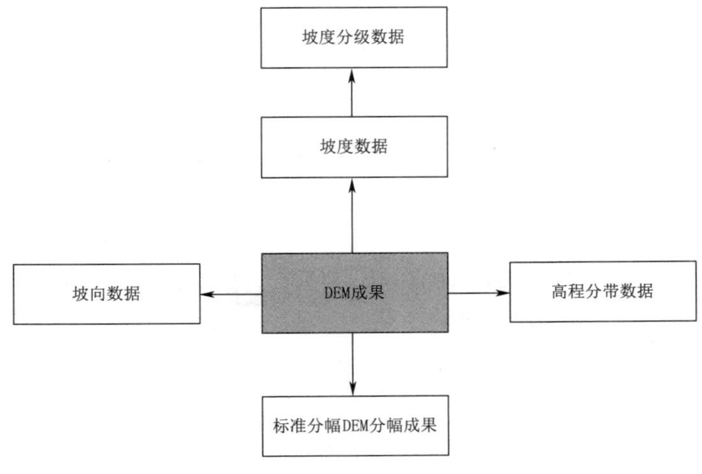

图8-2 地形地貌数据场模型

地表覆盖及地理国情要素数据包括了耕地、园地、林地、草地、房屋建筑、道路、构筑物、人工堆掘地、荒漠与裸露地表、水域等类型实体的空间范围和属性信息信息，这类数据为对象模型（图8-3）。

地理国情普查与监测成果的交通要素及交通附属设施基础上构建交通网络，在水域要素及水工设施基础上构建水域网络。交通与水域网络主要由铁路和道路或水域弧段（网络边）、结点和障碍限制点组成，弧段是指网络中相邻结点的连线，弧段具有方向。结点起到对边的连接作用，引导从一条弧段到另一条弧段的移动。障碍限制点是指网络中对车辆、轮船或水流有某种障碍限制的要素点。以铁路网络模型为例，网络模型如图8-4所示，网络概念模型如图8-5所示。

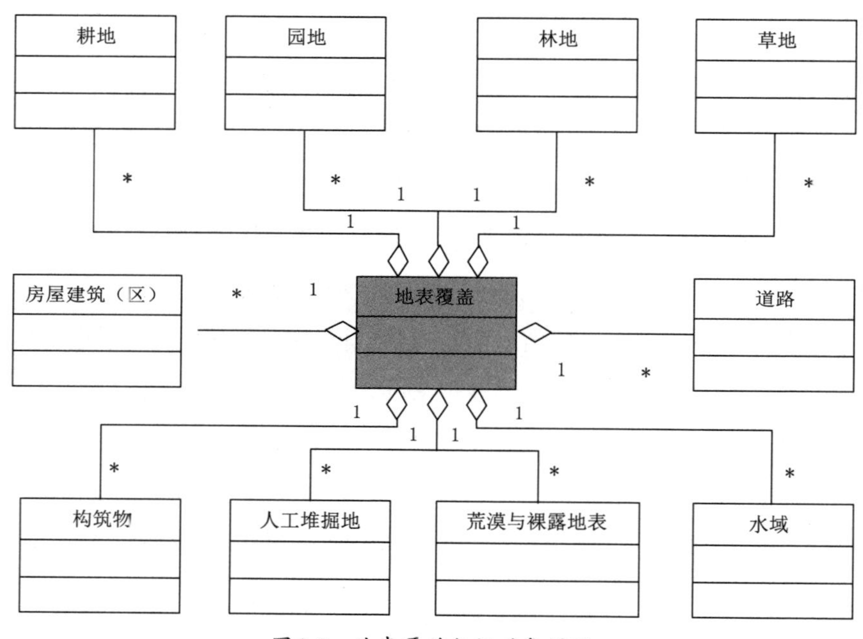

图8-3 地表覆盖数据对象模型

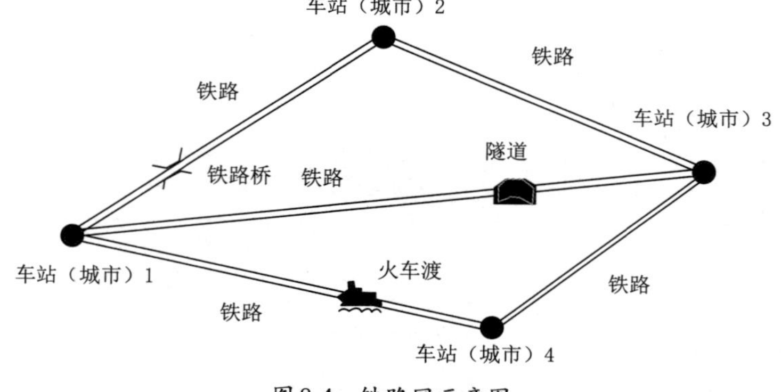

图8-4 铁路网示意图

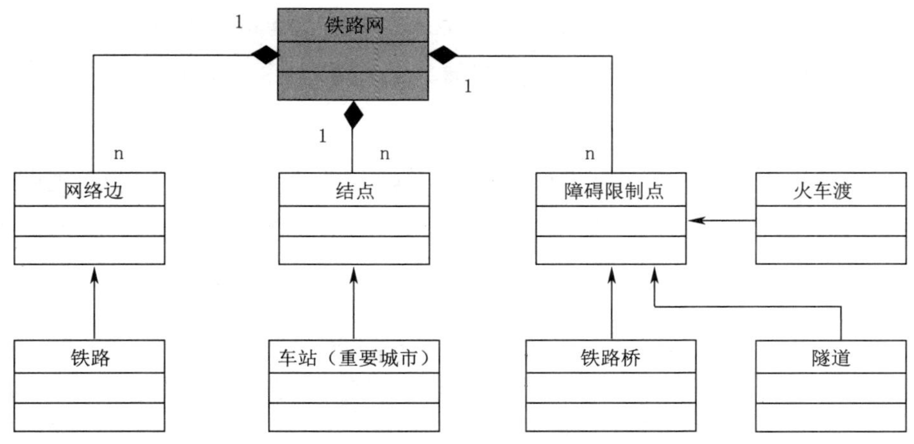

图 8-5 铁路网络概念模型

8.2.2 逻辑数据模型

逻辑数据模型分为矢量数据模型，栅格数据模型和面向对象数据模型等。矢量数据按数据集（Feature Dataset）和要素层（Feature Class）组织，要素层要素采用简单点、线、面表达。栅格数据按镶嵌数据集（Mosaic Dataset）组织。人们开发了很多种不同的数据格式，但是通常包括两种数据模型（又称数据结构）：矢量模型和栅格模型。两种模型中，关键任务是采用x与y坐标值（有时是x、y、z三维坐标）来表示空间中的要素信息，x与y坐标值就是空间数据，所表达的信息则称为属性信息。矢量图形由点、线、面构成。栅格图形通过用户定义的格网来存储空间信息，格网中的每个单元（像元或像素）都有唯一的空间位置和属性。

数据库中数据分矢量数据集、栅格数据集、表格数据、文档数据等几种形式进行存储和管理。其中矢量数据集包括地表覆盖、交通网络、水域网络、构筑物要素、地理单元、元数据、地理国情概况、专题数据、统计分析成果数据、扩展的监测数据等数据；栅格数据包括DEM、坡度、坡向、DOM等数据；普通表格数据包括遥感影像解译样本数据、社会经济统计数据、用户权限管理、日志管理、数据字典、其他表格数据等；文档数据包括遥感影像解译样本数据、相关技术文档数据。

8.2.3 物理数据模型

物理数据模型的目标是解决空间数据在计算机中具体实现方式的各种细节问题，如存储方式、索引机制、安全策略、内存管理、优化机制等，是系统抽象的最底层。基础性地理国情监测数据库中，空间数据存储于Oracle Spatial，非关系型数据库采用MongoDB进行存储，文档数据存储采用SAN/NAS/FTP等常用文件存储协议。针对基础性地理国情数据库数据海量数据的特点，为方便数据库数据备份和迁移，数据库将采用小文件表空间进行管理，并允许自动分配。从存储角度，地理国情的数据分为矢量数据、栅格数据、网络数据、表格数据和文件数据等，根据数据库的逻辑设计，对不同类型的数据进行物理分开存储（表8-1、图8-6）。

数据库表空间设计 表8–1

子库名称	用途
不需分区的地理国情矢量数据	存储不需分区的地理国情监测矢量数据
需分区的地理国情矢量数据	存储需分区的地理国情监测矢量数据
网络数据	存储地理国情交通和水域网络数据
表格数据	存储社会经济统计数据以及其他各类非空间数据的表空间
数据库空间索引数据	数据索引表空间，存储矢量数据、网络数据等的空间索引数据、栅格数据镶嵌数据集
数据库属性索引数据	存储矢量数据、网络数据等的属性索引

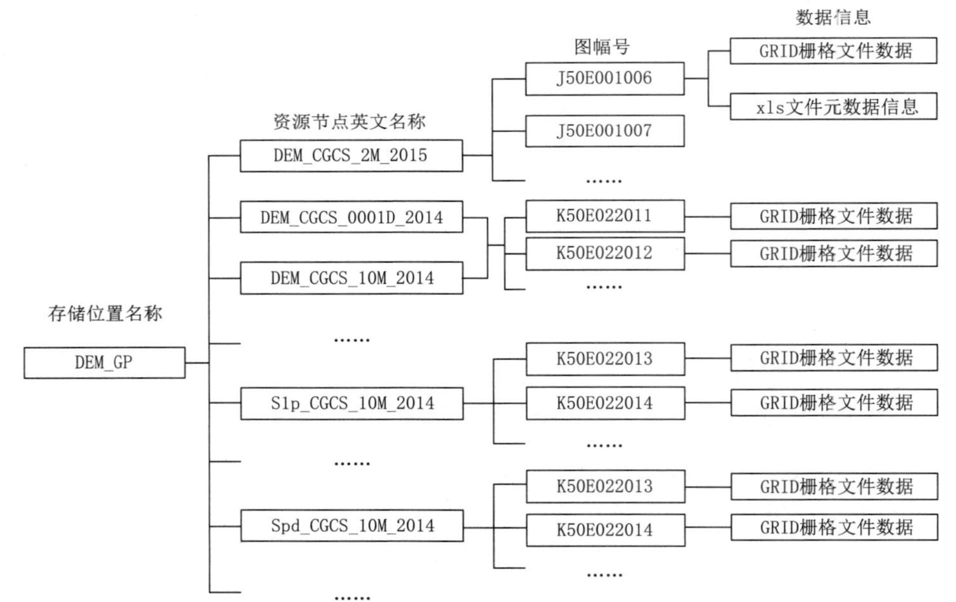

图8-6 DEM带有元数据栅格影像、坡度、坡向栅格物理模型

8.2.4 数据库结构确定

按照地理国情普查与监测数据组织设计矢量数据、栅格数据、表格数据、文档数

据、历史数据的库结构。

1．创建数据库实例和表空间

基于数据库服务器端和客户端的Oralce数据库管理软件及Spatial和SDE等软件，构建数据库运行环境，依据技术设计创建地理国情数据库实例，在客户端建立数据库链接，确定地理国情矢量数据、正射影像数据表空间、地形栅格数据表空间、地表覆盖栅格数据表空间、网络数据表空间、社会经济统计数据表空间、以及数据库空间索引和属性索引数据表空间等表空间及对应存储文件。

2．创建矢量数据库结构

创建地表覆盖数据集LcrDataset、道路网络数据集TraDataset、水系网络数据集HydDataset、构筑物要素数据集StrDataset、地理单元数据集UniDataset等数据集（Feature Dataset），设置各数据集名称、空间参考、*XY*容差值（采用缺省值）等参数。对于矢量数据，通过导入相应要素层成果数据到相应的数据集下构建该要素层结构。

3．创建栅格数据库结构

根据DEM、坡度、坡向、地表覆盖、分幅DOM等栅格数据集的逻辑结构设计，创建M_DEM002M、M_DEM010M、M_DEM010D、M_SLP010M、M_SPD010M、M_LCR010M、M_LCR010D、M_DOM等镶嵌数据集（Mosaic Dataset），设置各镶嵌数据集名称、空间参考各参数。

4．创建表格数据库结构

根据遥感影像解译样本、社会经济统计数据、网络关系表、其他表格等表格数据的定义创建相应数据表结构。数据表结构可通过导入相应表数据创建或使用DDL定义数据表结构。

5．创建文档数据结构

文档数据以文件形式存储，文档数据结构即为数据存储目录。创建总目录GNCDocs，分别创建控制点文件目录CtrlPoints、原始影像缩略图目录OrigImgThumb、遥感影像解译样本数据目录SMPDATA、技术文档TechDocs等目录，待数据入库时按照技术设计存储到相应目录下。文件属性及相关关联关系存储于数据库表中。

6．创建历史数据库结构

地理国情普查摸清家底后，地理国情监测持续性的进行监测与更新，形成不同版本的数据成果，使数据库成果在时间维度上有了可以分析和量化对比的基础。历史数据库结构与相应数据的库结构相同，待相应数据转存作历史数据库时创建。

8.3 多源、多尺度数据集成与入库

多源多尺度数据集成是为了实现对不同数据来源、不同存储格式、不同时空、不同尺度和不同坐标系下的数据进行无损的数据共享，实现在开放的统一标准下进行平台式数据管理，从而提高对数据的利用效率，提高数据管理水平。多源数据集成技术利用相关手段将调查、分析获取到的所有信息全部综合到一起对信息进行统一的评价最后得到统一的地质体信息。该技术研发出来的目的是将各种不同的数据信息进行综合吸取不同数据源的特点，然后从中提取出统一的，比单一数据源更好、更丰富的信息。

8.3.1 地理国情数据入库流程

地理国情普查需要建库的数据内容包括地理国情普查成果数据、收集和整理形成的专题数据以及地理国情统计分析成果数据三个方面。其中地理国情普查与监测成果数据分为地形地貌（多尺度DEM数据及派生的坡度、坡向数据）、遥感影像数据、遥感影像解译样本数据、地表覆盖数据、地理国情要素数据、元数据、相关文档数据等。综上所述，数据种类繁多，包括栅格数据、矢量数据、照片数据、文档数据等多种格式，数据量庞大，数据特点如下：

1. 多源性

由于地理实体的不确定性、人类认识表达能力的局限性、测量误差、数字化采集误差及地理空间数据在计算机中表达的局限性等因素的影响，不同的数据获取手段（遥感、GPS、实地勘测、地图）、不同的专业领域数据、不同的获取时间和使用不同软件系统所获取的同范围的地理空间数据存在着差异。这种同一地区多次获取的地理空间数据称为多源地理空间数据。

2. 异构性

数据生产软件、数据库结构不一致、不同的规范标准造成了数据标准的多样性，数据间存在冗余，影响数据的使用。

3. 多尺度性

基础地理信息数据通常要采用多种不同比例尺的数据，用于满足不同的规划管理要求，导致产生了同一时空区域内包含多种比例尺数据的情况，例如：城市基本比例尺地形图主要包括1∶500、1∶2000及1∶10000等多种比例尺。不同的比例尺，又代表着不同的数据精度和数据详细程度。

针对基础性地理国情普查与监测成果数据内容和特点，基于变化信息（增量信息）和本底数据库的数据库增量更新及时态数据库存储和管理、变化信息（增量信息）数据检查等关键技术，确定地理国情普查与监测数据库设计，形成基础性地理国情监测数据库建设方案。地理国情普查数据库建设工作流程如图8-7所示。

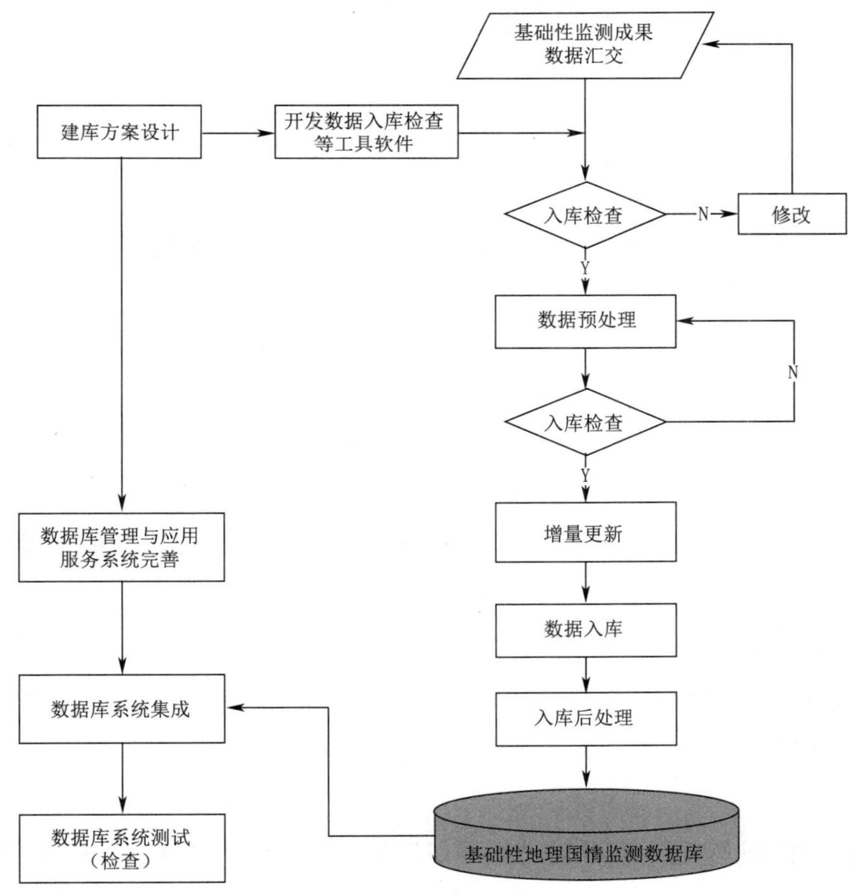

图8-7 地理国情普查与监测数据建库工作流程

8.3.2 地理国情数据集成

城市地理国情数据集成内容主要包括：空间基准的统一、数据模型的统一以及语义编码的统一三个方面。数据集成方式主要有数据交换、直接访问、数据互操作和本体集成四种方式。数据集成要经历实体匹配与数据的融合两个过程。基于大数据，综合运用地理信息、人机交互、数据挖掘、信息检索、数据可视化等信息技术，在多库异构数据集成的同时，不影响各专项应用系统的独立运行，既保证专业应用对数据访问的即时性需求，又保证各数据版本的即时更新和统一，从全局上始终把握着社会治理的最新状况，可以理性地对城市发展和调整做出科学的判断（图8-8）。

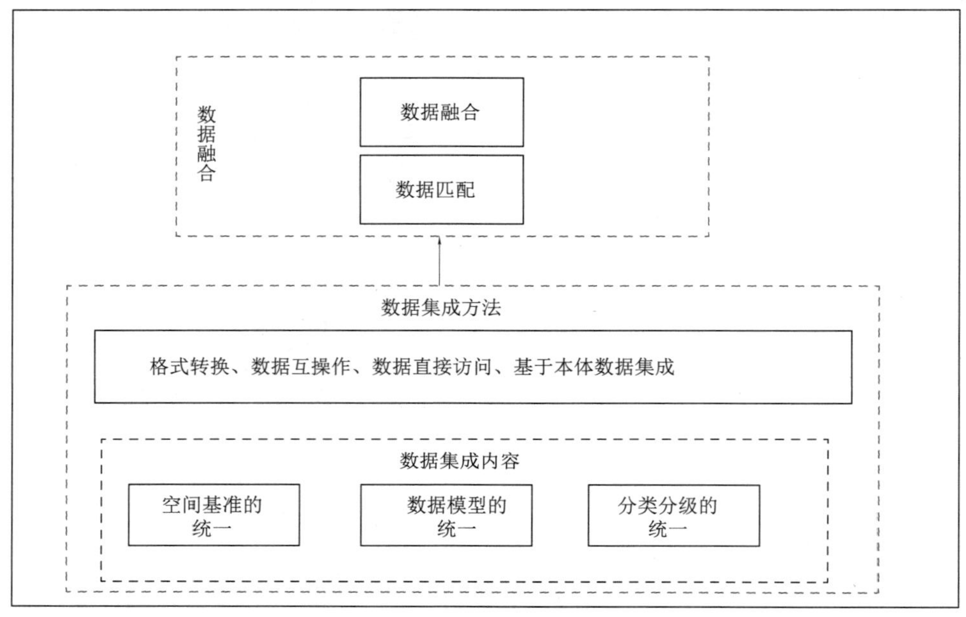

图8-8 城市地理国情数据集成方法

空间数据集成和互操作技术的发展主要有四种方式：数据格式转换、数据互操作、直接访问、基于网络服务标准的数据共享。

数据格式转换可以实现对更多数据类型的支持。用来描述把数据由来源端通过抽取、交互转换、加载到目的端的过程。用户由数据源抽取需要的数据，清洗数据之后，终而依照定义好的数据模型，把数据加载至数据库内，提供优质的数据用以支撑决策分析。

城市地理国情数据互操作是指通过规范接口自由处理所有种类地理数据的能力和在GIS软件平台通过网络处理地理数据的能力。早在20世纪90年代，全球各地的GIS用户根据实际应用目标要求实现不同数据格式间的互操作，导致开放式地理空间联盟OGC标准组织开始深入研究数据互操作，并制定了相关技术标准。OGC为数据互操作制定了统一的规范，GIS用户能够在相互理解的基础上，在异构数据库中获取所需的信息。从而使得一个系统同时支持不同的空间数据格式成为可能。通过用户需求驱动了信息技术的升级，开始了空间数据集成互操作的广泛应用。

基于直接访问的空间数据集成是数据互操作模式（基于一个公共数据模型）的升级和发展。同样实现了一个 GIS 系统能够直接读取多个数据源不同格式的数据。直接数据访问不仅避免了烦琐的数据转换，而且在一个 GIS 软件中访问某种软件的数据格式不要求用户拥有该数据格式的宿主软件，也不需要运行该软件。从上述角度来看，直接数据访问提供了一种更为经济实用的多源数据共享模式。

数据共享的实现基于数据库一体机和Oracle Spatial数据库环境构建数据库基础上，按照云计算技术架构搭建高性能计算环境，系统采用面向服务架构，以WebService技术封装各类信息及功能的服务接口进行通讯，通过构建一系列组件或服务，提供分析与应用功能，以C/S和B/S混合应用模式设计并开发数据库管理和应用服务系统的桌面应用和WEB应用功能，实现地理国情监测数据集成管理、地理国情展示、信息查询分析、成果应用服务、数据更新维护、系统安全管理等方面的功能。其中C/S模式桌面应用主要包括数据更新维护、系统安全管理、数据分发处理等，B/S模式WEB应用包括二三维数据浏览、信息查询检索、统计分析等方面功能。

最终建成基于一体机和ORACLE数据库，将建成的基础性地理国情监测数据库、开发完善的数据库管理与应用服务系统进行安装部署和集成，开展地理国情计算统计分析，对集成后的系统进行测试和完善，最终形成面向用户的可运行基础性地理国情监测数据库系统。

8.3.3 多源多尺度数据的组织与缩编

多源多尺度空间数据库的组织和缩编是一个系统的过程，涉及的技术环节复杂。数据组织及缩编都经历了数据资料搜集分析、缩编综合规则的确定、数据整合、变化检测、综合取舍、关系协调、质量检查等过程和主要技术环节。

资料搜集与分析为地理国情监测数据的生产环节前期最重要的工作，影响着数据的内容与质量，是成果数据的来源。收集民政、国土、环保、建设、交通、水利、农业、统计、林业等最新版专题数据资料，并进行资料整理、分析和整合。同时收集满足地理国情监测要求的各类卫星遥感影像。

缩编综合规则—分析国家重大战略和发展规划的需求，综合考虑各个行业在规划、管理等日常业务工作中对地理环境、资源、设施等的需求，确定地理国情监测内容具体要求。抽象出地球表层自然、生物和人文现象的空间变化和它们之间的相互关系、特征等基本内容，对构成国家物质基础的各种条件因素做出宏观性、整体性、综合性的调查、分析和描述，是空间化和可视化的国情信息。

数据整合需要面对需要综合的所有空间数据处理任务，除了综合处理外，还包括数据集成、表达、分析。充分利用现有资料进行采集与更新，所涉及的数据资料来源复杂、规范化程度低，除了较新的各类比例尺地形图数据外，在实际的生产过程中还涉及诸如最新影像、文字资料等各种数据，因此对于多源多尺度数据的组织与缩编更新其首要任务应该是建立运用当前各种先进的数据处理技术，把各种数据及资料有效地集成在一个可视化软件环境中。

变化检测的前提和基础就是变化信息的提取，目前变化信息提取的方法主要是基于现有数据的空间目标匹配技术，空间目标匹配技术类似于地图融合技术。多尺度空间目标匹配的目的是通过一系列的空间实体相似度指标，识别出同一地区不同时相不同尺度的地图数据库中的同名实体，从而建立两个地图数据库之间同名实体之间的联接。同名实体的匹配是一个复杂的过程，需要用到几何学、统计学、计算机视觉、模式识别、人工智能和专家系统等领域的理论和方法（图8-9）。

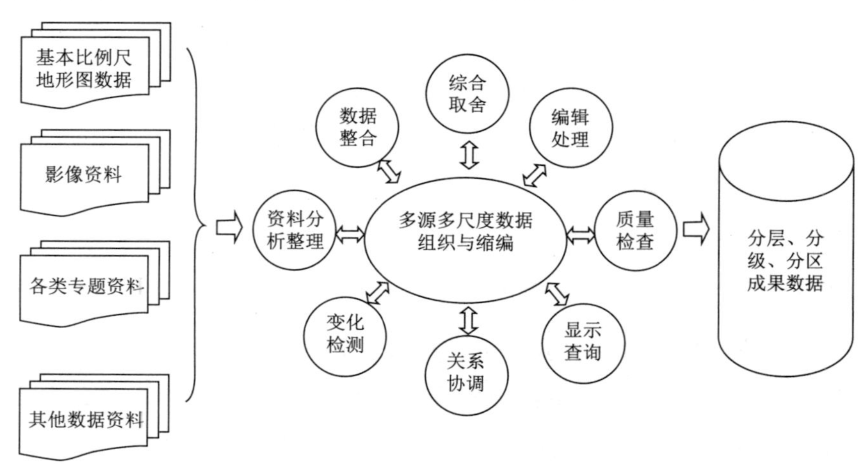

图8-9　多源多尺度数据组织与缩编方法

8.3.4　数据预处理与检查

数据库对于入库的成果数据有着较高的要求，为确保数据能够顺利入库，各类成果数据在入库前均需开展系列检查处理工作，入库检查主要检查成果数据中可能影响入库的数据问题，包括待入库数据的文件与结构一致性、拓扑一致性、其他逻辑一致性、空间参考正确性以及矢量数据接边等方面的问题。地理国情普查与监测成果入库前处理流程主要包括：数据入库前整理、属性结构调整、数据派生提取、地理国情要素对象化处理、路网和水网数据处理、元数据处理、专题数据处理等。具体工序如下：

1. 文件与结构一致性

数据文件一致性：检查正射影像数据、遥感影像解译样本数据、地表覆盖和地理国情要素数据、元数据等各类成果数据的目录组织与文件命名、格式是否符合要求，各数据文件是否齐全，有无多余或遗漏情况，是否能正常打开。

数据集和数据层一致性：检查地表覆盖和地理国情要素数据、基础性地理国情监测数据生产元数据等矢量成果数据包含的数据集和数据层是否齐全，有无多余或遗漏情况，是否符合相关技术要求。

属性项一致性：检查各类成果属性项是否齐全，有无多余或遗漏情况，各属性项定义是否符合相关技术要求。

2. 拓扑一致性

层内拓扑检查：层内拓扑包括面状要素拓扑检查和线状要素拓扑检查。其中，面状要素拓扑检查包括相邻要素间的重叠、缝隙以及交叉多边形、微小多边形（小于$1m^2$）等拓扑错误的检查。线状要素拓扑检查包括重叠线、独立线、微短线（小于1m）、冗余节点、断点、假结点、悬挂线以及自相交等拓扑错误检查。对于地理国情要素各数据层，检查拓扑一致性时应排除灭失的要素。

层间拓扑检查：层间拓扑包括点线拓扑、线线拓扑、线面拓扑、面面拓扑检查。其中点线要素拓扑检查构筑物点要素和道路、水域等线要素关系是否正确。线线要素拓扑检查不同道路层要素相交时是否于线上形成交点，共线要素是否完全重合。线面要素拓扑检查行政界线是否和相应级别行政区面边线重叠。面面要素拓扑检查不同级别行政区面是否一致，即下级行政区面是否为上一级行政区面的严格剖分。

网络拓扑检查：检查道路及其网络弧段数据相交并互通处（非高速公路、非高架、无桥梁相交处）是否已打断且生成结点，河渠及水域结构线交汇处是否已打断并生成结点。检查道路和水域要素属同一对象（相同道路编号、水域实体编码或相同名称）的要素是否连续；不同级别水域是否构成完整网络、河流流向是否正确。

3. 其他逻辑一致性

属性项值域检查：检查各类成果必填属性项的属性值是否符合相应值域要求。

地理国情信息分类码与国标码一致性检查：检查地理国情要素各要素层的地理

国情信息分类码CC与基础地理信息分类码GB的对应关系的正确性，是否存在非本层地理国情信息分类码。

记录一致性：检查DOM数据的分辨率与影像数据类型、图幅比例尺、元数据记录之间是否一致。

4. 空间参考正确性

检查正射影像数据、遥感影像样本数据、地表覆盖数据、地理国情要素数据、地理国情监测生产元数据等各栅格数据和矢量要素层的平面基准、高程基准、地图投影设置是否符合要求。

5. 数据接边

检查地表覆盖和地理国情要素数据、地理国情监测数据生产元数据等各数据层在任务区之间以及相邻省级行政区之间图形和属性。

6. 对象化处理

对地表覆盖数据、道路和水域、构筑物、地理单元数据等实体进行对象化处理，包括对象化编码并添加实体要素唯一编码等对属于同一对象的实体进行对象化编码赋值。对于地理单元要素行政区划、社会经济区域、自然地理单元、城镇综合功能单元等各要素层，如有多部分（Multipart）要素的，先赋值对象化编码，再进行拆分处理，拆分后各要素保持同一对象化编码。

7. 唯一性编码赋值

对要素唯一标识符FEATID字段进行唯一性编码赋值。

8. 网络数据处理

铁路、公路和水域网络数据处理以整个省级行政区域范围进行，此外，生成网络结点与障碍点数据。网络结点和障碍点数据生成依赖相关数据层中提取定位点要素质心作为定位点，须保证质心点在多边形内部，并保证结点与障碍点的逻辑合理性。提取的网络结点数据存储到数据库文件中。

入库检查采用工具软件批量检查和人工检查相结合的方法，软件检查为主、人工检查为辅。入库检查主要针对地理国情成果数据中影响入库的数据问题，根据检查要求设计和开发数据入库检查工具软件，对成果的文件与结构一致性、拓扑一致性、其他逻辑一致性、空间参考正确性以及矢量数据接边情况等进行综合检查。人工检查主要判断软件检查结果中可疑问题正确性，检查行政区、其他地理单元等对统计分析具有重要作用的要素，并辅助检查网络数据的连通性等。对于具有普遍性、影响数据入库的问题需要返回到前一工序进行修改，检查合格后才能进入下一工序。

8.3.5 建立数据库索引

完成接边处数据处理、网络处理后构建数据库索引，包括矢量数据索引、栅格数据索引、表格数据索引等。

1. 建立矢量数据索引

具体包括空间索引和属性索引。空间索引是指对所有矢量数据层的Shape字段建立空间网格索引，以实现按空间区域的图元检索。分区管理的大数据量要素层按照行政区建立分区索引，不分区的要素层建立空间R-Tree索引。此外，对矢量数据各层地理国情信息分类码CC、基础地理信息分类码GB、实体编码EC、类型TYPE、等级GRADE、政区代码PAC等需要查询和统计分析的字段建立属性索引，以实现该字段的条件检索。

2. 建立栅格数据空间索引

对于DEM、DOM、坡度、坡向、地表覆盖栅格化数据等栅格数据和相应镶嵌数据集需要针对不同级别的栅格数据浏览，创建金字塔，可根据实际情况来确定金字塔的大小、级别、压缩质量等。

3. 建立属性数据索引

采用B+树索引方法，根据地理国情数据查询检索需求，为基础性地理国情监测成果数据表关键属性列或属性列的组合建立索引。如对经常在查询条件中出现的一个（或一组）属性上建立索引（或组合索引）。对经常作为最大值和最小值、总和等聚集函数的参数的属性项上建立索引。对经常在连接操作的连接条件中出现一个（或一组）属性上建立索引。

8.3.6 数据库集成测试

完成数据入库后，部署数据库管理与应用服务系统软件，完成系统软件与数据库的系统集成，并在数据库中结合开发的建库工具软件以及数据库管理与应用服务系统软件对数据进行入库后检查。包括：

（1）完整性检查：各类数据是否已完整入库，包括数据层、范围、属性结构等是否完整。

（2）正确性检查：各类数据是否正确加载，数据集和数据层名称、组织是否符合数据库设计。

（3）关联关系检查：检查数据间关联关系是否正确，包括样点及照片、样本影像之间、数据与元数据对应关系等。

（4）网络数据检查：检查网络的连通性和正确性。

（5）与数据库管理与应用服务系统集成测试：与数据库管理与应用服务系统软件集成，检测系统功能和数据库性能。

（6）与统计分析软件集成测试：与统计分析软件集成，测试与统计分析软件的数据库接口及数据库性能。

8.4 数据库优化设计

信息科学技术的快速发展促进了地理信息数据库在日常生活中的广泛应用，由于数据库的状态好坏决定了地理信息系统的工作效果，因此，为了保证数据库的正常运行和工作效率，必须定时定期对数据库进行维护和性能优化，并且还要及时解决其出现的问题，这也是一个不断更新数据库数据的过程，以此来保证数据作用发挥到极致。

8.4.1 硬件优化

在所有的优化方式中，硬件的优化是最简单的，这要求数据库管理员必须熟悉掌握计算机的组成结构，定时定期清理计算机内部的灰尘，保证计算机的散热板和风扇能够正常运行。另外，对于计算机的 CPU 风扇，其主要作用是对 CPU 进行降温，管理人员需要对其进行全面的了解，出现问题后及时处理。

地理国情监测数据库系统数据库服务器集群将采用基于一体化的解决方案，由数据库一体机集中承担高性能数据计算存储任务。数据库一体机包括集成一体的核心处理层、智能存储层和超高速并发网络层三部分。一体机中所有服务器都通过高速并发网络互联，并基于网格技术构建核心处理层的集群数据库，智能存储层采用网格化建立存储硬件单元，并部署智能存储软件。核心服务器端主要处理计算密集型操作，智能存储端主要处理数据密集型操作。

同时采用云存储便于根据数据库数据量进行扩充，采用分布式存储技术来搭建存储系统，本项目的云存储系统采用NAS技术，通过CIFS、NFS、HTTP、FTP等方式向各服务器端和工作站端提供共享存储空间，存储和服务器子之间的通信使用TCP/IP协议。

8.4.2 权限管理

数据库稳定性其实就是指 Oracle 数据库在存取数据和使用时的安全性，能够在很大程度上影响 Oracle 数据库的稳定安全运行。一般情况下，为了保证数据库的数据不丢失和数据库的运行安全，都会给数据库设定用户访问权限，超过这个权限的用户就不能访问数据库，这也是保证数据库安全的有效措施。Oracle 数据库一般会有多种权限设置，如权限分配和用户访问权限定等，这些措施都能在很大程度保证数据库的安全。

一般来说，在访问数据库时会有较多的权限限制，是为了保证数据库的安全，防止非法用户侵入数据库访问数据。因此，将数据库角色权限管理分为两种，第一种是用户角色管控，这个模式的主要作用就是保证数据库的运行安全，当同一时间有多个用户访问数据库时，数据库会自动识别每个用户的身份，然后给定多种用户验证方式，每个用户访问到的内容都是不一样的。第二种方式就是创建用户账号，这种方式的安全系数是非常高的，每个账户的访问权限也都是不一样的，这也是提高数据安全性的最有效措施。

8.4.3 数据库结构优化

在优化数据库结构时，主要从以下几个方面进行，其中包括：首先，合适合理分配数据库的内部存储空间，这样能够提高数据库的运行状态和运行效率；其次，保证数据库有足够的磁盘空间，因为磁盘是维护数据库正常运行的主要因素，而且足够的磁盘空间能够存储数据库运行产生的日志，这就在很大程度上提高了磁盘的利用率；最后，优化数据库环境配置变量，能够有效提高数据库的运行效率。

Oracle 数据库中的内存区是数据的直接存储场所，其结构分配对数据库的工作性能有着直接影响。因此，数据库中的内存区资源通过进一步的优化可以对 Oracle 数据库结构进行有效调整。针对数据缓冲区的优化，主要是通过数据访问方式的改变来进行。简单而言，用户访问位于缓冲区数据时，由于是直接由数据缓冲区调取数据进行显示，数据库能够直接将缓冲区的数据呈现给用户，这是以缩短系统响应时间的方式进行用户数据访问优化，大大缩短了用户的访问时间，提高了访问效率。

数据访问时，当数据资料在共享池，用户访问系统需要先将数据资料由共享池发送到缓冲区后，才能够进行对用户的信息表达，这不利于数据库性能的提升，以及工作效率的保证。因此，优化数据库共享池性能是实现数据库内存区调整优化的重点方向。具体的优化措施则是调整共享池的大小，将其与数据缓冲区工作效率相对应，通过协调系统结构中信息资源的调用模式实现数据库数据访问速率的提升。

磁盘的 I/O 次数是 Oracle 数据库中磁盘性能的主要影响因素。磁盘的 I/O 调整与数据库磁盘数据录入与输出有着直接的关系，因此数据块划分和磁盘空间分配的调整能够对磁盘的 I/O 调整进行影响，进而影响 Oracle 数据库性能。数据库中数据块划分的科学合理性与否与 Oracle 数据库性能有着较强的关联性。利用数据库磁盘以分区处理的形式合理有效的分类数据库数据，如此不仅缩短了数据检索与调用时间，还有利于数据录入与调用的速率提升，有利于 Oracle 数据库性能的提升。

8.5 地理国情数据维护与更新

数据更新维护主要包括数据库系统数据更新、维护以及历史数据管理方面的功能。地理国情监测主要针对变化信息数据即增量信息，叠加生成基础性地理国情监测新的版本成果数据。增量更新主要从地表覆盖或地理国情要素的矢量要素唯一标识码（FeatID）以及空间关系，将增量信息或变化信息更新到本底数据库中，形成新的版本数据。

8.5.1 数据库成果

基础性地理国情监测数据库建设基于已建成的全国地理国情普查数据库，按照承前启后、面向统计分析和监测应用、每年一版数据的原则，基于ORACLE一体机和Geodatabase数据模型，将基础性地理国情监测各类成果数据入库到ORACLE数据库中进行集中存储或管理，实现基础性地理国情监测数据和普查数据一体化，地理国情普查与监测数据库需入库的数据如表8-2所示。

地理国情普查与监测数据库需入库的数据表格　　表8–2

序号	数据类别	说明
1	正射影像数据	城市地区以优于1m分辨率的卫星遥感或航摄影像为主，其他地区为优于2.5m遥感影像。卫星影像只进行整景影像纠正和适当匀光匀色处理，不进行分幅DOM数据生产，航摄影像成果按照标准分幅方式进行组织。正射影像数据的地面分辨率按0.5m、1.0m和2.0m三种规格
2	地表覆盖及地理国情要素矢量数据	依据分类要求采集的变化信息数据纳入到新的版本数据
3	DEM及坡度、坡向	反映地形地貌的地理国情数据
4	遥感影像解译样本数据	影像资料难以覆盖的区域，若存在需外业调查的图斑，需采用外业调查的方式进行确定，内业无法获取和难以识别的区域也需辅以外业调查。在外业调查核查阶段实地采集的遥感影像解译样本数据，包括存放遥感影像解译样本数据照片属性表、影像实例属性表、照片和影像实例关系表SMPDATA.mdb文件、实地照片和影像实例文件
5	元数据	基础性地理国情监测成果数据的元数据包括DOM元数据、地表覆盖分类数据和地理国情要素数据的元数据
6	专题数据	收集、整合基础地理信息及专题数据
7	相关技术文档数据	基础性地理国情监测过程中形成的相关技术文档数据。以WORD或PDF格式（需要签字盖章的文档扫描件）汇交，包括实施方案、技术规定、技术设计书、成果质量检查验收报告、总结报告
8	地理国情基本统计成果数据	地理国情基本统计形成的成果数据集

8.5.2 数据库维护

数据库的维护工作涉及数据入库、网络数据构建、历史数据维护、系统安全管控等工作。

基础性地理国情监测成果数据入库，包括批量自动入库、手工入库、自动生成数据入库报告等方面的功能。入库工作包括地理国情监测成果数据集的汇总、预处理、数据入库和建库处理，构建网络数据集等。入库数据包括采集的增量信息（或变化信息）以及更新后的新版监测成果数据。

针对新版基础性地理国情监测成果数据网络层、结点层、障碍限制点层等，在入库后完成网络数据的构建。实现对地理国情普查和基础性地理国情监测各版本数据管理，包括将历史数据查询、历史数据版本信息维护、历史数据删除等功能。为提高成果数据展示速度，提供普查和监测成果数据影像瓦片、矢量瓦片、三维地形瓦片等的制作和维护功能，制作生成可供二三维展示的影像、地形、矢量等瓦片数据。

系统安全管理提供系统运行安全方面的功能，包括用户管理、系统运行监控、日志管理、数据备份和恢复等。运行监控对系统的运行情况进行实时的监控，包括用户在线状态、服务器运行监控、故障报警等。日志管理包括系统操作日志和数据库操作日志管理。系统记录用户的登录系统的详细操作日志，并提供日志查询、删除、导出功能。日志信息记录到数据库中，并以列表方式展示日志信息。备份恢复提供系统数据备份的机制，支持数据的备份与恢复，包括空间数据备份与恢复、表格数据备份与恢复、文档数据备份、系统数据备份与恢复。

8.5.3 增量更新

基础性地理国情监测数据库更新将采用增量更新模式。采用多基态、增量信息与历史变化量一体化的地理国情时空数据模型。以基础性监测成果数据作为最新基态数据，每年监测增量更新数据作为历史变化量，根据每年监测数据变化量情况按一定周期存储一个历史基态数据，基态数据层存储整个范围数据，变化数据层仅存储变量数据。最新基态数据作为现状数据库，历史基态和变化数据作为历史数据库，按照基态和增量更新数据（历史变化量）回溯地理国情历史数据，现状库和历史库相对独立存储，既满足了地理国情现状数据库的高效查询应用，也保证了历史数据库的快速回溯、查询。基础性地理国情时空数据模型如图8-10所示。

进行数据更新的数据分类主要为重点地区数字高程模型、正射影像数据、解译样本数据、地表覆盖数据、地理要素数据、专题数据、元数据和统计分析数据。其中正射影像数据的每年的数据更新来源为信息资源管理中心，专题数据需要每年从各委办局收集，其他数据更新方式每年以动态监测成果为数据源，采用先内业再外业的方式进行数据更新。依据地理国情监测要求和实际应用情况建立详细的更新机制和方案。

从技术层面，信息系统建设项目成果中内业采集软件、外业核查软件、质量检查软件可以支撑地表覆盖、地理要素、解译样本数据、元数据的采集更新。基本统计分析软件和统计分析软件可以支撑统计分析数据更新。地理国情数据管理软件对各类成果数据有历史数据管理和增加更新管理，保证了每年更新的数据可以更新入库。

每年基础性监测变化即增量数据按照规定的变化类型，结合唯一标示码（FEATID）进行记录，可在前一年地理国情普查或监测数据基础上采集和汇交增量数据。地表覆盖数据以原有图斑为基础，通过分割、合并、更新属性等方式更新变化图斑，确保更新后图斑范围与本底相关图斑范围一致。地理国情要素通过新增、删除、修改、更新属性等方式更新变化要素，删除、修改、更新属性的要素保持其FeatID不变，实现全国地理国情数据库增量数据汇交、增量更新及时空数据一体化存储、分发、查询和回溯。

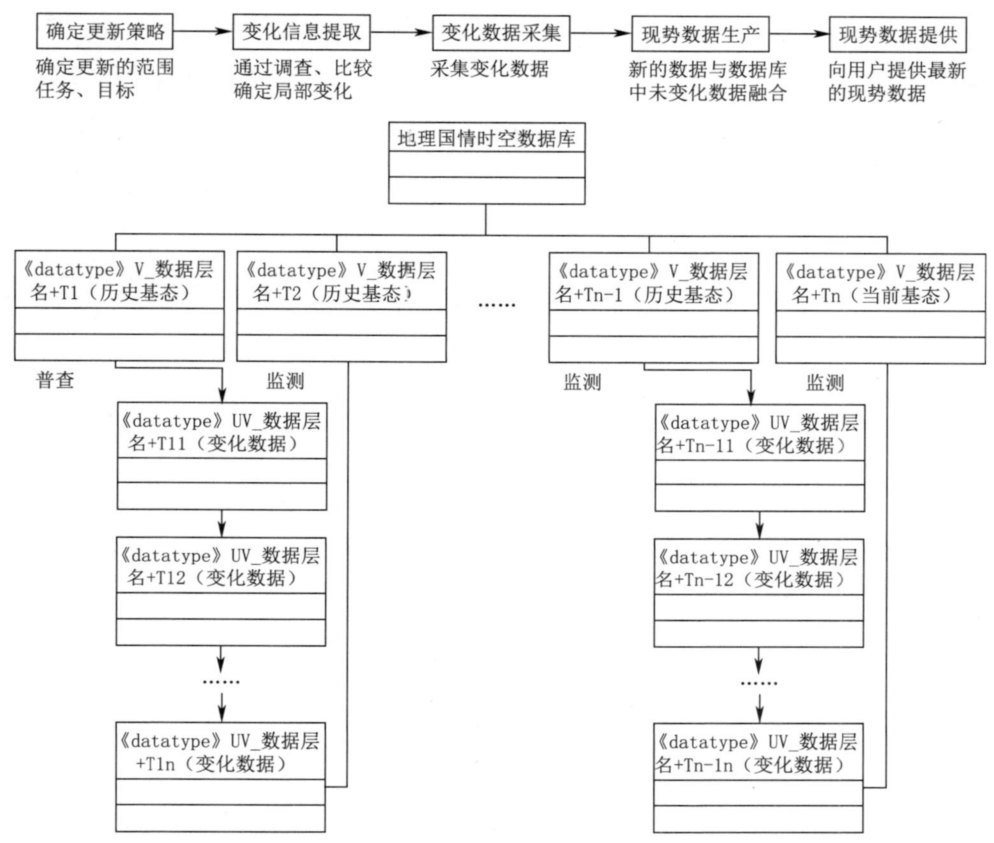

图 8-10 增量更新模型示意图

8.6 本章小结

目前的基础地理信息数据库建设很有成效，但是也存在一些问题，不能完全适应新形势下对于基础地理信息的需求。主要表现如下：

（1）我国数据内容与要素标准不一，跨专业跨部门协调有一定困难，难以满足广泛的信息分析与服务的需要。在国际上，美国FGDC协调了其国内多个部门，建立了多专业、上千层数据的国家地图。英国早已经开始建设OSMASTERMAP的跨部门、跨专业的高精度、综合性的全要素地理数据库。

（2）更新速率快慢不一致，与应用需求相比较，及时更新存在差距，地区不平衡较为严重。目前，发达国家对基础地理信息都提出了很高的要求，英国、日本等国家实现了实时更新。

（3）数据资源建设和更新机制方面，在分级管理的体制下，规划、计划、资金、技术和标准等协同性不强。主要表现为：国家和地方、测绘部门与专业部门之间存在信息共享不畅和重复测绘问题；各地发展很不平衡；信息更新的时效不够快速等。难以建成内容丰富、更新快速、服务好的国家基础地理信息数据库，不能适应当前应用需要。

基础地理信息数据库产品主要包括4D产品。目前，国家的基础地理信息数据库已经实现了陆地的全覆盖，建立了地形制图一体化的数据库，并且实现了动态、全要素、增量更新。在现势性方面，重点要素的更新频率达到1年，一般要素在2 ~ 3年内实现更新。国家的基础地理信息数据库实现了联动更新，省级基础地理信息数据库建设和更新也在加快，已经覆盖约50%的陆地国土。在纵向上，要实现规范统一、多尺度融合，改变按比例尺建库的技术模式，建立政务版（秘密版）和公开版两大类数据库以解决保密问题。另外，国家、省、地市要按区域分工负责，避免重复。在横向上，要形成综合型、各专题齐全的数据库，改变现有的产品分类模式，根据应用需要新增数据库产品类型，同时不同部门、不同项目要按照要素分工负责，避免重复工作。

本章参考文献

[1] 论空间数据挖掘和知识发现的理论与方法[J]. 李德仁，王树良，李德毅，王新洲. 武汉大学学报（信息科学版），2002（03）：221-233.

[2] 舒红，史文中. 浅谈测量平差到空间数据分析的可靠性理论延伸[J]. 武汉大学学报（信息科学版），2018，43（12）.

[3] 史文中，陈鹏飞，张效康. 地理国情监测可靠性分析[J]. 测绘学报，2017，46（10）：1620-1626.

[4] 魏玉芬，王玥. 基于ORACLE成本优化器的SQL查询优化分析与应用[J]. 内蒙古农业大学学报（自然科学版），2018，02（15）:158-159.

[5] 韦壹刚. Oracle数据库日常维护与优化建议[J]. 数据库技术,2018(8):142-143.

[6] 童奕媛,杨林. Oracle数据库性能优化实践应用分析——以某城市商业银行财务系统为例[J]. 金融科技时代,2017(01):31-35.

[7] 赵佩,李翀,王立斌等. 基于ORACLE数据库的用户用电信息采集系统性能优化[J]. 河北电力技术,2016,35(3):14-16.

[8] 于泳波. Oracle数据库性能调整与优化研究[J]. 价值工程,2018(13):228-229.

[9] 金鑫,闫龙川,刘军等. 面向企业级数据库的故障分析及运维研究:以Oracle数据库为例[J]. 软件,2017,38(10):178-181.

[10] 常正青. 基于Oracle数据库系统的优化与性能调整研究[J]. 电子世界,2017(17).

[11] 王振宇. 大型Oracle数据库系统的优化设计方案[J]. 电子技术与软件工程,2016(06).

[12] 孟宏伟. 基于GIS平台的国土规划多源数据集成应用实例[J]. 测绘与空间地理信息,2018(41):182-184.

第9章

空间数据分析与挖掘技术

9.1 概述

随着移动互联网、物联网、云计算、智能终端和传感器等新一代信息技术的高速发展，大数据的概念应运而生。大数据的出现，不仅使GIS数据获取、管理技术发生了重要变化，同样也使GIS数据分析方法与应用服务产生了巨大变革。作为新型的地理空间数据源，大数据不同于传统的结构化和半结构化空间数据，多源、异构、动态、海量、非（半）结构化等特点，要求建立全新的大数据管理模型和大数据分析方法。大数据时代产生了海量具有时空标记的地理大数据，其中包含了海量人群的时空行为信息。基于地理大数据研究个体或群体行为，在不同尺度上发现这些行为中蕴含的空间认知规律及空间行为和交互模式，建立以人为本的地理信息服务，进而支持个体或群体时空行为决策，已成为地理信息科学研究的前沿问题，也为进一步理解社会经济环境提供了新途径。因此，海量地理空间数据的实时分析和非结构化的社会感知数据分析，是大数据时代GIS空间分析面临的重要问题。

9.2 空间分析技术

9.2.1 基本空间分析

基本空间分析是对于地理空间现象的定量研究，其常规能力是操纵空间数据使之成为不同的形式，并且提取其潜在的信息。空间分析是GIS的核心。空间分析能力（特别是对空间隐含信息的提取和传输能力）是地理信息系统区别于一般信息系统的主要方面，也是评价一个地理信息系统成功与否的一个主要指标。

1．缓冲区分析

缓冲区分析是针对点、线、面等地理实体，自动在其周围建立一定宽度范围的缓冲区多边形。邻近度描述了地理空间中两个地物距离相近的程度，其确定是空间分析的一个重要手段。交通沿线或河流沿线的地物有其独特的重要性，公共设施的服务半径，大型水库建设引起的搬迁，铁路、公路以及航运河道对其所穿过区域经济发展的重要性等，均是一个邻近度问题。缓冲区分析是解决邻近度问题的空间分析工具之一。所谓缓冲区就是地理空间目标的一种影响范围或服务范围。

2．叠加分析

大部分GIS软件是以分层的方式组织地理景观，将地理景观按主题分层提取，同一地区的整个数据层集表达了该地区地理景观的内容。地理信息系统的叠加分析是将有关主题层组成的数据层面，进行叠加产生一个新数据层面的操作，其结果综合了原来两层或多层要素所具有的属性。叠加分析不仅包含空间关系的比较，还包含属性关系的比较。叠加分析可以分为以下几类：视觉信息叠加、点与多边形叠加、线与多边形叠加、多边形叠加、栅格图层叠加。

3．网络分析

对地理网络（如交通网络）、城市基础设施网络（如各种网线、电力线、电话线、供排水管线等）进行地理分析和模型化，是地理信息系统中网络分析功能的主要目的。网络分析是运筹学模型中的一个基本模型，它的根本目的是研究、筹划一项网络工程如何安排，并使其运行效果最好，如一定资源的最佳分配，从一地到另一地的运输费用最低等。网络分析包括：路径分析（寻求最佳路径）、地址匹配（实质是对地理位置的查询）以及资源分配。

9.2.2 地理空间分析

空间分析主要通过空间数据和空间模型的联合分析来挖掘空间目标的潜在信息，而这些空间目标的基本信息，无非是其空间位置、分布、形态、距离、方位、拓扑关系等，其中距离、方位、拓扑关系组成了空间目标的空间关系，它是地理实体之间的空间特性，可以作为数据组织、查询、分析和推理的基础。通过将地理空间目标划分为点、线、面不同的类型，可以获得这些不同类型目标的形态结构。将空间目标的空间数据和属性数据结合起来，可以进行许多特定任务的空间计算与分析（表9-1）。

空间统计分析技术 表9-1

名称	概述	应用方法
离散度指数模型	描述地理要素的空间特征、中心趋势、离散特征，更能体现离散分布特征	（1）椭圆的长半轴表示的是数据分布的方向，短半轴表示的是数据分布的范围，长短半轴的值差距越大（扁率越大），表示数据的方向性越明显。反之，如果长短半轴越接近，表示方向性越不明显。如果长短半轴完全相等，就等于是一个圆了，圆的话就表示没有任何的方向特征。 （2）短半轴表示数据分布的范围，短半轴越短，表示数据呈现的向心力越明显；反之，短半轴越长，表示数据的离散程度越大。同样，如果短半轴与长半轴完全相等了，就表示数据没有任何的分布特征。 （3）中心点表示了整个数据的中心位置，一般来说，只要数据的变异程度不是很大的话，这个中心点的位置与算数平均数的位置基本上是一致的
垂直分布指数模型	垂直分布指数主要是统计在不同高程带、坡度带分析居民地、交通网络、植被覆盖的数量、面积，用以反映要素在高程带（坡度带）的分布特征与分布规律	根据垂直分布指数需要结合DEM数据进行统计的特点，主要分析在不同高程带、坡度带的居民地、交通网络以及植被覆盖的数量和面积
聚集度指数模型	聚集度，又称为节点聚集程度系数，由密度和强度要素构成，用以反映居民地及设施，及交通设施在一定区域或范围的大量集聚和有效集中情况	聚集指数，又称丛生指数，计算公式为：$I=\frac{s^2}{x}-1$，I=0时，为随机分布，$I>0$时，为聚集分布。聚集强度，计算公式为：$PI=k=x/I$，式中，k为负二项分布的参数，I为聚集指数。k值越小，聚集强度越大，如$k>8$时，则接近泊松分布
景观格局复杂度指数模型	复杂度（D_i）（面积-周长分形维数指数，1.0 ~ 2.0），反映了不同空间尺度的性状的复杂性	$D_i=2\ln(P_i/4)/\ln(A_i)$，式中，D_i表示分维数；P_i为斑块周长；A_i为斑块面积
景观格局稳定性指数模型	景观稳定性指一个系统对干扰或扰动的反应能力	$S_i=\|1.5-D\|$，式中，D表示分维数
景观格局破碎度指数模型	破碎度表征景观被分割的破碎程度，反映景观空间结构的复杂性，在一定程度上反映了人类对景观的干扰程度	$C_i=N_i/A_i$，式中C_i为景观i的破碎度，N_i为景观i的斑块数，A_i为景观i的总面积

续表

名称	概述	应用方法
景观格局多样性指数模型	多样性（H, landscape diversity index）（香农多样性指数，单位：无，范围：$H\geqslant 0$）是一种基于信息理论的测量指数，在生态学中应用很广泛。该指标能反映景观异质性，特别对景观中各拼块类型非均衡分布状况较为敏感，即强调稀有拼块类型对信息的贡献，这也是与其他多样性指数不同之处	$H=-\sum_{i=1}^{m}P_i\ln P_i$，公式描述：$P_i$为各拼块类型的面积比；$H$在景观级别上等于各拼块类型的面积比乘以其值的自然对数之后的和的负值。H=0表明整个景观仅由一个拼块组成；H增大，说明拼块类型增加或各拼块类型在景观中呈均衡化趋势分布
景观格局优势度指数模型	优势度（D_0, landscape dominance index）用于测度景观多样性对景观最大多样性的偏离程度，或描述景观由少数几个主要的景观类型控制的程度	$D_0=1/H$，式中，D_0为景观优势度指数；H为多样性指数
景观格局均匀度指数模型	均匀度（E, landscapeevennessindex）（香农均匀度指数，单位：无，范围：$0\leqslant E\leqslant 1$），E与H指数一样也是我们比较不同景观或同一景观不同时期多样性变化的一个有力手段	$E=(H/H_{max})\times 100\%$，公式描述：$E$等于香农多样性指数除以给定景观丰度下的最大可能多样性（各拼块类型均等分布）。E=0表明景观仅由一种拼块组成，无多样性；E=1表明各拼块类型均匀分布，有最大多样性
景观格局干扰强度与自然度指数模型	干扰强度表示人类的干扰作用，干扰强度越小，越利于生物的生存，因此，其针对受体的生态意义越大	$W_i=L_i/S_i$；$N_i=1/W_i$，W_i表示受干扰强度，L_i是指i类生态系统内廊道（公路、铁路、堤坝、沟渠）的总长度，S_i是指i类生态系统的总面积，N_i是i类生态系统类型的自然度
覆盖辐射指数模型	计算一定半径范围内学校、医院、文化设施等的服务辐射范围。反映学校、医院、文化设施的空间服务范围，体现这些设施在一定空间范围内的服务能力和人均享有程度	第一步，对每个供给点j（学校、医院、文化设施等服务），搜索所有离j距离阈值l_0范围内的需求点k（居民地），计算供需比R_j，$R_j=\frac{S_j}{\sum_{k\in\{l_{kj}\leqslant l_0\}}D_k}$。第二步，对每个需求点$i$（居民地），搜索所有在$i$距离阈值$l_0$范围内的供给点$j$（学校、医院、文化设施等服务），将所有的供需比$R_j$加在一起即得到对$i$点的辐射覆盖指数$A_i^F$。$A_i^F=\sum_{j\in\{l_{ij}\leqslant l_0\}}R_j=\sum_{j\in\{l_{ij}\leqslant l_0\}}\left(\frac{S_j}{\sum_{k\in\{l_{kj}\leqslant l_0\}}D_k}\right)$
覆盖度指数模型	反映区域范围内水域（河流、湖泊、水库）、交通网络、交通设施、城市绿地、耕地、园地、林地、草地等的覆盖程度，为水利、交通、城镇绿化、退耕还林还草等领域的规划和建设提供参考信息	$R_j=\frac{\sum S_j}{S}$，式中：S_j—j的总面积；S—区域总面积；R_j—区域内交通网络、水体、重要水利设施、城市绿地、林地、草地所占面积与区域的总面积之比

续表

名称	概述	应用方法
交通网络通达程度指数模型	交通网络通达程度指数：交通网络中各个点到其他点的最短路径线路长度的总和。该点到统计单元内其他各点的最短路径距离之和即为该统计单元的交通网络通达程度指数	可达性是评价交通网和区位条件的常用指标，采用最短交通距离模型。利用该方法构建道路网连通矩阵，定义M矩阵为最短距离矩阵：M=[d_{ij}]n × n.d_{ij}是矩阵的基本元素，是通过最短路径模型而得到的交通距离。 d_{ij}=min{(d_{ik}+d_{kj}),all,k} ($k \in n$) d_{ij}表示从节点 i到 j的最短交通距离。在GIS中将线路和节点信息进行拓扑计算，形成完全联系矩阵 M。将节点 i的总交通距离定义为A_i，为节点i到其他节点的最短交通距离之和，其值越小，i点的可达性越好，交通区位就越好。公式：$A_i = \sum_{j=1}^{n} D_{ij}$
交通网络通达能力指数模型	交通网络通达能力指数：计算各个统计单元交通网络中心到该统计单元内其他各点最短路径长度，并计算最大、最小、平均通达性。平均通达能力指数=各点到其他点总的最短路径之和/点总数	可达性是评价交通网和区位条件的常用指标，本文采用最短交通距离模型。利用该方法构建道路网连通矩阵，定义M矩阵为最短距离矩阵：M=[d_{ij}]n × n.d_{ij}是矩阵的基本元素，是通过最短路径模型而得到的交通距离。d_{ij}=min{(d_{ik}+d_{kj}),all,k} ($k \in n$)，d_{ij}表示从节点 i到 j的最短交通距离。在GIS中将线路和节点信息进行拓扑计算，形成完全联系矩阵 M。将节点 i的总交通距离定义为A_i，为节点i到其他节点的最短交通距离之和，其值越小，i点的可达性越好，交通区位就越好。公式：$A_i = \sum_{j=1}^{n} D_{ij}$
配置优化指数模型	配置优化指数用于反映学校、医院、公园、娱乐文化设施资源空间分布，覆盖、服务范围是否合理，以实现资源的最佳利用，即用最少的资源耗费，获取最佳的效益	将学校、医院、公园、娱乐文化设施按照等级进行分类，对各类教育设施生成空间点图层，再建立每个类别教育设施的Voronio图，按照服务面积的规划标准分成几个等级，每个等级的服务设施数量、每个等级服务面积、平均服务面积、最大服务面积、最小服务面积，并生成服务半径为横轴的直方图。其中服务半径=Sqrt(面积/π)
地理优势度	地理优势度指标反映一个地区现有交通网络通达水平、植被覆盖率、地表水体覆盖能力，在经济圈（带）中的重要战略地位，发挥的吸纳力、辐射力和带动力等	交通网络通达水平计算模型为范围内交通网络总长度和交通网络道路覆盖密度，其中道路密度=交通网络总长度/区域总面积。植被覆盖率=植被覆盖总面积/区域总面积。地表水体覆盖能力=地表水利覆盖总面积/区域总面积
脆弱性指数模型	脆弱性的形成原因包括自然成因和社会成因。自然成因通过地表水覆盖率、林地覆盖率、草地覆盖率三个指标来反映	$EVI_j = \sum_{i=1}^{n} X_i' \cdot W_i$，$EVI_j$是第$j$个评价区域的生态脆弱性指数；$W_i$为生态脆弱性评价指标$i$的权重，$X_i'$第$i$个评价指标标准化后的数据，$n$是评价指标个数。本次脆弱性评价采用平均加权法，故$W_i$=1/$n$
地形风险指数模型	地形风险指数评价借助地质灾害隐患点数据，分析各统计单元内的学校、医院、居住小区、社会福利机构的风险性	$F_i = \frac{N_i}{M_i}$，$DXFX_j = \sum_{i=1}^{n} F_i \cdot W_i$，$n$=4，分别对应的是居住小区、学校、医院和社会福利机构。$DXFX_j$ 是第j个评价区域的地形风险性指数，F_i是各地理单元的风险性指数，N_i为评价区域内存在风险性地理单元i的个数，M_i为评价区域内地理单元i的总个数，W_i为地形风险评价i的权重。本次地形风险评价采用平均加权法，故W_i=1/n

续表

名称	概述	应用方法
土地开发程度指数模型	反映该区域内不同类型土地的开发水平及土地开发潜力	$T=Q/S\times100\%$，式中，T、Q和S分别为土地开发程度、建设用地面积和土地总面积。其中，建设用地面积包括房屋建筑区、道路、构筑物、人工堆掘地
住宅开发程度指数模型	住宅开发程度用于描述区域范围内住宅占地面积占建筑开发面积情况，反映该区域内的住宅开发水平	$K=R/Z\times100\%$，式中，K、R和Z分别为住宅开发程度、住宅占地面积和建筑占地总面积
空间关联度指数模型	空间关联度是通过定义不同类型的“局部”范围（不同的空间连接矩阵），区域空间自相关分析可以帮助更准确地把握空间要素异质性特性	$I_i=\dfrac{\sum_{i=1}^{n}\sum_{j=1}^{n}w_{ij}(x_i-x)(x_j-x)}{\frac{1}{n}\sum_{i=1}^{n}(x_i-x)^2}$，其中，$x_i$和$x_j$分别是单元$i$和$j$所在位置的属性值，$x$为$n$个位置的属性值的平均值，$W_{ij}$表示空间权重矩阵，$n$为单元个数
城市景观扩张指数模型	LEI景观扩张指数理论中涉及三个基本概念，分别是景观扩张指数（*LEI*）、平均斑块扩张指数（*MEI*）、面积加权平均斑块扩张指数（*AWMEI*），通过这三个指数识别城市景观增长的空间模式	*LEI*指数计算公式为：$LEI=\begin{cases}100\times\frac{A_0}{A_E-A_P} & \text{新增斑块不是矩形}\\ 100\times\frac{A_{L0}}{A_{LE}-A_P} & \text{新增斑块是矩形}\end{cases}$ 式中：*LEI*为新增斑块的景观扩张指数，取值范围为[0， 100]，A_0为最小包围盒内原有景观的面积；A_E为新增斑块的最小包围盒面积；A_P为新增斑块的面积；A_{LO}为放大包围盒内原有景观的面积；A_{LE}为新增斑块的放大包围盒面积。 *MEI*指数和*AWMEI*指数均是基于*LEI*指数定义的，用来衡量景观增长的紧凑性，*MEI*指数和*AWMEI*指数的值越大，表示景观增长方式越趋于紧凑。*MEI*指数是新增斑块指数的简单算数平均数；*AWMEI*指数是新增斑块指数的面积加权平均数。 *MEI*指数计算公式为：$MEI=\sum_{i=1}^{n}\frac{LEI_i}{N}$，式中：$LEI_i$为第$i$个新增斑块的景观扩张指数；$N$为新增斑块总的数目。*AWMEI*指数计算公式为：$AWMEI=\sum_{i=1}^{n}LEI_i\times\left(\frac{a_i}{A}\right)$，式中：$LEI_i$为第$i$个新增斑块的景观扩张指数；$a_i$为第$i$个新增斑块的面积；$A$为所有新增斑块的总面积
城市发展质量指数模型	为了更加深入的分析城市增长形态变化规律，引进城市发展强度指数，来分析研究区城市用地扩展的速度变化	$K=U\times\frac{100}{A\times\Delta T}$，式中，$K$为城市发展强度指数；$U$为建成区扩展面积；$A$为空间分析单元土地总面积；$\Delta T$为时间跨度，以年为单位
地表形变危险性指数模型	地面沉降又称为地面下沉或地陷。它是在人类工程经济活动影响下，由于地下松散地层固结压缩，导致地壳表面标高降低的一种局部的下降运动（或工程地质现象）	累计地表沉降量等值线，利用ArcGIS插值分析工具中的反距离权重法这一功能，以2007 ~ 2015年各水准点的累积沉降量为插值字段进行设置，得到栅格的矢量数据（生成的栅格范围与水准点的范围相同），最后利用栅格数据通过ArcGIS的3D Analyst工具中的等值线功能得到累积地表沉降量等值线。 地表沉降速率等值线，利用ArcGIS插值分析工具中的反距离权重法这一功能，以2007 ~ 2015年各水准点的地表沉降速率为插值字段进行设置，得到栅格表面数据，最后利用栅格数据通过ArcGIS的3D Analyst工具中的等值线功能，得到地表沉降速率等值线

9.2.3 相关性分析

相关性分析是指对两个或多个具备相关性的变量元素进行分析，从而衡量两个变量因素的相关密切程度。相关性的元素之间需要存在一定的联系或者概率才可以进行相关性分析。相关性不等于因果性，也不是简单的个性化，相关性所涵盖的范围和领域几乎覆盖了我们所见到的方方面面，相关性在不同的学科里面的定义也有很大的差异。

1．图表相关分析

简单地说就是绘制图表，将数据进行可视化处理，单纯从数据的角度很难发现其中的趋势和联系，而将数据点绘制成图表后趋势和联系就会变得清晰起来。对于有明显时间维度的数据，可以选择使用折线图，比折线图更直观的是散点图。

2．协方差及协方差矩阵

第二种相关分析方法是计算协方差。协方差用来衡量两个变量的总体误差，如果两个变量的变化趋势一致，协方差就是正值，说明两个变量正相关。如果两个变量的变化趋势相反，协方差就是负值，说明两个变量负相关。如果两个变量相互独立，那么协方差就是0，说明两个变量不相关。以下是协方差的计算公式

$$\operatorname{cov}(X,Y)=\frac{\sum_{i=1}^{n}(X_i-\bar{X})(Y_i-\bar{Y})}{n-1} \tag{9-1}$$

协方差只能对两组数据进行相关性分析，当有两组以上数据时就需要使用协方差矩阵。下面是三组数据x，y，z，的协方差矩阵计算公式。

$$C=\begin{cases}\operatorname{cov}(x,x) & \operatorname{cov}(x,y) & \operatorname{cov}(y,z)\\ \operatorname{cov}(y,x) & \operatorname{cov}(y,y) & \operatorname{cov}(y,z)\\ \operatorname{cov}(z,x) & \operatorname{cov}(z,y) & \operatorname{cov}(z,z)\end{cases} \tag{9-2}$$

协方差通过数字衡量变量间的相关性，正值表示正相关，负值表示负相关。但无法对相关的密切程度进行度量。

3．相关系数

相关系数是反应变量之间关系密切程度的统计指标，相关系数的取值区间在1到－1之间。1表示两个变量完全线性相关，－1表示两个变量完全负相关，0表示两个变量不相关。数据越趋近于0表示相关关系越弱。以下是相关系数的计算公式。

$$r_{\mathrm{xy}}=\frac{S_{\mathrm{xy}}}{S_{\mathrm{x}}S_{\mathrm{y}}} \tag{9-3}$$

其中r_{xy}表示样本相关系数，S_{xy}表示样本协方差，S_{x}表示X的样本标准差，S_y表示

y的样本标准差。式（9-4）~式（9-6）分别是S_{xy}协方差和S_x和S_y标准差的计算公式。由于是样本协方差和样本标准差，因此分母使用的是n-1。

S_{xy}样本协方差计算公式：

$$S_{xy}=\frac{\sum_{i=1}^{n}(X_i-\bar{X})(Y_i-\bar{Y})}{n-1} \tag{9-4}$$

S_x样本标准差计算公式：

$$S_x=\sqrt{\frac{\sum(x_i-\bar{x})^2}{n-1}} \tag{9-5}$$

S_y样本标准差计算公式：

$$S_y=\sqrt{\frac{\sum(y_i-\bar{y})^2}{n-1}} \tag{9-6}$$

4. 一元回归及多元回归

第四种相关分析方法是回归分析。回归分析是确定两组或两组以上变量间关系的统计方法。回归分析按照变量的数量分为一元回归和多元回归。两个变量使用一元回归，两个以上变量使用多元回归。进行回归分析之前有两个准备工作，第一确定变量的数量。第二确定自变量和因变量。

9.3 空间大数据分析技术

9.3.1 空间大数据并行处理技术

并行计算主要研究内容包括并行计算设备、并行算法、并行程序设计等。相比于串行计算，并行计算有其明显的特点：多个处理器执行部件（执行核）协作，共同完成某一项任务，各个执行部件的处理工作可分布在相同的计算机上，也可分布在不同的计算机上。

并行算法经过多年的发展，常见的并行计算策略有分治策略，平衡树方法，倍增技术，流水线技术及加速级联策略等。由于GIS数据具有海量、时效性强、多源异构等特征，为了有效地组织多源相关数据进行综合分析，以建立响应速度快、计算能力强和空间数据高效组织与管理的新机制来认知、模拟、预测和调控自然地理环境和社会经济过程，客观上要求大力发展空间分析并行计算方法。空间分析并行化的具体实施过程中，可以划分为基于数据的并行化、基于算法的并行化和基于硬件设备的并行化几种模式。

1. 并行计算分类

从并行模式的角度，并行计算可划分为基于数据的并行化、基于算法的并行化和基于硬件设备的并行化三类。

（1）基于数据的并行化

该模式是指不需要对空间分析算法进行整体调整，即主要通过对待分析数据的均匀划分，将原始计算任务均匀地分配到多个计算单元中。较为典型的应用为空间分析中面向栅格数据的分析，如水文分析、插值计算、等值线提取、地形计算等分析功能。与矢量数据相比，栅格数据结构简单，没有复杂的拓扑关系，空间分析算法逻辑也相对简单。

（2）基于算法的并行化

该模式适用于不能完全通过数据划分达到分析过程并行化的情况，举例来说，空间分析中的矢量数据之间一般存在较为复杂的空间关系，如线与面的边界覆盖关系，面与面的邻接关系，面与点的包含关系等。使得基于矢量数据的空间分析操作较难通过简单的数据划分来并行化。即在对分析数据进行划分的基础上，还需要分析算法针对数据特点，对划分和合并过程进行特殊处理。如矢量数据处理较多使用平面扫描算法，在进行该算法的并行化改进时，主处理单元通过将事件点平均分配给子处理单元，各子处理单元处理完各自的任务后将结果发送给主处理单元，最后主处理单元将各事件点合并，才能得到最终解。

（3）基于硬件设备的并行化

该模式指借助计算机硬件特征，进行并行化改进的方法，如基于GPU（Graphics Processing Unit，图形处理器）技术的算法改进。GPU可以看作SIMD（Single Instruction Multiple Data，单指令多数据）并行流式处理器，并行性和灵活的可编程性使它可以完成图形绘制以外的计算任务。而且，与CPU相比，GPU更适合并行流处理。

2. 并行计算技术

为了使并行化算法设计与实现可以适用于不同的系统平台，在进行并行计算技术的选择时，需要考虑其不同平台间的支持能力。当前研究较为广泛的跨平台并行计算技术，主要包括面向线程并行的OpenMP技术和TBB技术，面向进程并行的

MPI技术，以及OpenMP与MPI的混合模式（Hybrid）。

（1）OpenMP技术

OpenMP（Open Multiprocessing）是一个支持多种平台的共享内存并行计算API（Application Program Interface，应用程序接口），支持平台包括Solaris、AIX、HP-UX、GNU/Linux、Mac OS X和Windows，支持语言包括C、C++和Fortran。

（2）TBB技术

TBB（Intel Threading Building Blocks）是一个由英特尔公司开发的C++模板库，主要目的是使软件开发者更好地利用多核处理器。该库为开发者提供了一些线程安全的容器和算法，使开发者无需过多关注系统线程的创建、同步、销毁等操作，而是将精力集中于业务逻辑的并行化，可以与OpenMP互为补充。

（3）MPI技术

MPI（Message Passing Interface）是一个有着广泛应用基础以及专业审查委员会管理的并行计算标准，其设计主要面向大规模机器和群集系统的并行计算，其具体实现包括OpenMPI、MPICH和LAM-MPI等。

（4）Hybird模式

即混合并行计算模式，指在单机环境中使用OpenMP进行线程级别的并行，并同时在由单机组成的群集环境中通过MPI进行节点间的任务分配和消息传递，以实现单机环境和多机环境两个层次的并行计算。

总体来说，并没有哪种并行计算框架可以适用于所有应用场景的开发，较为合理的方案是根据应用场景特点选择合适的技术框架。当需要将已有程序进行并行化改进，而不希望将原算法进行较多改变时，OpenMP是一个较理想的选择。当希望从零开始，完成一个并行化程序的开发时，可能需要更多的关注TBB和MPI。而当希望应用程序既实现单机线程级别的并行，又可以在多机群集环境中发挥并行计算优势时，就需要使用较为复杂的混合模式进行设计和开发。

3. MapReduce

MapReduce技术是Google公司于2004年提出，作为一种典型的数据批处理技术被广泛地应用于数据挖掘、数据分析、机器学习等领域。MapReduce因其并行式数据处理的方式已经成为大数据处理的关键技术。MapReduce的数据分析流程如图9-1所示。MapReduce系统主要由两个部分组成：Map和Reduce。MapReduce系统的提出简化了数据的计算过程，避免了数据传输过程中大量的通信开销，使得

MapReduce可以应用于多种实际问题的解决方案。

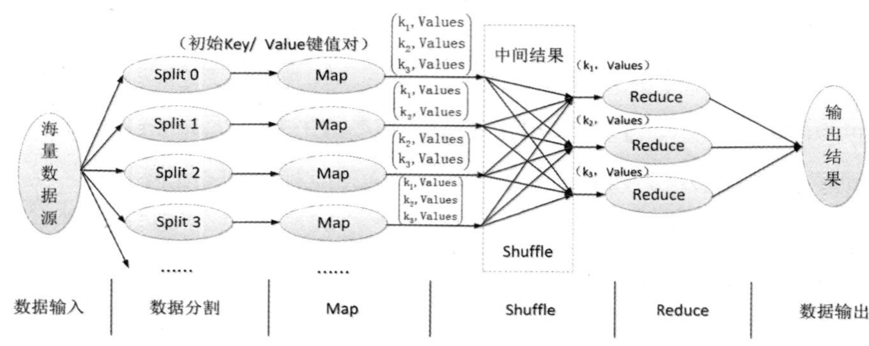

图 9-1　MapReduce的数据分析流程

9.3.2　大数据分析技术

机器学习主要是指通过计算机对数据中的规律信息进行学习，从而获得新知识与新经验，以此来提高计算机的智能性，进而使得计算机可以拥有和人一样的决策能力。深度学习则主要是对于机器学习中神经网络算法的扩展，在机器学习中的第一阶段是浅层学习，而深度学习则是机器学习的第二阶段，神经网络的层数则使用深度进行描述。通常情况下，在机器学习中的单层感知机对于线性可分问题可以进行解决，而对于线性不可分问题并不能充分的解决。此时，利用深度学习的多层感知机则可以解决线性不可分问题，针对浅层学习之中所存在的劣势可以进行有效的弥补。随着机器学习的不断发展与进步，深度学习也会随之取得新的发展。

到20世纪90年代，随着模式识别计算方法的成熟和人们对人工智能的认识也越来越深入，科研人员逐渐发现大数据的重要性。就是通过大量相关数据的采集积累，用数据取代在图像方面非常有经验的专家。因此，科研人员搜集大量的人脸和非人脸图像，再经过某一个算法的计算，然后经过计算机程序的自动识别计算，等着计算机完成对这些图像的学习，这是机器学习的研究思路。

“机器学习”是人为将大量相关数据输入计算机程序中，计算机按照设定有规律有计划地消化学习这些数据，发现总结出其中隐含的信息。计算机的学习要远远超过相关科研人员学习讨论得出的结论的准确性，而且会通过数据来真实地说明事实存在但是人类很难发觉的信息。计算机的速度和精确度是人为很难达到的。

步入21世纪，机器学习的技术水平逐步成熟，成为计算机科研领域的重点研究对象。机器学习的应用范围也开始扩大，不只是识别单纯的字符、图像，逐渐向高新科技产业发展。比如实现机器人的学习、操作、行动，以及在生物工程中，对大量基因数据的分析，还有在金融市场中，通过分析大量数据变动，做出市场预测等。机器学习不再是计算机科研人员的热门话题，也成为机器人专家等各种运用到机器学习的领域争相研究的对象。

深度学习是想通过模仿人脑的思考方式，建立类似于人脑的神经网络，来实现对数据的分析，按照人的思维做出相关解释，形成人们易于理解的图像、文字或者声音。深度学习分为有监督和无监督学习两种类型，学习模型根据学习框架的类型来确定。例如，卷积神经网络就是一种深度的监督学习下的机器学习模型，而深度置信网就是一种无监督学习下的机器学习模型。

如今的计算机领域，随处可以看到一个夺人眼球的技术——深度学习。而在深度学习的模型中，研究热度最高的是卷积神经网络，是一种能够实现大量图像识别任务的技术。深度学习的重点是对模型的运用，模型中需要的参数是通过对大量数据的学习和分析中得到的。在深度学习的研究中，还有大量的问题需要考虑解决。面对庞大的网络系统，一个高维度的模型需要获得并且学习大量数据，还要有对大数据的强大运算和分析能力。图像处理器就是类似于这样具有强大处理能力的工具。

9.4 地理国情统计分析体系

统计分析是地理国情普查工作的重要内容，以地理国情普查数据为基础，结合专业部门数据，构建基于多种统计单元的地理国情基本统计内容、综合统计内容以及专题分析。基于既定的多级地理单元因子，采用空间量算、算术平均、比值分析法、极值法、空间统计、指数计算、综合评价等方法，通过邻域搜索聚类，阈值平滑，空间叠加，网络分析等技术开展统计与分析，从不同的维度综合分析地理国情普查要素的空间分布，物理结构，相互关系，揭示它们的分布规律和发展趋势。形成统计分析的公报、专报、皮书和图册等成果，在满足国家对地理国情统计分析工作的基本要求前提下，重点为市政府、市规委等其他委办局提供业务支撑，同时为北京城市规划、管理提供相应参考。

针对第一次全国地理国情普查统计分析的需求，参考现有的国家技术标准和行业技术规范，依据《第一次全国地理国情普查总体方案》、《第一次全国地理国情普查实施方案》、《地理国情普查基本统计》和《GDPJ 02-2013地理国情普查基本统计技术规定》的要求，对地理国情普查统计分析的原则、技术流程、体系内容、成果形式等进行了设计。

9.4.1 基本原则

1. 坚持层次分明、全面服务的原则

从基本统计、综合统计和分析评价三个层次，对地理国情信息进行科学、客观的统计分析，向社会公众、专业部门和政府决策部门提供科学、客观、综合、权威、统一的地理国情信息。

2. 坚持普查要素为主、兼顾社会经济要素的原则

以地理国情普查要素为基础，充分整合利用社会经济等要素，对地理国情普查成果进行统计分析，形成反映各类资源、环境、生态、经济要素的空间分布及其发展变化规律的监测数据、图件和研究报告等，从地理空间的角度客观、综合展示国情国力。

3. 坚持尊重现状、客观公正的原则

以地理国情普查数据为基础，以科学的指标体系和统计方法进行分析研究说明，确保客观真实反映地表特征和地理现象、准确表述自然和人文地理现象变化情况及其相互关系，为政府各部门科学决策与日常管理、校正纠偏专业数据提供公共基础数据，同时为各种专业普查或调查工作提供丰富的基础资料。

9.4.2 统计分析体系

北京市地理国情普查工作历时两年半，耗资2.6个亿，第一次获得了全市范围内全面、精准的地理空间数据。如何从海量的空间数据中分析出北京市城市运行规律，为城市精细化管理提供决策依据，成为制约地理国情普查数据应用广度与深度的关键性问题。是针对特大城市经济建设和社会发展对地理国情普查数据深度分析、行业应用、决策支撑的迫切需要，从地理国情普查数据资源和行业业务需求出发，对地理国情普查统计分析的模型方法和技术体系进行了较为深入系统的研究，突破了多源行业资料的有效整合、空间大数据分析模型库构建、统计分析业务指标设计和统计分析技术自动化实现等关键技术，创建了北京市地理国情普查统计分析技术体系，形成了地理国情监测的统计分析自动化生产能力，完成了北京市首次地理国情普查数据的基本统计、综合统计和专题分析。

（1）建立了特大城市地理国情普查统计分析技术体系。研发了针对北京市地理国情普查数据应用需求的基本统计、综合统计和专题分析的成套技术方法及工具，编制了针对北京市特定内容的基本统计、综合统计和专题分析的有关工作规范，基于地理国情普查数据在特大城市各委办局形成深度应用，建立了地理国情监测的规模化统计分析能力。

（2）研发了多要素多元数据综合统计的成套技术。基于地理国情信息普查成果、基本统计成果，结合经济、社会、人口等专题信息，利用空间分布形态系列模型、地表覆盖空间格局系列模型、地面覆盖程度系列模型、基础设施配置水平系列模型、地面交通通达性系列模型和地表要素空间相关性系列模型等成套技术，对地理国情普查要素的物理结构、空间关系及差异特性等内容进行综合分析，构建生态协调性、城镇发展、基本公共服务均等化、区域经济潜能等地理国情指数。

（3）创建了多专题面向领域知识专题分析的技术方法。基于地理国情基本统计汇总和综合统计分析成果，结合社会、经济、人口等统计数据，定量与定性分析相结合，创建了房屋建筑专题系列模型、水利专题系列模型、交通专题系列模型、生态环境专题系列模型、人口专题系列模型和城市安全专题系列模型等6个面向城市精细化管理的技术方法，基于自然、人文、社会、经济等维度测量地理国情综合状况，为特大城市现状评估提供了方法体系支撑。

（4）建立了面向特大城市精细化管理的统计模型方法库。按照一定的组织方式，将支持基本统计、综合统计和专题分析的成套模型方法模型利用层次建模法进行统一存储管理，建立面向地理国情信息的统计分析模型方法库，对模型进行有效的管理和使用，提高模型的组合能力和统计分析能力，提高了分析与评价、模拟与预测、数据挖掘的系统性和使用效率（图9-2）。

（5）实现了地理国情普查数据的自动化统计分析软件体系。开发一整套面向北京市特定需求的基本统计、综合统计、专题分析的自动化统计分析软件，为地理国情普查和监测的统计分析提供工作平台。基本统计软件根据地理国情普查采集的点、线、面等几何特征类型和地理实体对象，以规则地理格网单元、行政区划与管理单元、地形单元为统计单元，进行地形地貌、植被覆盖、荒漠与裸露地表、水域、交通网络、居民地与设施、地理单元的数量、密度、位置、高程、范围等内容。综合统计软件实现空间分布格局分析、景观格局分析、覆盖程度分析、通达性、优势性分析、弱势性分析、土地开发程度分析、空间相关性分析、城市景观扩展程度分析、地表形变危险性等方面的软件分析功能，以及提供制图报表制作等工具；专题分析软件实现房屋综合评估分析、交通评估分析、生态环境评估分析、人口评估分析、城市安全评估分析等功能（图9-3）。

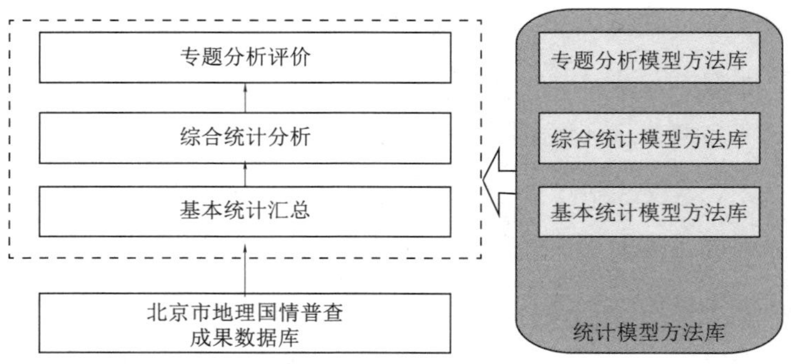

图9-2　统计分析工作技术流程

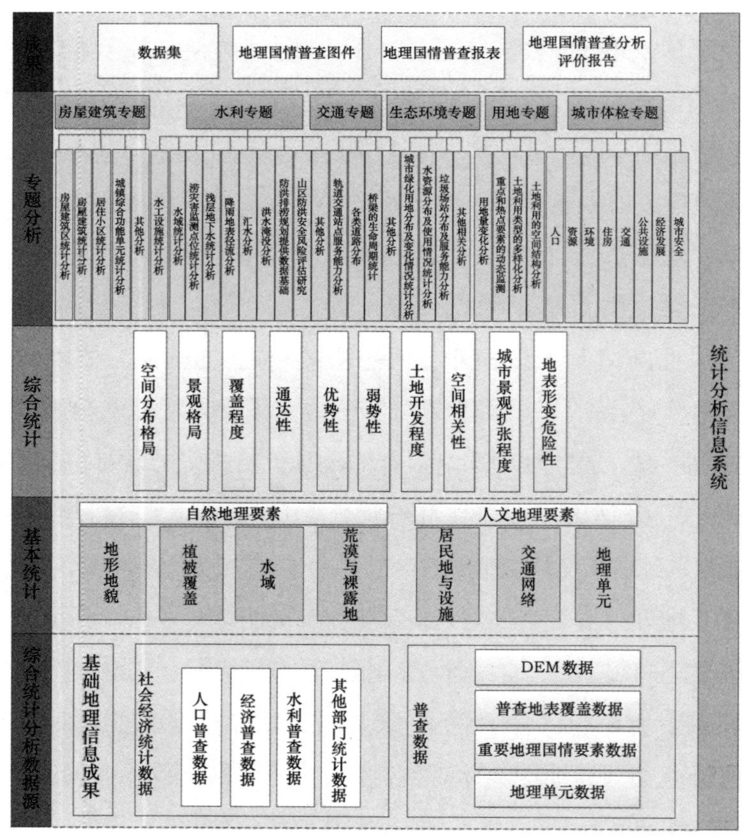

图9-3　统计分析体系

9.4.3 成果形式

基于地理国情基本统计汇总和综合统计分析成果，结合社会、经济、人口等统计数据，定量与定性分析相结合，基于自然、人文、社会、经济等维度测量地理国情综合状况。综合评估自然和人文地理国情要素的现状，形成地理国情系列四类成果：数据集2个、报表1个，图件3类、报告3份（图9-4）。

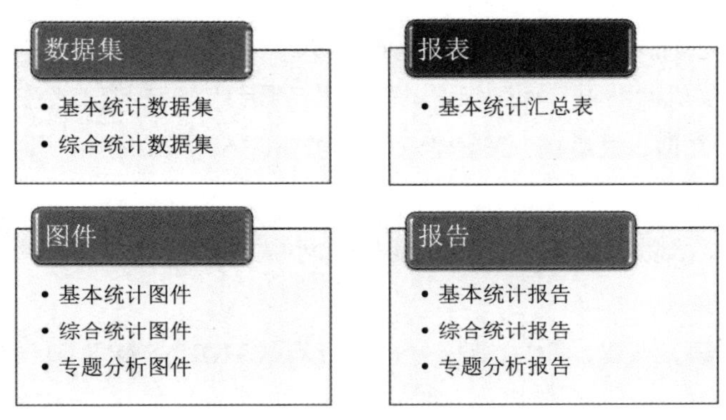

图9-4 统计分析成果

9.5 本章小结

现代测绘地理科学技术的进步，使得测绘地理大数据逐步形成。如何深挖数据价值，适应大数据时代的要求，需要在测绘地理大数据获取、处理和应用阶段进一步突破和变革。有效分析信息服务中海量、多样、高速处理、价值大密度低的大数据是促进智慧信息服务研究发展的关键。

本章参考文献

[1] 王劲峰，王智勇. 地理信息空间分析的理论体系探讨[J]. 地理学报，2000，55（1）:92-103.

[2] 汤国安，杨昕. ArcGIS地理信息系统空间分析实验教程[M]. 北京：科学出版社，2012.

[3] 龙毅，汤国安，周侗．地理空间分析与制图的数据整合策略和方法[J]. 地球信息科学学报，2006，8（2）:125-130.

[4] 邓波，张玉超，金松昌等．基于MapReduce并行架构的大数据社会网络社团挖掘方法[C]. 中国计算机学会ccf大数据学术会议，2013.

[5] 基于Hadoop的空间矢量数据的分布式存储与查询研究[D]. 成都：电子科技大学，2016.

[6] MichaelJ.deSmith，MichaelF.Goodchild，PaulA.Longley. 地理空间分析：原理、技术与软件工具[M]. 北京：电子工业出版社，2009.

[7] 游思奇．解读机器学习与深度学习的发展及应用[J]. 科技与信息，2018（5）:138.

[8] 陈星沅，姜文博，张培楠．深度学习和机器学习及模式识别的研究[J]. 科技资讯，2015（31）:12-13.

[9] 张蕾，章毅．大数据分析的无限深度神经网络方法[J]. 计算机研究与发展，2016，53（1）:68-79.

[10] 宋杰，郭朝鹏，王智，等．大数据分析的分布式MOLAP技术[J]. 软件学报，2014，25（4）:731-752.

[11] 官思发，孟玺，李宗洁，等．大数据分析研究现状、问题与对策[J]. 情报杂志，2015（5）:98-104.

[12] 陈俊勇．关于地理国情普查的思考[J]. 地理空间信息，2014（2）:1-3.

[13] 黄妤，凌子燕．地理国情普查基本统计软件的试用及经验探讨[J]. 北京测绘，2015（5）:10-13.

[14] 杨伯钢，虞欣．北京市开展第一次地理国情普查工作的思考[J]. 测绘科学，2014，39（12）:47-50.

[15] 宋晓红，张立朝，禄丰年，等．地理国情普查中多源异构数据整合研究[J]. 测绘通报，2014（9）:104-107.

第3篇

统计分析与应用

第10章

地理国情监测分析体系

10.1 概述

根据国务院开展地理国情普查与监测工作的要求，结合北京市的实际情况，开展了地理国情监测分析工作，北京市编制了相应的实施方案，本章主要阐述了北京市开展第一次地理国情普查监测分析工作的主要内容及技术方法。

10.2 基本统计汇总

以地理国情普查数据为基础，基于规则地理格网、行政区划与管理单元、自然地理单元、地形单元、社会经济区域5类统计单元，对地理国情普查地表覆盖层和地理要素数据的点、线、面几何特征类型及实体对象的个数、长度、面积、占比等统计指标进行基本特征统计，形成包括地形地貌、植被覆盖、水域、荒漠与裸露地表、交通网络、居民地及设施、地理单元等自然和人文地理国情信息基本统计数据，生成基本统计数据集、报表、报告等多种类型成果，反映地理国情普查要素的数量特征和分布特征。

10.2.1 统计内容

1. 自然地理要素分类统计

基于行政区划与管理单元，统计地形地貌、植被覆盖、水域、荒漠与裸露地表类型构成、面积及占比情况。

2. 人文地理要素分类统计

基于行政区划与管理单元和规则地理格网，统计交通网络、居民地与设施、地理单元数量、面积等情况。

3. 地理要素汇总统计

基于基本统计信息，通过行政区逐级汇总，针对自然、人文两种统计对象，形成包括地形地貌、植被覆盖、荒漠与裸露地表、水域、交通网络、居民地与设施、地理单元七大要素的数量、位置、密度、高程、范围等内容的统计成果。

基于1km×1km规则地理格网单元的统计数据，汇总形成10km×10km规则地理格网单元的植被覆盖、荒漠与裸露地表、水域、交通网络、居民地与设施、地理单元等要素的统计成果。

10.2.2 技术体系

基本统计流程分为数据预处理、统计单元提取、统计配置、统计计算、统计成果生成共5个部分（图10-1）。

1. 数据预处理

以普查成果数据库为基础，进行要素几何中心提取、要素类型完整化处理、DEM预处理、高程带/坡度带提取、规则地理格网数据入库等数据预处理过程。

2. 统计单元提取

根据统计的内容，从数据库中提取统计单元。分别从规则地理格网单元、行政区划与管理单元、地形单元等相应的数据层中提取需要的统计单元。该过程由软件自动完成。

3. 统计配置

统计配置完成统计对象与普查数据、统计对象与统计指标、统计对象与统计单元的配置，为下一步的统计计算做好准备。

4. 统计计算

在统计配置的基础上，分别按照三类统计单元（行政区划与管理单元、地形单元、规则格网单元）完成统计计算过程。

5. 统计成果生成

统计成果包括统计数据集、报表、报告。报告需要在统计数据集、报表的基础上编写完成。

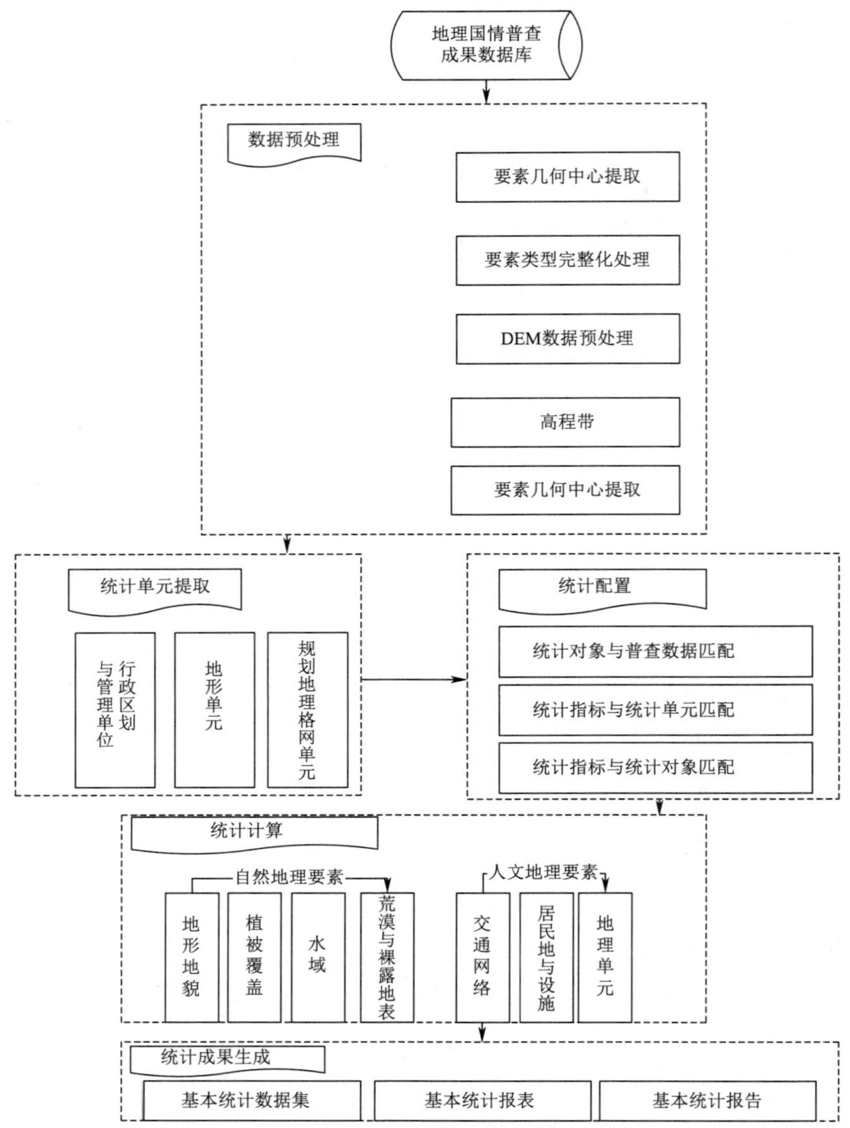

图 10-1　地理国情监测基本统计分析技术流程

10.3　综合统计分析

在基本统计及汇总基础上，结合社会经济等部门专题数据，运用综合统计分析模型和方法，对地理国情普查要素的空间关系及差异特性等内容进行综合分析，主要对地形地貌、植被覆盖、荒漠与裸露地、水域、交通网络、居民地及设施等要素的空间分布形态、地表覆盖空间格局、地面覆盖程度、基础设施配置水平、地面交通通达性、地表要素空间相关性进行分析，构建生态协调性、城镇发展、基本公共服务均等化、区域经济潜能等地理国情指数。

10.3.1　统计内容

1．空间分布格局

空间分布格局用于描述区域范围内居民地、交通网络和植被覆盖的空间分布，以及居民地、交通路网以及文化、教育、医疗等设施在空间上的聚集、离散程度，反映其空间聚集、离散和差异性特征。

基于居民地、交通网络、植被覆盖，以及学校、医院、广播电视发射塔等居民地设施的普查信息，利用空间聚类、离散分析、层次分析等统计分析模型和方法，计算水平分布、垂直分布、聚集度、离散度等综合型指数（图 10-2）。

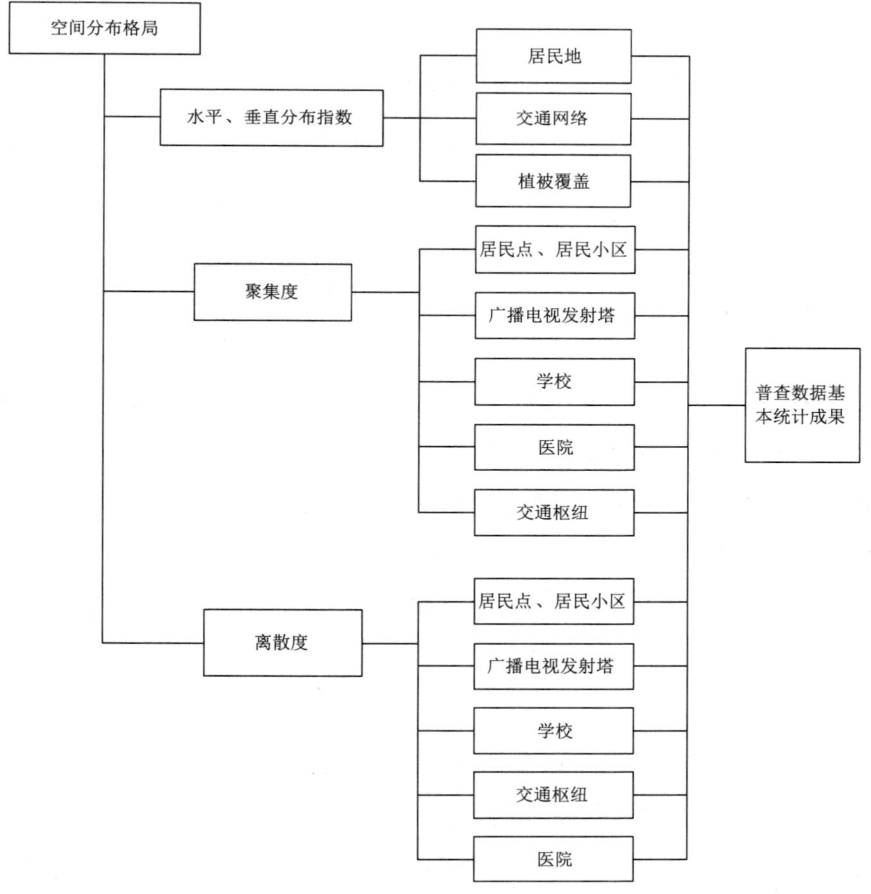

图 10-2　空间分布格局综合分析构成

2. 景观格局

景观格局用于描述大小、形状、属性不一的景观单元（斑块）在空间上的分布与组合规律，包括景观组成单元的类型、数目及空间分布与配置。

基于耕地、林地、园地、草地、水域、居民地及设施、交通等地理国情普查信息，利用景观格局分析模型和方法，综合分析各类普查要素的景观复杂度、景观破碎度、景观稳定性、景观多样性、景观均匀度、景观优势度等，反映区域全局的景观特征和不同地表覆盖类型的结构组成和空间配置特征（图10-3）。

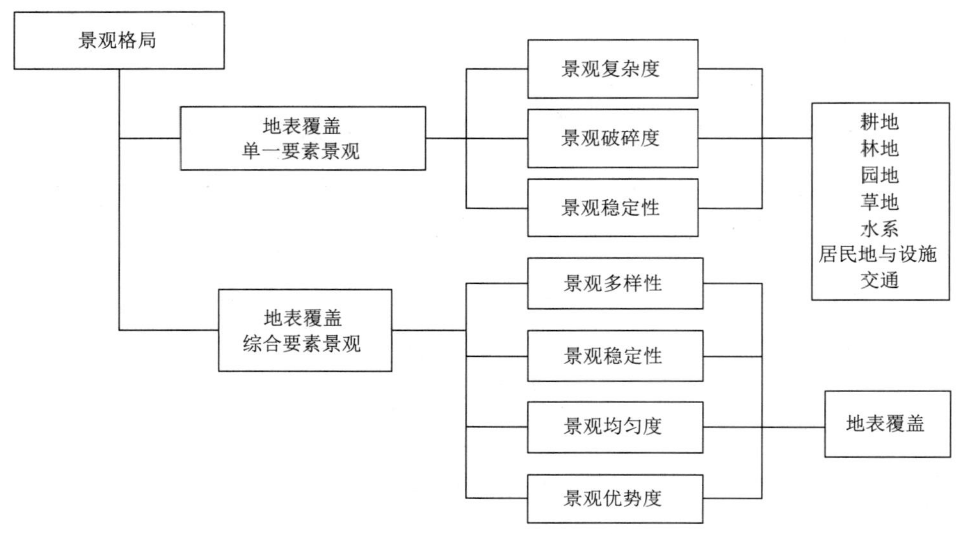

图10-3 景观格局综合分析

3. 覆盖程度

覆盖程度用于描述区域范围内水体、交通网络、重要水利设施、植被覆盖等国情普查要素所占面积占其总量的比例，反映这些要素的空间覆盖情况。

基于居民地、交通、植被覆盖、水域，以及文化、教育、医疗设施等国情要素普查信息，利用覆盖分析模型和方法，计算相关普查要素的覆盖辐射指数及覆盖度指标，表征文教卫机构的覆盖、辐射情况和能力，以及国情要素的覆盖情况和度量（图10-4）。

4. 通达性

通达性用于描述区域范围内交通网络的通行能力、辐射和便利程度，反映区域内交通网络的辐射和覆盖、运输和便捷能力。

基于居民地、交通网络、植被覆盖等国情要素普查信息，利用网络分析等模型和方法，计算交通网络通达程度指数、交通网络通达能力指数，表征交通网络的通达程度和能力（图10-5）。

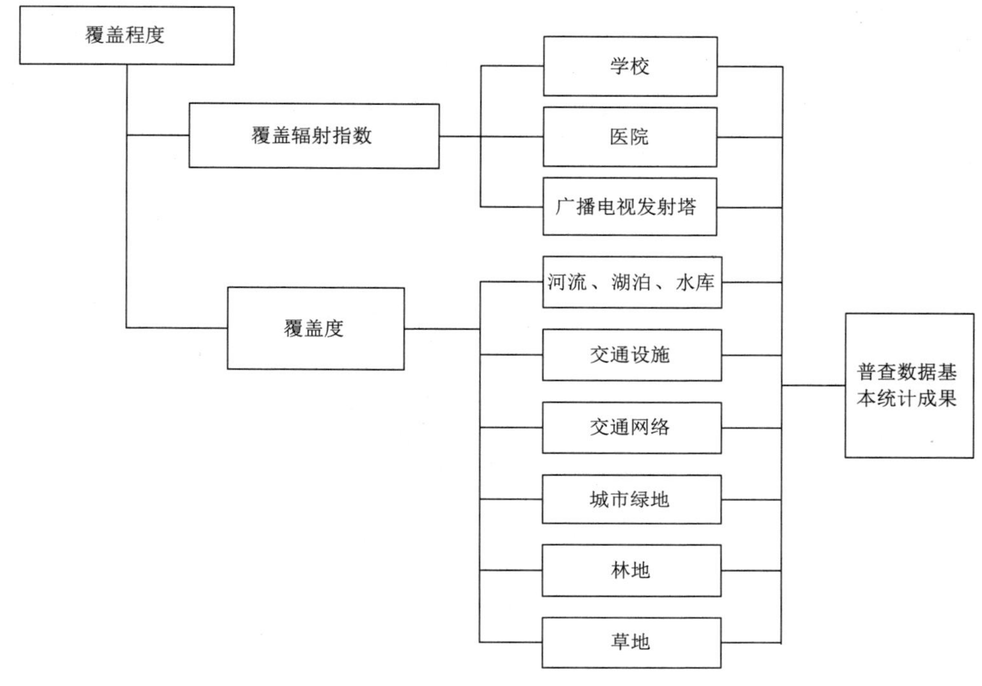

图10-4 覆盖程度综合分析

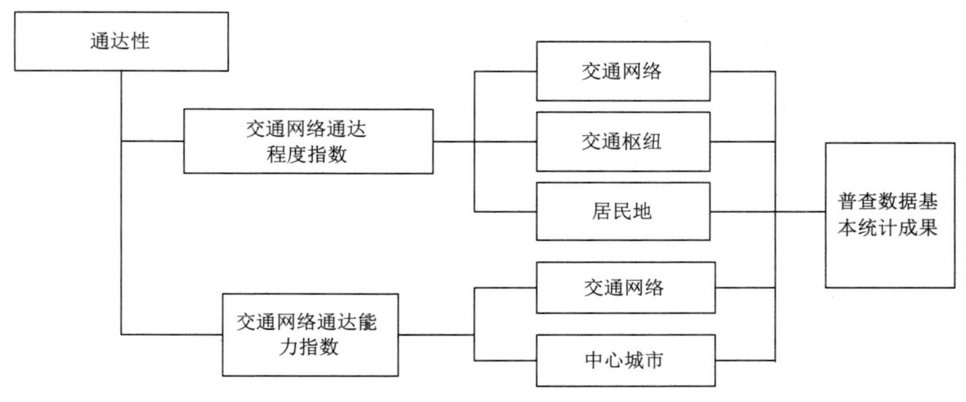

图10-5 通达性综合分析

5. 优势性

优势性用于描述区域范围内机构设施的空间配置优化程度、基于地形的综合资源地理优势以及区域竞争力，反映其空间分布、覆盖能力等。

基于居民地、交通、植被覆盖，以及学校、医院、广播电视发射塔等国情要素普查信息，结合相关社会、经济统计信息，利用空间配置优化等模型和方法，计算各类普查要素的配置优化指数、地理优势度，表征各类设施与地理区域的优势性度量（图10-6）。

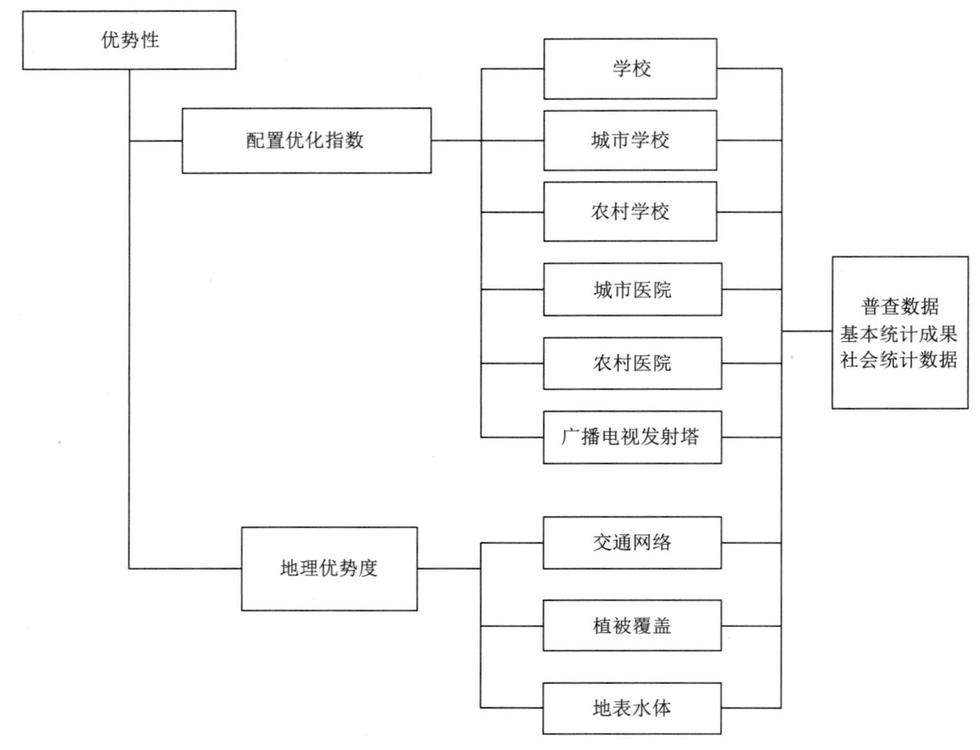

图10-6 优势性综合分析

6. 弱势性

弱势性用于描述植被、交通、地表水体等要素在一定区域范围和条件下的脆弱、困难程度，以及农村居民地、学校、重要交通线等与周边地理状态的关系。

基于居民地、交通、植被覆盖、水域，以及文化、教育、医疗设施等国情要素普查信息，利用脆弱性分析、风险评估等模型和方法，计算相关要素脆弱性指数、地形风险指数、困难程度指数，表征各类设施与地理区域的弱势性度量（图10-7）。

7. 土地开发程度

土地开发程度用于描述区域范围内城镇建设、独立工矿、农村居民点、交通、水利设施以及其他建设等建设空间的利用情况，反映该区域内不同类型土地的开发水平及土地开发潜力。

基于居民地、交通等地理国情普查信息，利用承载力分析等模型和方法，分析区域的土地开发程度（图10-8）。

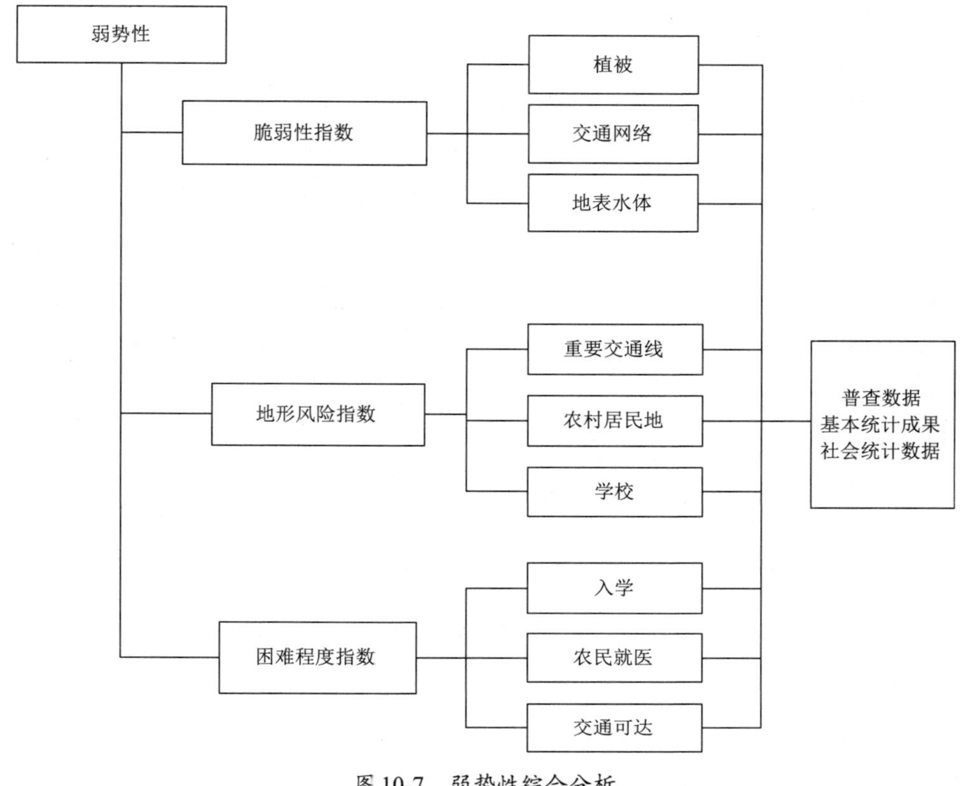

图 10-7 弱势性综合分析

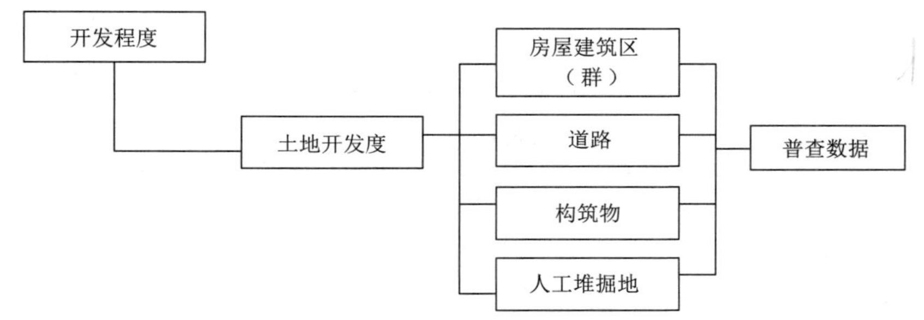

图 10-8 土地开发程度综合分析

8. 空间相关性

空间相关性用于描述区域范围内水体、植被覆盖、居民地及设施、交通、地形地貌等要素之间在外部、自身空间相关程度，反映区域内上述要素之间的相关关系，以及居民地空间结构的集聚、扩散以及城镇化演进的格局与过程。

基于水体、植被覆盖、居民地、交通、地形地貌等地理国情普查要素普查情况，利用空间相关分析、关联分析等模型和方法，计算空间关联度和空间相关指数，反映不同类型普查要素之间、要素内部的关联和相关情况（图10-9）。

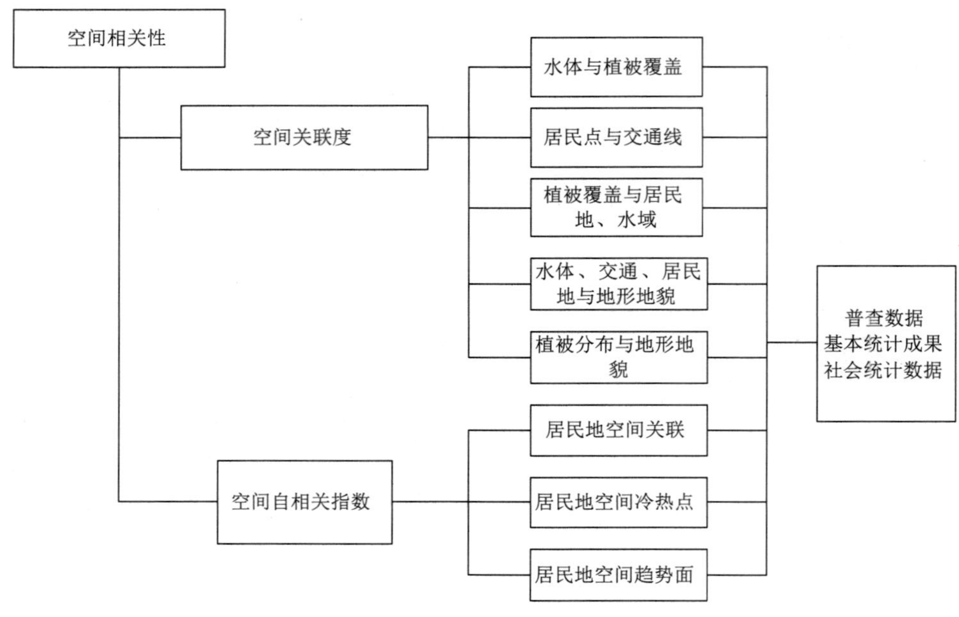

图 10-9　空间相关性综合分析

9. 城市景观扩张程度

城市景观扩张程度用于描述区域范围内人工景观、半自然景观、自然景观等城市景观类型的扩张类型、程度、变化、发展的质量水平。城市景观扩张程度反映城市扩张规律和景观扩张的空间模式与景观格局之间的关系，以及城市可持续发展状况。

基于城市景观扩张指数、城市发展质量指数，分析城市景观扩张程度，反映城市的空间格局、土地利用变化状况（图 10-10）。

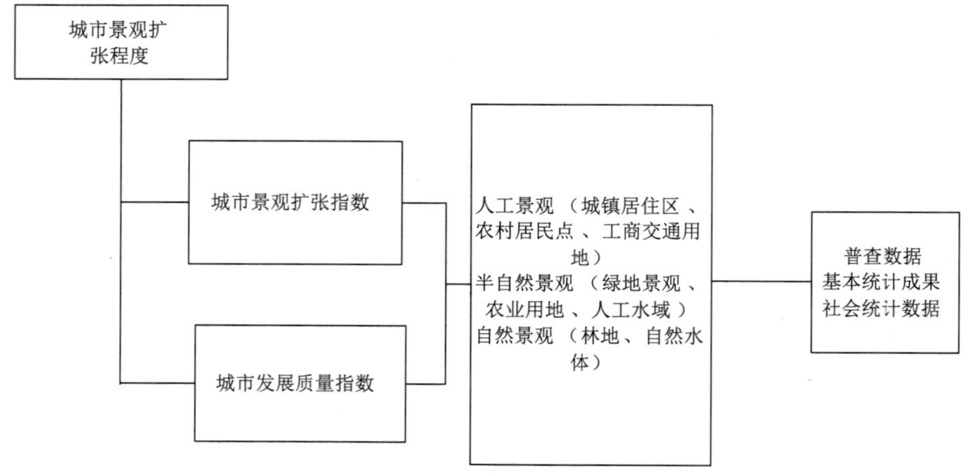

图 10-10　城市景观扩张程度综合分析

10．地表形变危险性

地表形变危险性用于描述区域范围内形变易发区地表形变的现状、危险程度，反映该区域地表形变的特征和发展趋势。

分析相关试点区域的地表形变危险性指数，反映地表形变的发展趋势及危险性程度（图10-11）。

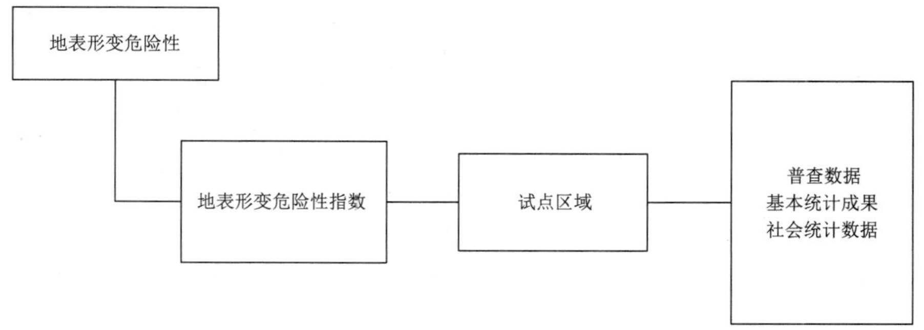

图10-11 地表形变危险性综合分析

10.3.2 技术体系

通过多尺度地理空间单元，形成地理国情统计单元。采用空间分析方法，开展统计与分析，从不同的维度综合分析地理国情普查对象的内在空间特性、相互关系，揭示它们的分布规律和发展趋势（图10-12）。

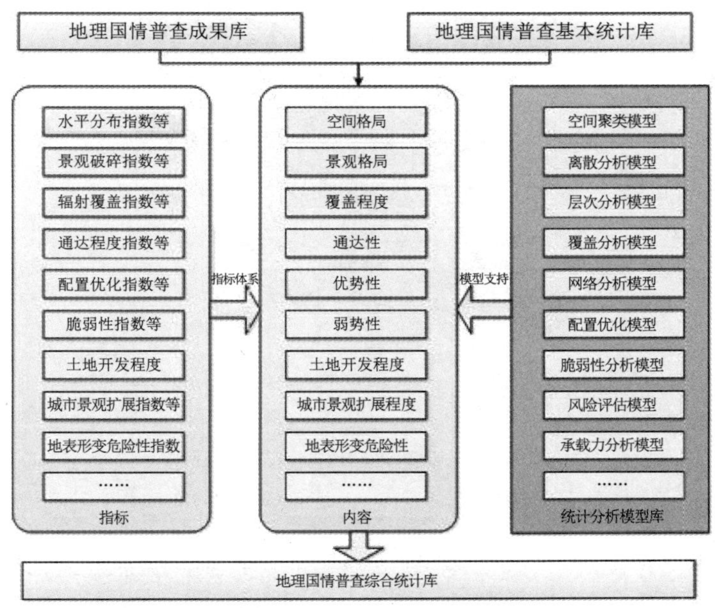

图10-12 综合统计分析技术流程

10.4 专题统计评价

通过专题分析评价，反映我市国土资源布局、生态协调程度、区域发展状况和社会事业发展水平。基于基本统计和综合统计成果，结合社会经济统计数据，从地理国情信息的角度分析评价房屋建筑、水利、交通、生态环境、人口、城市安全等方面的空间分布格局、区域差异、变化趋势等，揭示社会发展和自然资源环境的空间分布规律，为国家战略规划制定、空间规划管理、区域政策制定等提供有力保障。

10.4.1 统计内容

1．房屋建筑专题

对全市房屋建筑的总量、分布、人均建筑面积、结构、使用状况、占比等内容进行统计分析；结合人口、经济、社会等数据，开展房屋综合统计分析，如职住平衡分析、旧城人口比例分析、公共设施配套分析、基础设施配套分析等，给政府提供房屋统计分析报告（图10-13）。

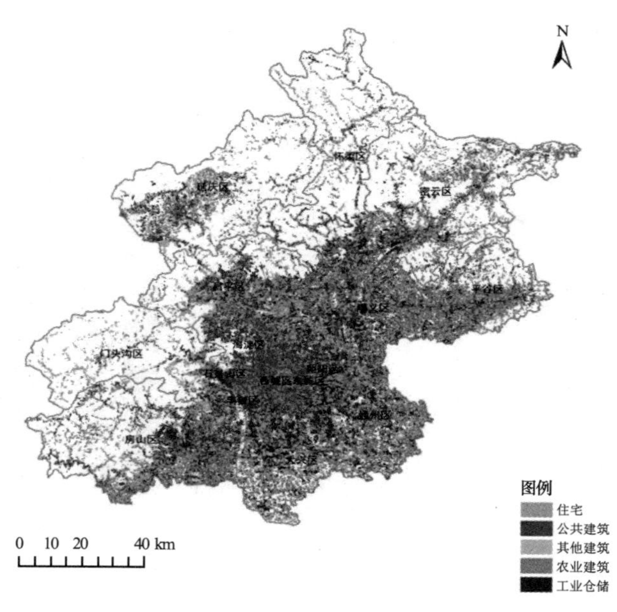

图10-13　北京建筑使用性质分布图

2．水利专题

对水工设施、水域、洪涝灾害监测点位、浅层地下水、降雨地表径流、洪水淹没、防洪排涝规划、山区防洪安全风险等展开评估。为水利资源管理、配置提供依据（图10-14）。

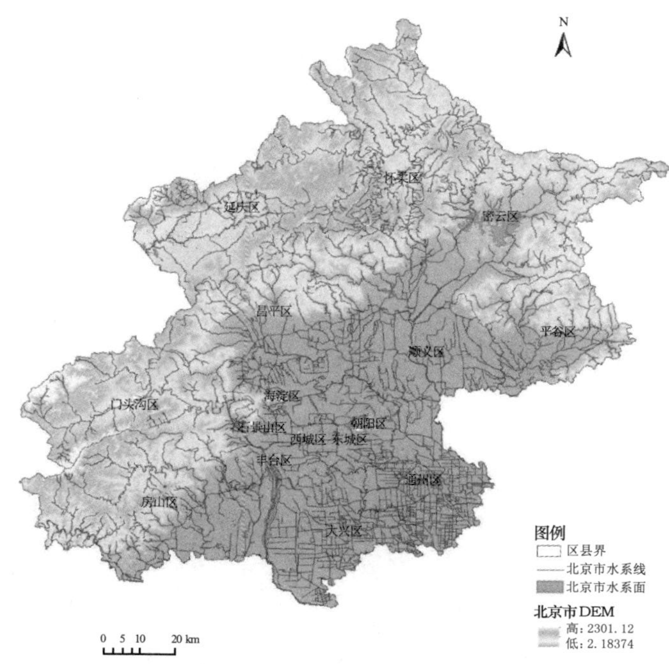

图10-14 北京市水域分布图

3. 交通专题

利用地理国情普查成果、基本统计成果，对城市道路、公共交通站点服务能力、交通通达性、桥梁的生命周期等展开评估分析（图10-15）。

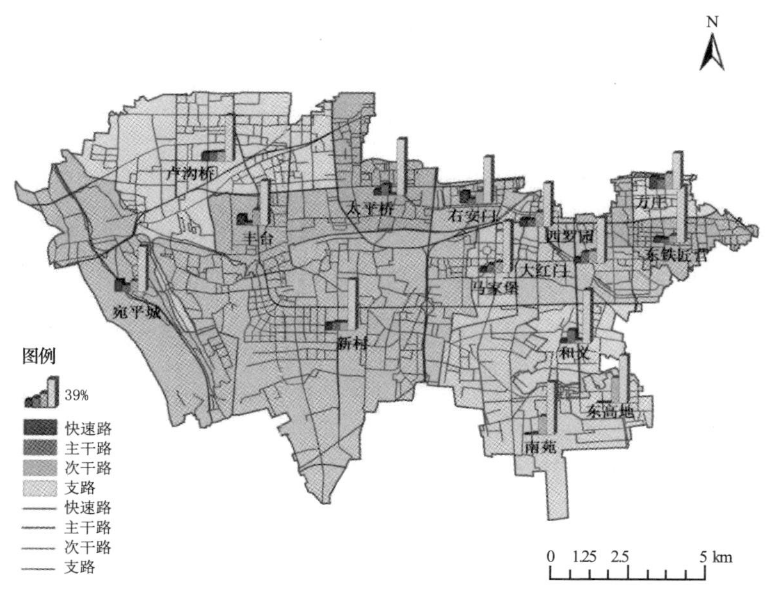

图10-15 各等级道路空间分析图

4. 生态环境专题

运用综合统计分析模型和方法，对地理国情普查要素的物理结构、空间关系及差异特性等内容进行综合分析，用来反映地形地貌、植被覆盖、荒漠与裸露地、水域、交通网络、居民地及设施等要素的地表要素空间分布形态、地表覆盖空间格局、地面覆盖程度、基础设施配置水平、地面交通通达性、地表要素空间相关性，构建生态协调性、城镇发展、基本公共服务均等化、区域经济潜能等地理国情指数模型（图10-16、图10-17）。

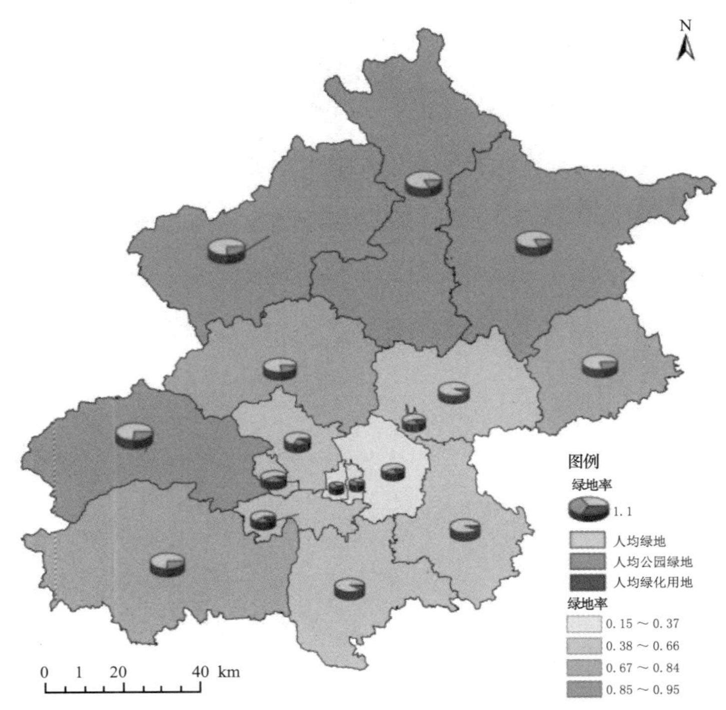

图10-16　北京市绿地空间分布图

5. 人口专题

对全市及各区县的人口来源、人口空间分布、人口密度、人口老龄化、人口职住平衡情况进行研究和预判（图10-18、图10-19）。

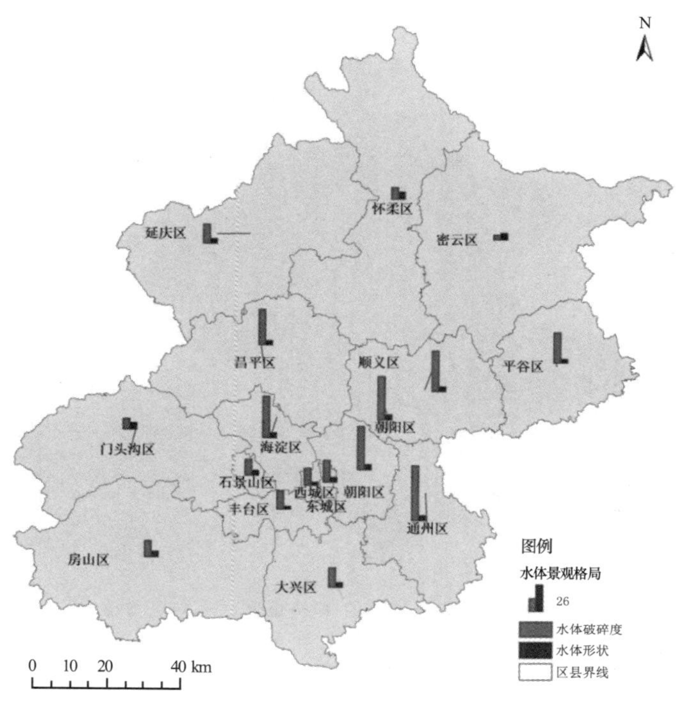

图 10-17　北京市各区水体破碎度和复杂性统计图

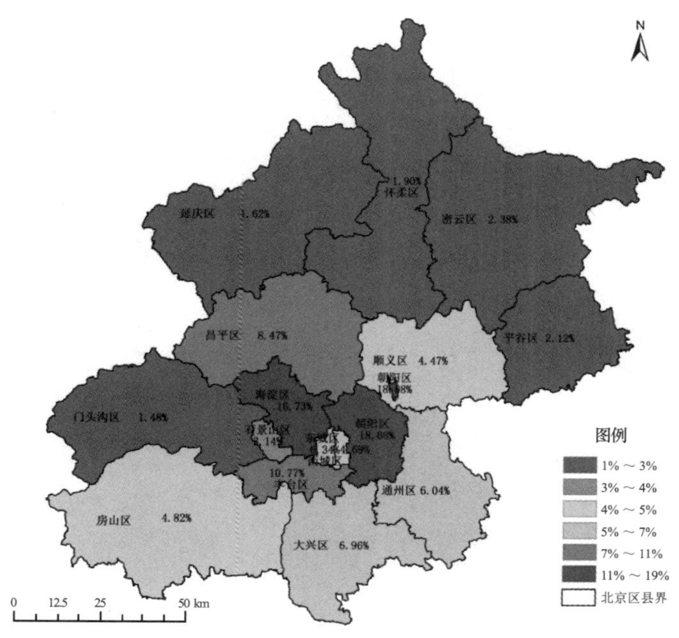

图 10-18　北京市各区人口比重分析

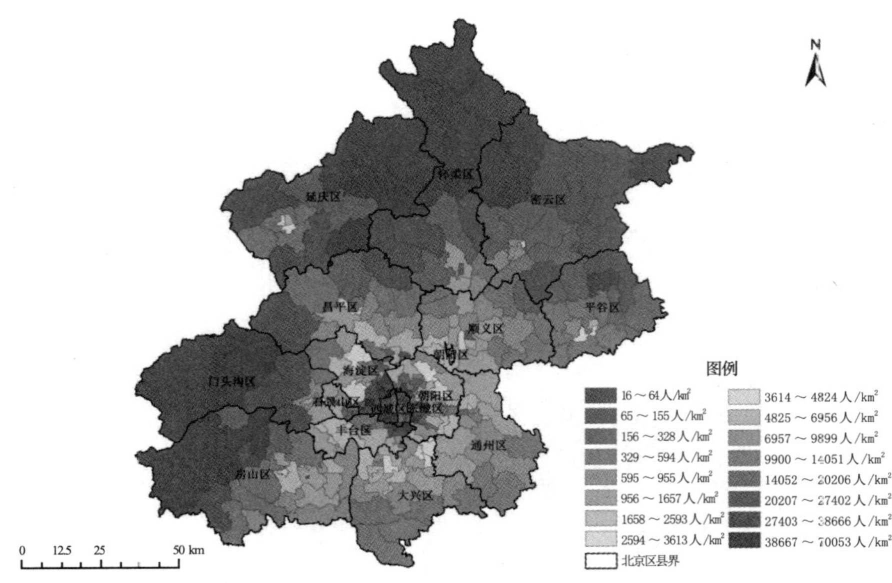

图10-19　北京市2015年各街道常住人口密度分析

6．城市安全专题

对北京市城市易积水风险、避难场所、地表沉降建立分析模型，科学分析变化趋势（图10-20、图10-21）。

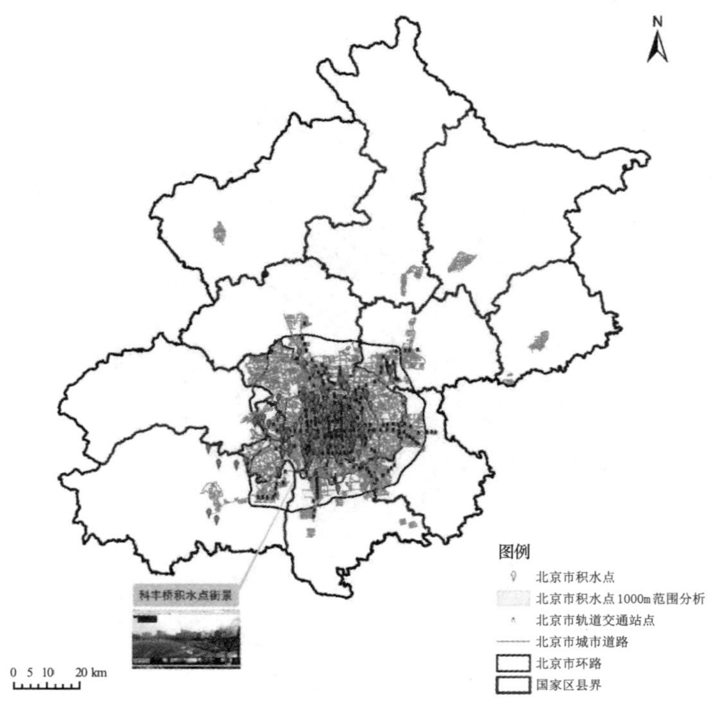

图10-20　北京市积水点分布图

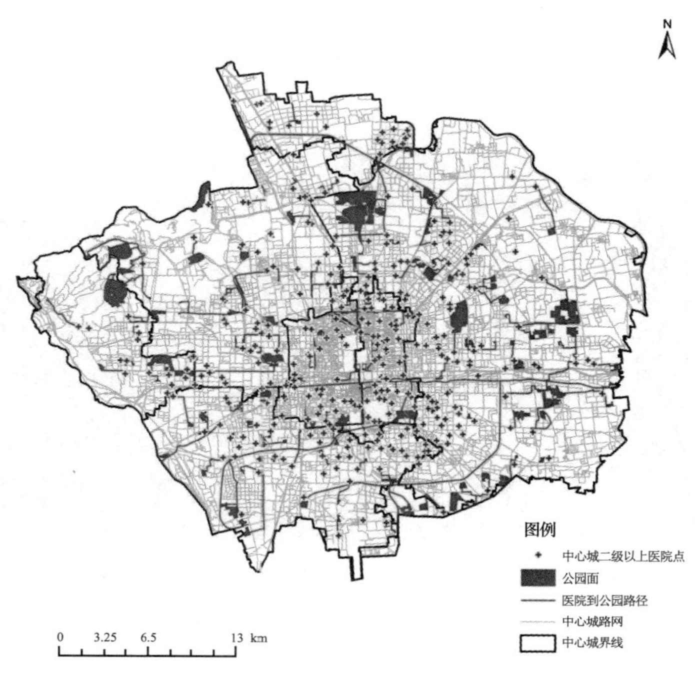

图 10-21 应急避难场所公园分析

10.4.2 技术体系

创建了面向多专题、多领域的分析技术方法。基于地理国情基本统计汇总和综合统计分析成果，结合社会、经济、人口等统计数据，定量与定性分析相结合，创建了房屋建筑专题系列模型、水利专题系列模型、交通专题系列模型、生态环境专题系列模型、人口专题系列模型和城市安全专题系列模型6个面向城市精细化管理的技术方法，基于自然、人文、社会、经济等维度测量地理国情综合状况，为特大城市现状评估提供了方法体系支撑。

（1）基于空间数据抓取与智能整合技术，基于ETL工具，对多源数据进行清洗、抽取、转换和数据仓库的装载，结合城市区域的自然和人文地理要素、融合经济社会信息，形成空间数据仓库数据资源，建成了专题统计空间大数据中心。空间大数据中心包括三个核心库，即基础空间数据库、专题业务数据库和社会行为感知数据库。以核心数据库及核心服务库为中心，并建立数据实时更新的体系，保证数据库的动态更新与维护。

（2）基于空间分析、业务分析和数据分析的多维度技术框架，建设了专题统计模型库。在城市体检模型库中，包含了三类模型，即空间分析模型、业务分析模型和数据分析模型。研发了城市体检智能评估系统及城市体检发布平台，推动城市体检评估由“人力”向“智力”转型（图10-22）。

图10-22　城市体检智能评估系统

（3）基于机器学习和深度学习的城市数据分析技术。城市是个复杂的巨系统，为了解决城市中的综合问题，如人口职住关系的问题，涉及交通流和人流，不是某几个模型的综合能够解决的问题，因此，引入了机器学习和深度学习技术。利用神经网络模型和遗传算法模型，将已有的交通流现状、人流现状与人口职住结果作为输入，对神经网络进行训练，通过归纳、综合得到复杂模型，辅助城市人口职住问题的研究（图10-23）。

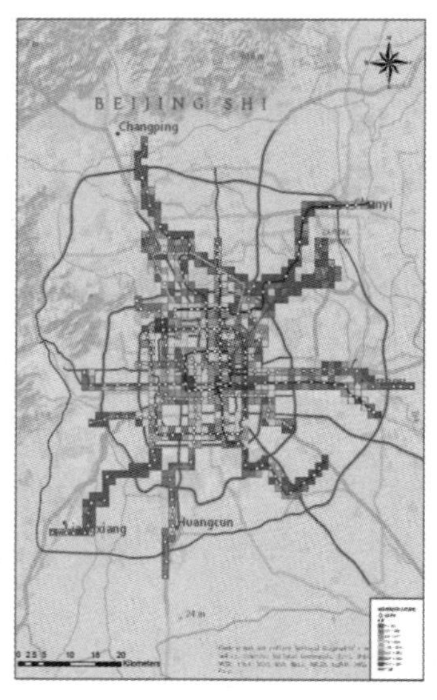

图10-23　轨道交通线网周围人口密度图

（4）基于社会行为数据的空间大数据可视化技术。社会行为数据如手机信令数据和公交IC卡数据等，是客观反映城市运行状态的移动轨迹数据，具有数据量大、统计难度大等特点，要把这些移动轨迹数据可视化表达出来，并和其他空间数据结合，才能具备解决城市问题的基础。因此，基于手机信令数据和公交IC出行数据，利用OD矩阵分析、三维表达等方式，探讨了城市人口职住的空间分布规律、交通流量潮汐规律等（图10-24）。

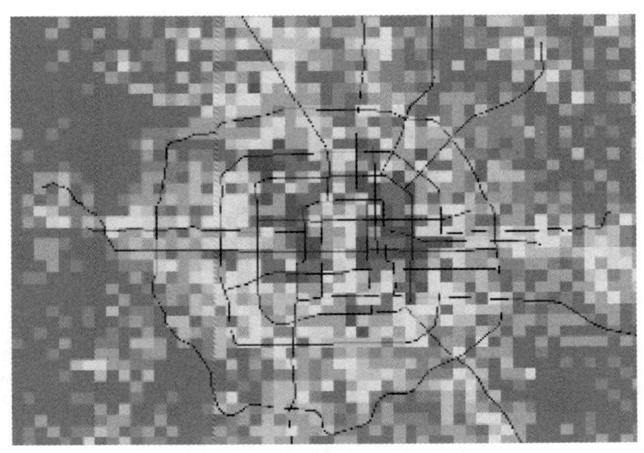

图10-24　基于手机数据的北京市就业人口密度分布图

10.5　本章小结

地理国情监测工作是国家赋予测绘行业新的历史使命，也是测绘部门提升测绘服务水平，从传统的数据生产单位向为政府部门提供地理信息服务及决策支持的管理和研究型单位转变的重要标志。地理国情监测成果的应用是推动测绘地理信息事业发展的关键所在，特别是与其他各行各业的有效结合，更是一个值得深入探索和研究的课题，这个不仅体现在技术层面，而且还包括工作机制等相关机制和体制的建立。依托地理国情普查成果应用和监测分析，为京津冀探索生态文明建设、促进人口经济资源环境协同、推进区域发展、打造新的首都经济圈，提供决策支持服务或地理空间信息大数据支撑。

本章参考文献

[1] 国务院关于开展第一次全国地理国情普查的通知（国发[2013] 9号）[K].

[2] 北京市人民政府关于开展第一次全市地理国情普查的通知（京政发[2013]31号）[K].

[3] 第一次全国地理国情普查总体方案（国地普发[2013]1号）[K].

[4] 第一次全国地理国情普查实施方案（国地普办[2013]12号）[K].

[5] 虞欣，杨伯钢等. 北京市西城区地理国情普查试点的研究[J]. 测绘通报，2014（6）：102-104.

[6] 宋晓红，张立朝，禄丰年等. 地理国情普查中多源异构数据整合研究[J]. 测绘通报，2014（9）:104-107.

[7] 杨伯钢，虞欣. 北京市开展第一次地理国情普查工作的思考[J]. 测绘科学，2014，39（12）:47-50.

[8] 杨伯钢，王淼，刘博文. 面向城市规划决策的地理国情数据挖掘——以北京市城市规模模拟为例[J]. 测绘通报，2017.

[9] 杨伯钢，王淼. 北京市第一次地理国情普查方法浅谈[J]. 北京测绘，2015（1）.

[10] 虞欣，杨伯钢，晁春浩等. 北京市地理国情普查试点的实践[J]. 测绘通报，2014（6）:102-104.

[11] 陈俊勇. 关于地理国情普查的思考[J]. 地理空间信息，2014（2）:1-3.

[12] 董冬，龚伟. 浅谈地理国情普查基本要素内容[J]. 测绘与空间地理信息，2013，36（8）:199-201.

[13] 宋晓红，张立朝，禄丰年，等. 地理国情普查中多源异构数据整合研究[J]. 测绘通报，2014（9）:104-107.

[14] 汤育红. 地理国情普查地表覆盖与国情要素信息的提取方法探讨[J]. 测绘与空间地理信息，2013，36（12）:89-91.

[15] 宋尚萍，陈世培，李井春等. 地理国情普查内容与指标体系构建方法研究[J]. 测绘与空间地理信息，2014（6）:60-62.

第11章

城市地理国情监测专题服务

11.1 概述

城市地理国情监测的成果主要是服务于城市规划管理的应用，为城市相关专题分析提供基础数据支撑。因此，如何应用相关模型方法对城市地理国情监测数据进行挖掘，提炼成规划管理需要的成果是本章的核心内容，同时为其他城市在地理国情监测数据成果应用上提供相应参考。

本章主要围绕房屋精细管理、交通路网空间分布及服务能力、水务灾害分析、生态环境宜居性、城市公共安全、以及城市总体规划实施评估等六方面进行详细的分析介绍。其中房屋、交通和生态环境专题紧扣“大城市病”，反映住房紧张、交通拥堵、环境污染的现状情况，利用统计分析模型进行指标统计，得出分析结果，为相应决策提供参考。水务管理和城市公共安全从灾害隐患的角度，对城市的安全进行分析。

11.2 城市房屋精细管理专题服务

11.2.1 房屋建筑规模分析

11.2.1.1 建筑数量

北京市房屋建筑共计547万栋（由于楼栋可以拆分成多个图斑，此处仅为统计图斑数量），总占地面积为755km^2。按照使用性质分为住宅、公共建筑、农业建筑、工业仓储、其他建筑这五大类，其中住宅图斑419万个，公共建筑图斑459万个，工业仓储图斑47万个，农业建筑图斑31万个，其他建筑图斑7万个。从建筑楼栋数量来看，顺义区的楼栋数量最多，其次是通州区和房山区，石景山区数量最少，仅为5万栋。

11.2.1.2 建筑占地面积

北京市房屋建筑的占地面积为755km²，其中，大兴区房屋建筑的占地面积最多，达99km²，占区域总面积9.6%。其次是通州区和朝阳区，占地面积最小的是石景山区，仅为11km²。从房屋建筑的空间分布来看（图11-1），房屋建筑主要分布在东南部的平原区域，尤其以中心城区为核心往外扩散。从环路来看，房屋建筑主要集中在六环以内，四环内的房屋建筑密度远大于四环外。

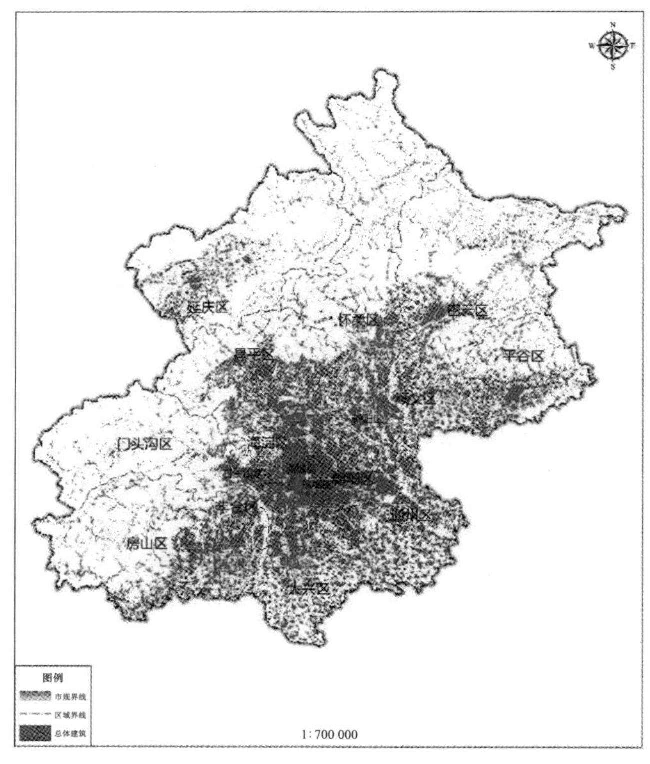

图11-1 北京市单体建筑分布图

通过对单体建筑的持续性监测，2017年北京市单体建筑楼栋数量减少12万栋，其中城六区（包括东城、西城、朝阳、海淀、丰台和石景山）的单体建筑楼栋数量减少6万栋，占地面积减少约2.73km²，从实际数据上反映出北京市近年来开展的拆除违法用地和违法建设的成效。

11.2.1.3 建筑面积

北京市房屋建筑总量采用建筑规模来表示，其公式计算如下：

$$建筑总量=建筑基底面积\times建筑层数$$

北京市房屋建筑的建筑规模空间分布如图11-2所示。将北京市16个区的房屋建筑量共分为五个级别，级别越大表明房屋建筑量越大。朝阳区房屋建筑的总量最大，其次是海淀区、昌平区、大兴区、通州区，建筑总量最少的是门头沟区、石景山和延庆区。

从环路分布来看（图11-3），单体建筑建筑面积占比按环路从内向外逐渐增加，其中二环内的建筑面积占比为3.93%，六环内的建筑面积占比为64.36%，但是六环外的建筑面积占比仅为35.64%。从各空心环路来看，二环到三环之间的建筑面积占比为7.74%；三环到四环之间的建筑面积占比为9.65%；四环到五环之间的建筑面积占比为12.72%；五环到六环之间的建筑面积占比为30.32%。总体来说，北京市建筑量主要集中在中心城区以及平原地区，新城片区的建筑量较为分散，主要在中心城区的周围，而通过环路可以看出，建筑量由二环里到六环外逐步增加。

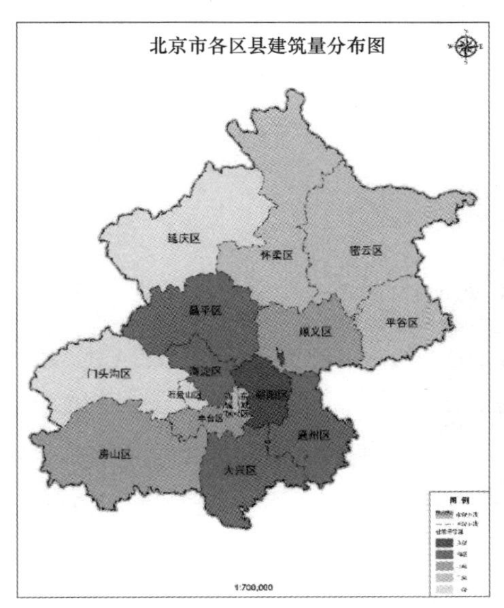

图11-2　北京市单体建筑建筑量的分布图

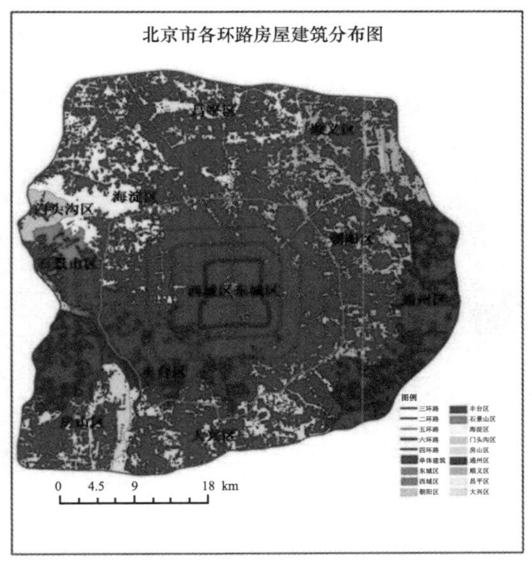

图11-3　北京市六环内单体建筑空间分布

11.2.2　房屋建筑的用途分析

按照建筑不同使用性质分类，北京市建筑分为五大类型，包括住宅建筑、公共建筑、其他建筑、农业建筑、工业仓储。从数量统计来看（表11-1），住宅建筑是占全市建筑总量的一半以上，占比达58%，公共建筑与工业仓储紧随其后。从空间分布来看（图11-4），东、西城区公共建筑比较集中，住宅建筑集中在中心城区以及各新城地区，农业建筑分布在六环外，其他建筑和工业仓储分布则较为分散。

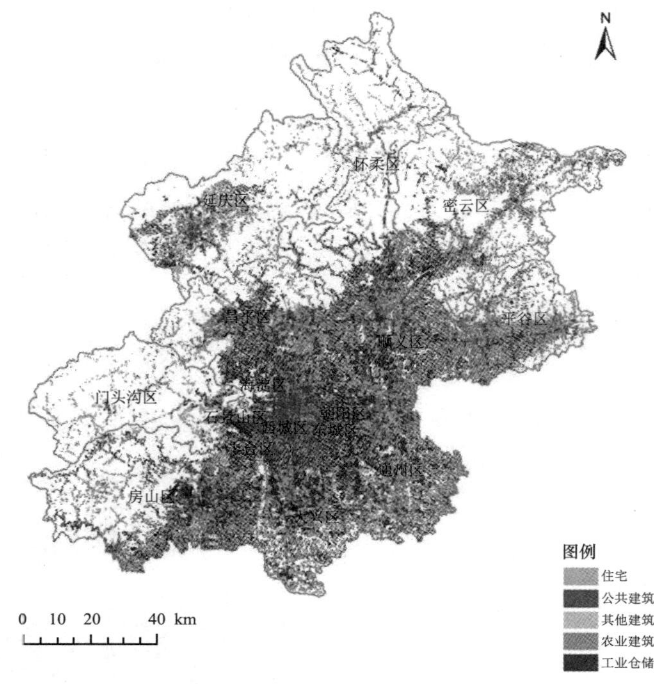

图11-4 北京建筑使用性质分布图

全市各类建筑总量统计 表11-1

序号	使用性质	占比（%）
1	住宅	58
2	公共建筑	25
3	农业建筑	2
4	工业仓储	13
5	其他建筑	2
6	总计	100

11.2.3 居住小区分析

11.2.3.1 居住小区的占比

为了解城市居住小区的分布与占比情况，通过地理国情普查监测采集的全市中心城区居住小区数量、面积和分布统计，北京市居住小区占地面积为16519.67万m^2，面积大约占中心城区区划面积的15%（表11-2）。从图11-5来看，北京市居住小区主要分布在二环至五环区域。

图11-5 中心城区居住小区分布图

北京市中心城区居住小区面积占比统计表 表11–2

区域	区域用地面积（km^2）	居住小区面积（万m^2）	居住小区占比（%）
中心城区	1088.13	16519.67	15.18

11.2.3.2 居住小区与设施的交通距离

以北京市地理国情普查数据为例（时点为2015年6月），北京市中心城区有居住小区共3565个，幼儿园个数为664个，小学个数为505个，中学个数为341个，社区卫生服务中心总数为770个。

通过对居住小区与各类设施服务范围相叠合分析可得，北京市中心城区居住小区与幼儿园交通距离在300m范围内的有1441个，占比为40.42%；与小学交通距离在500m范围内的中心城区居住小区有1716个，占比为48.13%；与中学交通距离在1000m范围内的中心城区居住小区有2287个，占比为64.15%；与社区医院交通距离在2000m范围内的中心城区居住小区有3480个，占比为97.62%（图11-6 ~图11-8）。

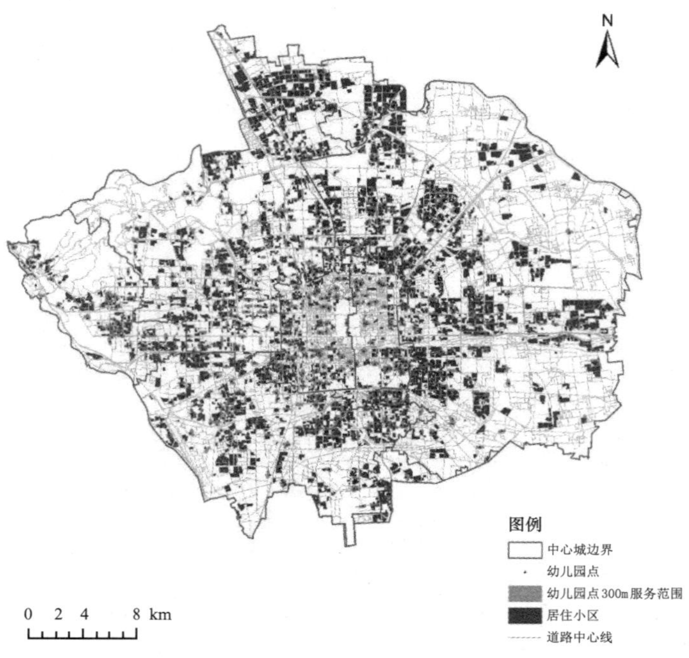

图 11-6　北京市中心城区居住小区与幼儿园覆盖关系图

图 11-7　北京市中心城区居住小区与小学覆盖关系图

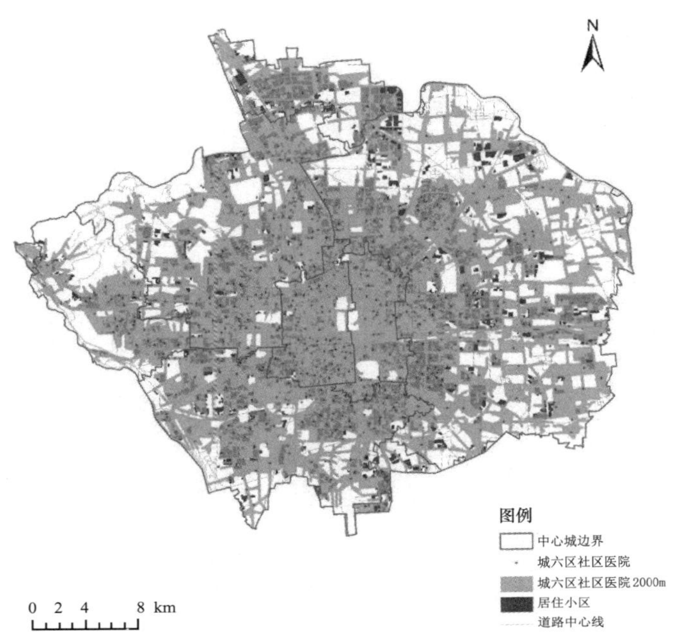

图 11-8　北京市中心城区居住小区与社区医院覆盖关系图

可以看出，北京市中心城区幼儿园、小学、中学距离小区较近的距离情况下，覆盖率就可以达到一半以上，较好地满足了学生的上学便利需求。居住小区与社区医院交通距离在2000m范围内的覆盖率达到97%以上，基本覆盖了市民的生活区域。

11.2.4　城镇综合功能单元分析

11.2.4.1　城镇综合功能单元的空间分布

城镇综合功能单元是城镇居民地内部根据功能和权属划分的空间单元。主要包括居住小区、工矿企业、单位院落、休闲娱乐景区、体育活动场所、名胜古迹、宗教场所等。通过空间分布图可以看出，城镇综合功能单元主要分布在中心城区，休闲娱乐景区、公园等则大规模分布在昌平、延庆、密云、平谷等远郊区（图 11-9）。

11.2.4.2　城镇综合功能单元的类型

为更好地了解城镇综合功能单元各类型的面积及占比情况，结合空间分布图，对各北京市 16 个区的不同类型功能单元进行统计。可以看出，城镇综合功能单元最多的区为延庆区，总用地面积为 31278.84 万 m^2，功能单元最少的为通州区，总用地面积为 579.67 万 m^2。

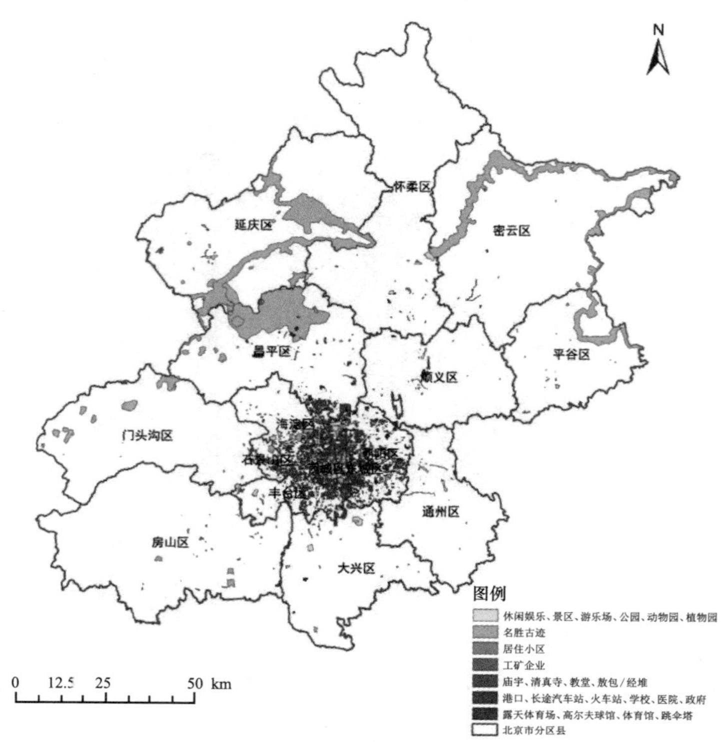

图 11-9　北京市城镇功能单元类型分布图

北京市中心城区居住小区面积占比统计表　　表 11-3

序号	名称	占地面积（万 m^2）	占比（%）
1	居住小区	16519.67	12.91
2	工矿企业	406.81	0.32
3	单位院落	4705.42	3.68
4	休闲娱乐景区	9786.19	7.65
5	体育活动场所	4855.03	3.79
6	名胜古迹	91598.90	71.60
7	宗教场所	64.88	0.05
	总计	127936.91	

在不同的功能单元中，居住用地占比最大的为朝阳区，面积为6537.15万 m^2；休闲娱乐景区占比最大的为朝阳区，面积为2439.20m^2；体育活动场所占比最大的为朝阳区，面积为1238.59m^2；工矿企业较为集中的为朝阳区，面积为247.50万 m^2；单位院落较为集中的为海淀区，面积为海淀区2097.76万 m^2；名胜古迹、宗教场所较为集中的为延庆区，面积为30819.34万 m^2（表11-3）。

11.3 城市交通管理专题服务

11.3.1 道路分布分析

北京市道路空间分布主要以公路、城市道路和乡村道路作为主要道路进行分析。城市道路是通达城市各地区，供城市内交通运输及行人使用，便于居民生活、工作及文化娱乐活动，并与市外道路连接负担着对外交通的道路，主要分类有快速路、主干路、次干道及支路；公路是公众交通之路，是汽车、单车、人力车等交通工具及行人都可以走的道路，是交通运输的重要组成部分；乡村道路是建在乡村、农场，为了方便农业生产和生活，主要供行人及农村运输工具通行的道路，是连接村与村之间并从公路连接到乡村的道路。各类型道路比例计算的原理为：

各类型道路比例=各类型道路长度/各类型道路总长度

北京市道路空间分布如图11-10所示，反映区域内各类型道路空间分布，以及占总道路长度的比例。北京市城市道路主要分布在北京市的中心城区及各区的商业中心地段；公路主要连接城市道路并贯穿整个北京市与市外公路相连接，主要分布在中心城区之外延伸到北京市周边；乡村道路主要分布在北京市郊区。北京市道路总长度是39889.49km，其中房山区道路的总长度是4716.73km，是北京市各区最长的，占北京市总道路长度的11.82%；其次是顺义区总长度为4206.69km，占比为10.55%；石景山区道路总长度最短，为335.10km，占比为0.84%（图11-11）。从北京市整体来看，北京市城市道路占比为24.91%，公路占比为42.23%，乡村道路占比为32.86%。从北京市各区县来看，东城区城市道路占比最多，为98.76%；延庆区城市道路占比最少，为3%。怀柔区的公路占比最多，为62.64%；东城区公路占比最少，为1.24%。平谷区乡村道路占比最多，为

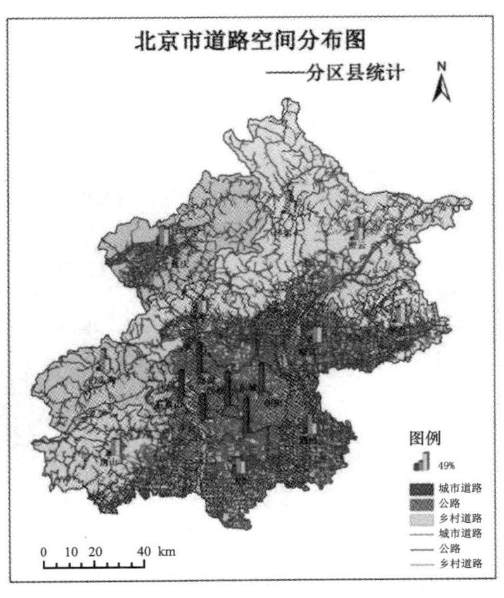

图11-10 北京市道路空间分布图

54.81%；东城区、西城区、朝阳区无乡村道路，占比最少，为0。其他区县具体内容如图11-11所示。

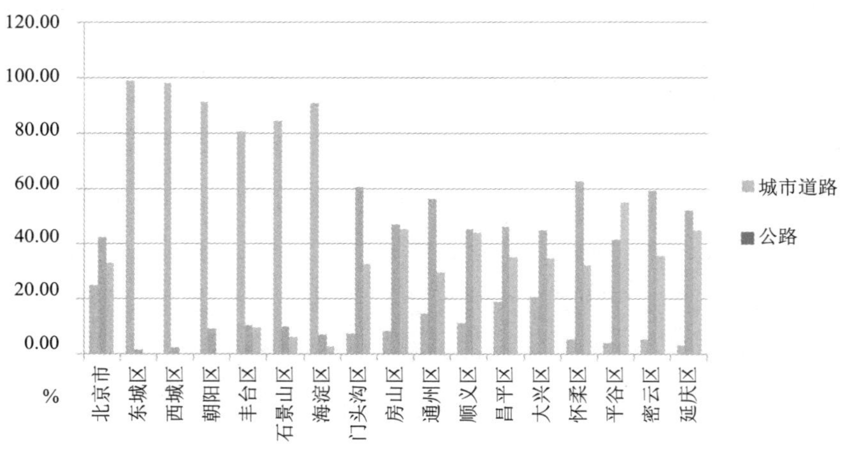

图11-11　北京市道路统计图-分区县统计图

从环路统计来看（图11-12），城市道路比例随着环路往外扩展，城市道路比例呈现逐级递减的趋势，二环城市道路比例最大，为99.74%，六环城市道路比例最小，为82.33%；公路比例呈现逐级递增的趋势，二环公路比例最小，为0，六环公路比例最大，为15.08%；乡村道路则只存在于六环及以外地区，占比为2.59%。

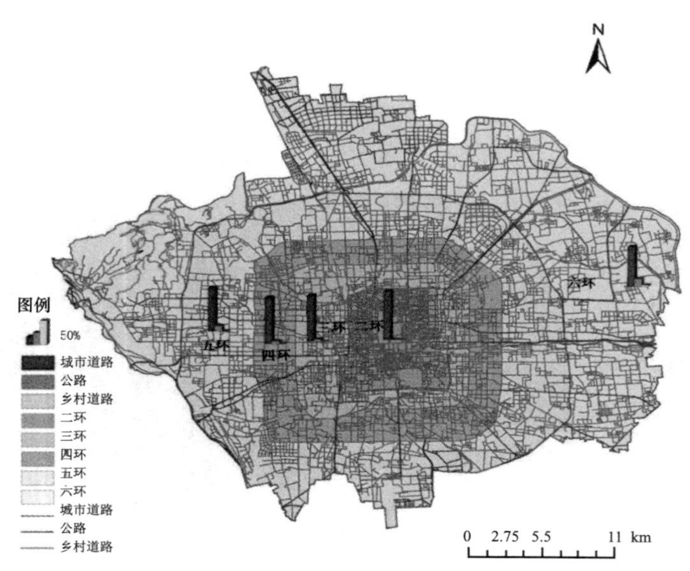

图11-12　中心城区道路空间分布图

从图11-13可以看出中心城区城市道路是以支路为主。其中中心城区快速路总长为429.04km，占中心城区城市道路的8.49%；主干路为744.06km，占中心城区城市道路的14.72%；次干路为764.11km，占中心城区城市道路的15.12%；支路为3118.11km，占中心城区城市道路的61.68%。

图11-13 中心城区城市道路空间分布图

北京市道路空间分布为中心城区及中心周边主要是以城市道路为主，而从中心城区通往各个区的道路都是公路，同时通往东南方向的道路比较密集，通往西北方向的较稀疏；而在中心城区及丰台地区的城市道路中又以支路为主。道路空间分布体现了北京市的东西、南北方向的交通，体现了北京市交通的便利性及人类的交通活动方向性。

11.3.2 轨道交通站点服务能力分析

轨道交通站点的服务能力主要是基于缓冲区分析而来，给定站点一定距离的缓冲区，统计缓冲区内覆盖的居民地面积占区域内总的居民地面积的比例得到。同样地，也可以将居民地换成人口数量来分析轨道站点对人口的服务能力。缓冲区分析是指以点线面实体为基础，自动建立其周围一定距离范围内的缓冲区多边形图形，然后建立该图层与目标图层叠加，进行分析而得到所需要的结果（图11-14）。

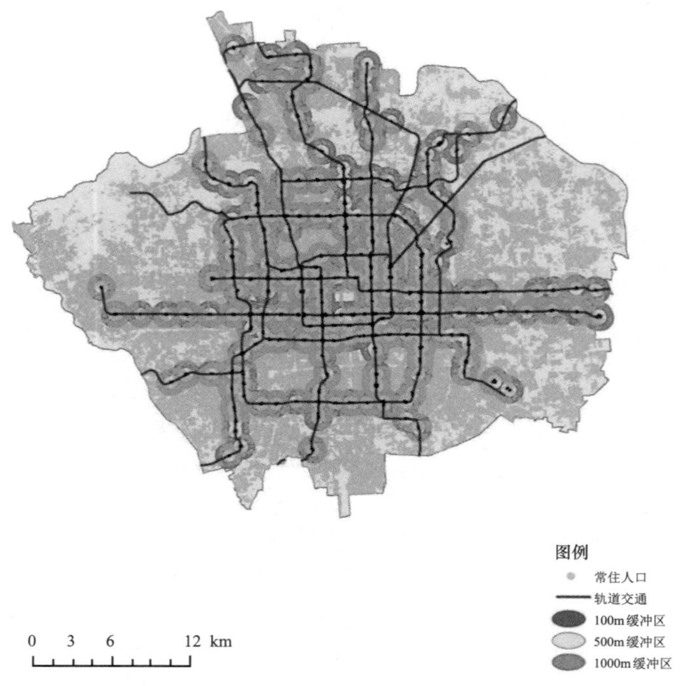

图 11-14　中心城区轨道交通站点对人口服务范围分布图

中心城区轨道交通站点采用100m、500m、1000m三个分级缓冲区分析轨道交通站点对人口的服务能力（图11-15）。

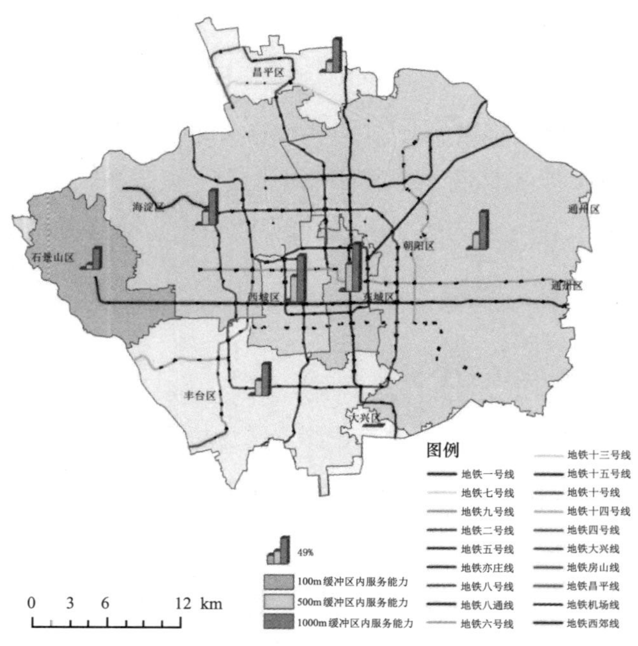

图 11-15　中心城区轨道交通站点对人口服务能力

中心城区轨道交通站点对人口的服务能力中，从中心城区整体来看，100m缓冲区内服务能力为1.47%，500m缓冲区内服务能力为29.46%，1000m缓冲区内服务能力为66.84%。从中心城区内各区县来看，100m缓冲区内对人口服务能力最大的是东城区，百分比为2.58%；其次是西城区，百分比为2.37%；大兴区与门头沟区100m缓冲区范围人口为0，所占百分比最低，为0%。500m缓冲区内对人口服务能力最大的是东城区，百分比为51.9%；其次是西城区，百分比为48.02%；大兴区与门头沟区500m缓冲区范围人口为0，所占百分比最低，为0。1000m缓冲区内对人口服务能力最大的是通州区，百分比为97.02%；其次是东城区，百分比为88.63%；接下来是西城区，百分比为87.12%；门头沟区1000m缓冲区范围人口为0，所占百分比最低，为0%（图11-15）。

综上所述，北京市轨道交通站点服务能力分析中，其中11个区县开通了地铁线路，而仅有怀柔区、门头沟区、密云区、平谷区、延庆区共5个区县还未开通，这些区县均分布在北京市边远地区。轨道站点的分布主要集中在中心城区，空间分布呈圆状集中。在轨道站点对人口、居民地的服务能力分析中，东城、西城区的轨道站点服务能力比其他区县高，占据了中心城区的轨道交通资源优势。

11.3.3 地铁通达性分析

通达性用于描述区域范围内交通网络的通行能力、辐射和便利程度，反映区域内交通网络的辐射和覆盖、运输和便捷能力。

通达度：是指用以衡量交通网络中各点之间移动的难易程度。指利用一种特定的交通系统从某一给定区位到达活动地点的便利程度。

在交通地理学一般理论中，通常用通达指数和分散指数这两个指标来衡量通达度。由于通达指数可以直接反应交通网络节点的通达性，因此选用通达指数来反映通达度。通达指数用于描述网络中某一节点的通达性。指网络中从一个顶点（i）到其他所有顶点的最短路径之和，见式（11-1）：

$$A_i = \sum_{j=1}^{n} D_{ij} \tag{11-1}$$

式中，A_i为顶点i在网络中的通达指数；D_{ij}为顶点i到顶点j的最短路径（可以是空间距离、时间距离、拓扑距离等）。

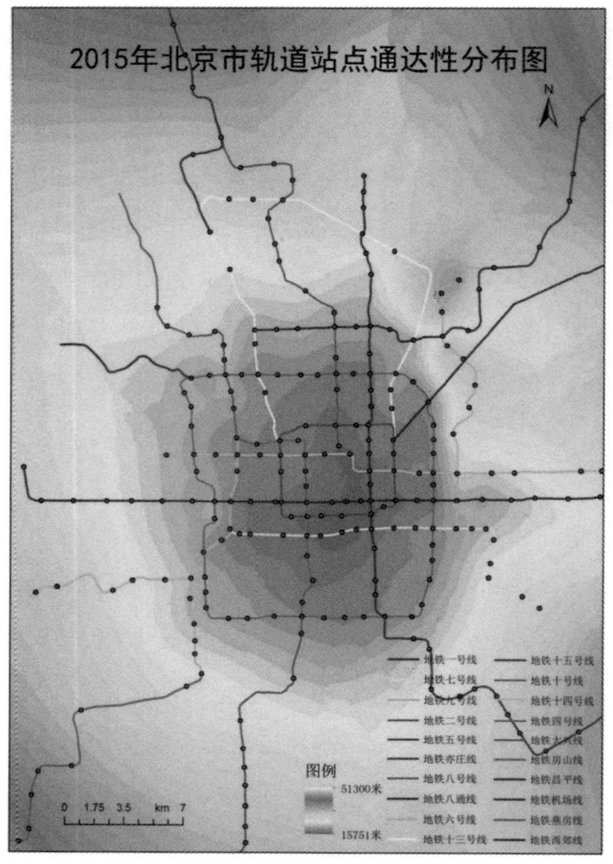

图 11-16 北京市轨道站点通达性分布图

从图11-16可以看出，越是接近城市核心部位的轨道交通站点，通达性值越小，表明这些站点到其他站点的距离越短，通达性越好。通达性值越大的站点，表明站点到其他站点的距离越长，通达性相对越差。

综上所述，轨道交通站点通达性反映了某一站点到其他站点的通达程度，北京市核心地区以及可换乘站点的通达性值较小，通达程度较好。

11.3.4 城市规划道路实施分析

北京市城市规划道路实施分析主要是以城市道路作为分析对象，分析城市道路的已实施、部分实施及未实施的具体情况。

北京市城市规划道路空间分布情况如图11-17所示。从北京市整体来看，北京市城市规划道路已实施部分为44.15%，部分实施所占比例为33.73%，未实施部分所占比例为22.12%。从北京市各区县来看，怀柔区道路的已实施部分最多，为

88.74%，部分实施所占比例为3.97%，未实施部分所占比例为7.30%；其次是顺义区，已实施部分所占比例为86.05%，部分实施所占比例为8.24%，未实施部分所占比例为5.71%；道路已实施部分最少的是门头沟区，已实施部分所占比例为32.46%，部分实施所占比例为27.08%，未实施部分所占比例为40.45%。

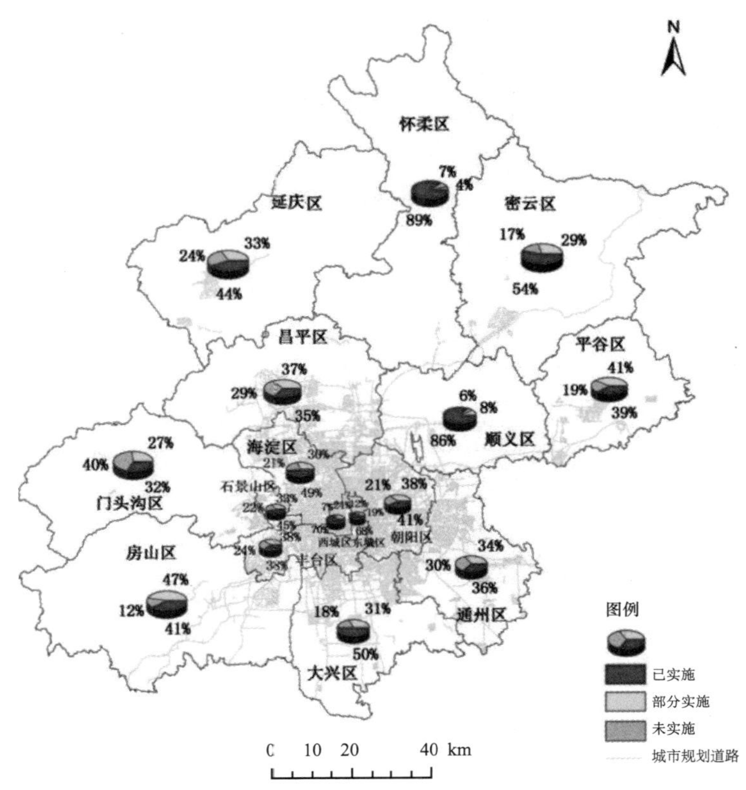

图 11-17 北京市城市规划道路空间分布图

北京市城市规划道路空间分布不均衡，主要集中分布在中心城区附近。中心城区城市规划道路已实施部分为46.59%，部分实施所占比例为34.96%，未实施部分所占比例为39.58%。非中心城区城市规划道路已实施部分为42.27%，部分实施所占比例为32.79%，未实施部分所占比例为59.01%（图11-17）。

综上所述，城市道路可通达城市各地区，供城市内交通运输及行人使用，便于居民生活、工作及文化娱乐活动，并与市外道路连接、负担着对外交通的作用，因此主要分布在中心城区（东城区、西城区、朝阳区、海淀区、丰台区、石景山区）。北京市中心城区人类活动量较大，交通道路堵塞，因此城市规划道路实施对人类的日常生活起了非常重要的作用。

11.4 城市水务管理专题服务

水利专题统计指标见表11-4。

水利专题统计指标列表 表11-4

序号	统计指标	统计方法	统计意义
1	洪涝灾害监测点位统计分析	缓冲区及叠加分析，统计洪涝灾害影响的位置和范围	为洪涝灾害应急指挥、后期恢复提供参考依据
2	汇水分析	河网构建、流域确定，分析汇水面积及流量	为城市防洪进行风险评估
3	洪水淹没分析	分析不同淹没高程的洪水淹没面积，并对淹没区内的地表覆盖类型、单体建筑、人口等进行统计分析	为灾后损失统计、灾后重建提供依据
4	山区防洪安全风险评估	山区防洪危险性的综合评价，以及特定区域的山区防洪危险性指标评价	山区防洪安全风险评估

11.4.1 洪涝灾害监测点位分析

11.4.1.1 洪涝灾害监测点位分析模型

对洪涝灾害监测点位做缓冲区计算，统计缓冲区范围内房屋建筑、人口、经济等数量，并进行分析评估，为洪涝灾害应急指挥、后期恢复提供参考依据。

积水点若位于交通路线，如低洼道路、下凹桥区等位置，还应统计其交通流量的信息。

11.4.1.2 城市易积水点统计信息

北京市辖区内共采集城市易积水点（符合行业要求的）147个（图11-18），图11-19为叠加北京市DEM后各区城市积水点分布图，从图中可以看出，积水点主要分布在高程值较低的平原地区。城市积水点主要分布在海淀区、朝阳区、丰台区、门头沟区等，其中海淀区数量最多，共有38个，其次是朝阳区数量为35个（图11-20）。从图11-21中可看出城市积水点最低高程值为29.40m，位于朝阳区，最高高程值为233.40m，位于房山区。

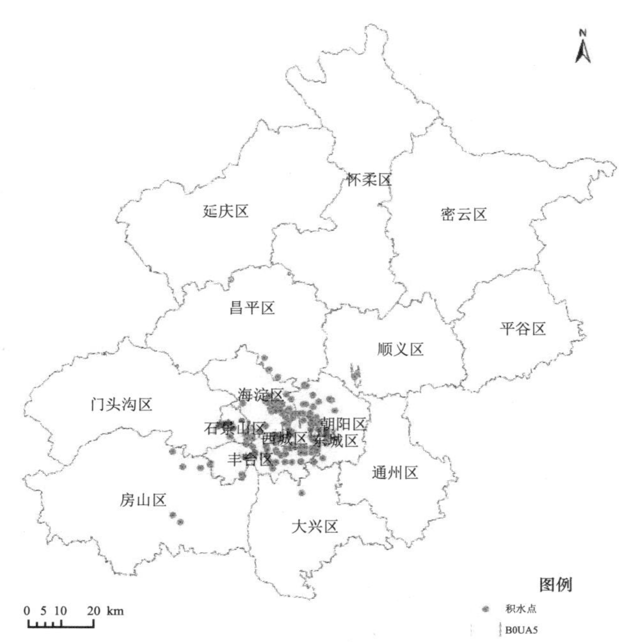

图 11-18 北京市各区城市易积水点分布图

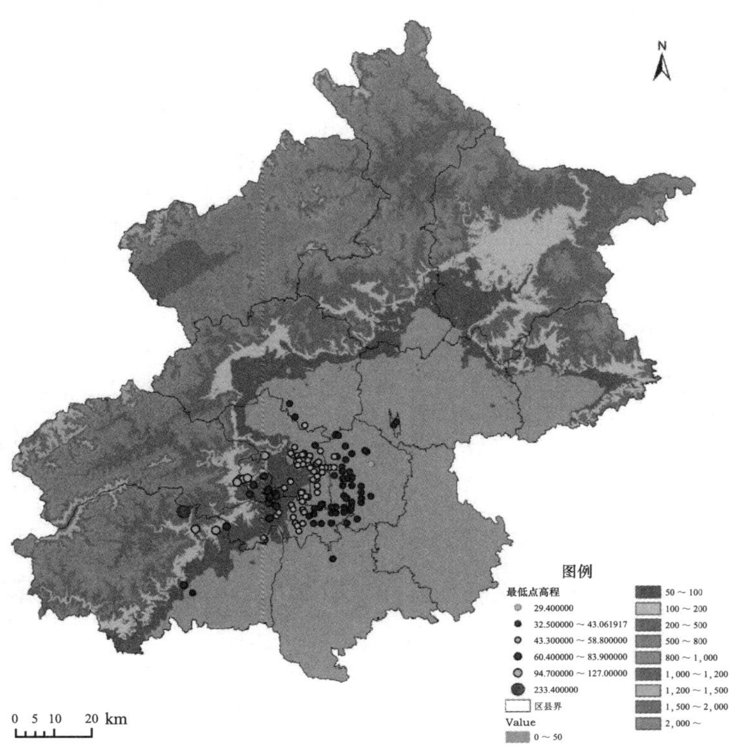

图 11-19 北京市城市易积水点高程值分布图

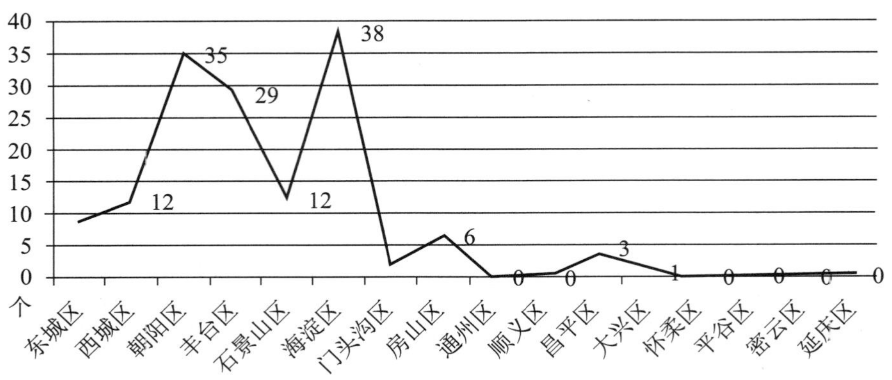

图 11-20　北京市各区城市积水点数量统计图

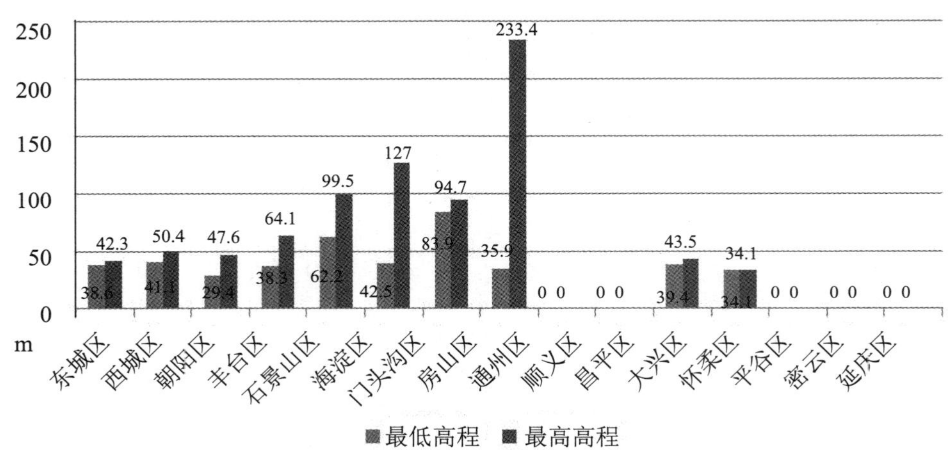

图 11-21　各区县积水点最低和最高高程值统计图

11.4.1.3　地面沉降数据统计信息

1. 2007 ~ 2015年北京市水准监测成果数据

2007 ~ 2015年北京市水准监测数据成果经筛选与处理，共有沉降观测水准点146个，主要分布在北京市中心城区及周边区域。北京市地面沉降水准点分布如图11-22所示。

2. 2012年和2014年市国土局地面沉降信息成果数据

2012年和2014年地面沉降信息数据包括2012年和2014年地面沉降量数据，如图11-23、图11-24所示。

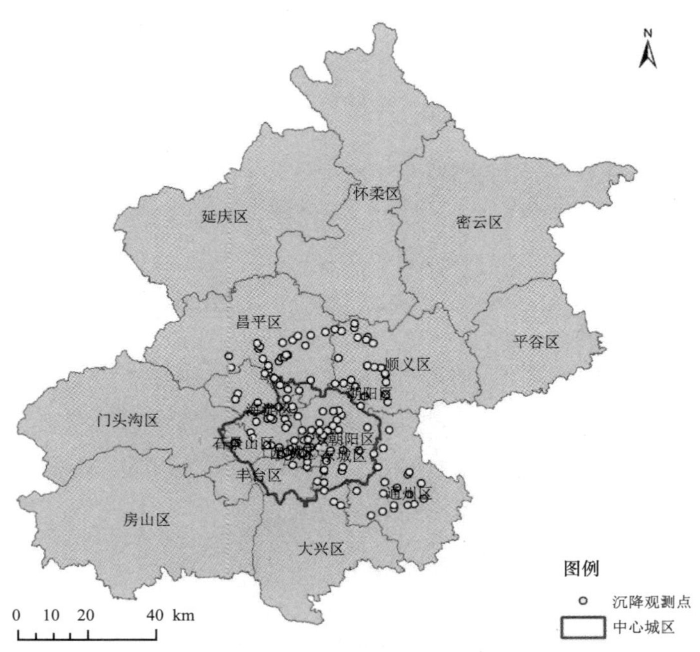

图 11-22　北京市 2007 ~ 2015 年地面沉降水准点分布图

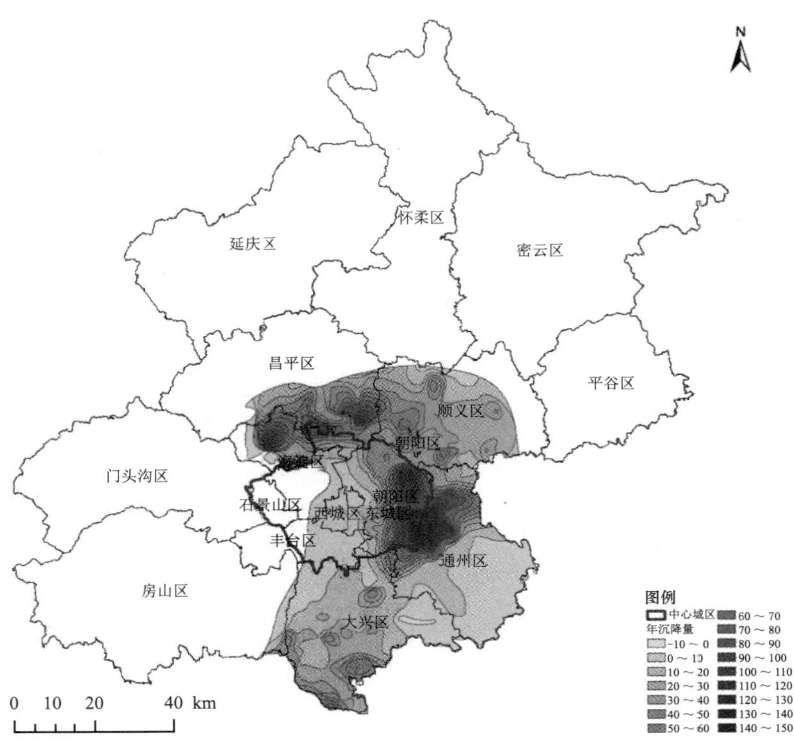

图 11-23　北京市 2012 年地面沉降量分布图

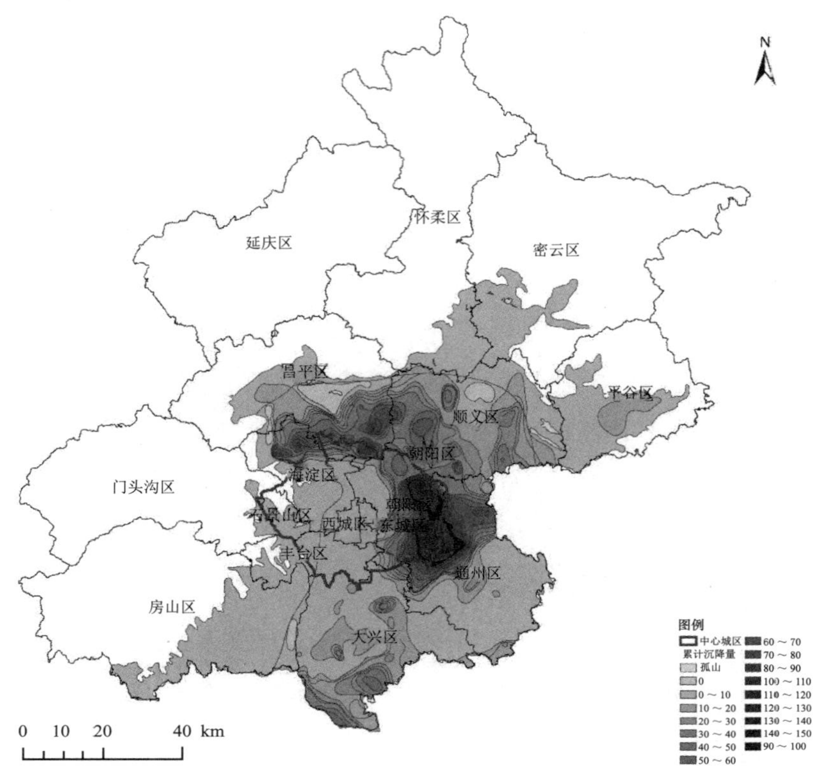

图 11-24　北京市2014年地面沉降量分布图

11.4.2　汇水分析

11.4.2.1　汇水分析模型

根据北京市第一次地理国情普查地形数据、水域数据及水利专题等相关数据，提取汇水面，模拟统计下雨后不同降雨情景下，各个汇水面积S及汇水量Q。

以北京市西城西四地区为例，开展汇水分析。西四地区位于首都核心区，属于重点文化古迹保护区，排水管网的安全运行，维护社会稳定、保障人民生命财产具有重要意义。但是该区胡同内存在着排水设施不完善，雨污合流，排水标准偏低不足等问题。开展区域汇水分析对评估管网行洪排涝能力，改造管网，分析内涝风险，支持防汛应急指挥调度等具有重要意义。本次汇水分析区域为：北至平安里大街、地安门大街；南至阜成门内大街、西四东大街、西安门大街；西至赵登禹路；东至西皇城根北街，区域面积约1.14 km^2。

11.4.2.2 汇水分析流程

（1）将实地普查管网的坐标、高程、管径等信息输入Infoworks ICM模型，开展拓扑检查，逐条分析管网的纵断面，理顺管网上下游关系，构建排水管网网络模型；

（2）将边界雨水管概化为雨水口，依据管网高程关系向上游追溯，实现汇水范围分析；

（3）根据检查井分布，进行排水单元划分后，将管网中检查井与排水单元进行空间关联，将排水单元的洪涝水输入排水管网中，实现驱动因子与排水管网模型对的连接；

（4）将不同频率的设计暴雨输入管网中即可完成对管网中不同管段的荷载能力评估；

（5）将区域净雨总量扣除管网排水总量，获得内涝积水量，依据地形关系，分析计算内涝积水深度（图11-25 ～图11-30）。

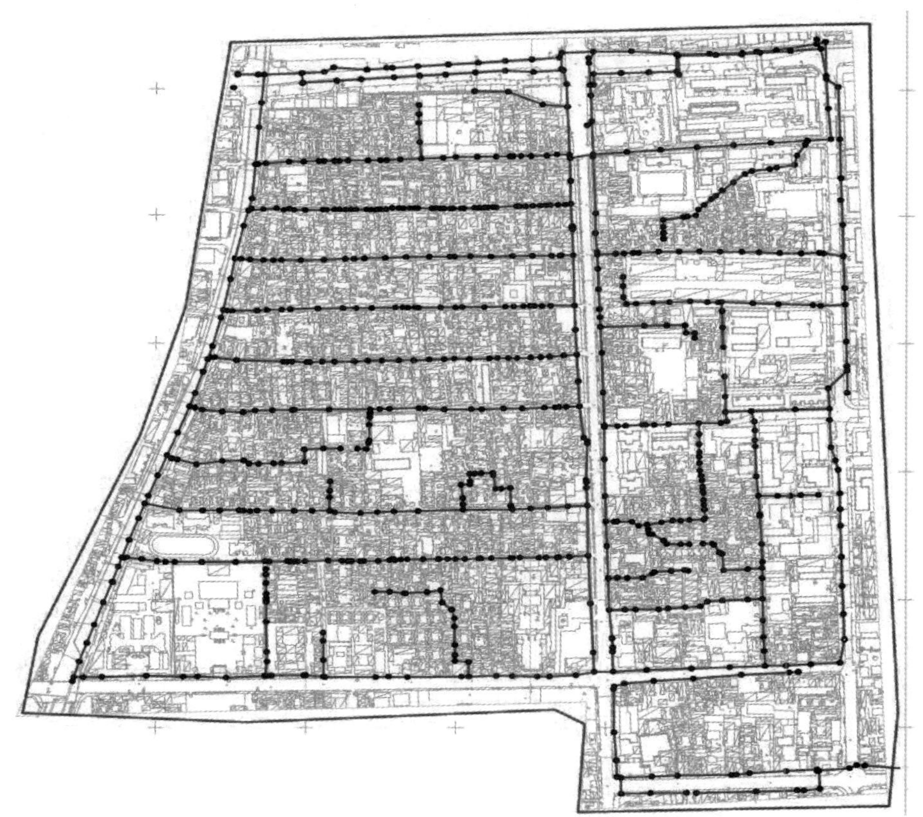

图11-25 西四地区排水管网与检查井的空间分布

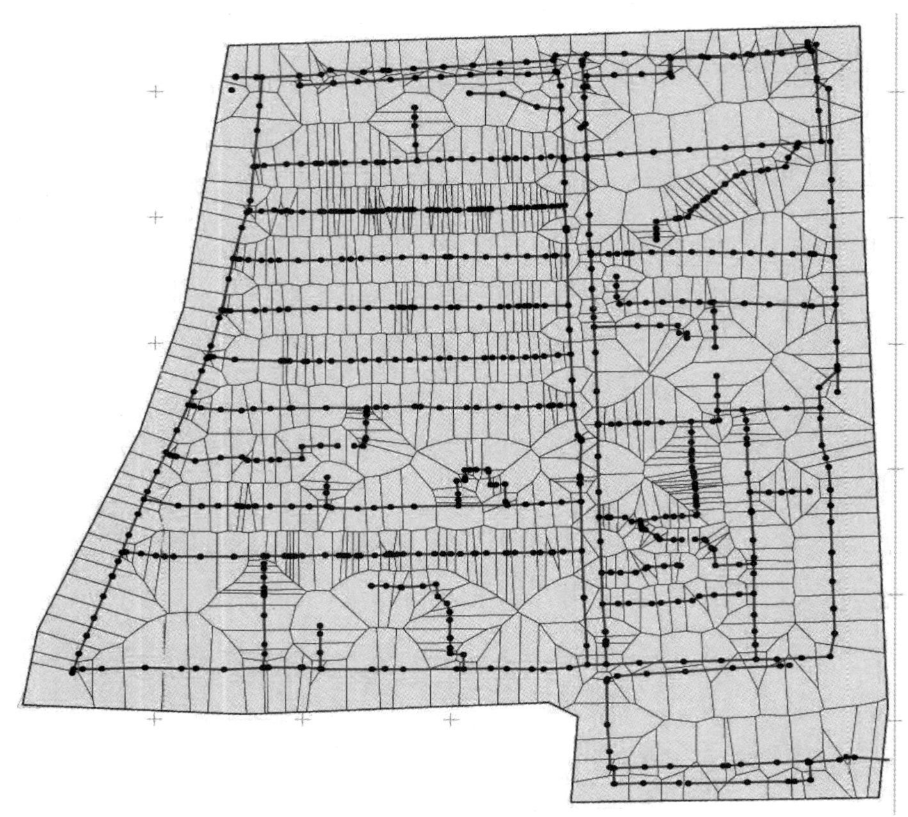

图 11-26　普查区域排水单元划分

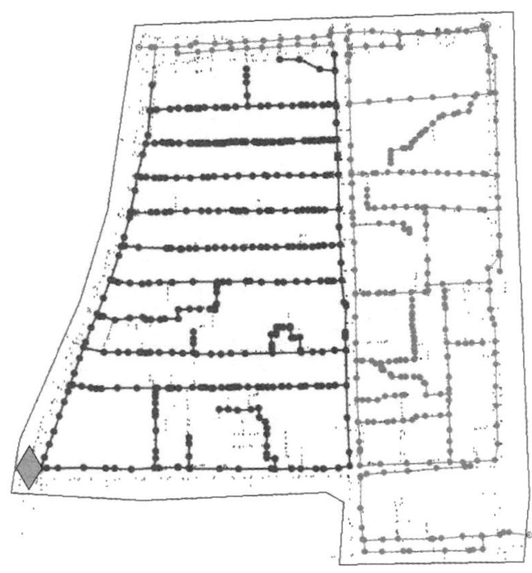

图 11-27　西南雨水口对应的上游管网和节点

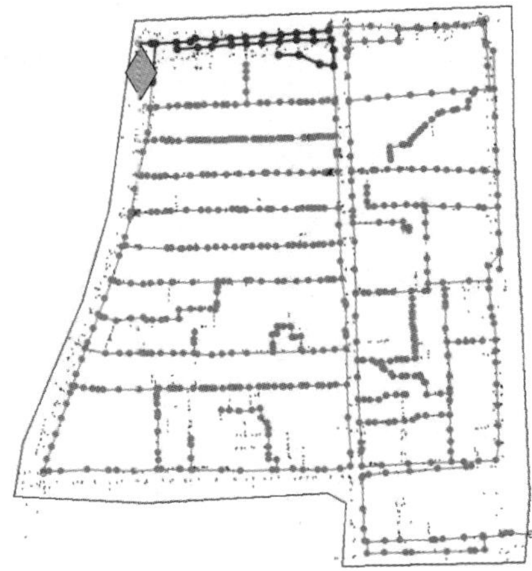

图 11-28　西北雨水口对应的上游管网和节点

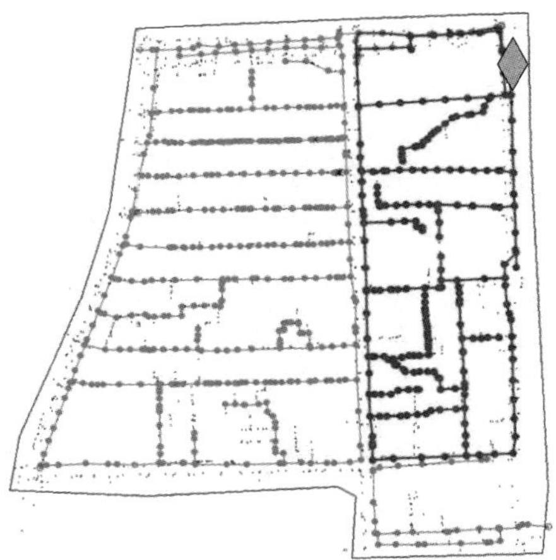

图 11-29　东北雨水口对应的上游管网和节点图

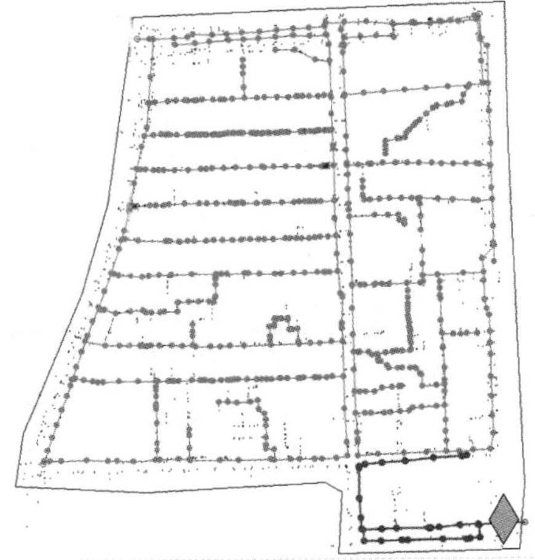

图 11-30　东南雨水口对应的上游管网和节点

11.4.2.3 排水能力结果分析

经过模拟评估，在参与评估的16.17 km雨水管道和合流制管道中，未达到0.3年一遇标准的管道约为1.08 km，占管道总长度的6.7%；达到0.3 ~ 0.5年一遇之间的管道约为1.4 km，占管道总长度的8.6%。达到0.5 ~ 1年一遇之间的管道约为1.16 km，占管道总长度的7.1%。达到1 ~ 2年一遇之间的管道约为1.29 km，占管道总长度的8.0%；达到2 ~ 5年一遇之间的管道约为2.47 km，占管道总长度的15.3%；达到5 ~ 10年一遇之间管道约为2.11 km，占管道总长度13 %；大于10年一遇的管道约为6.67 km，占管道总长度41.2%（图11-31、表11-5）。

图11-31 排水管网排水能力评估结果

现状排水管网排水能力评估结果 表11-5

排水能力	小于0.3年	0.3 ~ 0.5年	0.5 ~ 1年	1 ~ 2年	2 ~ 5年	5 ~ 10年	大于10年	合计
管网长度（km）	1.08	1.4	1.16	1.29	2.47	2.11	6.67	16.17
所占比例	6.7%	8.6%	7.1%	8.0%	15.3%	13%	41.2%	100%

11.4.3 洪水淹没分析

11.4.3.1 洪水淹没分析模型

根据北京市第一次地理国情普查地表覆盖数据、单体建筑数据、地形数据以及人口数据，计算给定洪水淹没高程的洪水淹没区面积，并分析淹没区内的地表覆盖类型、面积占比（*MJZB*）、单体建筑数量（*JZSL*）及人口数量（*RKSL*）。

$$MJZB_i = \frac{S_i}{YMS_i} \tag{11-2}$$

其中：$MJZB_i$为地表覆盖类型i的面积占比；S_i为地表覆盖类型i在洪水淹没区内的总面积；YMS_i为洪水淹没区面积；i为地表覆盖类型，包括耕地、园地、林地、草地、房屋建筑区、道路、构筑物、其他。

11.4.3.2 大清河流域洪水淹没分析

选取北京市境内大清河流域作为研究区域，模拟降雨引起水位抬升50m引起的洪水淹没情况，如图11-32所示。从图中可以看出，水位抬升引起的淹没区主要在平原区，且随着降雨水位的抬升，淹没面逐渐扩大。

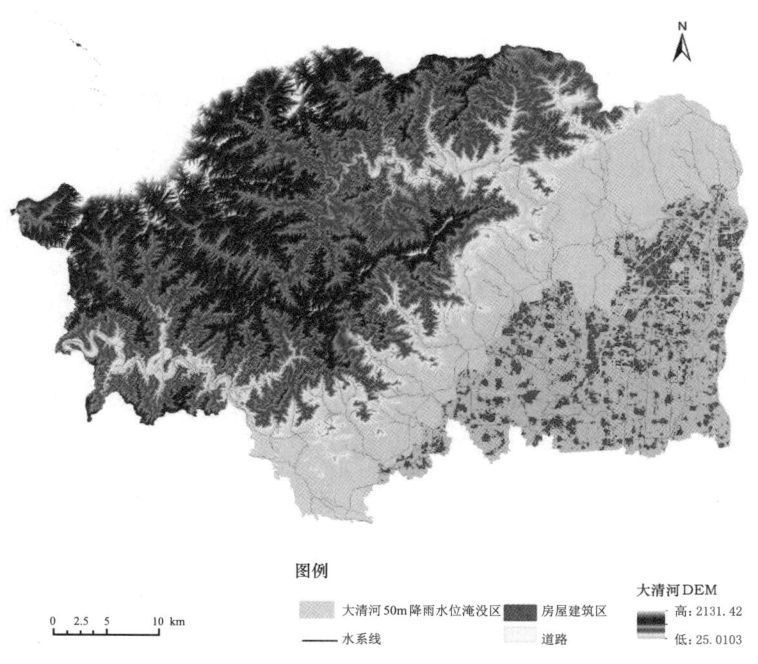

图11-32 北京市大清河流域模拟50m降雨水位洪水淹没情况分布图

进一步对淹没区内耕地、园地、林地、草地、房屋建筑区、道路、构筑物等地物进行分析，计算其淹没面积和淹没北例，见表11-6。从图11-33和表11-6中可以看出，大清河流域内淹没面积最大的是林地，其次是耕地和房屋建筑（区）；而林地的淹没比例却最小，耕地的淹没比例最大，其次是房屋建筑（区）和构筑物。

北京市大清河流域50m降雨水位洪水淹没面积、比例表　　表11-6

分布	总面积（km^2）	淹没面积（km^2）	淹没比例
大清河流域	2171.66	448.25	20.64%
草地	110.00	46.98	42.70%
道路	63.08	26.62	42.21%
房屋建筑（区）	171.17	84.69	49.47%
耕地	151.54	88.58	58.46%
构筑物	87.53	42.95	49.07%
林地	1307.10	100.28	7.67%
园地	195.62	36.08	18.44%

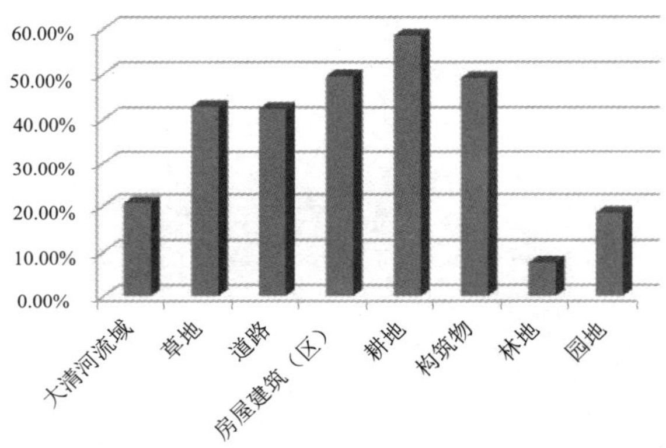

图11-33　北京市大清河流域模拟50m降雨水位洪水淹没比例统计图

综上所述，对北京市大清河流域进行模拟50m水位抬升引起的洪水淹没进行分析，发现大清河流域20.64%的面积被淹没，且都在平原地区，因此对耕地、房屋建筑（区）的淹没较严重。

11.5　城市生态环境专题服务

11.5.1　城市绿地率分析

城市绿地是保障城市生态环境和居住适宜性的重要指标。通过评价绿地率、人均绿地、人均公共绿地、绿地破碎度、绿地复杂性等指标，判断北京市不同区域的绿地生态功能均衡性和差异性，从而为城市绿地规划和景观格局调整提供依据（图 11-34）。

图 11-34 北京市绿地分布图

11.5.1.1 城市绿地分布及人均绿地面积

绿地率是将绿地数据面积与地块总面积做比值，形成绿地率成果。将绿地面积与人口数量做比值，形成人均绿地成果。人均公共（园）绿地面积将公共（园）绿地面积与人口数量做比值。

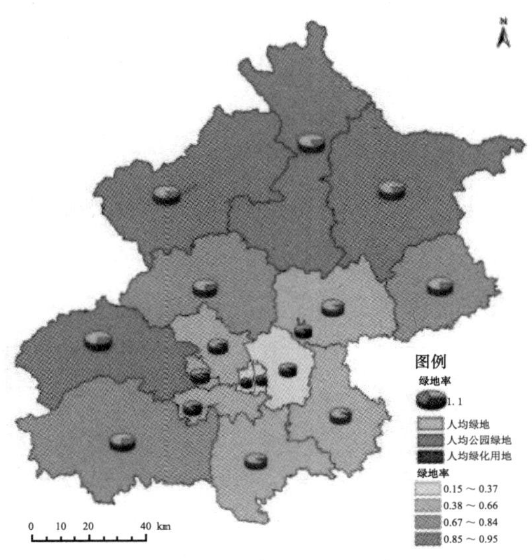

图 11-35 北京市绿地空间分布图

北京市平均绿地率为0.8，但是空间差异性非常明显，山区绿地率明显高于平原区，山区绿化率0.93，平原区0.56（图11-35）。从行政单元来看，西城区和东城区最小，分别为0.15和0.17，门头沟区、怀柔区和延庆区最大，分别为0.95、0.93、0.93（图11-36）。

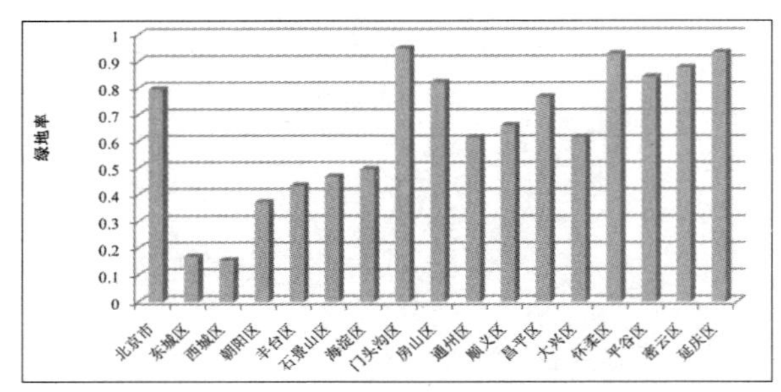

图11-36　各区绿地统计图

北京市人均绿地面积为607.05 m^2，空间差异性非常明显，城区远低于郊区。从行政单元来看，西城区和东城区最小，人均绿地面积分别为6m^2和7.75m^2，怀柔区和延庆区最大，分别为5173.08m^2、5888.51m^2（图11-37）。

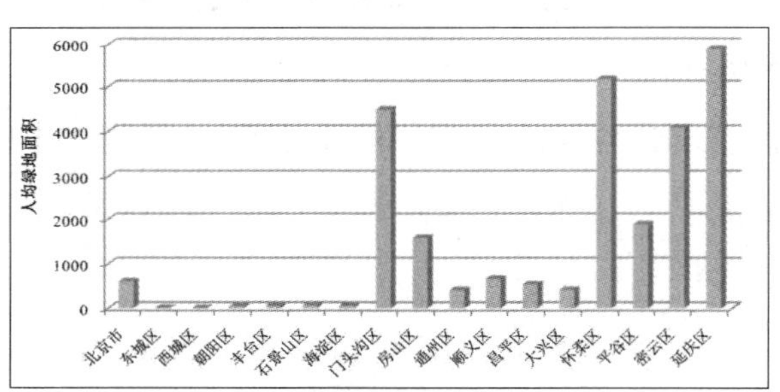

图11-37　各区人均绿地面积统计图

北京市人均公共（园）绿地面积为159.8 m^2，空间差异性非常明显，城区远低于郊区。从行政单元来看，西城区和东城区最小，人均绿地面积分别为5.74 m^2和7.32 m^2，延庆区和门头沟区最大，分别为1933.42 m^2、1659.97 m^2（图11-38）。

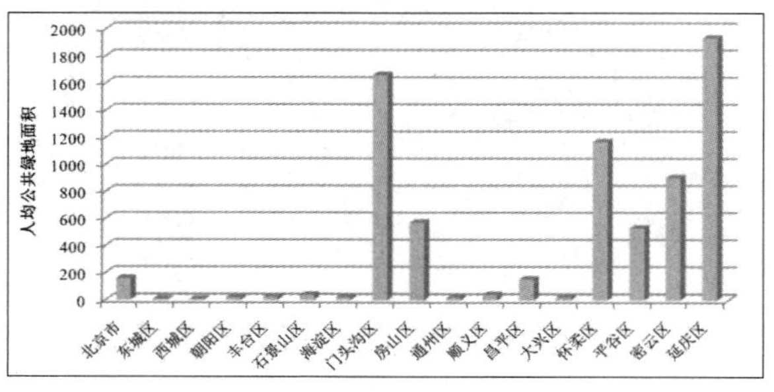

图11-38　各区人均公共绿地面积统计图

北京市人均绿化用地面积为11.24 m^2，尽管人均绿地面积也有空间差异，但是差异性较小。从行政单元来看，西城区和东城区最小，人均绿地面积分别为4.62 m^2和4.5m^2，延庆区也具有较小的人均绿化用地面积；相反，人均绿化用地面积怀柔区和顺义区最大，分别为17.99 m^2、16.22 m^2。大兴区、丰台区、通州区、密云区等也具有较大的人均绿化用地面积（图11-39）。

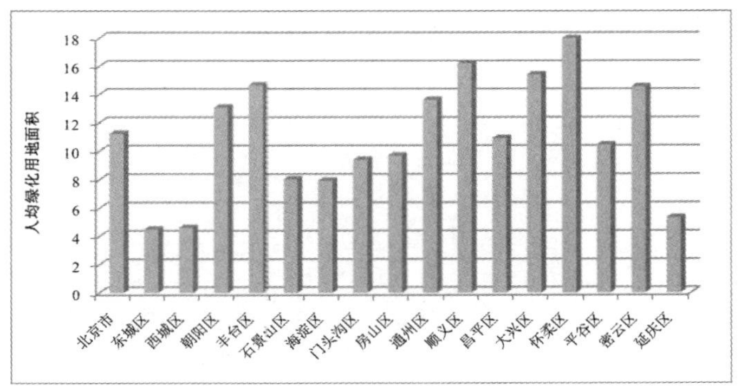

图11-39 各区人均绿化用地面积统计图

11.5.1.2 绿地破碎度及绿地复杂性

绿地破碎度是由于自然或人为干扰所导致的景观由单一、均质和连续的整体趋向于复杂、异质和不连续的斑块镶嵌体的过程，景观破碎化是生物多样性丧失的重要原因之一，它与自然资源保护密切相关。斑块的形状影响动物迁移、觅食等活动，影响植物的种植与生产效率，对自然景观还有边缘效应的影响。

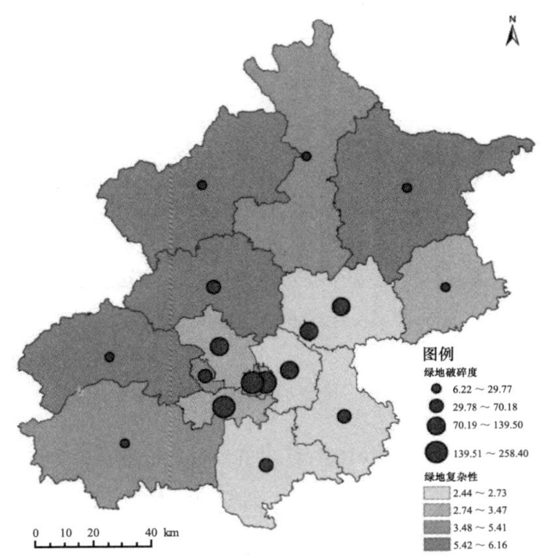

图11-40 北京市绿地景观格局分布图

北京市绿地景观格局分布见图11-40。北京市绿地的破碎度平均为78.54个/km^2，空间差异性非常明显，城区绿地破碎度大于郊区绿地。从行政单元来看，门头沟区绿地破碎度最小，为6.22个/km^2，西城区和东城区最大，分别为258.4个/km^2、245.39个/km^2。门头沟区由于处于山区，且是北京生态涵养区，所以绿地完整性较高；而西城区和东城区位于市中心，绿地多为人工管理植被，受限于土地可用性，破碎度较高，连通性差，生态功能受到限制（图11-41）。

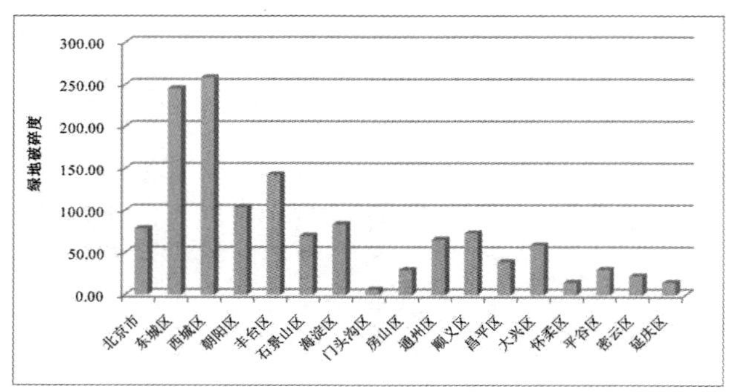

图11-41　各区绿地破碎度统计图

北京市绿地复杂性平均为3.92。从行政单元来看，大兴区和通州区的绿地复杂性较低，均为2.44，而门头沟区绿地复杂性较高，为6.16。这说明了大兴区和通州区土地利用开发的强度很高，造成了绿地形状的单一化、规则化，而门头沟区的植被保持了较为自然的状态，复杂性较高，有助于维持较高的生态功能和生态服务（图11-42）。

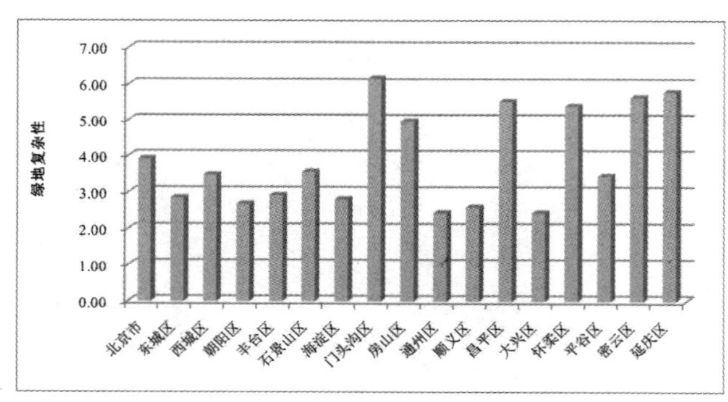

图11-42　各区绿地复杂性统计图

根据以上绿地分析，我们选择三个代表性的门头沟区、通州区和西城区进行区域分析。门头沟区共有8931个植被斑块，植被总面积1371.8 km^2。通州区36780个植被斑块，植被总面积556 km^2。西城区2071个植被斑块，植被总面积7.8 km^2。

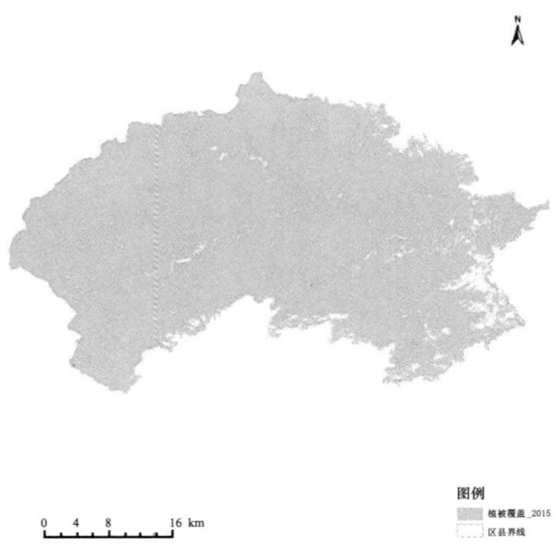

图 11-43　门头沟区绿地分布图

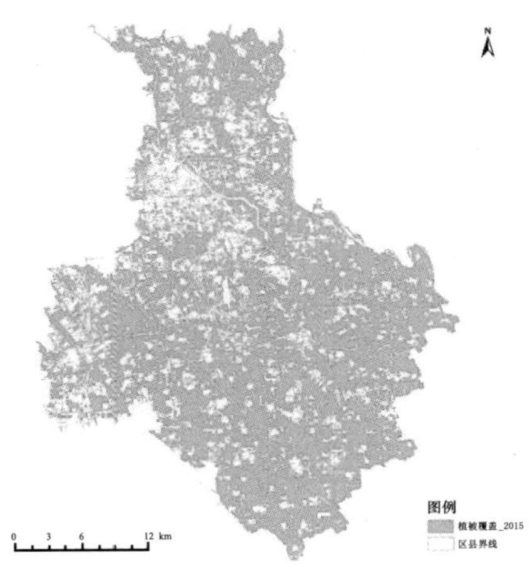

图 11-44　通州区绿地分布图

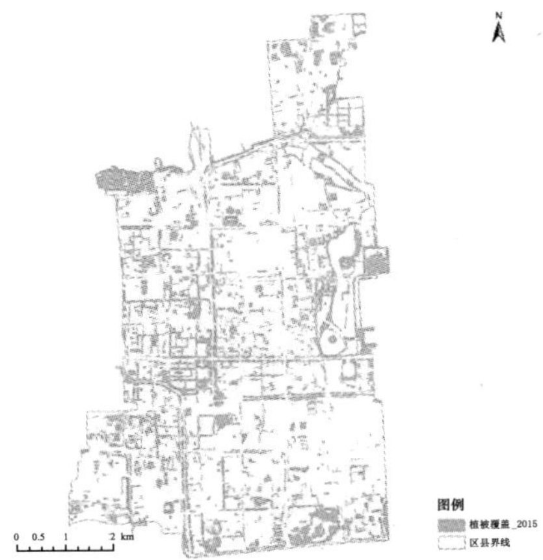

图 11-45　西城区绿地分布图

从图11-43 ~图11-45可以看出，三个区的绿地特征具有非常明显的代表性。密云区植被完整性较好、人均植被面积大；通州区植被呈点状散布于整个区域，破碎度高、复杂性大，显示出强烈的人为影响；西城区位于城市核心区，人均植被面积小，植被多呈带状或者线状分布，以街道绿化为主，生态完整性较差。其他区城市绿地分布见表11-7。

城市绿地分布分析表 表11-7

地区	绿地率	人均绿地面积（m^2）	人均公共绿地面积（m^2）	人均绿化用地面积（m^2）	斑块数量（个）	平均斑块面积（m^2）	斑块破碎度（个/km^2）	面积加权形状指数
北京市	0.8	607.05	159.8	11.24	403583	33328.21	78.54	3.92
东城区	0.17	7.75	7.32	4.5	1733	4075.11	245.39	2.85
西城区	0.15	6	5.74	4.62	2018	3869.96	258.4	3.48
朝阳区	0.37	43.95	19.03	13.08	17912	9622.79	103.92	2.69
丰台区	0.43	57.55	22.52	14.68	18911	6999.49	142.87	2.92
石景山区	0.47	60.57	35.76	8.03	2744	14347.66	69.7	3.56
海淀区	0.49	57.88	20.82	7.94	17778	11975.22	83.51	2.81
门头沟区	0.95	4485.79	1659.97	9.39	8544	160656.15	6.22	6.16
房山区	0.82	1583.33	569.39	9.7	48218	34018.68	29.4	4.97
通州区	0.62	411.27	16.54	13.62	36528	15266.93	65.5	2.44
顺义区	0.66	664.03	38.51	16.22	48565	13727.64	72.85	2.6
昌平区	0.77	539.89	152.26	10.92	40253	25590.75	39.08	5.53
大兴区	0.62	412.93	24.49	15.43	37511	17007.28	58.8	2.44
怀柔区	0.93	5173.08	1166.93	17.99	28506	69141.01	14.46	5.4
平谷区	0.84	1887.91	529.24	10.44	23730	33652.15	29.72	3.45
密云区	0.88	4087.41	901.99	14.56	43368	45050.8	22.2	5.64
延庆区	0.93	5888.51	1933.42	5.32	27264	68249.76	14.65	5.79

综上所述：

（1）山区和平原区差异明显。植被覆盖总面积在山区远远大于平原区，绿地率差异较大。

（2）城区和郊区差异显著。城区由于较多的人口，导致人均绿地面积、公园面积等均小于郊区。而人均绿化用地面积在一些郊区相对较低，主要是由于郊区自然植被较多，人工绿化面积则相对较少，如延庆区具有较高的绿地率和人均绿地面积，但是人均绿化用地则不高。

（3）植被分布模式差异较大。山区和郊区植被多呈面状分布，如门头沟区、延庆区、怀柔区等，植被的连通性较好、复杂性较高，生态系统完整性得到维持，能够提供较高的生态功能和生态服务；而大兴区和通州区等，由于人类活动强烈，导致大量植被被破坏，从而形成植被的团聚分布；一些开发较高的城市核心区，如西城区、东城区等，植被散布于建筑区内，多以街道绿化等形式的线状分布为主。

（4）生态功能优化建议。根据不同区域的植被现状针对性地完善景观完整性，分清区域基质（土地覆盖背景）是什么，在以植被为基质的山区，注意保护植被完整性；在开发程度较高的区域，植被以斑块的形式存在，需要加强各个植被斑块的连通性；在高度开发的城市核心区，由于以建筑为基质的环境决定了难以开展大规模植被恢复，因此，对于线状、带状植被进行维持和管理，尤其加强城市植被廊道的构建，为城市通风、降尘等生态功能提供支持。

11.5.2 居住环境适宜性评价

居住适宜性是评价城市居住环境的重要指标，好的居住环境需要拥有足够多的生态基础设施（如绿地和水体等），能够起到气温调节、空气净化、休憩娱乐等生态服务功能。居住区域离公园和公共绿地的距离也是评价居住环境适宜性的指标。此外，居住区域周边危险废弃物和重点污染源是不利因素，影响居住适宜性。因此，从生态景观比例、公共绿地距离、危险废弃物和重点污染源距离几个方面可以评价居住环境的适宜性。

11.5.2.1 生态景观比例

全市共403583个植被斑块，总面积13061.27 km^2，平均斑块面积为0.032km^2。水体共有23755个斑块，总面积为305.08 km^2，平均斑块面积为0.013 m^2。

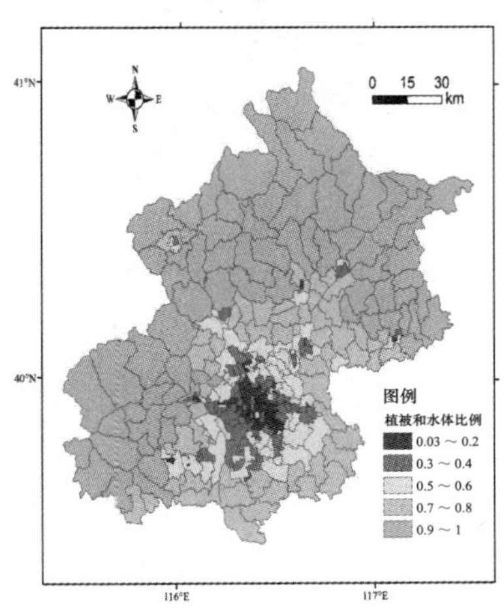

图 11-46　全市街道水体和植被比例统计地图

植被和水体的比例[Prop_VB]: Prop_VBmin=0.031387, Prop_VBmax=0.989833, Prop_VBave=0.528064（图11-46）。

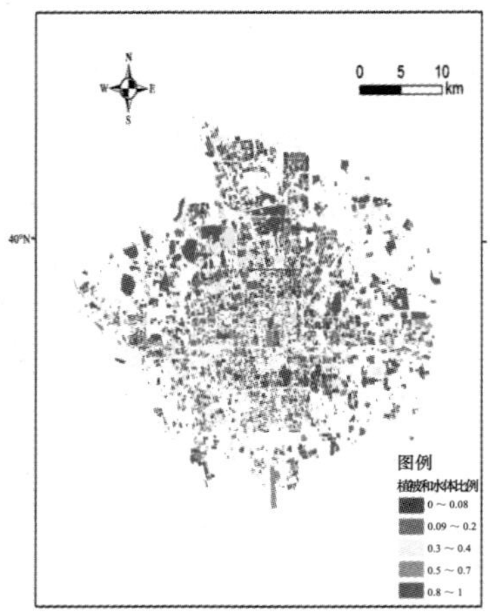

图11-47 中心城区居住小区植被和水体比例统计地图

植被和水体比例[Prop_VB]: Prop_VBmin=0, Prop_VBmax=1.093784, Prop_VBave=0.146786（图11-47）。

11.5.2.2 公共绿地距离

全市共67370个公共绿地和公园斑块，总面积551.73 km^2，平均斑块面积为0.8 km^2。

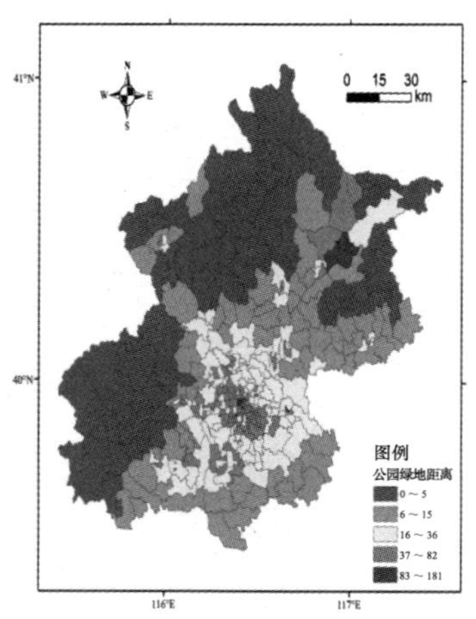

图11-48 全市街道公园绿地距离统计地图

公园距离[DIST_PGL]: DIST_PGLmin=0.196357 m, DIST_PGLmax=180.656723 m, DIST_PGLave=26.58102 m（图11-48）。

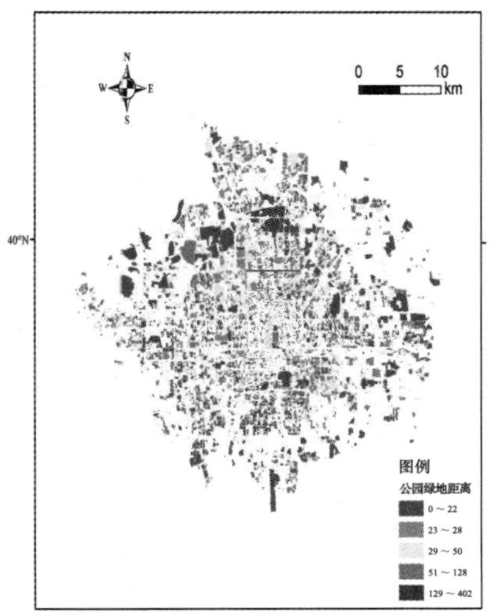

图11-49 中心城区居住小区公园绿地距离统计地图

公园距离[DIST_PGL]：DIST_PGLmin=0 m，DIST_PGLmax=402.210541m，DIST_PGLave=47.039092 m（图11-49）。

11.5.2.3 重点污染源

全市共1455个重点污染源。

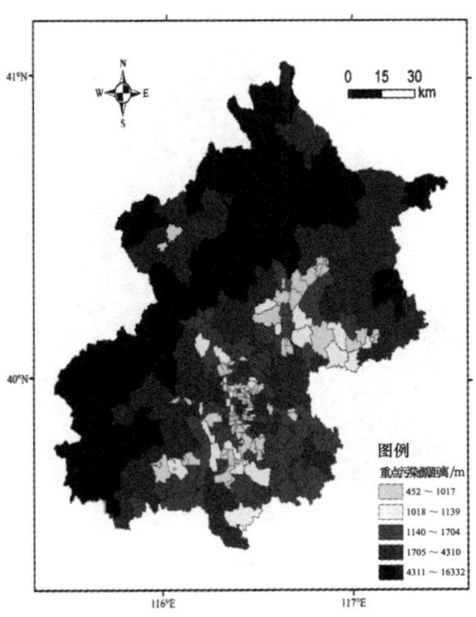

图11-50 全市街道重点污染源距离统计地图

污染源距离[DIST_WRY]：DIST_WRYmin=452.072784 m，DIST_WRYmax=16331.817383 m，DIST_WRYave=2177.704331 m（图11-50）。

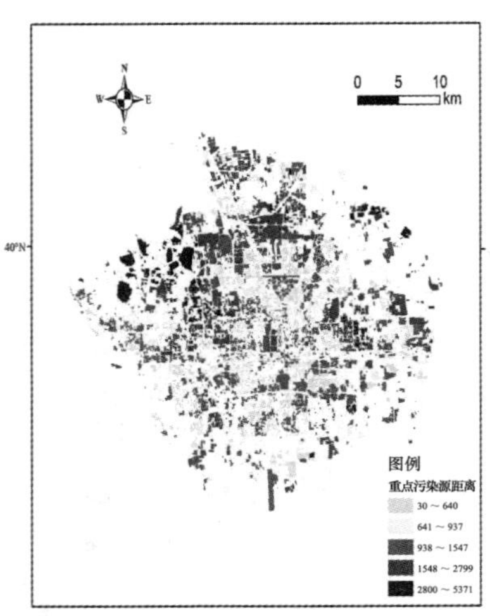

图 11-51 中心城区居住小区重点污染源距离统计地图

污染源距离 [DIST_WRY]: DIST_WRYmin=29.862825 m, DIST_WRYmax=5371.097656m, DIST_WRYave=1304.480835 m(图 11-51)。

11.5.2.4 危险废弃物处置场

全市共 12 个危险废弃物处置场。

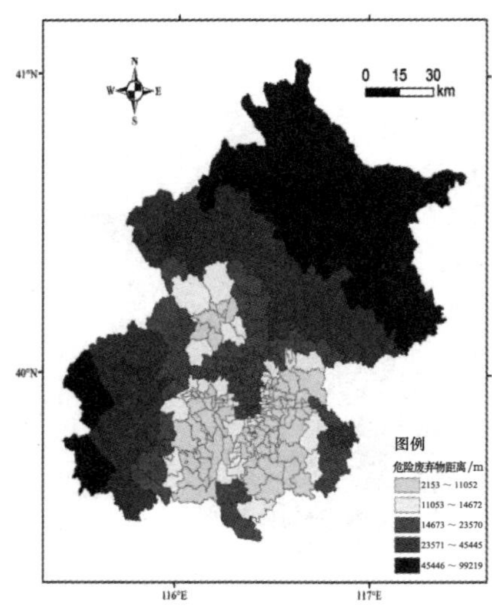

图 11-52 全市街道危险废物距离统计地图

危险废弃物距离 [DIST_FQW]: DIST_FQWmin=2153.027832 m, DIST_FQWmax=99218.773438 m, DIST_FQWave=23472.244905 m(图 11-52)。

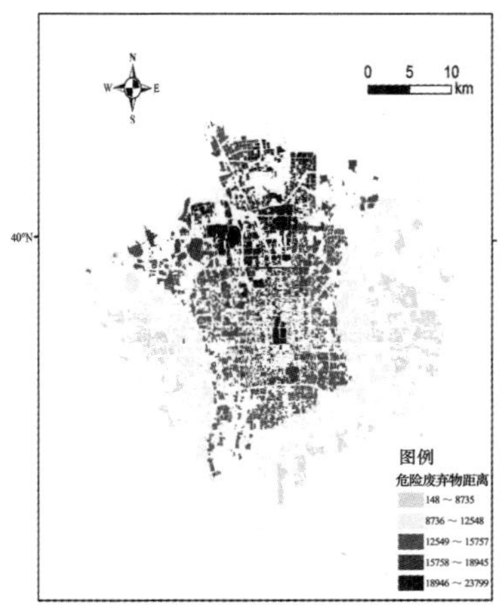

图 11-53 中心城区居住小区危险废物距离统计地图

危险废弃的距离[DIST_FQW]: DIST_FQWmin=148.114609 m, DIST_FQWmax=23798.771484 m, DIST_FQWave=14684.660227 m(图 11-53)。

全市范围以街道为统计单元进行计算，先对各个指标进行标准化，然后计算居住环境适宜性：

Ecoscore =([Prop_VB] - 0.031387)/(0.989833 - 0.031387)/ 4 +(180.656723 - [DIST_PGL])/(180.656723 - 0.196357)/ 4 +([DIST_WRY] - 452.072784)/(16331.817383 - 452.072784)/ 4 +([DIST_FQW] - 2153.027832)/(99218.773438 - 2153.027832)/ 4

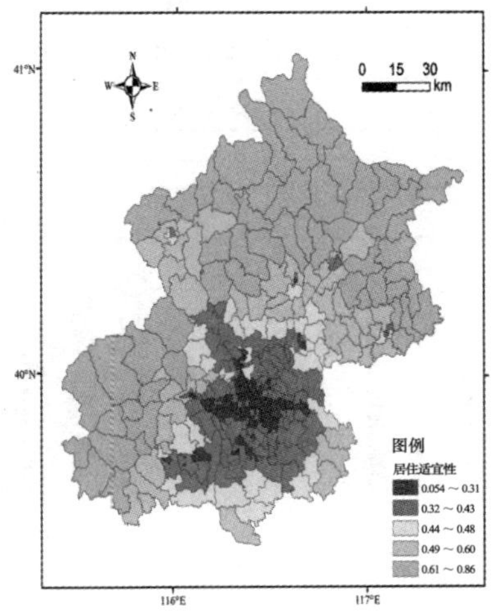

图 11-54 北京市街道尺度居住适宜性

从全市范围综合来看（图11-54），城市中心区域由于绿地和水体面积较少，离公共绿地距离较远，同时部分区域附近有重点污染源和危险废弃物，居住适宜性呈现从中心到郊区递减的趋势。居住适宜性从0.05到0.86，平均值0.43。从各个区县来看（表11-8、图11-55），怀柔、平谷、密云和延庆区的居住适宜性较高，均高于0.5，而东西城和朝阳区的居住适宜性均低于0.3。因此，城市核心城区与周边区域具有显著差异，将城市核心区作为典型区域进行分析。

北京市县级区划居住适宜性及各分指标　　表11-8

地区	生态景观比例	公共绿地距离	危险废弃物距离	重点污染源距离	居住适宜性
北京市	0.53	26.58	23472.24	2177.7	0.43
东城区	0.15	64.81	16937.9	1262.01	0.24
西城区	0.17	57.43	18316.9	996.31	0.26
朝阳区	0.3	39.43	12283.1	1375.93	0.31
丰台区	0.35	29.04	10733.9	1232.07	0.33
石景山区	0.41	28.75	8311.42	1549.64	0.34
海淀区	0.35	33.17	17042.5	1829.45	0.35
门头沟区	0.7	18.36	14458.2	2729.77	0.47
房山区	0.62	17.64	14109.5	2388.57	0.44
通州区	0.44	32.3	7461.64	1393.14	0.34
顺义区	0.58	19.48	24835.6	1225.57	0.44
昌平区	0.56	20.7	15155.7	2349.21	0.42
大兴区	0.44	28.48	8054.15	1085.68	0.34
怀柔区	0.74	16.71	44235.9	3142.28	0.56
平谷区	0.71	15.79	47593	2394.69	0.55
密云区	0.71	25.38	54169.9	2058.84	0.55
延庆区	0.82	9.26	35271.4	3205.37	0.57

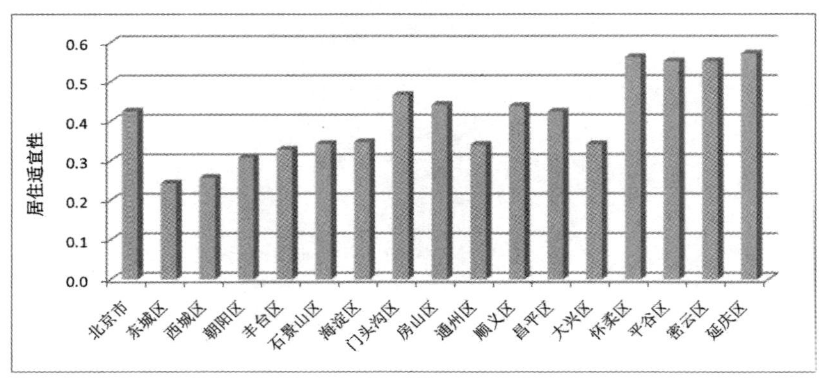

图11-55　北京市各区的居住适宜性

城市核心区以居住小区为统计单元进行计算，先对各个指标进行标准化，然后计算居住环境适宜性：

Ecoscore =（[Prop_VB]）/ 1.093784 / 4 +（402.210541 – [DIST_PGL]）/（402.210541）/ 4 +（[DIST_WRY] – 29.862825）/（5371.097656 – 29.862825）/ 4+（[DIST_FQW] – 148.114609）/（23798.771484 – 148.114609）/ 4

城市核心区的居住适宜性也有明显的空间分异规律，区域西北居住适宜性高于城区东南。居住适宜性从0.16到0.91，平均值0.47（图11-56）。

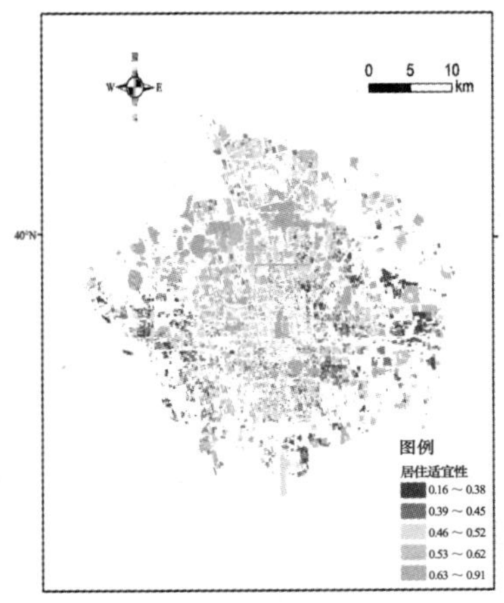

图11-56 北京市居住小区尺度居住适宜性

综上所述，北京市的居住适宜性主要考虑了生态景观比例、离公共绿地距离以及危险废弃物和重点污染源的风险距离几个方面。郊区居住适宜性高于城市中心区，怀柔、平谷、密云和延庆区的居住适宜性较高。在城市中心区，由于不同社区的差异性，居住适宜性也呈现出西北区域较高，而东南区域较低的空间格局。

11.6 城市公共安全管理专题服务

11.6.1 城市积水风险分析

由于强降水或连续性降水超过城市排水能力，导致城市经常会产生内涝、积水的现象，轻则影响交通出行，重则威胁人身安全。为了更好地了解北京市的积水点分布，为出现险情提供应急基础数据和方案，利用地理国情普查数据，对北京市积水点进行分析，并形成空间分布图。从图11-57中可以看出，北京市的积水点主要分布在六环以内，二环到四环的积水点分布比较密集，暴雨天积水概率较高。

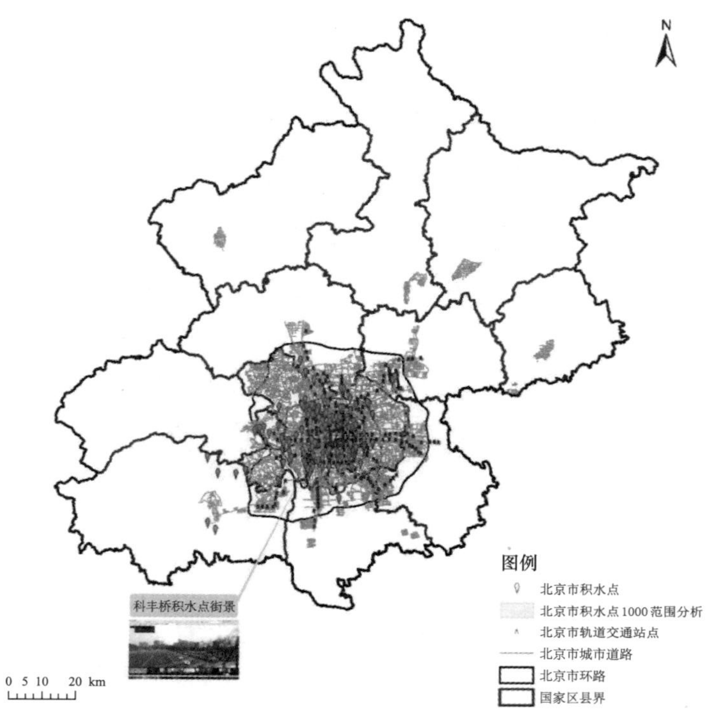

图11-57 北京市积水点分布图

北京市积水点统计表 表11–9

序号	范围	数量（个）
1	二环以内	9
2	二环～三环	29
3	三环～四环	35
4	四环～五环	40
5	五环～六环	26
6	六环以外	8

综上所述，北京市城市积水点主要分布在二环至六环地区，二环以内以及六环外的积水点较少（表11-9）。

11.6.2 应急避难场所分析

应急避难场所是指利用城市公园（除动物园及遗址公园外）、绿地、广场、学校操场等场地，经过科学的规划、建设与规范化管理，能为社区居民提供安全避难、基本生活保障及救援、指挥的场所。

应急避难场所包括固定避难场所和临时避难场所其中：

1. 固定避难场所

可选用地：公园、广场、体育场、绿地及具备避难功能的建筑物。

灾时功能：人员集中安置；救灾物资临时中转与发放；医疗救助与防疫；灾时动员与宣传。

平时功能：街头公园、公共绿地、广场、小型体育馆、中小学。

服务半径：小于2000m。

有效避难面积：大于10000m^2。

人均避难面积：大于2m^2。

2. 紧急避难场所

可选用地：居民住宅附近的小公园、花园、广场、专业绿地。

灾时功能：就近紧急临时避难。

平时功能：小公园、小花园、小广场、停车场、空地、非交通性主干道等。

服务半径：500m。

有效避难面积：安全控件。

人均避难面积：大于1m^2。

根据《地震应急避难场所场址及配套设计》GB 21734 — 2008对应急避难场所面积大小及使用天数，将避难场所按等级所划分为Ⅰ级、Ⅱ级、Ⅲ级：

Ⅰ级应急避难场所，可安置避难人员30天以上；

Ⅱ级应急避难场所，可安置避难人员3 ~ 30天（含30天）；

Ⅲ级应急避难场所，可安置避难人员3天以内。

各级应急避难场所设置要求见表11-10。

各级应急避难场所设置要求统计表 表11–10

项目级别	场地占地面积（m^2）	人均避难面积（m^2）
Ⅰ级应急避难场所	50000以上	5 ~ 7
Ⅱ级应急避难场所	10000 ~ 50000	3 ~ 5

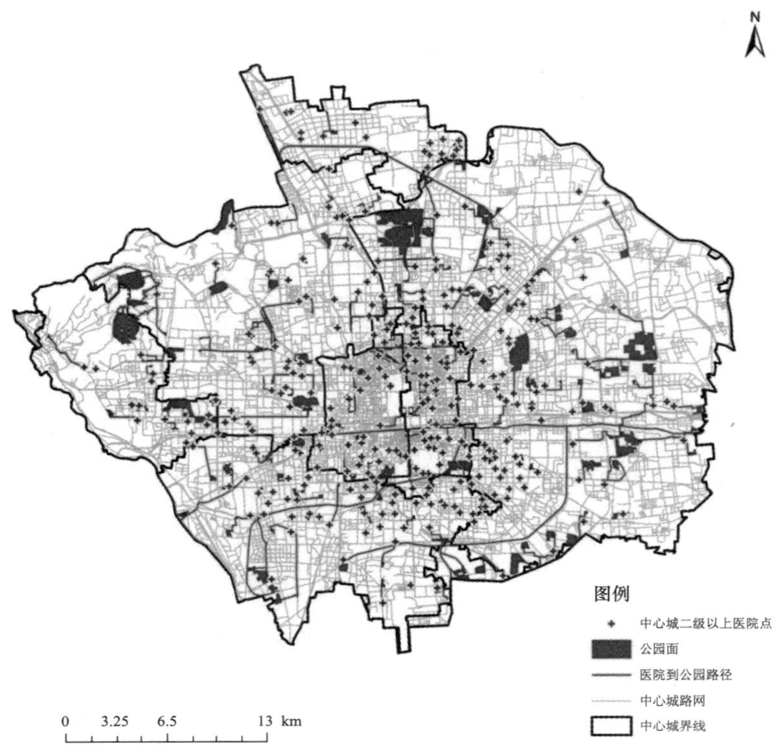

图 11-58　中心城区公园应急避难能力分析图

图 11-59　中心城区体育馆应急避难能力分析图

图 11-60　中心城区大学应急避难能力分析图

图 11-61　中心城区中学应急避难能力分析图

图 11-62　中心城区小学应急避难能力分析图

图11-58 ~图11-62给出了几种应急避难场所避难能力分析，判断避难场所适宜性评价有两种，一是有效性指标，一是可达性指标。有效性指标主要通过可容纳人口数和开放空间比这两个数据进行分析。

可容纳人口数是指利用应急避难场所的开放空间除以每人最小需求避难面积求得。每人最小需求的避难面积，根据国内外相关文献与《地震应急避难场所场址及配套设施国家标准》GB 21734—2008，每人最小需求避难面积为 4m^2，以此统计区域范围内应急避难场所可容纳人数。开放空间比为应急避难场所有效避难面积与应急避难场所占地面积之比（表11-11）。

可达性指标主要是应急避难场所与医院、消防站点的最短路径分析。由于缺乏消防站点数据，因此本书仅分析与医院的最短路径。

中心城区应急避难场所可容纳人口统计　　表11-11

序号	名称	可容纳人口（万人）	平均开放空间比（%）
1	小学	79.24	53.95
2	中学	68.92	49.59
3	大学	103.26	43.46
4	公园	1122.38	96.19
5	体育场馆	4.03	60.88
6	总计	1377.83	

综上所述，2014年中心城区常住人口为1303.16万人，中心城区应急避难场所可容纳人口为1377.83万人，超出了中心城区人口总数，避难场所能够满足应急避难需求（表11-11）。

11.6.3 危险化学品分析

危险化学品是指具有毒害、腐蚀、爆炸、燃烧、助燃等性质，对人体、设施、环境具有危害的剧毒化学品和其他化学品。近年来，危险化学品仓库、存放点屡屡出现事故，造成了人民生命财产的重大损失。为摸清北京市危险化学品的分布情况，对危险化学品进行分类，并将位置落入空间图中（图11-63、表11-12）。

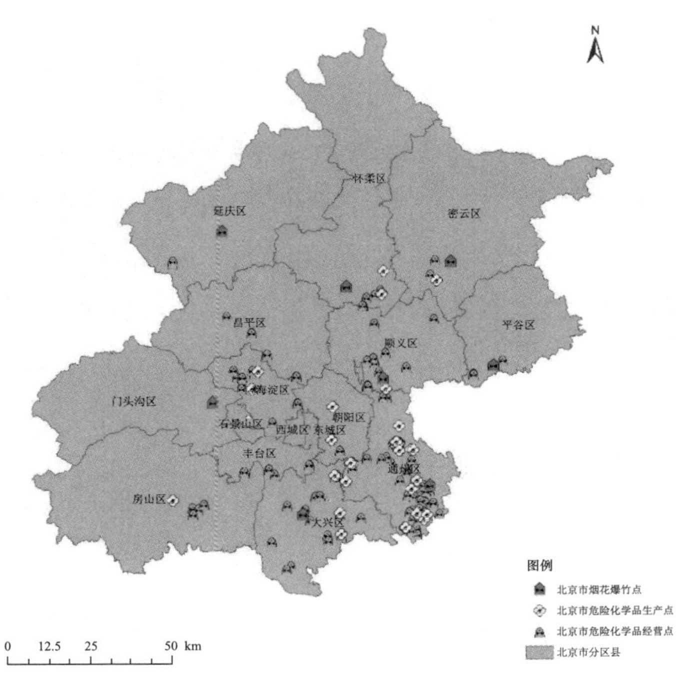

图11-63 北京市危险化学品分布图

北京市危险化学品数量 表11-12

序号	类别名称	数量
1	危险化学品生产点	487
2	危险化学品经营点	850
3	烟花爆竹燃放点	9

图 11-64　北京市丰台河东地区危险化学品与消防站点路径分布图

由于消防站点的数据只拥有丰台河东地区范围内的，因此研究危险化学品与消防站点的路径分析只选用丰台河东地区。丰台河东范围内仅存两个危险化学品地点，与其最近的消防站为花乡看丹村消防站和东高地消防站（图 11-64）。

11.7　城市总体规划及实施评估专题服务

11.7.1　职住平衡分析与评估应用

职住平衡反映居住功能和就业功能在一定规模的城市地域范围内的匹配程度。追求职住平衡对于城市发展和居民生活具有重要意义。本节应用地理国情数据，以北京市通州区为案例，对职住建筑规模比和职居空间匹配指数（*SMI*）两项指标进行分析，用于反映职住平衡现状，为将来地区实现职住平衡作出判断和预警。

11.7.1.1　职住建筑规模比

职住建筑规模比是指城乡建设用地内产业建筑与居住建筑的比例关系，是反映城乡建设用地结构的约束性指标。应用地理国情普查监测数据，对提供就业的房屋建筑类型包括：行政办公、商业服务、教育、医疗、卫生、交通、园林、文化、体育、通信、社会福利、环境卫生、工业和仓储等类型。

以通州区为例，通州区就业房屋建筑总规模为0.65亿m^2，住宅房屋建筑总规模为0.92亿m^2，职住建筑规模比为1 ∶ 1.42，即住宅房屋的建筑规模是就业房屋建筑的1.42倍，住宅房屋建筑的建筑规模比重较大；通州区就业房屋建筑的占地面积为41.01km^2，住宅房屋建筑的占地面积为45.20km^2，职住建筑占地面积比为1 ∶ 1.10，即住宅建筑的占地面积是就业房屋建筑的1.10倍，就业房屋建筑和住宅房屋建筑的占地面积基本相当。

北京城市副中心（简称城市副中心）面积约155km^2，在通州区的西北部区域就业房屋建筑总规模为0.20亿m^2，住宅房屋建筑总规模为0.49亿m^2，职住建筑规模比为1 ∶ 2.45，即住宅房屋的建筑规模是就业房屋建筑的2.45倍，住宅房屋建筑的建筑规模比重较大；城市副中心就业房屋建筑的占地面积为12.09km^2，住宅房屋建筑的占地面积为12.88km^2，职住建筑占地面积比为1 ∶ 1.06，即住宅建筑的占地面积是就业房屋建筑的1.06倍，就业房屋建筑和住宅房屋建筑的占地面积基本持平。

城市副中心12个功能组团就业房屋建筑总规模为0.14亿m^2，住宅房屋建筑总规模为0.28亿m^2，职住建筑规模比为1 ∶ 2.03，住宅房屋的建筑规模是就业房屋建筑的2.03倍，住宅房屋建筑的建筑规模比重较大；12个功能组团就业房屋建筑的占地面积为9.30km^2，住宅房屋建筑的占地面积为10.98km^2，职住建筑占地面积比为1 ∶ 1.18，即住宅建筑的占地面积是就业房屋建筑的1.18倍，就业房屋建筑和住宅房屋建筑的占地面积基本相当。

从职住建筑的建筑规模比来看，12个功能组团范围内的职住建筑规模差距最大，职住失衡状况的情况最严重；其次是城市副中心；通州区总体上职住建筑规模差异最小。通州区各乡镇地区的职住建筑规模差异分布并不均匀，其中位于副中心范围的北苑街道职住建筑规模差异最大，住宅房屋建筑的建筑规模是就业房屋建筑的5倍之多。

从职住建筑的占地面积比来看，通州区、城市副中心和12个功能组团范围内的就业房屋建筑和住宅房屋建筑的占地面积基本保持在1 ∶ 1，未达到北京市职住用地比现状的1 ∶ 1.3。

根据《北京城市总体规划（2016 ～ 2035年）》要求，到2020年全市职住用地比例由现状的1 ∶ 1.3调整为1 ∶ 1.5以上，到2035年调整为1 ∶ 2以上。

由此可见，城市副中心现状的职住用地比与北京城市总体规划的要求仍存在较大的差距。

就业与住宅房屋面积比例统计如图11-65所示。

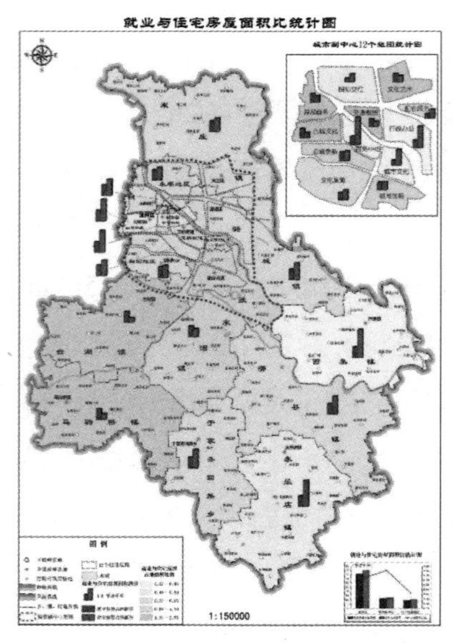

图11-65　就业和住宅房屋面积比统计图

11.7.1.2　职居空间匹配指数（*SMI*）

通州是北京人口居住密度最高的区域，同时也是人才聚集丰富区域。基于北京市地理国情普查，结合精确到楼栋的经济普查及人口普查结果，对北京市通州区街道及乡镇尺度下职居平衡的情况进行测度，重在构建反映居住与就业实质性匹配的“职居空间匹配指数”，并探讨改善其空间差异性的有效发展及规划策略。

基于国内外关于空间不匹配（Spatial Mismatch）的相关研究基础上，引入“职住比”、“职住空间匹配指数”度量北京通州区及其副中心区域在乡镇及街道两个尺度上职住关系，并量化分析研究区职住空间不匹配程度。

职住比指标由研究单元内从业人口与居住人口数量的比值来表示，反映地区内就业-居住的数量上平衡性。通过统计分析，城市副中心的就业人口数量和居住人口数量的比例差异大于通州区平均水平，城市副中心和12个组团的就业人口数量和居住人口数量的比例差异基本相当。城市副中心范围内的永顺街道、新华街道、北苑街道，以及通州区南部的永乐店镇职住比相对较低，可能存在副中心区域人口聚集就业竞争压力较大的现象。从乡镇尺度职住比反映的职住关系来看，城市副中心区域范围内职住比较低乡镇呈现零散分布；整体来看全区职住比的空间差异较大，其中最小值为0.026，主要分布在西南部的于家务回族乡、东南部与河北省接壤区域，需引起相关规划部门重视。提示这些乡镇街道应改善土地使用模式，形成紧凑布局、混合使用的用地形态，提倡公共交通的使用，从而形成良好的城市结构和土地利用布局，并在此基础上进一步完善基础设施、公共服务设施和生活服务配套设施等，减少居民生活出行总量，缩短生活出行距离。

街道水平和乡镇水平职住比反映的职住空间异同反映出职居平衡理念下研究尺度的重要性。对两个水平的职住比指标进行耦合，进一步探讨通州区职住关系在乡镇及街道不同水平上的协调发展情况。

结果显示，位于永顺街道和北苑街道的乡镇与其街道职住比耦合系数普遍低于其他地区，反映出职居空间在质量上，即区域职住自足性存在发展不平衡。

职居空间匹配指数（*SMI*）可以衡量地区的职居空间匹配情况，*SMI*值越小，表明职居空间越平衡；反之越大，则表示职居空间不匹配现象越严重。其计算公式见式（11-3）：

$$SMI = \frac{1}{2}\sum_{i}^{n}\left|\frac{P_i}{P} - \frac{e_i}{E}\right| \tag{11-3}$$

其中，E和P分别代表研究区域内（各街道）的就业人数和总人口数，局部单元（各乡镇）i内的就业人数和总人口数，n为局部单元的数量。

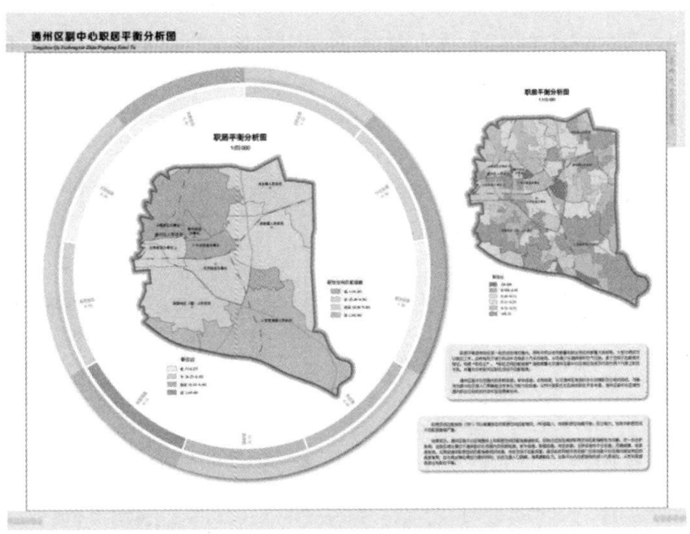

图 11-66　城市副中心职住空间匹配分析图

结果显示（图 11-66），城市副中心的职居空间匹配指数较大，表现出职居空间不匹配现象。城市副中心北部区域的职居空间匹配指数值与其他区域相比数值较低，反映出这些区域的职居空间匹配程度相对较为均衡，进一步分析表明，这些区域主要位于城市副中心范围内的永顺地区、新华街道、梨园街道、宋庄街道、玉桥街道和中仓街道。

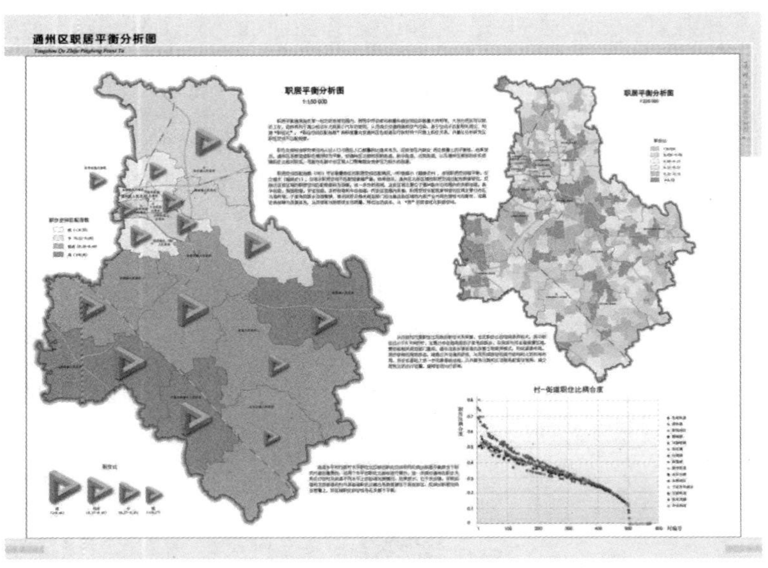

图 11-67　通州区职住空间匹配分析图

从全区范围来看（图 11-67），职居空间失配现象明显区域主要分布在马驹桥镇、于家务回族乡及西集镇，提示政府及相关规划部门应注重这些区域的内部产业布局合理性与均衡性，完善住房保障与改善体系，从而提高当地居民生活质量，降低生活成本，从“质”的层面优化职居空间。

11.7.2　生态红线划定

11.7.2.1　划定原则

遵循生态红线划定科学性、整体性、协调性和动态性原则的基础上，重点考虑如下三个方面：

1. 依法划定生态保护红线

生态保护红线划定方案确定过程中，严格依据《中华人民共和国环境保护法》等相关法律法规规定，按照《若干意见》有关精神，参照《指南》提出的技术方法，开展划定工作。

2. 突出首都功能

生态保护红线划定方案确定过程中将落实首都城市战略定位、疏解北京非首都功能贯穿始终，突出特大城市生态系统特点、功能，以及构建生态安全格局需求。

3. 对重大政策和重点区域的考虑

考虑到城市发展的现状及未来重大规划、政策、工程和项目的需求，本次生态保护红线划定方案与冬奥会延庆赛区、新机场、怀柔科学城等重点项目规划进行了衔接，并重点考虑了北京城市副中心的发展需求，目前上述规划中已经确定的建设用地不纳入生态保护红线范围。

11.7.2.2 划定方法

严格按照2017年5月出台的《生态保护红线划定指南》（简称《指南》）要求，通过开展科学评估、校验划定范围和协调衔接来确定红线边界。

1. 科学评估

根据北京市生态环境特征和生态保护需求，确定科学评估的内容。其中，生态功能重要性评估内容包括水源涵养功能重要性、水土保持功能重要性和生物多样性维护功能重要性；生态环境敏感性评估内容包括水土流失敏感性。

科学评估的方法参照《指南》推荐的评估方法，采用模型评估法和净初级生产力（NPP）定量指标评估法等多种方法进行评估和比较。其中，评估方法的参数选取尽可能在评估过程中进行适当调整和细化，优先采用国内权威的、分辨率更高的基础数据，并根据实地调查结果对评估结果进行校验，最终选取符合实际生态状况的评估方法。根据评估结果，将生态功能重要性依次划分为一般重要、重要和极重要3个等级，将生态环境敏感性分为一般敏感、敏感和极敏感3个等级。

根据评估结果，全市生态功能极重要区面积2914km^2，占市域面积18%；重要区面积2932km^2，占市域面积18%；一般重要区面积10480km^2，占市域面积64%。全市生态环境极敏感区面积为648km^2，占市域面积4%；敏感区面积为1744km^2，占市域面积11%；一般敏感区面积13949km^2，占市域面积85%。

将评估得到的生态功能极重要区和生态环境极敏感区进行叠加合并，去除空间重叠部分，两者总面积为3323km^2，占市域总面积的20.2%。

2. 校验划定范围

将评估得到的生态功能极重要区和生态环境极敏感区与北京市现有禁止开发区和各类保护地进行校验，形成生态保护红线空间叠加图，确保划定范围涵盖市级及以上禁止开发区域，以及其他有必要严格保护的各类保护地，形成生态保护红线待划定范围边界。

根据《指南》要求，选取北京市现有各类保护地和禁止开发区域，包括自然保护区（核心区和缓冲区）、风景名胜区（特级区和一级区）、饮用水源地（一级保护区）、森林公园（核心景区）、国家级重点生态公益林（水源涵养重点地区）、重要湿地（五条重要河流）、生物多样性重点区。

3．协调衔接

将生态保护红线待划定范围边界与各类规划、区划空间边界及土地利用现状相衔接，综合分析开发建设与生态保护的关系，扣除永久基本农田、城市开发边界、现状城乡建设用地（国有和集体）、现状特殊用地与交通运输用地、规划城乡建设用地以及土地利用规划的允许建设区，再对扣除地块中重要保护区进行识别，补绘饮用水源地一级保护区及自然保护区核心区，最终形成北京市生态保护红线的边界。

11.7.2.3　红线方案

划定生态保护红线面积4290km²，占市域总面积的26.1%（图11-68）。

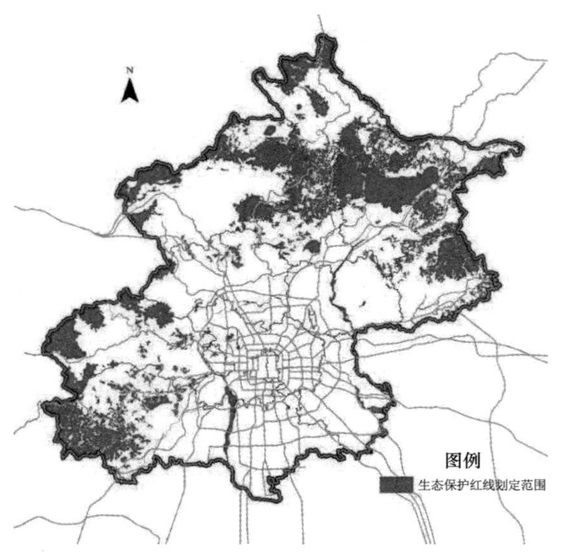

图11-68　北京市生态保护红线区分布范围

生态保护红线划定方案涵盖了如下内容：

一是水源涵养、水土保持和生物多样性维护的生态功能重要区、水土流失生态敏感区；

二是市级以上禁止开发区域和有必要严格保护的其他各类保护地，包括：

（1）自然保护区（核心区和缓冲区）；

（2）风景名胜区（特级区和一级区）；

（3）市级饮用水源地（一级保护区）；

（4）森林公园（核心景区）；

（5）国家级重点生态公益林（水源涵养重点地区）；

（6）重要湿地（五条重要河流）；

（7）生物多样性重点区。

北京市生态保护红线原则上按禁止开发区域的要求进行管理。严禁不符合主体功能定位的各类开发活动，严禁任意改变用途。生态保护红线划定后，只能增加，不能减少。因国家重大基础设施、重大民生保障项目建设等需要调整的，由市政府组织论证，提出调整方案，经环境保护部、国家发展和改革委员会会同有关部门提出审核意见后，报国务院批准。因国家重大战略资源勘查需要，在不影响主体功能定位的前提下，经依法批准后予以安排勘察项目。

11.7.3 新一轮百万亩平原造林

为落实《北京城市总体规划（2016 ～ 2035年）》，北京市委政府决定开展新一轮百万亩造林绿化工程，根据对新一轮百万亩造林绿化选址工作的有关要求，应用地理国情普查监测数据，对北京市第二轮平原造林工程提供选址服务。

根据2017年地理国情监测成果数据，提取新一轮百万亩平原造林预选址范围内的地表覆盖分类数据进行现状分析。

根据分析结果显示（图11-69），30.12%的面积为林草覆盖，其中10.77%为草地，可进行造林工程，19.35%面积已经为林地或人工幼林，不需要再进行造林，需要重新选址。43.12%的面积为种植土地，10.71%的面积为构筑物，需要根据实际情况进行有选择的造林。

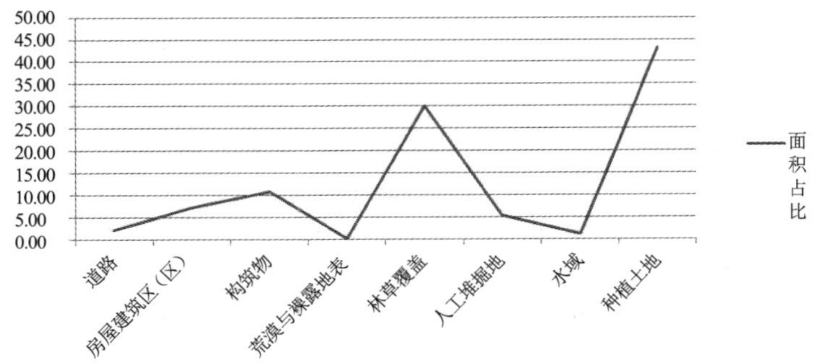

图 11-69 新百万亩平原造林规划选址范围内各地类面积占比统计图

通过空间分布图（图11-70），重点显示了道路与种植土地及林草覆盖要素，为造林工程重新选址及下一步造林作业提供了非常准确的分析判断。如在朝阳和大兴接边处，其他地表覆盖分布较为集中，通过进一步的分析可确定该区域是否可以进行造林。该项工作通过分析各地类的空间分布及面积占比，为造林工程提供了精准的现状地类判定、周边地类环境的评估，节省了外业核查工作，并准确计算了选址与不同现状空间叠加后的数量关系，为造林空间选址提供预选方案，常态化监测更是为“五年一造林”工程落实提供年度监督，保障首都的生态文明建设。

图11-70 新一轮百万亩平原造林规划选址现状分析图

11.7.4 生态功能用地核查

基于地理国情数据对北京生态功能用地进行时间、空间一体化分析核查。通过对疑似违法范围叠加地理国情现状数据进行统计分析，林草覆盖的面积高达84%，也就是说疑似违法范围内有84%是符合生态功能用地，不属于违法用地。而16%的用地属于非生态功能，属于疑似违法用地，其中12%为种植土地。图11-71是疑似违法用地现状空间分布图。通过对疑似违法用地（非生态功能类型）在2012年、2015年、2017年3个年份的分析，精准计算违法过程，比如说在第一轮平原造林（2012 ~ 2016年）过程中，通过种植土地和林草覆盖的分析，哪些地块在2012年为非林地，在2015年为林地，然后在2017年又变成非林地，这可以定位违法时间就是2016 ~ 2017年。

该项工作为生态功能用地的核查提供了非常准确的现状判断，并客观评价了第一轮平原造林工程的成效，为生态功能用地核查提供精准的空间、时间定位技术，服务北京生态文明建设。

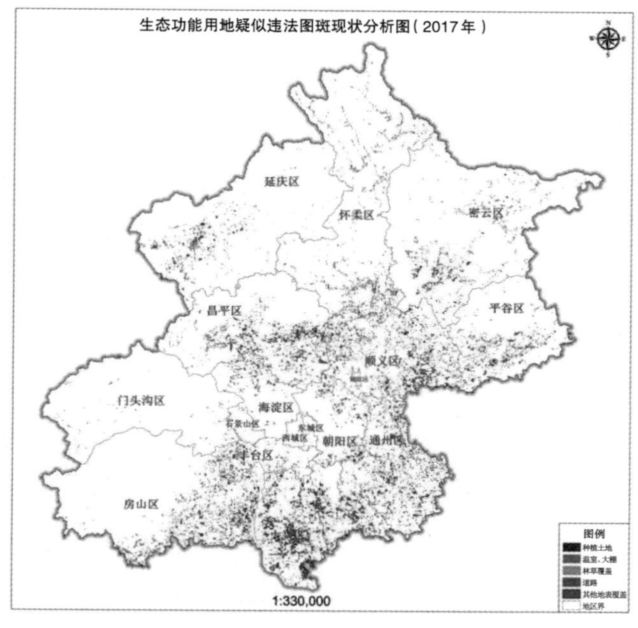

图11-71　疑似违法图斑现状分析图（2017年）

11.7.5　社会感知

社会感知就是以人作为最小粒度的感知单元，以各类手机定位、社交媒体、出租车轨迹、公交刷卡等地理空间大数据为数据源，基于并扩展GIS空间模型和分析方法，通过数据融合、机器学习等手段，提取人的时空行为模式、空间交互模式、区域演化模式，反演人文及社会经济要素的地理空间特征（如组团特征等），定量刻画和揭示人地关系。位置大数据已经成为当前用来感知人类社群活动规律、分析地理国情和构建智慧城市的重要战略资源。通过对位置大数据的处理分析，可从单纯的定位数据引申出人的社会属性以及与环境的关系。

位置大数据主要分为地理数据、轨迹数据和空间媒体数据。

（1）地理数据：直接或间接关联着相对于地球上某个地点的数据，包括自然地理数据（土地覆盖类型数据、地貌数据、土壤数据、水文数据、植被数据、居民地数据、河流数据、行政境界）和社会经济数据等。其来源主要是传统测绘和泛在测绘，包括各种遥感影像和大地基准测量数据。其特点是数据体量大，较为规则化，变化较慢。

（2）轨迹数据：通过GNSS等测量手段以及网络签到等方法获得的用户活动数据（个人轨迹数据、群体轨迹数据、车辆轨迹数据），可用于反映用户的位置和用户的社会偏好。来源主要有各类导航数据、智能手机数据、物流数据等。其特点是数据体量大，信息碎片化，准确性较低，半结构化等。

（3）空间媒体数据：包含位置因素的数字化的文字、图形、图像、声音、视频影像和动画等媒体数据，主要来源于移动社交网络、微博等新型互联网应用。特点是数据来源混杂、数据异构性大、数据价值密度低，实时性强但时空标识定义欠严格或欠精确。

地理国情普查监测数据主要是指空间化、可视化的国情信息，主要包括地表自然和人文地理要素，以国家地理空间框架和信息化测绘体系为支撑，以遥感对地观测数据及基础地理信息数据为主体，通过整合地理国情普查数据、地理国情监测变化数据、各类地面观测数据、各类调查与考察数据、统计数据、众源地理空间数据而形成，是天然的位置大数据。

位置社会感知是指通过人类社会生活空间部署的大规模位置传感设备，感知识别社会个体的行为，分析挖掘群体社会交互特征和规律，引导个体社会行为，支持社群的互动、沟通和协作的一种计算技术。随着移动互联网等技术的发展，位置服务已从单纯的定位服务转变为具有社会化、本地化和移动性特征的新型业态。用户的服务需求已经从获取位置扩展为获取位置背后更为丰富的社会信息与群体智能，从位置搜索、路径规划等普遍化需求扩展为符合自身社会属性的个性化、智能化需求。通过位置大数据的社会感知，可以更好地认识“人的世界”。在不同城市和不同人群中，位置数据特征上的差异就可以直接映射到人们在休闲娱乐方式、群体性格、情感分布、生活压力、城市宜居性等方面上去。再者，通过大规模位置轨迹的分布学习，可以为社群移动行为进行指导，从而参与诸如疾控预防、防灾减灾等工作。

11.8 本章小结

本章主要介绍了地理国情监测成果在城市规划管理中的应用服务，并针对北京“大城市病”，在房屋、交通和生态环境方面展开的具体应用进行了详细的分析，同时，针对城市安全，从风险灾害角度提供了数据分析。由于专题应用的需求层次和研究深度差异，以及每个城市具体面对的问题也存在不一致，因此，本章的专题分析仅仅是从一个示范的角度来说明问题，针对问题，还需要针对具体情况进行模型深化、指标拓展，更全面的挖掘数据，支撑城市规划管理服务。

本章参考文献

[1] 申犁帆，张纯，李赫，王烨. 大城市通勤方式与职住失衡的相互关系[J/OL]. 地理科学进展，2018（09）:1277-1290[2018-10-08].

[2] 黄偎，祁新华. 地铁对福州主城区空间格局的影响[J]. 世界地理研究，2017，26（05）:86-95.

[3] 郎益顺. 多规合一背景下的上海市交通规划实践[J]. 交通与运输，2018，34（04）:8-10.

[4] 应国伟，李亮，陈勇，李胜，王蕾. 基于地理国情普查数据的交通优势度分析与评价[J]. 测绘与空间地理信息，2018，41（06）:47-50，55.

[5] 余磊，石永阁，郑丽娜. 老河口市地理国情指数构建与分析[J]. 地理空间信息，2018，16（05）:26-30，8.

[6] 辜寄蓉，唐伟，郝建明，王德富. 长江经济带资源禀赋现状分析——基于地理国情普查[J]. 中国国土资源经济，2017，30（07）:46-52.

[7] 齐润冰. 基于地理国情监测的金普新区综合交通分析方法研究[J]. 测绘与空间地理信息，2017，40（05）:140-142.

[8] 董春，张继贤，牛利斌等. 地理国情地表覆盖的城市建设用地扩张分析——以兰州新区为例[J]. 测绘科学，2017，42（02）:28-34.

[9] 杨瑞红，董春，张玉. 地理国情普查数据支持下的人口空间化方法[J]. 测绘科学，2017，42（01）:76-81.

[10] 王海云. 基于地理国情监测的珠海市海岸带时空变化分析[J]. 测绘与空间地理信息，2018，41（07）:151-155，159.

[11] 张瑞. 江苏地理国情普查数据采集及常见质量问题处理[J]. 测绘与空间地理信息，2015，38（05）:163-165.

[12] 陈楠，任常青，姚喜花. 基于地理国情成果的地表覆盖分形结构研究[J]. 测绘标准化，2017，33（04）:11-14.

[13] 杨瑞红，董春，张玉. 地理国情普查数据支持下的人口空间化方法[J]. 测绘科学，

2017, 42(01):76-81.

[14] 虞晓芬，陈前虎，吴一洲. 城市公共建筑规模与空间分布研究——以杭州为例[M]. 北京：中国建筑工业出版社，2010.

[15] 阿依努尔·买买提，玉米提·哈力克，娜斯曼·那斯尔丁. 基于3S技术的开孔河流域人居环境适宜性评价[J]. 农业工程学报，2017, 33(09):268-275.

[16] 朱佩娟，张洁，肖洪等. 城市公共绿地的应急避难功能——基于GIS的格局优化研究[J]. 自然灾害学报，2010, 19(04):34-42.

[17] 胡传博，游兰，林珲. 面向过程的城市公共安全风险监测评估建模方法[J]. 测绘学报，2018, 47(08):1062-1071.

[18] 张纯，易成栋，宋彦. 北京市职住空间关系特征及变化研究——基于第五、六次人口普查和2001、2008年经济普查数据的实证分析[J]. 城市规划，2016, 40(10):59-64.

[19] 刘晟呈. 城市生态红线规划方法研究[J]. 上海城市规划，2012(06):24-29.

[20] 管青春，郝晋珉，石雪洁等. 中国生态用地及生态系统服务价值变化研究[J]. 自然资源学报，2018, 33(02):195-207.

第12章

面向城市治理的典型应用

12.1 概述

地理国情普查和监测成果及其相关分析揭示了自然和人文地理要素的空间分布情况、相互关系和演变规律，实现了地理国情信息对政府、企业和公众的服务能力。随着城市化进程的不断深入，城市发展逐渐从规模转向品质内涵的提升。因此，基于城市地理国情监测成果，如何助力城市治理和功能完善成为地理国情监测成果应用的重点。

本章围绕城市下垫面变化、地表沉降变化、违法建设监测、城市体检评估、无障碍设施服务老龄化社会五个方面展开，分析城市存在的隐患，治理存在的问题，为城市健康发展提供有力保障。

12.2 海绵城市下垫面监测应用

随着城市建设规模的不断扩大、每到雨季，不少地区的城市排水系统面临着严峻的考验，“水漫金山”时有出现，有人将其调侃为“看海模式”。城市内涝使群众、集体和国家的财产遭受了较大的损失，甚至威胁到了人民的生命安全。

12.2.1 背景和意义

海绵城市是指城市能够像海绵一样，在适应环境变化和应对自然灾害等方面具有良好的“弹性”，下雨时吸水、蓄水、渗水、净水，需要时将蓄存的水释放并加以利用。海绵城市是新一代城市雨洪管理概念，也可称之为“水弹性城市”，国际通用术语为“低影响开发雨水系统构建”。2017年3月5日中华人民共和国第十二届全国人民代表大会第五次会议上，李克强总理政府工作报告中提到：统筹城市地上地下建设，推进海绵城市建设，使城市既有“面子”，更有“里子”。“海绵城市”下垫面材料应表现出优秀的渗水、抗压、耐磨、防滑以及环保美观多彩、舒适易维护和吸声减噪等特点，成了“会呼吸”的城镇景观路面，也有效缓解了城市热岛效应，让城市路面不再发热。海绵城市下垫面监测力在通过下垫面监测从源头尝试解决海绵城市建设中的“海绵体”问题。

海绵城市建设作为一种新型的城市发展方式，已融入新型城镇化和水安全战略中。一批海绵城市建设试点城市在海绵城市规划、建设、管理等方面开展了相关探索与实践。海绵城市总体规划构建了城市自然生态空间格局，保障区域海绵本底安全，同时结合城市发展特征，制定了海绵城市总体建设策略。通过试点为海绵城市建设与管理及控制性详细规划落实总体目标提供了技术支撑。

目前，我国的城镇化率已达到52% ~ 53%，根据发达国家的经验，城市加速发展时期城镇化率在30% ~ 70%，这意味着我国将长期处于快速城镇化阶段。城镇化发展最突出的特点是下垫面改变。城市下垫面的变化导致城市地区的水量、水质循环与自然区域迥异，同时也改变了城市区域的次级环流条件，而这些改变与城市内涝的产生有着密不可分的联系。我国正处在城镇化快速发展时期，城市建设取得显著成就，同时也存在开发强度高、硬质铺装多等问题。特别是建筑屋面、道路、地面等设施建设导致下垫面过度硬化，改变了城市原有自然生态本底和水文特征，70%以上的降雨形成径流被排放，城市“逢雨必涝，遇涝则瘫”。“海绵城市”的提出正是立足于我国的水问题。

12.2.2 基于海绵城市建设的下垫面监测研究理念

寻找新型雨洪管理方法和理念是解决海绵城市建设的根本途径。“海绵城市”是通过各种地表铺装系统及生态排水设施，使城市开发建设后的水文特征尽量接近开发建设前，可以有效缓解城市内涝，削减城市径流污染负荷。下垫面铺装系统则属于“海绵城市”理念下的一种重要的源控制技术。目前，下垫面铺装系统已被广泛应用于公园、停车场、人行道、广场、轻载道路等领域。下垫面铺装系统的总体原则是收集、储存、处理雨水径流，进而通过渗透补充地下含水层，这对提升城市整体的水文调蓄功能具有重要意义。

海绵城市应能够像海绵一样，在适应环境变化和应对自然灾害等方面具有良好的“弹性”。我国许多特大城市水资源严重匮乏，近年来许多城市也推出了相关治理策略，着力推进“集雨型绿地”建设，打造可收集、利用雨水的“海绵型城市”，但是这些措施均是通过局部区域整治和特定设施的改造来提高雨洪的调蓄和利用率，对于海绵城市建设缺乏对“海绵体”的深度研究，缺乏一个科学的透水性地面分类体系，不了解各类透水性地面的面积、数量、类型、分布的现状和基础，缺乏草地、林地、园地、耕地、裸露地表等透水地面的渗透标准，不能准确定量计算已有河道、湖泊、沟渠、池塘、调节池、湿地等自然水体的调节排水能力。主要是研究基于“海绵城市”的下垫面铺装系统的监测与应用（图12-1）。

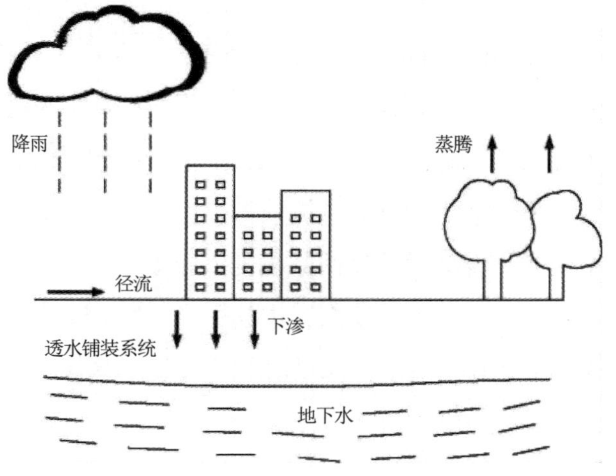

图12-1　降雨—径流—下渗—回用/循环

下垫面是指与大气下层直接接触的地球表面。大气圈以地球的水陆表面为其下界，成为大气层的下垫面，包括土壤、河流和植被等。下垫面数据即地面铺装数据，这里的地面铺装是一个宏观概念，主要从地质、地貌、水体、植被、人为建筑物、专用设施和气候条件7大类明显影响水量平衡及水文过程的要素制定分类内容与标准。

通过地理国情常态化监测项目连续不断地对城市下垫面的监测和变化分析，从监测内容与指标上全面、准确、精准地把握城市不同类型、不同类别地表覆盖的渗水特性以及精准评估海绵城市持续建设的实际成效和指导政府决策、宏观调整。特别是通过下垫面的监测分析，再根据特大城市的具体特点，制定出“海绵度”的评价体系标准，从而在城市总体规划编制中响应如绿化率、水域面积率、年径流控制率等指标。

海绵城市建设已经成为城市治水的新方向，通过下垫面监测实现海绵城市建设由灾害管理向资源化、生态化管理的转变，我国目前很多城市都在地积极地推动海绵城市示范建设工程，在不影响已有建筑物功能、尽可能恢复城市原有河道（湖）和水塘等功能条件下，通过建设和改造城市建筑物、道路、绿化带、停车场、广场、公园等设施，提高下垫面雨水渗透率，实现城市自然蓄水滞洪。

12.2.3 下垫面研究内容与方法实现

以城市地理国情普查、监测任务为依托，基于常态化监测项目，利用不同年份的高分辨率航空影像数据、大比例尺地形图，并借助于3S技术，即遥感技术（Remote Sensing，RS）、地理信息系统（Geography Information Systems，GIS）和全球定位系统（Global Positioning Systems，GPS）的统称，对不同年份的下垫面数据进行采集、处理、然后通过空间分析等方法对比不同年份年的下垫面数据来进行管理、分析、表达、传播和应用。重点按照行政区划、自然和社会经济区域单元、规则格网等统计各类下垫面的变化情况、利用相关算法和关键技术分析下垫面变化原因。

为满足城市地理国情监测对下垫面数据的采集要求，并通过相关检查验收要求。下垫面需要对地表铺装系统采集内容进其分类，主要包括：城市道路、内部道路、农村道路、房屋（区分平房、楼房）、绿地（区分耕地、园地、林地、草地）、硬化铺装区域、裸露土地、水体及其他等。

项目设计需要根据城市实际情况设定科学的数据采集平面精度，即采集的地物界线和位置与影像上地物的边界和位置的对应程度，下垫面分类界线的采集精度应控制在5m以内。特殊情况，如高层建筑物遮挡、阴影等，采集精度原则上应控制在10m以内。

研究年份下垫面数据成果的现势性，应根据采用数据源的不同与当年地理国情监测地表覆盖数据成果、影像图、地形图的现势性保持一致。

12.2.4 基于下垫面的降雨地表径流分析技术

以地理国情普查数据、典型区域的长时间序列的实测数据为基础，结合相关专题资料，开展下垫面变化对区域径流系数影响分析。

径流系数说明在降水量中有多少水变成了径流，它综合反映了流域内自然地理要素对径流的影响，其计算公式为$\alpha=Y/X$。流系数α（runoff coefficient）是一定汇水面积内总径流量与降水量的比值，是任意时段内的径流深度Y与造成该时段径流所对应的降水深度X的比值。而其余水量则损耗于植物截留、填洼、入渗和蒸发。径流系数主要受集水区的地形、不透水面积、平均坡度、地表植被情况及土壤特性等的影响。径流系数越大则代表降雨较不易被土壤吸收，亦即会增加排水沟渠的负荷。

以通惠河流域及乐家花园水文站为例，其位于通惠河流域的中部，面积为90.54km^2，占通惠河流域总面积（277.58 km^2）的33%，西部边界为玉渊潭的泄水闸，区间分流主要包括右安门泄洪道，位于南护城河右安门橡胶坝上游南侧，东部出口以通惠河乐家花园站为控制站。研究区域内，建设用地面积为76.8 km^2，绿地面积为11.4 km^2，水体面积为2.3 km^2，目前的不透水面积比例约为85%（图12-2）。

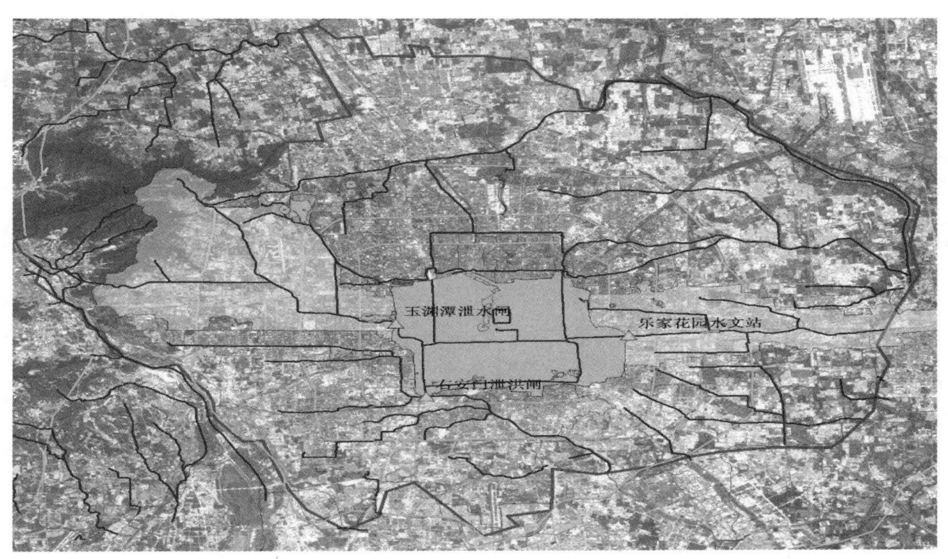

图12-2 通惠河流域及乐家花园水文站控制范围

计算径流系数的前提是准确估算面雨量和场次暴雨形成的地表径流量。面雨量主要通过采用反距离权重（*IDW*）空间插值法推算，场次暴雨地表径流量采用径流分割。（1）面雨量计算，采用反距离权重法（*IDW*）将代表站点的实测雨量转换为面雨量。反距离权重法是基于相近相似原理：即两个物体距离得越近，它们的性质就越相似，反之，离得越远则相似性越小。反距离加权插值降水法就是使用预测区域内已知的雨量站点值，来预测区域除已知雨量站外任何位置的值。(2)径流量推算，基于实测洪水过程推求径流深度：选择1959～2012年26场暴雨的降雨和流量过程监测资料进行产汇流分析。

分析不同年代面雨量(P)-径流深度(R)关系，20世纪50～60年代的P-R拟合线位置要低于80～90年代和2004～2012年的拟合直线，意味着同量级的降雨下，后者的径流量要高于前者。对比20世纪80～90年代P-R拟合直线和2004～2012年P-R拟合直线，两者出现交叉，说明2004～2012年较20世纪80～90年代，低面雨量时，径流量减少，与城区雨洪利用工程建设增加相关和雨洪滞蓄量增大有关；高面雨量时，径流量呈增加趋势，与流域不透水面积的扩大、雨洪利用工程的滞蓄作用对大降雨作用较小有关。

12.2.5 总结与建议

城市不同，特点和优势也不尽相同。因此打造“海绵城市”不能生硬照搬他人的经验做法，而应在科学的规划下，因地制宜采取符合自身特点的措施，才能真正发挥出海绵作用，从而改善城市的生态环境，提高民众的生活质量。今后城市建设将强调优先利用植草沟、雨水花园、下沉式绿地等“绿色”措施来组织排水，以“慢排缓释”和“源头分散”控制为主要规划设计理念。根据这一设计理念，了解城市下垫面的组成和变化情况就成为重中之重。下垫面数据成果的采集和处理，无疑对海绵城市的建设和研究提供了重要的数据基础。

通过本项目研究，今后各地应最大限度地保护原有的河湖、湿地、坑塘、沟渠等“海绵体”不受开发活动的影响；受到破坏的“海绵体”也应通过综合运用物理、生物和生态等手段逐步修复，并维持一定比例的生态空间。建海绵城市就要有“海绵体”。城市“海绵体”既包括河、湖、池塘等水系，也包括绿地、花园、可渗透路面这样的城市配套设施。雨水通过这些“海绵体”下渗、滞蓄、净化、回用，最后剩余部分径流通过管网、泵站外排，从而可有效提高城市排水系统的标准，缓减城市内涝的压力。

有条件的还应新建一定规模的“海绵体”。海绵城市建设要以城市建筑、小区、道路、绿地与广场等建设为载体。比如让城市屋顶“绿”起来，“绿色”屋顶在滞留雨水的同时还起到节能减排、缓解热岛效应的功效。道路、广场可以采用透水铺装，特别是城市中的绿地应充分“沉下去”。

为了更好地建设“海绵城市”，提出以下几点建议：

一是规划先行，标准护航。“海绵城市”项目是一个庞杂的项目，其实施是一个长期的过程，应按照近期、中期和长期规划制定合理目标；要在全面调研的基础上，科学制定建设规划、分类标准、技术标准体系，有序推进，无缝对接。结合地质、地貌、水体、植被、人为建筑物、专用设施和气候条件等要素，制定《海绵城市下垫面分类标准》，利用常态化监测项目摸清各类地表针对“渗、蓄、滞、净、用、排”的作用。

二是开展下垫面变化监测。摸清底数，评估监测。随着城市的不断发展，海绵城市下垫面的现状不断发生变化，不能利用现势性差、底数不清的数据开展海绵城市的规划、建设和评估，而应该全面开展城市下垫面普查和监测，摸清底数。结合测绘部门正在开展地理国情监测，建议将透水地面纳入到监测体系中；建议建立定期监测机制，摸清海绵城市透水地面的现状和发展趋势，对海绵城市建设成效进行动态监督和持续评估。

三是部门合作，数据共享。一定要从理念、方法、技术、设计、规范标准、运行维护等方面进行改革，打破禁锢和解放思想，推进部门结合、专业结合和数据共享，逐步建立海绵城市大数据时空云平台。

四是地上地下结合，绿色灰色融合。城市“地下管廊”与“海绵城市”建设同步考虑，因地制宜、统筹安排“地下管廊”与“海绵城市”这两项工程；加强灰色设施和绿色设施的建设及其相互之间的融合，因地制宜制定方案和配套措施。在建成区，应加强绿色建筑和地下管线的治理与改造，有效利用城市绿地，避免城市内涝；在新城区，要加强总体规划，实现城市绿地、地下管廊和地下管线相协调；在平原区，规划建设一定数量的蓄水设施，实现汛时储水，旱时利用模式；在山区，加强林地、绿地的涵养水土能力，防治山洪和泥石流。

五是制度建设、政策配套。包括协同机制，管控机制，考核机制等。例如，北京市正在推行的水影响评价审查制度，要求建设前、建设中和建设后径流系数不变。制定面向水生态、水环境、水资源、水安全、制度建设及执行情况、显示度等综合的考核机制。

六是重新构建城市良性水文循环，需要各部门的通力协作，需要严格执法和有效地监督问责。对于城镇已建成区域要循序渐进地将“传统的灰色的”雨水污水设施逐渐更新为“绿色的”海绵城市基础设施，而对于新建城区则必须编制海绵城市专项规划，科学论证，积极协调各方利益，严格执行规划内容。

海绵城市建设将展现中国城市建设的人与自然和谐相处的用心和智慧，将展现发展中国家城镇化建设的“美丽中国梦”。

12.3 地表沉降监测应用

地表沉降现象是在经济发展过程中不断加大对地下资源开发而产生的地面形变，是一种缓变性地质灾害。它对自然环境造成破坏，影响人们的正常生活和生产，是城市可持续发展的主要障碍之一，通常，狭义的地面沉降，主要是指国内外工程界所称的地面沉降。

地面沉降是因为自然因素与人类活动所引起的地层变形、压缩，让地表标高发生局部变形的一种运动。利用水准测量完成地面沉降监测工作具有经济效益良好、施工过程简单的特点，可以为区域地质灾害研究与预防工作提供可靠的基础资料。

12.3.1 研究背景

地面沉降是一种缓变性的地质灾害，世界各国都在不同程度上受到了影响，每年因此所造成的经济损失难以估量。据统计，我国总沉降面积约93万km^2，年均直接经济损失达到数亿元。因此，对城市地面沉降进行有效的监测非常地重要，它不仅可以为城市建设规划提供可靠数据，更可以为地质灾害防治和评估提供关键依据。随着雷达遥感技术的快速发展，合成孔径雷达干涉测量技术（D-InSAR）在地表形变监测中的巨大潜力已经得到了广泛认可。与现有的测量监测手段相比较，D-InSAR技术在监测城市地面沉降上具有高效、经济、高精度、大面积的独特优势。但是，由于受到了时间和空间失相关，影像获取时间大气贡献不一致的影响，传统的D-InSAR测量处理的质量往往不能够得到保证，极大地限制了这项技术的实际应用。近年来，为了弥补D-InSAR技术在地表形变监测中的不足，永久散射体雷达干涉测量技术PS-InSAR取得了重大的进展。

城市地面沉降是一种不可逆的极具危害性的人为灾害。持续的地面沉降会阻碍城市建设和沉降区域内的经济可持续发展。地面沉降同时还会导致一系列问题影响正常城市生产生活，带来巨大的经济损失，例如造成城市防洪能力下降导致高程水准网的混乱，水准点的失效影响城市交通、破坏旅游景点，导致公路沉陷甚至破裂，因其地下管线的破裂进而影响基础设施的使用。而在我国，已经有超过万平方公里的地区遭受着沉降灾害的损失，仅在上海地区，在过去年里地面沉降造成的经济损失高达数亿元，地面沉降灾害已经成为世界范围内阻碍城市经济发展和人民生产生活的重要制约因素之一，必须采取必要的手段进行有效的治理与控制。治理地面沉降首先需要分析城市地面沉降历史、发展现状和未来趋势，进而找出沉降诱因，并采取相关措施，因此需要对城市地表形变进行密切观测。

地面沉降是城市平原区的主要地质灾害之一，目前大中城市地面沉降发生的范围包括市区、郊区及一些卫星城市。近年来，个别区域地面沉降的发展迅速。为深入、系统地掌握城市地面沉降现状和发展趋势，将地面沉降监测纳入城市地理国情普查和监测实施方案确有必要，在沉降区建立系统、综合、高分辨率的区域地面沉降监测网络，获取准确、翔实的监测数据，总结地面沉降发展规律，对于城市规划建设安全运营具有重要的意义。

12.3.2 地表沉降监测关键技术

目前，许多学者对地面沉降产生的机理进行了深入研究，提出了许多计算沉降监测的理论和计算方法，为了对这些理论和方法的准确性和适用性进行验证，对沉降可能造成的灾害做出预估和研判，并采取必要的措施对地面实施改造和保护，需要掌握地面沉降变形实测资料。因此，地面沉降监测是地面沉降研究中的一项不可缺少的主要内容。地面沉降监测的技术不断更新和优化中，新技术、新理论不断得到应用。

一是精密水准法。常规地面沉降监测方法一般采用重复精密水准测量，此方法在我国大中型城市获得广泛的应用，但此方法野外作业周期长，耗费大量人力物力，而且随着城市发展，部分水准点受到了严重破坏，再加上水准点本身的布设密度较低，难于揭示地面形变规律。

二是GNSS监测法。GNSS的全称是全球导航卫星系统（Global Navigation Satellite System），它是泛指所有的卫星导航系统，GNSS技术是20世纪90年代初发展起来的空间技术，具有监测周期短、精度高、布网迅速和经济便捷等特点，GNSS技术可用于全球和区域地壳运动、局部滑坡、地表沉降等监测，其高程精度可达厘米级至毫米级。

不论常规精密水准测量还是GNSS技术，都只能对有限的离散点进行观测，以有效监测区域的不连续地表沉降，但是由于其点位密度不够，无法揭示整体的形变特点，加之监测费用较高，无法实现大面积、高分辨率和高重复性的监测。

三是InSAR技术。20世纪90年代以来，随着一系列合成孔径雷达（Synthetic Aperture Radar，SAR）卫星的升空，雷达遥感成为热点，合成孔径雷达（SAR）是一种高分辨率成像雷达，可以在能见度极低的气象条件下得到类似光学照相的高分辨雷达图像。特别是合成孔径雷达干涉测量（Interferometric Synthetic Aperture Radar，InSAR）及合成孔径雷达差分干涉测量（Differential Interferometric Synthetic Aperture Radar，DInSAR），可获取较大面积、全天候、高精度和高分辨率的地球表面三维空间的微小变化，在地表沉降监测方面显示出前所未有的优越性。

随着InSAR技术的广泛应用，尤其是在长时间序列的缓慢地面形变监测的深入应用，人们逐渐发现常规DInSAR技术存在不可克服的局限。永久性散射体（PS）方法的提出将DInSAR向前推进了很大一步，PS-InSAR技术的核心思想是对PS的干涉相位进行时间序列分析，根据各相位分量的时空特征，估算大气波动、DEM误差及噪声等，并将其从差分干涉相位中逐个分离，最终获取每个PS点的线性和非线性形变速率，大气延迟量以及DEM误差，经PS方法处理，获取的年度形变速率可以达到毫米级。

PS-InSAR技术多采用现象变量模型提取点目标对应的变形量，如测量长时间下保持稳定移动速率的地面移动的现象，该方法的优点，能一次性获取中尺度（约2000km）范围内的地表形变信息。PS-InSAR技术对数据量要求较高，只有SAR图像个数达到一定程度才能筛选出在整个时间跨度内具有稳定信号的PS点。此外，该技术通过对残余相位的处理，可以进一步提高估算精度和PS点数量，因此，在城市地面沉降监测或大型基础设施的监测方面具有很广阔的应用前景。

12.3.3 总结与建议

本节主要分析了北京部分区域地面沉降特征，研究地面沉降的数据模型与预测，为地面沉降的预防与控制提供决策支持。随着时序InSAR处理关键技术的深入研究及反演误差控制和分析等方面的改善，将极大推动时序InSAR技术的进一步应用和发展，通过订购高分辨率数据对城市未来地面沉降进行连续地监测，并融合其他外部监测数据，将会更好地为城市地面沉降灾害预报、预警提供可靠的保障。

利用雷达卫星进行干涉测量进行监测时也存在一些不足之处，主要表现在，大气参数的变化（对流层水汽含量和电离层）、地形变化剧烈或植被覆盖茂密区域的去相关引起的相位噪声及失相干，复杂地形条件下的相位解缠，轨道参数（基线）等的精确校准和地形快速纠正等问题。

由于InSAR技术受大气传播、卫星轨道等误差影响较大，需要通过GPS校正消除。因此，应将InSAR、GPS与传统水准测量等方法结合使用，合理利用各技术间的互补性，才能获得有效、精度高的数据与空间信息，达到有效进行地面沉降监测的目的。

12.4 疑似违法用地违法建设监测应用

12.4.1 研究背景

自改革开放以来，我国经历了世界历史上规模最大、速度最快的城镇化进程，常住人口城镇化率上升迅速，城市发展成就举世瞩目。但是，近年来，随之而来的问题接踵而至，如城市规划和建设盲目向周边扩延，大量耕地被占，人地矛盾尖锐；布局分散、城市整体规划相对落后；只求规模不问功能，盲目扩大，土地利用效率低下；道路交通、公共服务等基础设施建设相对不足和落后；城市历史文化遗产得不到良好的保护；城市建设中的人文问题、犯罪率问题突出等。这些问题使城市建设与城市发展处于失衡和无序状态，造成资源的巨大浪费、居民生活质量下降和经济发展成本提高，在一定程度上阻碍了城市的可持续发展。城市病几乎是所有国家城市化过程中曾经或正在面临的问题，它给生活在城市的人们带来了烦恼和不便，也对城市的运行产生了一些影响。在中央城市工作会上，习近平总书记指出：我国越来越多的城市患上了“城市病”，环境污染、交通拥堵、房价虚高、管理粗放、应急迟缓等问题越来越突出，降低了人们的幸福感。“十三五”期间，党中央以新的发展理念，决心根治“城市病”。

在城市发展过程中，违法用地与违法建设有蔓延猖獗之势，严重侵蚀城市公共资源、宝贵的土地资源和发展空间，影响城市对外形象，破坏市场经济秩序，制约了城市建设项目的顺利实施。为维护城市安全稳定，消除重大安全隐患，改善生态环境，实现经济社会科学发展，着力打造宜居城市，现将打击违法用地与违法建设工作作为“大城市病”治理的重要内容。

12.4.2 违法建筑评估

城市违法用地违法建设存在底数不清、情况不明、数据模糊等一系列问题。当前的违法用地违法建筑数据主要由各级政府逐级填报，主要是以统计表格为主，其中数据的空间位置、空间范围、分布结构无法很好地与现状房屋建筑对接。此类做法烦琐，既不利于统筹专项行动工作，也不能直观准确地抓住问题的重点和难点，无法有效检验工作成绩，对城市建设的公正性和准确性得不到保证。

根据地理国情，在单体建筑房屋信息基础上，参照城市规划用地分类标准，将单体建筑进行分类统计，汇总每类房屋建筑的房屋数量、建筑总量、分布现状、分布特点。将每类房屋建筑的数量、建筑总量与规划总量对比、分析，找到数据差距和问题症结所在。

12.4.3 违法建筑监测关键技术

违法用地违法建设监测基于遥感卫星影像，运用影像直接解译、新旧影像对比、容积率计算分析、用地性质与使用性质分析的方法，对违法建筑进行颜色、纹理、形状、排列、空间位置等信息综合分析，并制定判定依据。通过历史影像与最新影像对比，结合最新卫星影像的建筑物纹理分析，获取居住区外围“水平扩张型”的违法用地范围，叠加地理国情监测现状单体房屋建筑数据，通过空间分析方法计算违法用地范围内的疑似违法建筑总量。利用地理国情监测数据成果中的居住区范围、单体房屋建筑总量，逐个计算居住区或村落的综合容积率，核算居住区内部“垂直扩张型”的违法建筑总量；通过空间位置、排列特征和用地性质分析、历史影像与最新影像对比等方法，提取和分析集体土地“新生型”疑似违法建筑总量（图12-3 ~图12-5）。

图12-3 “水平扩张型”违法建筑

图12-4 “垂直扩张型”违法建筑

图12-5 “新生型”违法建筑

在此成果的基础上，针对重点区进行了进一步细化和确认，将提取的疑似违法建筑与城市规划审批平台成果进行叠加，逐个地块对比、分析、核实，确定最终的违法建筑数量（图12-6）。

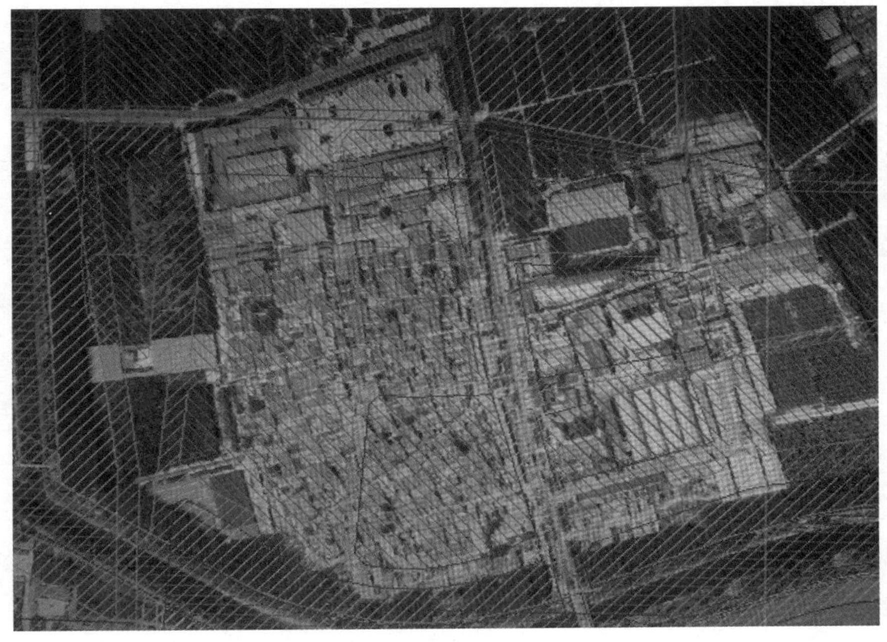

图12-6 城市规划审批平台

12.4.4 总结与思考

基于地理国情普查监测数据提取、分析违法建设工作，迅速、及时、准确地将数据成果提交至城市建设专项工作组，并为各级政府年度绩效考核、市政府年度会议和下一年度打击违法用地违法建筑工作部署提供数据支撑，在城市定点拆除违法建筑中取得阶段性成果。

目前，根据监测方法已提取城市范围内的疑似违法房屋建筑，并进行周期性监测和变化分析，并将结果提交至市查违指挥办，供其做年中、年终评估和年度计划。坚决遏制全市新增违法建设，确保新增违法建设零增长。进一步加大全市违法建设拆除量，发挥集中连片拆除违法建设对人口调控的带动效应。扎实推进城市拆除违法建设工作，全面拆除道路、小街巷、胡同两侧的违法建设。加大违法建设拆除后综合整治和管控力度，确保还绿、复耕比例。

通过对违法建筑违法建设实施进行，提出监测主要技术，有助于开展发改委统筹推进重大工程行动计划、城管局背街小巷治理、规划实施评估和城市体检、市住房城乡建设委老旧小区改造和园林绿化规划等项目。

12.5 城市体检评估分析应用

12.5.1 城市体检需求

作为特大城市，北京在昂首迈向国际两千万人口大都市行列的同时，快速的膨胀也在加剧这座千年古都自身的消化不良和运行不畅。社会进步回避不了城镇化，中国的城市病是社会发展的必然产物。在交通拥堵、住房紧张、能源供给困难、环境污染、噪声、大气污染、蔬菜粮食供应质量不高、公共安全缺乏保障等不同方面都较为突出。2014年2月，习总书记在北京考察工作时强调提出“努力把北京建设成为国际一流的和谐宜居之都”的要求。即一是要明确城市战略定位，二是要调整疏解非首都核心功能，三是要提升城市建设特别是基础设施建设质量，四是要健全城市管理体制，提高城市管理水平，五是要加大大气污染治理力度。对于首都城市病问题极其关切。市委书记也表示，必须痛下决心治理北京城市病。缺乏以空间数据为基础的定量分析，问题根源认识不足导致城市病问题成为一大难题。

而随着海量测绘地理空间大数据的不断迅速积累，尤其以地理国情普查及监测成果为代表的数据量及类型日益增长，数据应用及服务能力亟待提升。

城市体检正是在此背景下提出的，旨在应用城市测绘地理信息大数据对特大城市精细化管理进行分析评估，为政府决策管理提供支撑。通过大数据研究分析，科学揭示资源、生态、环境、人口、经济、社会等要素在地理空间上相互作用、相互影响的内在关系，准确掌握、科学分析资源环境的承载能力和发展潜力，为应对城市病、辅助城市规划与城市精细化管理决策提供信息。

2015 年 2 月，北京市测绘设计研究院以丰台区 3 个镇街 $64km^2$ 作为研究区域，完成了“城市体检”的试点工作，出具了“城市体检”评估报告，并取得较好的成效。“城市体检”工作受到了国家测绘地理信息主管部门和北京市规划委员会领导的高度关注。2015 年 4 月，受国家测绘地理信息主管部门领导委托，国土测绘司专程到北京院调研，听取“城市体检”汇报。鉴于北京市“城市体检”项目基于地理国情普查数据的创新性应用成果，2015 年 11 月 3 日，国务院第一次全国地理国情普查领导小组将北京市“城市体检”列为全国地理国情普查综合统计分析试点(《关于同意将北京市“城市体检”列为全国地理国情普查综合统计分析试点的批复》(国地普办[2015]20 号))。北京市“城市体检”评估工作是针对特大型城市精细化管理的实践与探索，是全国第一次地理国情普查在北京市城市管理中的具体应用。

城市体检除采用了权威、精准、精细的普查成果及相关委办局报送数据以外，还采用了“互联网+”思路，用大数据手段获取了多种实时动态数据，并以“全市空间均衡发展情况评价”为主题，秉承“以人为本”的原则，从人的需求出发，选择与市民生活密切相关的分析对象和分析角度，同时考虑对人的影响程度进行分析，突出空间数据分析特色，尽量以专题地图和数据图表相结合的方式展现分析结果，直观反映北京市人口、住房、公共服务和交通等设施、经济、环境等多种要素的空间分布以及均衡发展情况。2016 年，“城市体检”试点成果通过专家验收，以中国工程院郭仁忠院士为专家组组长的专家组对此给予较高的评价，认为“研究成果属于国内首创，具有前瞻性和创新性，可为城市转型发展、智慧城市建设和政府管理决策提供重要的数据支撑和技术方法示范。”自 2016 年 11 月起，北京市规划和国土资源管理委员会研究室、北京市城市科学研究会与北京市测绘设计研究院联合开展了“智慧城市建设背景下的城市体检评估研究”，进行与北京城市新总规相对接的城市体检评估研究。2017 年 9 月，经党中央、国务院批复并公布的《北京城市总体规划（2016 年～ 2035 年）》首次提出了“建立城市体检评估机制”。

为了有效提高北京市“城市体检”评估工作的服务水平，2015年6月，由北京市测绘设计研究院和北京工业大学联合支持成立了北京地理国（市）情监测与城市评估研究中心，通过强强联合与资源互补，面向社会需求，充分发挥各自优势，开展合作研究，最终形成以北京为核心、辐射全国、面向世界的开放式国际化产学研平台——数据信息处理与分析评估、对策建议的智库。该中心的成立也得到了国家测绘地理信息主管部门和北京市规划委领导的高度认同。该中心将根据城市发展需求，分别进行区县级和城市级的数据信息采集分类，并通过集合组织包括在京高校、科研院所，行业协学会在内的北京与国际上的城市问题研究专家，在社会、经济、政治、规划、管理等方面开展专题数据分析、比较与研究、评估工作；开展大数据分类处理系统建立、动态多元的评估技术与方法探索、前沿及重点领域专题研究与评估等相关的城市比较研究工作。

12.5.2 城市体检的思路

针对总体规划实施及大城市病问题，以海量空间数据为核心，结合政府管理属性数据、社会运行大数据等，探索大数据相关技术及动态多元评估分析方法，面向新总规，以“理念先行—技术研究—平台搭建—对接总规—区县试点—逐步推广”的总体思路，从理念到方法到实践，形成了含城市体检评估指标体系、技术体系、数据库、软件产品、评估报告等在内的全套城市体检评估方案。

以北京市为例，城市体检评估体系分为三个层面，首都级、市级、区县级（包括街道）。评估方法概括为四部曲（如图12-7所示）：（1）确定体检指标；（2）制定健康指数；（3）测出体检报告；（4）诊出城市病因。立足体现年度总体规划实施的作用、“规划—体检—管理”的良好机制、常态化的工作模式、智慧城市理念，基于城市体检空间大数据中心及评估平台，形成“1+N”城市体检评估内容，包括一套指标体系评估，N个专题分析，得出体检报告，实现定期体检。

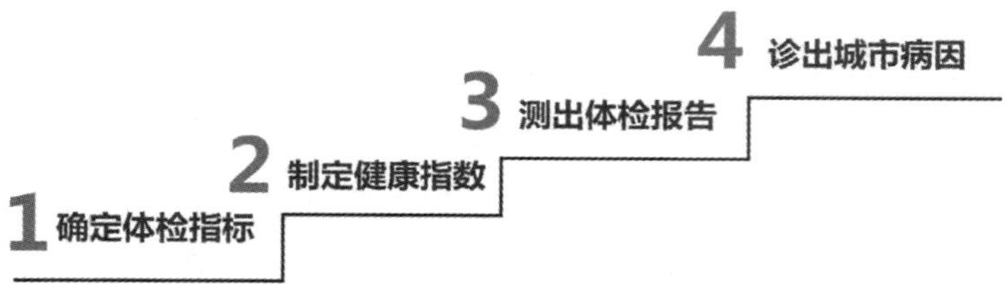

图12-7 城市体检实施步骤

12.5.3 城市体检评估指标

针对城市不同尺度的需求与侧重，研究面向总规的首都、市级、区级及街道等多尺度城市体检评估指标体系。以面向总规目标的市级城市体检指标为核心，结合首都功能定位及国际比较，构建首都级城市体检评估指标体系；以市级城市体检指标为指导，对区县乃至街道尺度采用“专项深化—因地制宜”的城市体检评估指标体系，进行市级指标的细化与落地。

1. 基于新总规目标的市级城市体检评估指标体系

以评估规划落实情况为导向，基于新总规发展目标，以“总规目标—评估指标—监测数据—绩效判断”的评估模式进行目标细化，采用“分级、分层、分类”方法，综合“建设国际一流的和谐宜居之都评价指标体系”等指标，形成了117项基于总规5大分目标、15项子目标的北京市城市体检评估指标体系，一级指标42项，二级指标40项，三级指标35项。

2. 面向个性化定制的区县级城市体检评估指标体系

以市级城市体检指标为指导，对区县乃至街道尺度采用“专项深化—因地制宜”的城市体检评估指标体系，形成“8+1”个专项共108项指标，其中8个固定专项包括人口、住房、交通、公共设施、环境、城市安全、经济发展、历史文化等，有利于反馈市级评估需求及区县间对比分析，1个动态专项以区县关注热点开展按需评估。

3. 基于国际比较、首都功能定位的首都级城市体检评估指标体系

通过对比联合国城市指标体系（WCCD）、全球城市实力指数（Global Power City Index，GPCI）等国际城市评估体系及英国伦敦、美国纽约、法国巴黎和日本东京等国际世界级城市评估体系，结合首都功能定位及国际比较，构建了首都级城市体检评估指标体系。

12.5.4 评估分析及应用

12.5.4.1 北京市丰台区城市体检——城市积水点分析

城市积水点作为导致城市内涝环境最关键的因素，一直是每个城市在雨季所遇到的难点问题。但是，导致城市内涝的问题因素有很多，积水点的产生，与地面高程、排水管道容量、地面硬化程度等都有很大的关系，由于影响因素较多，本书仅结合高程点、道路、桥梁、地下通道等设施，分析出丰台河东地区积水点分布位置，为

后期具体的积水点研究与解决方案提供位置基础。

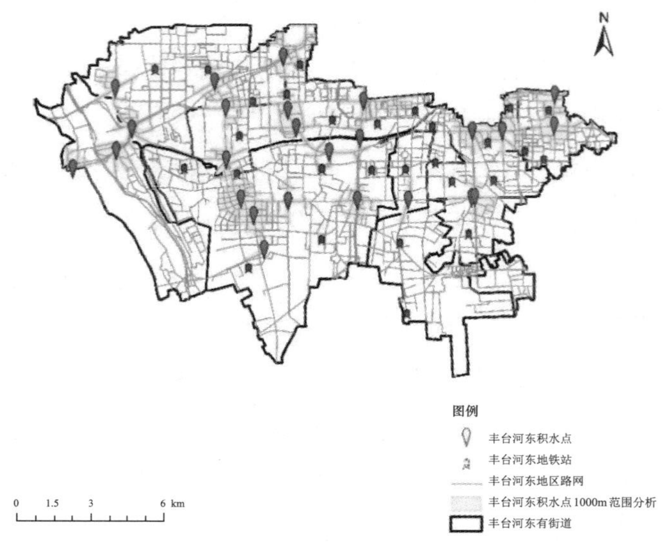

图 12-8 丰台河东地区城市积水点分布图

丰台河东地区共有积水点24个，主要分布在环路沿线，这些也都是城市的主要车行脉络，从图12-8中可以看出，三环、二环地区基本是每隔一段距离都有一个积水点，基本覆盖整个河东地区范围无空缺，这也是为什么北京一遇大雨就会引发城市主要交通网络瘫痪的主要原因。

12.5.4.2 北京市西城区月坛街道城市体检——人口分析

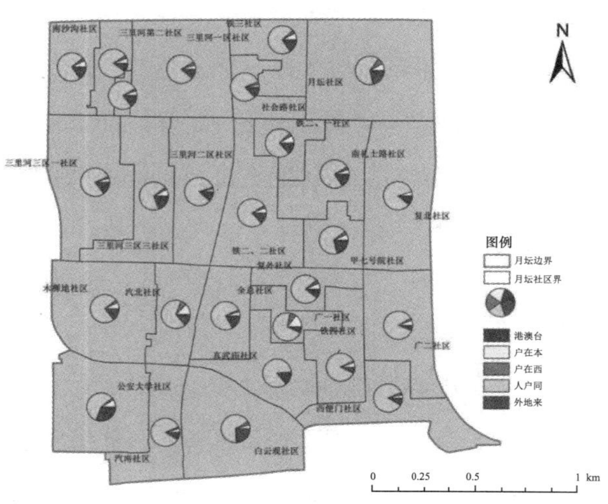

图 12-9 2017年月坛街道实有人口居住情况统计图

月坛街道人户同在本街道的人口占比最高，为75.32%；其次是外地来京人口，占比15.23%，户口在本市其他地区的人口占比6.27%，户口在西城区其他街道人口占比3.13%，港澳台及外籍人口占比0.05%。月坛街道各社区大多数人居住类型属于人户同在本街道（图12-9）。

12.5.4.3 北京市西城区月坛街道城市体检——公共设施分析

眼下，幼儿“入园难”已经成为全国范围内的普遍性难题。面对近年来学龄前儿童的爆发式增长，相关领域教育的投入显得有些跟不上形势，这也造成“入园难”的压力几乎全部转嫁到了家庭身上。

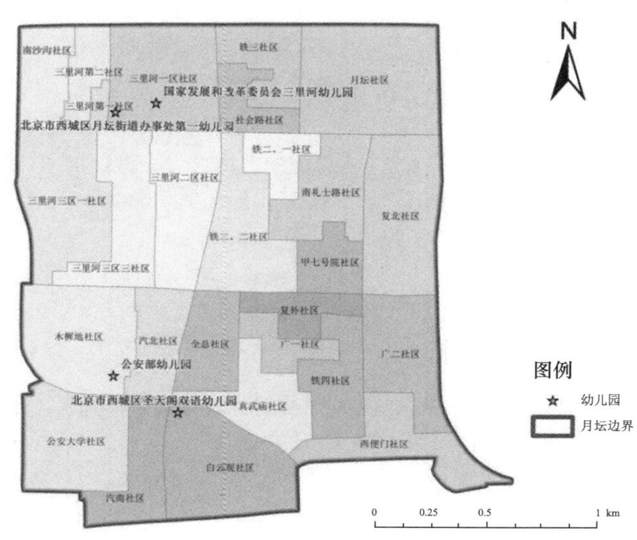

图12-10 月坛街道幼儿园分布图

西城区共有幼儿园教育设施68所，在全市的所占比重较小，占全市的4.8%左右，这与其用地和人口成比例（图12-10）。月坛街道现有的4所幼儿园不能满足全街道的现有人口，在数量上仍有缺口，现状各项设施千人用地指标均不能达到相关规划标准，差距较大。月坛街道幼儿园千人指标用地面积195.27m^2，千人指标建筑面积101.12m^2。在《居民公共服务设施配套指标》中要求幼儿园千人指标用地面积350m^2，建筑面积235m^2。总体来说，月坛街道不达到标准，可以考虑在缺乏幼儿园设施的社区新增幼儿园或扩大原有的建筑规模。

12.5.4.4 北京市石景山区城市体检——交通分析

北京地铁S1线是一条中低速磁悬浮轨道线。该线路连接北京城区与门头沟区，与6号线、1号线相接。6号线西延共设车站6座，自西向东分别为金安桥站、苹果园

站、苹果园南路站、西黄村站、廖公庄站、田村站，与海淀五路居站相连，并且可以与1号线、S1线、3号线等实现换乘。地铁6号线西延，S1线（门头沟线）开通后，全区北部的轨道交通出行得到了极大的改善，仅有五里坨街道乘坐地铁较为不便（图12-11）。

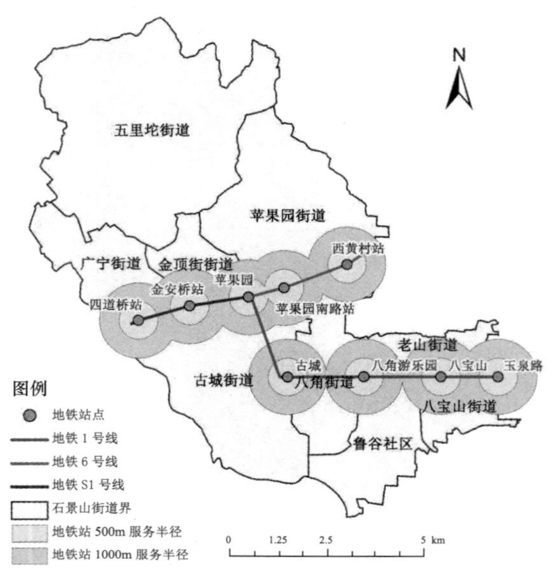

图12-11　石景山区轨道交通站点覆盖度分析图

12.6　无障碍设施的可达性评价分析

本节主要分析无障碍设施对老年人和残疾人的活动的影响，旨在揭示老年人和残疾人在到达活动场所方面的弱势程度，展示无障碍现状存在主要的问题区域，计算既有无障碍建设对各个小区可达性的贡献，并判断未来建设可能的贡献。

12.6.1　研究思路

12.6.1.1　主要情景及其分析方法

无障碍设施可达性评价主要采用地理信息系统的网络分析方法进行计算。首先采用路网数据构建步行道路的Network，形成符合普通人步行的道路数据集。进而通过叠加分析、拓扑分析，将各类无障碍设施添加到普通人的Network中，形成针对老年人和残疾人的道路网络集。将研究区的小区点图层和POI点图层加载到道路图层，即可计算对应的道路距离和通达时间。

（1）计算各个小区到达最近POI的道路距离，以反应小区到活动场所的区位条件。

这个条件主要由小区位置、活动场所位置和路网形态决定，与无障碍设施建设条件无关，反映了老年人和残疾人面对的基础的可达性。考虑到新增路网的可行性，这个层面的可达性改善主要依靠活动场所的建设，而非道路条件的改善。

（2）考虑无障碍设施建设情况，计算各个小区老人在15分钟内的活动场所可达性。

由于研究对象主要为老人，主要通过步行来测算其可达性。通过识别老人小区居住点到医院、银行、超市、公园等，考虑路途的人行天桥、地下通道是否有坡道，地铁站点出入口是否是无障碍、地铁站点是否有无障碍电梯可供进入地铁站，医院、银行等目的地是否有无障碍出入口等，无障碍厕所、无障碍停车场等根据需要添加，基于小区无障碍出行体验出发来分析可达性，并通过对比普通人、老人的可达性来评价老人可达性水平以及考虑无障碍设施对老人出行的影响以及还存在的一些问题。

12.6.1.2 关键参数设置

基于无障碍设施的分布，将无障碍设施点通过拓扑计算连接到路网内并设置其便利程度（属性值），其中无障碍坡道、无障碍出入口、无障碍电梯（主要用于计算老人到地铁站）设计便利程度为减少出行15秒，缘石坡道设计便利程度减少5秒，重新计算老人从小区出发到各个设施点的最短路径时间，老人时速设计为2.9km/h，通过衡量老人出行路径上的无障碍设施量来衡量现状无障碍设施为老人出行提供多大的便利程度。

12.6.2 道路距离角度的活动场所与小区位置关系评价

12.6.2.1 分类活动场所的最近距离分析

各个小区到最近的公交站平均道路距离271m，90%以上都在500m以下，基本可以实现公交站点在东西城区500m范围内全覆盖，说明东西城区居民的公交站点可达性较好，且分布较为均匀，但总体上来说西城区要优于东城区，且基本沿每个街道主干道向外依次递减。地铁站方面，各小区到最近地铁站的平均道路距离为1160m，普通人15分钟步行距离大约为1200m，说明东西城有超过50%居民可以实现步行15分钟内可达最近公交站，大多数小区距离地铁站集中在100 ~ 900m之间（图12-12）。

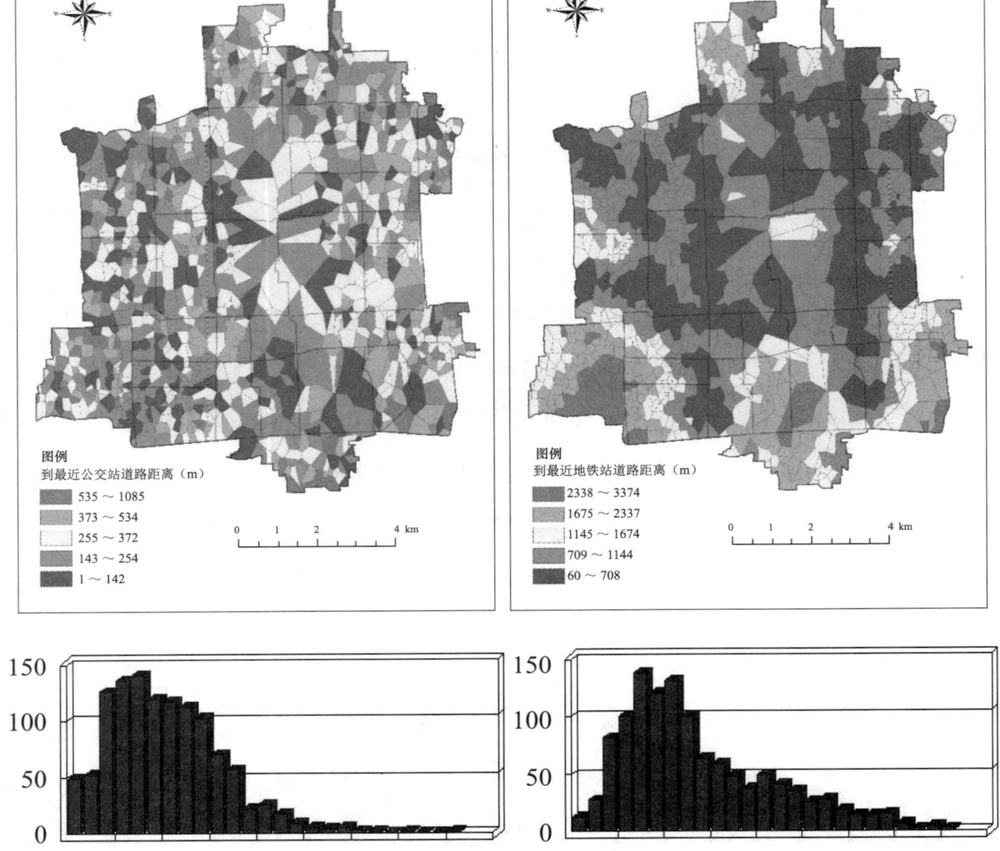

图 12-12　小区到最近设施点距离分布图（左：公交站；右：地铁站）

如图12-13所示，各小区距离最近医院（等外、一级、二级、三级等）的道路距离平均值为459m，最大值也仅为1795m，90%以上小区距离在1000m以下，说明东西城居民的就医条件较好，基本可以实现医院的15min全覆盖，医院的总体布局较为均匀，其余居民小区的空间匹配程度总体较好。但是广安门外、白纸坊、广安门内、牛街等街道老人分布较为集中，其与医院等设施的连接性更为重要。以三甲医院为例，小区到医院的道路距离平均值为1442m，最大值为4237m，考虑到老人出行不便，其基本需要乘坐交通工具才可以享受到其服务，其分布大多在两个街道的边界地区，可以较好地服务到两边的街道居民，但是布局上明显“北多南少”，广安门外、永定门外、龙潭街道等南部街道距离三甲医院都比较远，基本在2500m以上，三甲医院可达性较差。

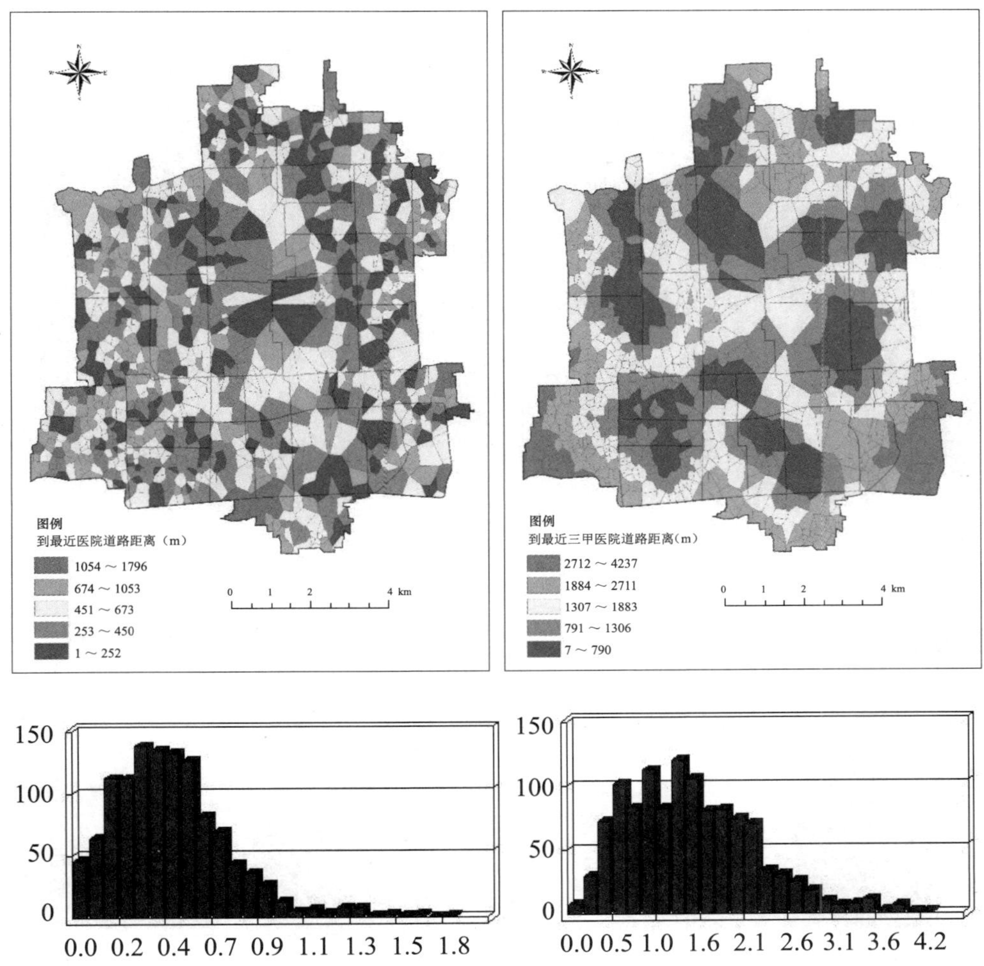

图12-13　小区到最近设施点距离分布图（左：医院；右：三甲医院）

如图12-14所示，考虑到老人接送小孩儿上学，各个小区距离最近的幼儿园平均距离为594m，基本可以实现10分钟接送小孩儿上学，布局上来说以故宫为中心环状分布，但故宫周边幼儿园较少，居民点也较少，出现洼地，具体来说西南部小区幼儿园可达性较好，基本可达实现800m内全覆盖；以小学为例，各小区到最近小学的道路距离平均为512m，绝大部分小区的距离都在1200m以下，小区与小学的空间匹配性较高，分布也较为均匀，基本可以实现老人步行接送小孩，只有天桥街道南部以及龙潭街道南部小区可达性较差。

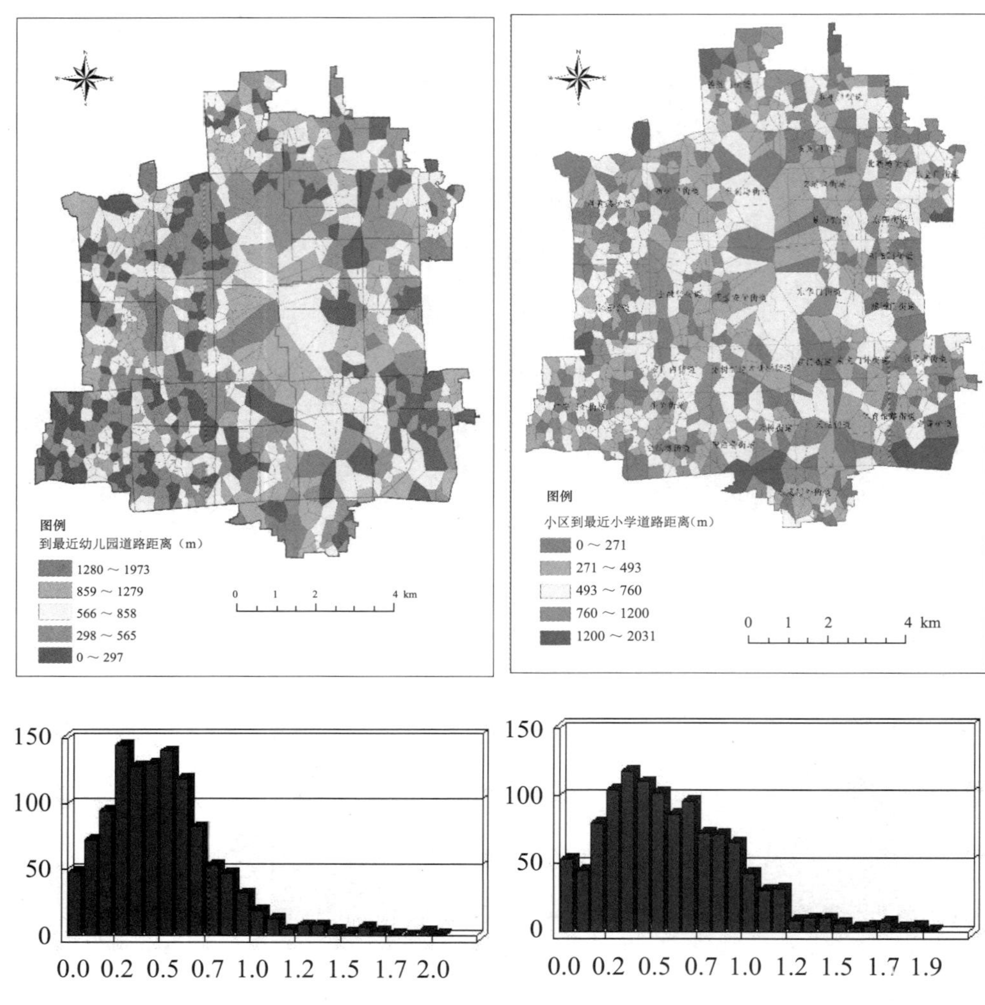

图12-14　小区到最近设施点距离分布图（左：幼儿园；右：小学）

各个小区到最近银行的道路距离平均值为362m，最远不过1303m，基本可以保证老人步行15分钟可以到达最近的银行，说明银行设施量的分布是比较合理的，其与小区的匹配程度也整体较好；对于超市而言，本研究只调查了大型连锁超市，所以空间布局较为稀疏，但整体上西城区的超市与小区匹配度高于东城区，也更加均衡，永定门外大街由于设施量不足导致其可达性较差（图12-15）。

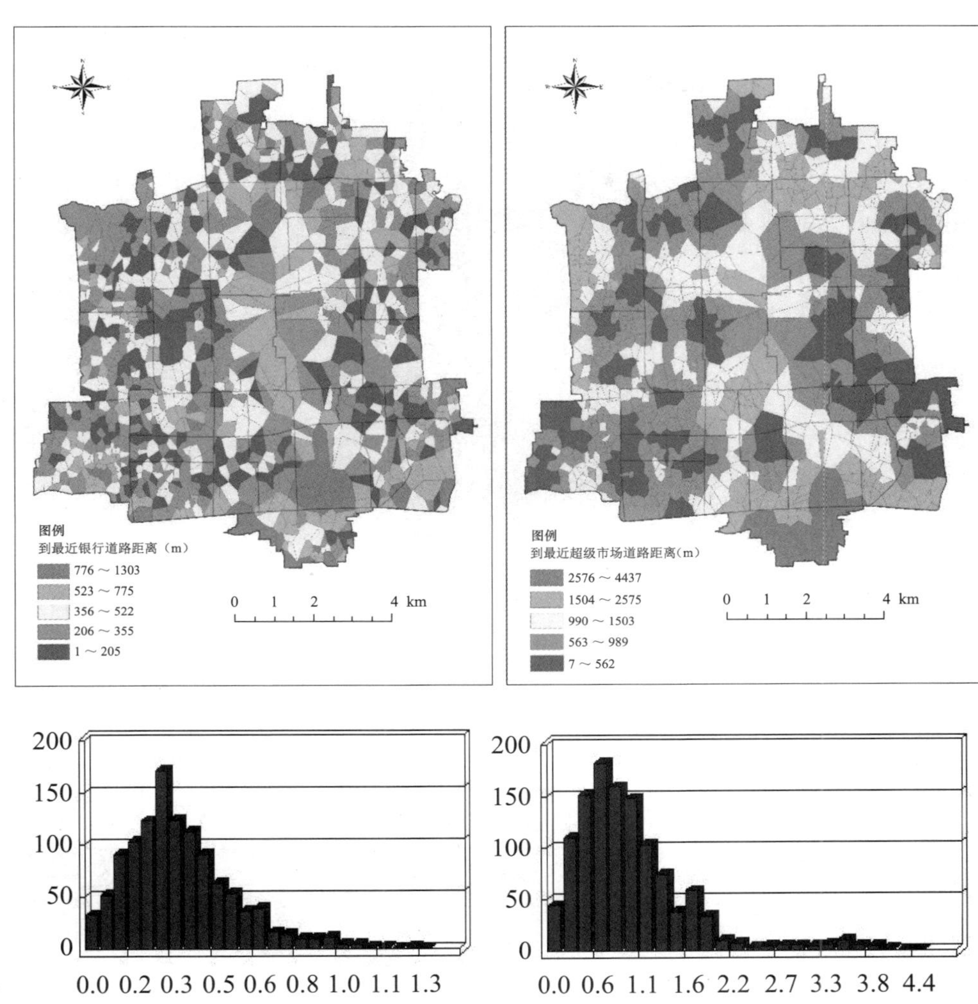

图 12-15 小区到最近设施点距离分布图（左：银行；右：超市）

12.6.2.2 小区到活动场所的综合邻近性评价

综合以上分类衡量小区到最近设施的最短道路距离图，可以通过图 12-16 看出：不考虑无障碍设施等其他因素，设施与小区的空间匹配度以广安门内、建国门和什刹海街道为中心，三足鼎立，向外辐射。中心由于故宫的原因出现洼地，空间匹配度低的核心地区为永定门外街道，其主要原因为设施量较少，限制了内部居民的出行可达性，这部分地区面临的最主要问题是设施量的不足，只有先通过建设一定的设施量，再来考虑其内部老人的无障碍设施化进一步提高老人出行可达性；对于设施与小区空间匹配较好地区则应该主要考虑通过无障碍设施的建设来提升老人的出行便捷程度，提高老人幸福程度，进一步促进社会和谐（表 12-1）。

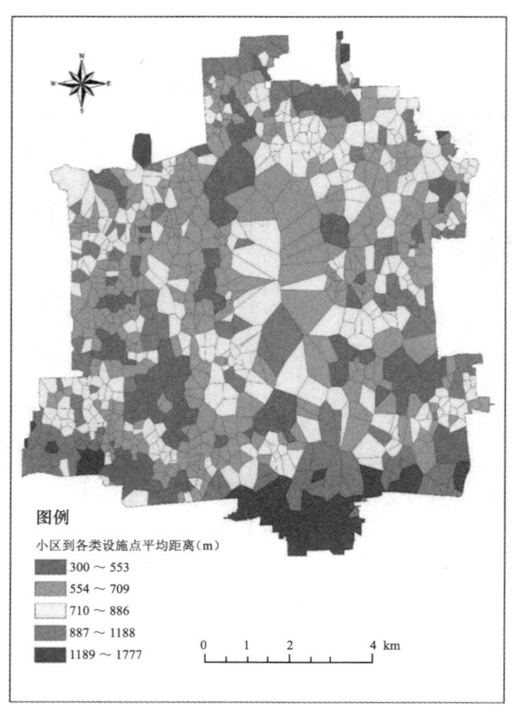

图 12-16 小区到各类最近设施点平均距离（增加街道尺度）

研究区各个小区到最近设施点情况总体概况（单位：m） 表 12-1

小区到最近设施点	平均值	最大值	最小值	标准差
地铁站	1160	3376	60	654
公交站	271	1084	1	153
幼儿园	594	1973	0	356
小学	512	2031	1	774
医院	459	1795	1	266
银行	362	1303	1	205
三甲医院	1442	4237	7	752
超市	979	4437	7	680
各类综合	739	1777	300	237

12.6.3 现状无障碍设施对活动可达性的贡献

12.6.3.1 已建无障碍设施的可达性贡献评价

不考虑无障碍设施的小区老人到达各类最近设施点的平均时间基本依赖于该地区设施量以及该区域路网密度。如图12-17 ～图12-19所示，布局基本以故宫为中心环状分布，东部CBD地区，北部什刹海地区，西南部广安门内地区设施的平均时间较短，可达性较好。

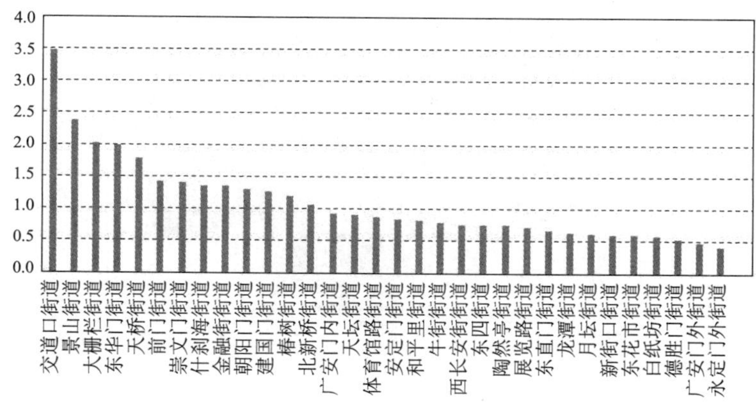

图12-17 老人平均每次最近各类设施点出行节省时间图（分钟/次）

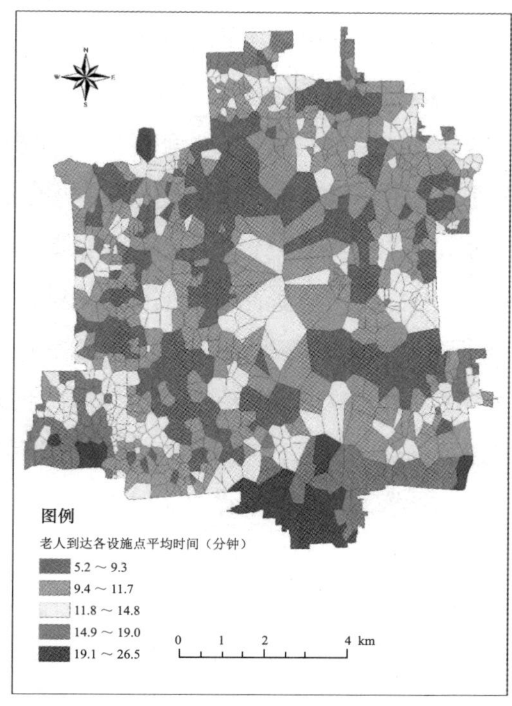

图12-18 各小区老人到达各类最近设施点的平均时间

图 12-19　各小区老人到达最近设施点节省时间（分钟/次）

12.6.3.2　可达性贡献与人口分布存在的空间错位分析

无障碍设贡献区域与老人人口分布出现较为明显的空间错位。考虑到老人出行需借助无障碍设施，通过老人出行路径上无障碍设施量的多少来刻画无障碍设施对老人每次出行节省的时间，并以此来评价无障碍设施的价值，由图 12-18、图 12-19 可以看出：无障碍设施对老人出行便利程度最高的地区为什刹海、故宫的南侧、建国门附近小区，从前文中我们已经了解到东西城西南部设施量较少，老人人口众多，亟须设施点的建设以及无障碍设施的普及，但最终是东西城偏东北地区的老人出行便利程度最高，现有无障碍建设与老人分布出现了明显的空间错位。将图 12-19 小区数据赋以人口权重统计到街道层面如图 12-20 显示：交道口、景山、东华门、大栅栏街道等地区老人到达各类最近设施点的每次节省时间基本在 1.8 ~ 3.5 分钟，按照老人每天出门三次，往返共计 6 次，每位老人每天可以节省出行时间大约 18 分钟。而广安门、牛街、白纸坊、广安门等街道老人每次出行节省时间往往不到一分钟，而此地区老人聚集，设施无障碍化程度还不高，亟须通过无障碍设施的建设来提高老人的出行可达性。

评价无障碍设施也应先考虑该地区是否应该优先建设服务设施。而类似于永定门街道地区的情况，其无障碍设施对老人便利程度贡献地则主要是因为设施点的量不够，此时就不能只在乎无障碍设施的建设和普及，更应该优先考虑各种服务设施的建设。

图 12-20 各街道老人平均每次到最近各类设施点出行节省时间（分钟/次）

12.6.4 无障碍设施普及情景的可达性评价

不考虑无障碍设施计算各个小区普通人与老人15分钟内到医院、银行、超市、公园、小学、幼儿园、公交站点、地铁站点的个数，以此来对比老人与普通人可大范围的区别，由于没有考虑无障碍设施，此情景也可以描述为假设东西城区所有设施的无障碍化率均为100%，老人的15分钟生活圈大约有多大，以及现状情景下老人的潜在可达性到底有多高。其中普通人时速设定为4.8km/h，老人时速设计为2.9km/h，老人速度大约是普通人的70%。

通过对比老人和普通人15分钟生活圈内设施量的多少，可见老人15分钟的活动场所可达数量，平均而言普通人大致为老年人的两倍（表12-2、图12-21 ~图12-28）。

小区尺度各个街道老年人和普通人15分钟活动场所可达情况对比　　表12-2

（单位：个）

街道名	老人15分钟设施平均量	普通人15分钟设施平均量	普通人是老人的倍数
广安门外街道	1.83	3.86	2.11
白纸坊街道	2.43	4.96	2.05
广安门内街道	2.27	5.22	2.29
陶然亭街道	2.75	5.64	2.05
天桥街道	2.45	5.24	2.14
牛街街道	2.62	5.79	2.21
大栅栏街道	1.90	3.83	2.01
椿树街道	2.16	5.32	2.47
什刹海街道	2.47	5.39	2.18
展览路街道	2.80	5.95	2.12
西长安街街道	2.41	4.89	2.03
德胜门街道	2.52	4.83	1.91
月坛街道	2.52	5.69	2.26
金融街街道	3.54	8.00	2.26
新街口街道	2.27	5.06	2.23
东华门街道	3.31	6.61	2.00
和平里街道	2.06	4.08	1.98
北新桥街道	1.96	4.54	2.31
建国门街道	3.11	7.53	2.42
东直门街道	2.10	4.33	2.07
安定门街道	1.92	4.27	2.23
景山街道	2.45	4.54	1.85
东四街道	2.69	6.08	2.26
交道口街道	2.16	4.73	2.19

续表

街道名	老人15分钟设施平均量	普通人15分钟设施平均量	普通人是老人的倍数
朝阳门街道	2.90	6.38	2.20
天坛街道	1.28	2.96	2.31
永定门外街道	1.02	1.89	1.85
龙潭街道	1.91	3.78	1.97
东花市街道	2.71	5.42	2.00
体育馆路街道	1.38	2.97	2.16
前门街道	2.24	4.81	2.15
崇文门外街道	3.87	8.00	2.07

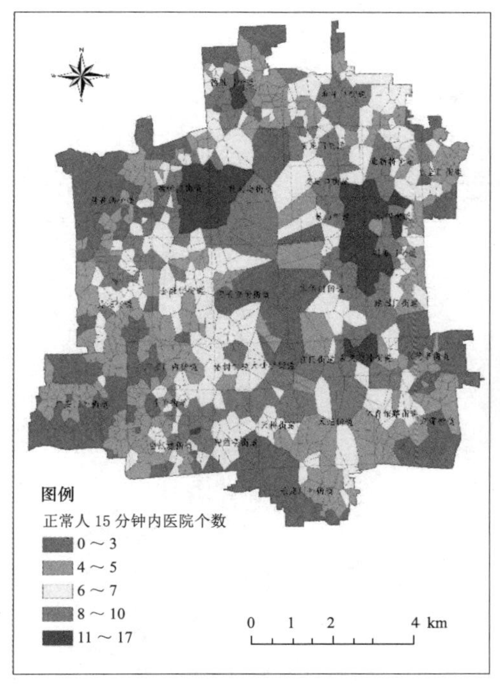

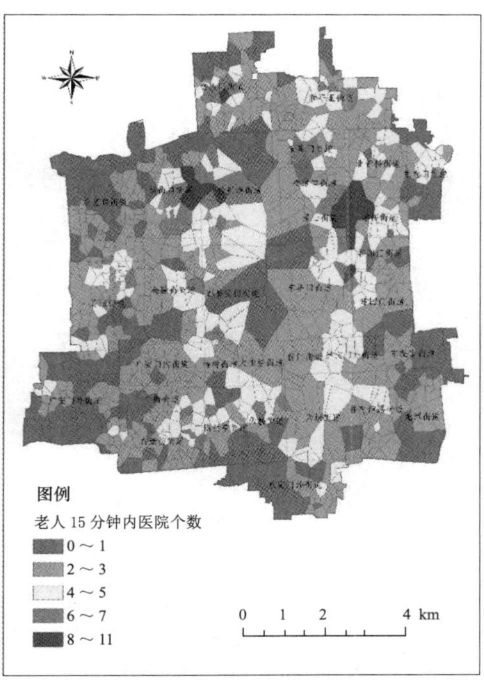

图12-21 不同人群15分钟内到达医院个数（左：普通人；右：老人）

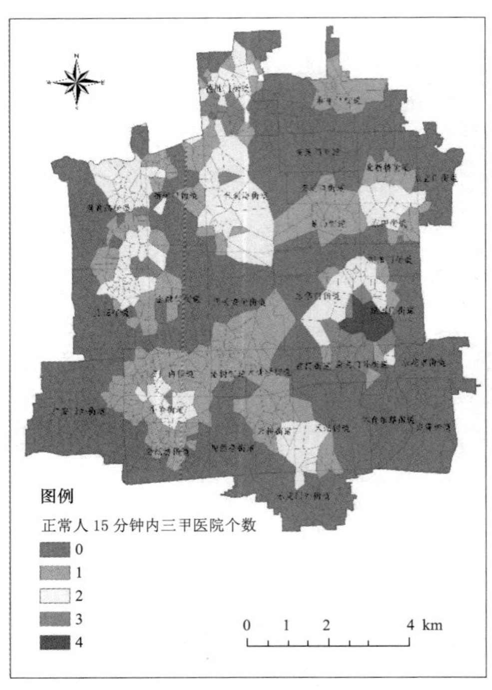

图 12-22 不同人群 15 分钟内到达三甲医院个数（左：普通人；右：老人）

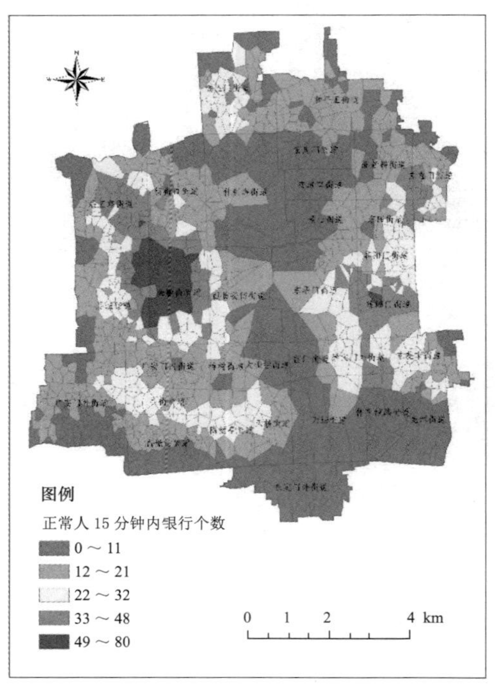

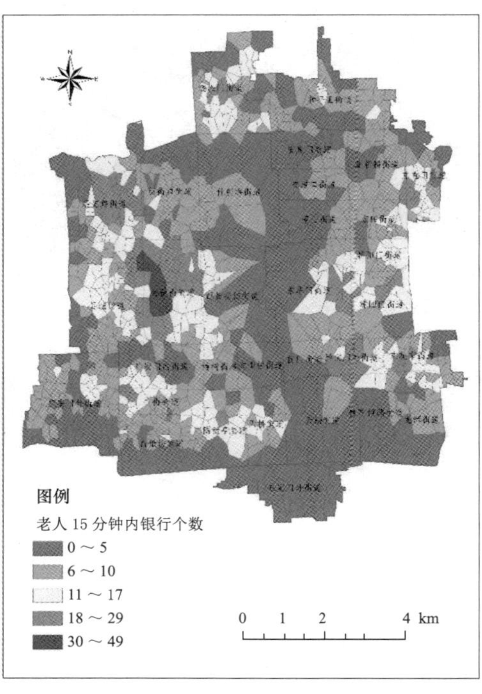

图 12-23 不同人群 15 分钟内到达银行个数（左：普通人；右：老人）

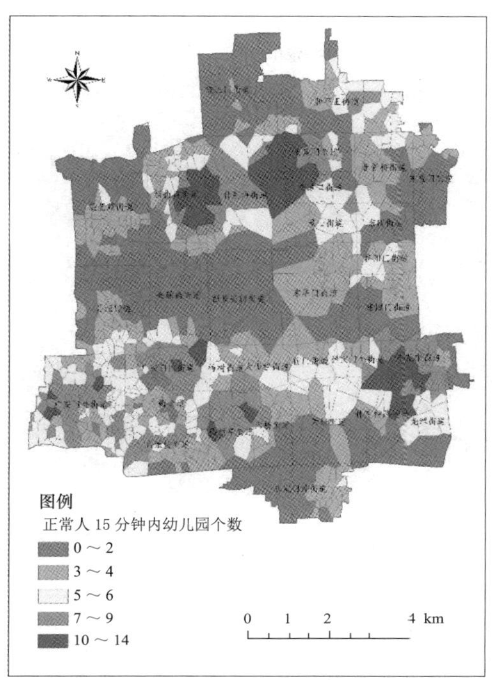

图12-24 不同人群15分钟内到达幼儿园个数（左：普通人；右：老人）

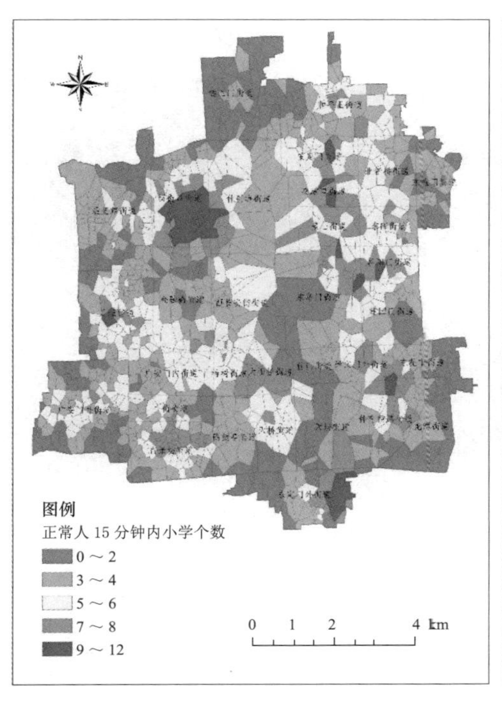

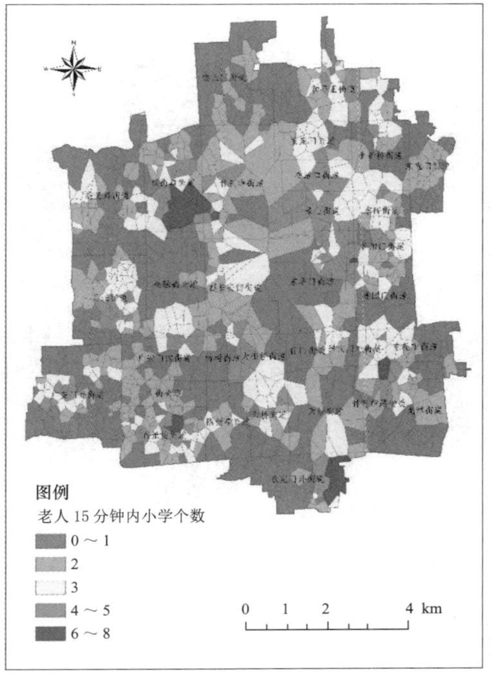

图12-25 不同人群15分钟内到达小学个数（左：普通人；右：老人）

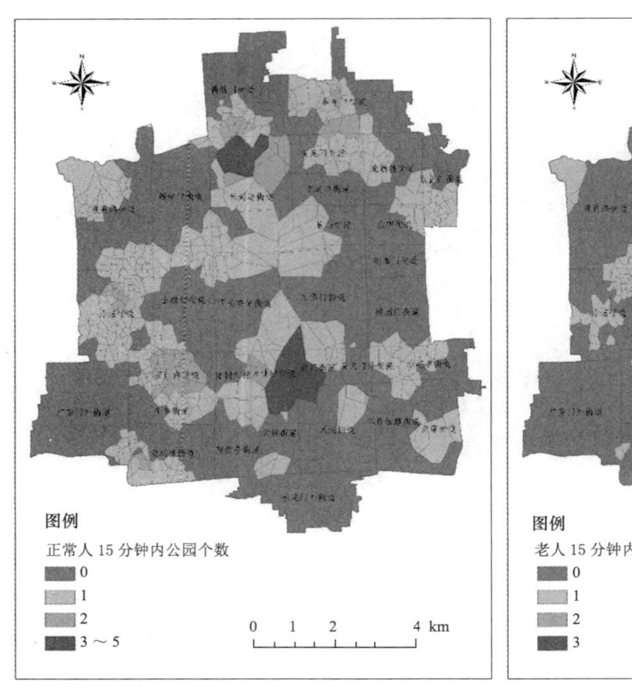

图 12-26　不同人群 15 分钟内到达公园个数（左：普通人；右：老人）

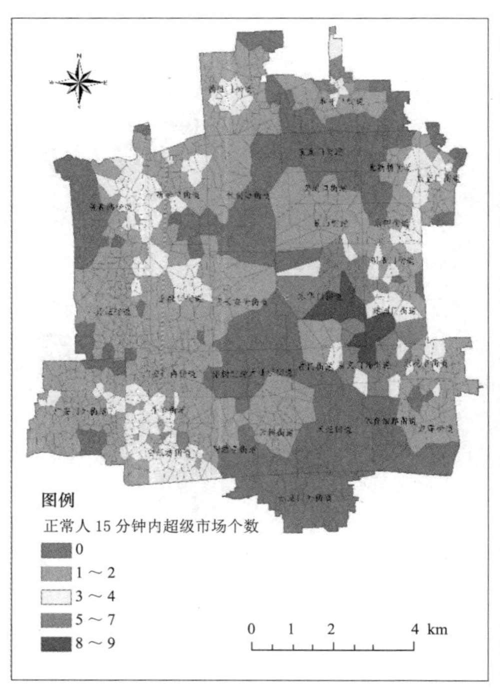

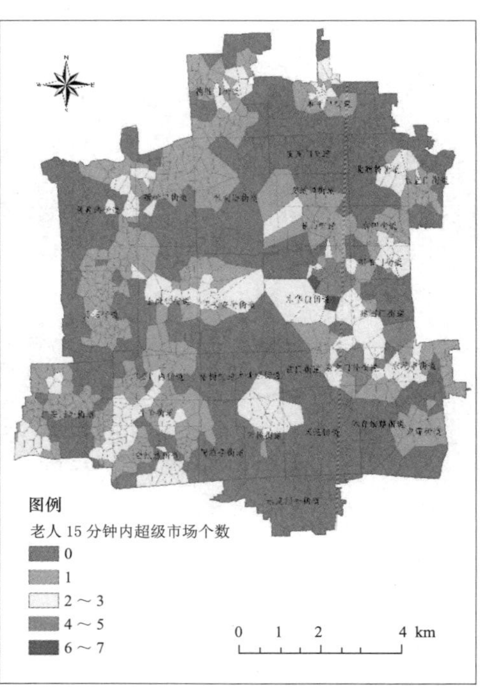

图 12-27　不同人群 15 分钟内到达超市个数（左：普通人；右：老人）

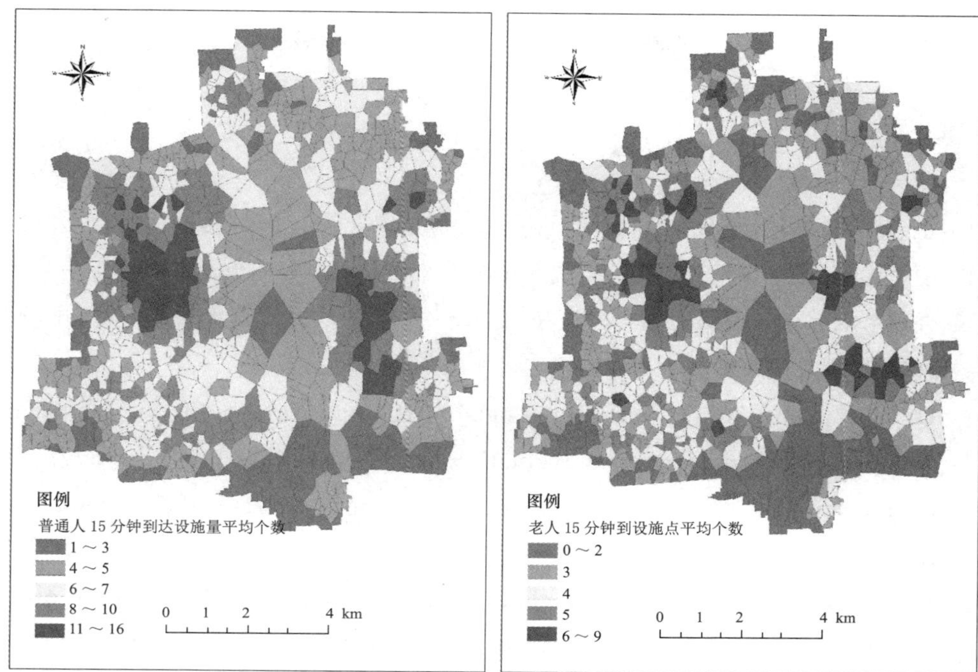

图12-28 不同人群15分钟内到达设施点个数（左：普通人；右：老人）

12.7 本章小结

本章主要围绕城市逐渐出现的下垫面硬质化、地表沉降化、违建广泛化、城市指标病态化、无障碍设施面临老龄化社会等问题，基于地理国情监测成果，应用相关模型方法在如何治理这些问题进行了有益的探索，如在违法建设查处过程中，采用宏观评估、微观比对、重点核查相结合，进行全北京市违法建设定量分析，为查处违法建设及违法建筑提供了重要的参考。本章作为地理国情监测数据采集、入库、分析、应用完整生命线的一部分，既是数据应用的终点也是下一年度监测需求的起点，监测成果典型应用对地理国情监测的发展更新至关重要，需要不断拓展应用的深度和广度。

本章参考文献

[1] 王春峰，陈常松．地理国情监测常态化业务应用探索[M]. 北京．测绘出版社，2017.

[2] 史文中等．地理国情监测理论与技术[M]. 北京：科学出版社，2013.

[3] 住房和城乡建设部海绵城市建设技术指南——低影响开发雨水系统构建（试行），2014年10月正式发布．

[4] Qian Li, Feng Wang, Yang Yu, Zhengce Huang, Mantao Li, Yuntao Guan. Comprehensive performance evaluation of LID practices for the sponge city construction: A case study in Guangxi, China[J]. Journal of Environmental Management, 2019, 231.

[5] Jingwei Hou, Hongxin Mao, Jianping Li, Shiqin Sun. Spatial simulation of the ecological processes of stormwater for sponge cities[J]. Journal of Environmental Management, 2019, 232.

[6] 崔效文．地面沉降监测中水准测量的应用[J]. 资源信息与工程，2018（4）; 125-126.

[7] 候建国，初禹．差分干涉雷达测量与地面沉降监测[M]. 北京：测绘出版社，2014.

[8] 王震，黄强兵，孙晓涵等．西安地铁沿线地面沉降活动趋势及危险性评价[J]. 地下空间与工程学报，2018，14（06）:1676-1683.

[9] 祝秀星，陈蜜，宫辉力等．采用时序InSAR技术监测北京地铁网络沿线地面沉降[J]. 地球信息科学学报，2018，20（12）:1810-1819.

[10] 张俊前，王文进．无人机违法建筑排查报告快速制作研究[J]. 城市勘测，2018（03）:87-90.

[11] 城市违法建设治理研究——以柳州市为例[J].广西城镇建设，2017（06）:28-37.

[12] 郤艳丽，李伟．国内外违法建设治理法律制度借鉴[J].国际城市规划，2017，32（01）:40-46.

[13] 门晓莹，徐苏宁．城市治理是实现城市修补的基础——违法建设治理的多方联动机制研究[J]. 城市建筑，2017（01）:117-121.

[14] 温宗勇．北京“城市体检”的实践与探索[J]. 北京规划建设，2016（02）:70-73.

[15] 张奇，郭宝峰，石莉等．北京南站“城市体检”调研报告[J]. 北京规划建设，2018（06）:10-13.

[16] 原斌，王晓明，王真等．京张铁路沿线及周边地区城市体检调研报告[J]. 北京规划建设，2018（06）:14-17.

[17] 温宗勇,张翼然,邢晓娟等. 城市体检:北京“城中村”特征及整治策略研究[J]. 北京规划建设,2018(03):139-149.

[18] 徐勤政,何永,甘霖等. 从城市体检到街区诊断——大栅栏城市更新调研[J]. 北京规划建设,2018(02):142-148.

[19] 全国地理国情普查综合统计分析试点——北京“城市体检”[J]. 北京测绘,2017(01):159.

第 4 篇

未来与展望

第13章

新时代下的城市地理国情监测

13.1 概述

当前，测绘地理信息事业进入了创新发展的关键阶段，地理国情监测也面临着“新”的形势：一是党的十九大胜利召开，我国发展进入了新时代；二是新测绘法颁布，地理国情监测业务纳入法制化管理体系；三是国家自然资源部成立，对测绘地理信息保障服务提出了新要求。

地理国情监测可以客观、公正地监测和分析地表自然和人文地理要素变化，及时发现和纠正决策执行中偏离决策目标的行为，保障决策目标任务的有效落实，促进自然资源开发利用的保护和监管，并能够为空间规划体系建立与实施监督等提供事实依据。本章分别从自然资源综合管理、多规合一、减量发展三个角度，剖析新形势、新时代下城市地理国情监测如何适应形势，更好地发挥作用。

13.2 面向自然资源综合管理的城市地理国情监测

13.2.1 新时代、新机构、新职责

习近平总书记在十九大报告中指出，经过长期努力，中国特色社会主义进入了新时代，这是我国发展新的历史方位。新时代我国社会主要矛盾已经转为人民日益增长的美好生活需要和不平衡不充分的发展之间的矛盾，经济也正处在转变发展方

式、优化经济结构、转换增长动力的攻关期，由高速增长阶段转向高质量发展阶段，"创新、协调、绿色、开放、共享"成为国家发展的理念。

建设生态文明是中华民族永续发展的千年大计。必须树立和践行绿水青山就是金山银山的理念，统筹山水林田湖草系统治理。为统一行使全民所有自然资源资产所有者职责，统一行使所有国土空间用途管制和生态保护修复职责，着力解决自然资源所有者不到位、空间规划重叠等问题，国家机构做了相应调整。根据2018年3月17日第十三届全国人民代表大会第一次会议批准的国务院机构改革方案，将国土资源部的职责，国家发展和改革委员会的组织编制主体功能区规划职责，住房和城乡建设部的城乡规划管理职责，水利部的水资源调查和确权登记管理职责，农业部的草原资源调查和确权登记管理职责，国家林业局的森林、湿地等资源调查和确权登记管理职责，国家海洋局的职责，国家测绘地理信息主管部门的职责整合，组建自然资源部，作为国务院组成部门。主要职责是：对自然资源开发利用和保护进行监管，建立空间规划体系并监督实施，履行全民所有各类自然资源资产所有者职责，统一调查和确权登记，建立自然资源有偿使用制度，负责测绘和地质勘查行业管理等。

13.2.2 自然资源调查、登记与城市地理国情监测

自然资源是指在一定技术条件下，能为人类带来福利的自然物质和能量的总和。自然资源的特征是：有效性、有限性和稀缺性、整体性、时空分布的不均匀性以及多用性。按地理要素分类，自然资源可分为：气候资源、水资源、生物资源、土地资源、矿产资源、海洋资源；按资源分布分层，可分为地上资源（气候资源）、地表资源（水资源、生物资源、土地资源）、地下资源。

自然资源调查需查清各类资源的数量（类型、面积及其分布空间、空间布局）；清查资源的基本特征和质量状况（质量、适宜性、生产能力、风险、灾害等做出全面评价，为国土规划提供现实依据）；分析资源利用存在的问题，并进行利用分区（根据资源现状分析和评价结果，提出区域资源合理开发利用、整合、管理的意见和具体规划方案）；资源调查成果记录（调查成果以系列图的形式表达，逐步建立土地资源管理信息系统数据库，包括不同比例尺、不同专业的专题系列图）。

自然资源统一确权登记是对水流、森林、山岭、草原、荒地、滩涂以及探明储量的矿产资源等自然资源的所有权统一进行确权登记，界定全部国土空间各类自然资源资产的所有权主体，划清全民所有和集体所有之间的边界，划清全民所有、不同层

级政府行使所有权的边界，划清不同集体所有者的边界。自然资源确权登记以不动产登记为基础，已经纳入《不动产登记暂行条例》的不动产权利，按照不动产登记的有关规定办理，不再重复登记。

地理国情是国情的一部分。狭义来看，是指与地理空间紧密相连的自然环境、自然资源基本情况和特点的总和；广义来看，是指通过地理空间属性将包括自然环境与自然资源、科技教育状况、经济发展状况、政治状况、社会状况、文化传统、国际环境和国际关系等在内的各类国情进行关联与分析，从而得出能够深入揭示经济社会发展的时空演变和内在关系的综合国情。从广义上说，自然资源的相关情况是地理国情的一个组成部分。从实际开展的国土资源调查、地理国情普查与监测的内容来看，地理国情监测内容更为综合，自然资源调查内容更为专业，两者也可以相互印证。从行动周期来看，国土资源调查是一个不连续的阶段性工作，如第一、二、三次国土资源调查，而地理国情监测是一个连续不间断的工作，持续进行。

13.2.3 自然资源利用、保护与城市地理国情监测

地理空间是生态文明建设的物质基础、空间载体和基本要素，地理国情是重要的基本国情。做好我国自然资源的数量、类别、性质、空间分布等内容的动态监测，是全面了解我国自然资源状况、遏制自然资源资产流失、应对当前生态危机的重要手段。

目前，在已经开展的城市地理国情普查与监测应用服务中，有一些相关案例，可以体现出地理国情监测对于自然资源保护利用的效果。

1. 城市自然资源开发利用与保护——以京津冀地区自然生态空间监测为例

在国家层面，基于第一次全国地理国情普查成果和中、高分辨率卫星遥感影像，结合基础地理信息数据，以及交通、气象、人口、污染企业法人数据等相关部门专题数据资料，采用变化检测、内业解译和编辑、外业核查、综合分析等技术方法，获取了京津冀地区21.7万km^2的多期大气颗粒物污染源、城市空间扩展、自然生态空间和地面沉降等的空间分布及变化信息。分析京津冀地区不同时期的重点大气颗粒物（PM2.5和PM10）污染源空间分布变化及其对人群健康的影响，城市空间扩展及其对社会发展的影响，自然生态环境状况及其变化，地面沉降速率及其影响和成因等，形成了一系列监测报告、图件和数据成果，充分掌握了该地区不同时期重要地理国情的变化过程。其中，京津冀地区大气颗粒物污染源空间分布监测直接为发改委宏

观决策、京津冀地区大气环境治理提供数据支撑，自然生态空间监测为环保部水环境承载力分析评价试点提供技术服务保障，城市扩展监测技术直接应用于住建部门的规划实施评估与城市绿化统计等工作，地面沉降监测成果有效服务于城市规划、矿产和水务部门。京津冀协同发展重要地理国情监测技术及成果，为京津冀协同发展战略实施、生态文明建设和防灾减灾等提供了有力保障。

2. 城市空间规划体系监督实施——以武汉市开发园区规划实施监测为例

开发园区是区域加速工业化进程的重要载体和带动区域经济发展的强大引擎。武汉市将开发园区规划实施列入了专题性地理国情监测，并制定了相应的监测指标和分析指标。监测指标包括地理国情相关指标、社会经济统计指标及其他调查指标等，属于直接获取、易于表达的直观性指标；分析指标是对某类现象的概括性、抽象化表达，是在基础监测指标基础上归纳、凝练形成的综合指数。

武汉市针对全市的三个国家级开发区，从实施国家创新和区域创新的战略高度建立评价指标体系，开展开发区土地节约集约利用现状与综合评价，包括土地利用强度、投入与产出、用地结构、土地利用效率等方面。依据开发区总体规划和控制规划，开展各类用地数量、类型、空间分布、产业结构等的统计分析，进行开发区发展目标与功能定位、用地规模与结构、用地布局与配套设施等方面的对比分析，实现了对开发园区用地现状及规划实施情况进行对比分析和评价。

3. 落实自然资源管理职责——以浙江省领导干部自然资源资产离任审计为例

2017年6月中共中央办公厅、国务院办公厅印发《领导干部自然资源资产离任审计规定（试行）》（以下简称《规定》），标志着一项全新的、经常性的审计制度正式建立，2018年起由审计试点进入到全面推开阶段。

《规定》中，明确领导干部自然资源资产离任审计内容主要包括：贯彻执行中央生态文明建设方针政策和决策部署情况，遵守自然资源资产管理和生态环境保护法律法规情况，自然资源资产管理和生态环境保护重大决策情况，完成自然资源资产管理和生态环境保护目标情况，履行自然资源资产管理和生态环境保护监督责任情况，组织自然资源资产和生态环境保护相关资金征管用和项目建设运行情况，履行其他相关责任情况。审计机关应当充分考虑被审计领导干部所在地区的主体功能定位、自然资源资产禀赋特点、资源环境承载能力等，针对不同类别自然资源资产和重要生态环境保护事项，分别确定审计内容，突出审计重点。

自党的十八届三中全会提出“自然资源资产负债表”这一概念后，2015年9月，中共中央、国务院印发《生态文明体制改革总体方案》,浙江省湖州市成为第一批开展自然资源资产负债表编制试点和领导干部自然资源资产离任审计试点的地区之一。2015年开始,湖州着手编制自然资源资产负债表,编制的年限是2011年以来5个公历年度自然资源实物存量、变动情况和价值量的资产负债表,县区的编制内容主要包括土地资源、林木资源、水资源的实物量和价值量,其中土地资源资产负债表主要包括耕地、林地、园地等土地利用情况,耕地等级分布及其变化情况。乡镇编制内容主要包括土地资源、林木资源、矿山生态修复、生态环境质量指标的实物量和价值量。

为开展地理国情普查成果服务自然资源资产审计工作,浙江省地理信息中心联合浙江省审计厅有关处室共同开展自然资源资产审计工作,通过与审计人员开展会商,明确需求,积极探索科学审计方法,联合制定审计相关标准。全面提出了地理国情监测服务领导干部自然资源资产离任审计评价指标体系,对土地、森林、水、矿产、海洋、大气等自然资源及生态环境进行科学定量评价,形成了技术规程及常态化的工作机制,开发了自然资源资产审计信息化(原型)平台。充分利用领导干部任期内的基础地理信息数据、影像数据、地理国情普查与监测数据和专题数据,提取相关自然资源信息,根据初步构建的评价指标体系进行指标运算及典型疑似违规图斑具体分析,形成了报告、数据及图件等成果,并对评价内容与指标进行完善,形成最终评价指标体系和技术规程,为全面开展自然资源资产审计工作提供强有力的技术支撑。

13.3 多规合一下的城市地理国情监测

13.3.1 “多规合一”的由来

科学的规划和高效的空间规划政策/协调机制是一个国家国土空间合理开发与保护的重要保障。世界上规划制度完善的国家在长期发展中形成了各具特色的空间规划体系,且多以单一体系为主,即一个层级往往只存在一个空间规划指导地域的空间发展策略,其空间规划作为空间政策承载/设施平台的综合性及协调机制已逐渐成熟。相比而言,我国并没有形成类似于西方国家的综合空间规划,也尚未建立严格意义上的国家空间规划体系。我国多年以来形成的规划体系突出存在着城乡规划、国民经济和社会发展规划、土地利用总体规划、生态环境保护规划分治和缺乏有效连接的弊端，同一个空间下的多规矛盾已经深刻影响了我国空间治理和空间发展的效率。开展多规合一是解决多规矛盾、建立规划协调机制、提高空间资源配置效率和加强国土空间精细管理的迫切需要。

"多规合一"，是指将国民经济和社会发展规划、城乡规划、土地利用规划、生态环境保护规划等多个规划融合到一个区域上，实现一个市县一本规划、一张蓝图，解决现有各类规划自成体系、内容冲突、缺乏衔接等问题。

2013年，《中共中央关于全面深化改革若干重大问题的决定》提出，要"建立空间规划体系，划定生产、生活、生态开发管制边界，落实用途管制"，以及"完善自然资源监管体制，统一行使国土空间用途管制职责"。2014年的《生态文明体制改革总体方案》则要求，要构建"以空间规划为基础，以用途关注为主要手段的国土空间开发保护制度"，构建"以空间治理和空间结构优化为主要内容，全国统一、相互衔接、分级管理的空间规划体系"。2014年国家发改委、国土部、环保部和住房城乡建设部四部委联合下发《关于开展市县"多规合一"试点工作的通知》（以下简称《通知》），提出在全国28个市县开展"多规合一"试点。

2016年10月，习近平总书记在中央全面深化改革领导小组第二十八次会议上发表重要讲话，强调开展省级空间规划试点，为实现"多规合一"，建立健全国土空间开发保护制度积累经验。2017年1月，中共中央办公厅、国务院办公厅印发了《省级空间规划试点方案》。《方案》提出，要以主体功能区规划为基础，全面摸清并分析国土空间本底条件，划定城镇、农业、生态空间以及生态保护红线、永久基本农田、城镇开发边界（简称"三区三线"），注重开发强度管控和主要控制线落地，统筹各类空间性规划，编制统一的省级空间规划，为实现"多规合一"、建立健全国土空间开发保护制度积累经验、提供示范。

因此，推进"多规合一"，构建空间规划体系，已成为推进国家治理能力和治理体系现代化，助力生态文明建设和新型城镇化的重要举措。

13.3.2 地理国情监测在"多规合一"中的作用

1. 现有规划体系的联系与差异

我国目前的规划标准主要由国民经济与社会发展规划、主体功能区规划、城乡规划、土地利用规划以及环境保护规划等各项专项规划构成。国民经济与社会发展规划是区域、城市经济社会发展的总领，以区域经济、城市建设、社会发展等为主要研究内容，明确区域、城市的发展目标和方向，对各级政府城市规划决策具有宏观指导性。

城乡规划包括城市总体规划、控制性详细规划、修建性详细规划等，其主要任务是在一定时期内，以发展规划为指导，对城市的发展战略和目标在空间布局上进行落实。土地利用规划主要是在土地使用、资源分配等方面进行协调组织，为各类专项规划土地开发、使用、保护提供依据。

专项规划是由相关部门从不同的职能出发编制的各类专业规划，包括交通规划、水利规划、环境保护规划、生态规划等。多类型的规划由于规划用途不同、出自部门单位不同，导致规划之间衔接融合度越来越难。现有的规划标准纷繁复杂、门类众多、自成标准、各自为政，各类规划职能划分不清，“横向”、“纵向”关系不明确，造成规划层级之间的错位、越位甚至缺位，现行规划审批程序烦琐、调整程序各自运作；相关法律法规之间不协调，缺乏完善的法规标准保障。

在一定程度上，造成多规自成标准、内容冲突、缺乏协调衔接的根源可以归结为“多规”数据的不融合，也就是说缺乏统一统领各规划的标准。

2. 地理国情监测在“多规合一”中的作用

地理国情监测综合利用全球卫星导航定位技术、航空航天遥感技术、地理信息系统技术等现代测绘技术，综合各时期已有测绘成果档案，对地形、水系、交通、地表覆盖等要素进行动态和定量化、空间化的监测，并统计分析其变化量、变化频率、分布特征、地域差异、变化趋势等，形成反映各类资源、环境、生态、经济要素的空间分布及其发展变化规律的监测数据、地图图形和研究报告，其实质是对相关信息的空间分布进行表述。通过监测对地理国情进行动态的测绘、统计，从地理的角度来综合分析和研究国情，为政府、企业和社会各方面提供真实可靠和准确权威的地理国情信息。通俗地说，地理国情监测就是要做决策者的“眼睛”，把地理国情查实看清，让决策者“心中有数”；更要做决策者的“智囊”，把情况分析透彻、提出科学建议，让决策者“决策有据”。

地理国情监测秉承了测绘工作“实事求是”“精益求精”的精神品质，这是多年来测绘成果和服务赢得信誉的基本前提和保证。通过采用“所见即所得”的技术方法，将地面测绘手段的高精确性和航天技术的高动态性、航空遥感技术的高灵活性有机统一起来，提供的是通过现场、实地勘测得到的客观地理界线等测绘成果，而非模糊性的示意性地理界线（如当前划定的生态红线、自然保护区、禁止开发区等边界都因无精确地理坐标难以落地，急需测绘提供精确的地理边界）。因此，地理国情监测的成果是可靠的，是经得起检验的。

在以规划体系、空间布局、基础数据、技术标准、信息平台和管理机制“六个统一”为目标的空间性规划“多规合一”改革中，地理国情普查成果及监测技术在其中四个“统一”发挥了独特且必要的作用：一是为规划工作提供工作底图，以在有坐标的一张图上叠加融合各类、各专业、各行业规划的空间信息；二是为城镇发展、农业生产和生态保护三类空间划分提供分析评价服务；三是为准确确定各类空间边界开展专题测绘；四是建立统一的空间规划信息管理平台，支持信息共享和规划衔接协调。通过提供这些服务，促使测绘基准、基础地理信息和地理国情普查成果成为各类空间规划的空间定位依据，并进而形成统一的空间体系，为建立统一的空间规划体系和统一的空间规划编制机制提供了必备条件。

13.3.3 地理国情监测服务“多规合一”的路径

1. 形成“一张蓝图”——以海南省“多规合一”为例

2015年6月，中央深化改革领导小组同意海南省就统筹经济社会发展规划、城乡规划、土地规划等开展省域“多规合一”改革试点。2016年6月27日，习近平总书记主持召开中央深改组第二十五次，会议指出，中央授权海南开展省域“多规合一”改革试点一年来，海南结合实际，积极推进改革探索，梳理化解规划矛盾，统筹主体功能区、生态保护红线、城镇体系、土地利用、林地保护利用、海洋功能区规划，在推动形成全省统一空间规划体系上迈出了步子、探索了经验。深入推进这项改革，要着重解决好体制机制问题，处理好改革探索和依法推进的关系，一张蓝图干到底。2016年3月22日，中共中央政治局常委、国务院总理李克强在海南考察听取“多规合一”改革情况汇报时强调指出：海南是全国唯一的省域“多规合一”改革试点，这项改革说到底是简政放权。各部门职能有序协调，解决规划打架问题，是简政；一张蓝图绘好后，企业作为市场主体按规划去做，不再需要层层审批，是放权；政府职能要更多体现在事中事后，是监管。“多规合一”最终促进政府职能的转变，提高政府的效率，同时也促进大众创业、万众创新。

为了绘出这“一张蓝图”，解决耕地、林地、城镇建设用地等各类规划“婆说婆有理，公说公有理”导致的城市发展出现了资源浪费、重复建设、生态破坏等问题，需要把全省作为一个整体统一规划，按照统一坐标体系、基础数据、规划年限、用地分类标准和成果要求，统筹整合了主体功能区规划、生态保护红线规划、城镇体系规划、土地利用总体规划、林地保护利用规划、海洋功能区划六类空间性规划，落实到一张蓝图上。同时，按照“全省一盘棋”发展思路，划定生态空间、农业空间、开发空间和生态保护红线、永久基本农田、城镇开发边界等控制线，统筹规划全省重点产业、城镇空间结构和重大基础设施、公共服务设施布局，限定旅游度假区、产业园区、基础设施等开发边界，逐步建立统一的空间规划体系，形成全省统一的空间规划蓝图，引领科学发展。从技术上来说，需要做以下工作：

（1）汇集整合数据，摸清家底，确定了“多规合一”战略指标。通过利用地理信息系统空间数据管理，完成各部门、各市县规划资料的整合工作，统一了数据格式和坐标系统，解决了数据格式和坐标系统不统一、数据对比困难等问题。充分利用基础测绘和地理国情普查数据，摸清耕地、林地、建设用地、生态红线等家底数据，为《海南省总体规划》战略指标的确定提供了准确的数据支撑。

（2）比对各类规划，查找矛盾，协调了“规划打架”问题。自海南省开展“多规合一”规划工作以来，为全面梳理并统筹解决各类规划自成体系等问题，共收集到了城乡规划、土地利用规划、林地规划、海洋规划等各类空间规划数据总量约6000多GB，文件数量超过18万多个。经过对各类规划数据进行分析对比，发现各类规划重叠、矛盾情况比较突出，重叠、矛盾图斑上百万块。通过开发了冲突检测软件，对各类规划进行冲突检测，发现不同规划间冲突和矛盾图斑，利用地理国情普查数据和高分辨率航空航天遥感影像，梳理与分析矛盾。通过统筹协调，发现了全省各类资源指标和空间坐标存在的矛盾，在总规层面上有效解决了耕地、林地、岸线的图斑重叠冲突等问题。

（3）统一标准规范，建立体系，保障了“多规合一”工作顺利开展。统一了所有数据格式和坐标系统，制定了数据标准、技术规程和管理办法共21项，解决了数据混乱不一问题，为规划数据整合、规划冲突检测和规划协调提供规范保障，实现了各部门、各市县规划资料的数据整合和制度规范。

（4）搭建平台，形成互动，以地理国情成果作为统一参考依据。大力推广地理国情普查与监测成果，将地理国情成果发布服务在线接入省政府和各厅局，将海南省地理国情成果成功应用于“多规合一”工作。应用地理国情成果为战略规划编制中基本农田、建设用地、生态红线、规划林地等关键指标确定提供了参考依据；利用普查成果分析规划矛盾产生的原因，并将分析结果提交各规划单位，通过矛盾协调最终形成总体规划“一张蓝图”；利用监测成果监测规划实施和空间指标变化，为

"守住生态红线、谋划空间发展"提供决策依据，国情成果的高现势性和高精度得到了省政府和其他单位的充分认可。

通过"多规合一"改革，原来各行其是的城乡规划、土地利用规划等各类规划整合了起来，在空间布局上形成了统一的目标，从整体发展上进行统筹和平衡，解决建设项目的规划冲突矛盾。利用地理国情信息服务海南省"多规合一"试点，梳理发现各类规划冲突矛盾，科学划定基本生态保护红线，统筹城乡发展、优化产业、基础设施空间布局，实现"一张蓝图"，得到中央深改组和海南省委、省政府的高度评价。

2. 总结形成标准——国家层面市县规划相关标准制定

2015年，为贯彻落实《国家发改委关于"十三五"市县经济社会发展规划改革创新的指导意见》要求，推动市县规划改革创新，整合全国测绘地理信息力量，不断提高测绘地理信息服务大局的能力和水平，国家测绘地理信息主管部门与国家发展和改革委员会在试点的基础上，联合组织编制了《市县经济社会发展总体规划技术规范与编制导则（试行）》（以下简称《导则》）。

《导则》是市县经济社会发展总体规划编制的技术规范和指导性文件，共分总则、规划目标和指标、三类空间划分、发展任务布局和附件等5个部分25方面内容。《导则》强调严格落实市县主体功能定位，利用标准统一的地理空间基础数据和地理国情普查成果与监测技术，科学划定市县城镇、农业、生态三类空间，依托三类空间落实经济社会发展任务、实施差异化管控措施，将发展与布局、开发与保护融为一体，为推动市县经济社会发展规划、城乡规划、土地利用规划、生态环境保护规划"多规合一"，形成一个市县一本规划、一张蓝图奠定基础。

《导则》明确了在市县总体规划编制过程中测绘地理信息工作的三项任务，即：充分利用测绘地理信息技术为规划工作编制工作底图，为划分三类空间开展评价工作，为三类空间准确划定边界。《导则》的推广应用将第一次推动实现测绘地理信息工作与国家重大战略工作的整体融合，对于彰显测绘地理信息的功能价值，形成常态化地理国情监测等测绘地理信息新业务具有十分重要的推动作用。

2016年第四季度，根据中央经济体制和生态文明体制改革专项小组专题会议部署，由国家测绘地理信息主管部门联合发改、国土、环保、住建、农业、水利、海洋、林业8部门，在全国"多规合一"试点取得成果的基础上，完成《市县空间规划编制技术规程》编写，并于1个月内形成初步成果。空间规划是国家空间发展的指南，是各类开发建设活动的基本依据。该技术规程作为编制市县空间规划的技术支撑，对推进市县空间规划编制全部如期完成，保障“多规合一”预期目标实现具有十分重要意义，将在空间用途管制等生态文明建设中发挥更大作用，有利于加大地理国情普查成果等测绘地理信息资源的深层次应用。

13.4 “减量发展”下的特大城市地理国情监测

13.4.1 以北京为代表的特大城市发展模式改变

经历改革开放40年来的高速增长，中国一跃成为世界第二大经济体，铸就了城市发展建设的辉煌成绩，但同时也正在面临严峻的生态环境挑战。在我国社会经济发展进入转型期的宏观背景下，为了有效应对与化解生态环境风险，解决由上一轮"增量式规划"所带来的用地扩张、资源紧缺、环境恶化和"大城市病"等问题，“减量发展”正在成为助力生态文明建设的重大战略手段。

自党的十八届三中全会做出全面深化改革的部署，提出“加快建立生态文明制度，健全国土空间开发、资源节约利用、生态环境保护的体制机制，推动形成人与自然和谐发展现代化建设新格局”以来，京津冀协同发展与北京非首都功能疏解战略相继实施。近年来，习近平总书记对北京作了三次重要讲话，深刻阐述了“建设一个什么样的首都，怎样建设首都”这一重大课题。党的十九大为北京做好首都工作进一步指明了方向。贯彻落实习总书记重要讲话精神和党的十九大精神，正推动着北京这座特大城市的深刻转型。

2014年2月26日习近平总书记在视察北京时重要讲话中强调：北京资源环境已明显处于超负荷状态，要以疏解北京非首都核心功能，降低北京城市人口密度。这标志着首都北京开启全面减量发展进程，成为第一个实施全面减量发展的城市。

长期以来，北京高速增长带来了城市规模巨大且人居环境退化、城市功能密集且结构失衡、城镇空间庞大且蔓延无序等诸多问题，引发了对“规模精简”“功能减负”和“空间紧缩”的强烈诉求，亟须依据“严格引控以精简规模，合理调疏以减负功能，有序增减以紧缩空间”的调优路径，切实实行“减量目标管控、规划编制落实、实施政策创新”的应对策略，实施“减量发展”战略。

2018年7月31日，中共北京市委、北京市人民政府印发的《北京市关于全面深化改革、扩大对外开放重要举措的行动计划》（以下简称《行动计划》）中，推动减量发展被放在首位。对于减量发展，北京将主要采取以下措施：（1）北京将建立城乡建设用地减量规划引导机制，制定实施生态控制线和城市开发边界管理办法；（2）严格控制增量机制，实施新修订的新增产业禁限目录，健全一般制造业、区域性物流基地、专业市场等退出机制；（3）提出减量发展激励机制、城乡建设用地供减挂钩机制，建设用地战略留白引导机制等改革举措。

13.4.2 "减量发展"本质与概念

从本质上来讲，减量发展是一种可持续发展模式，在理论渊源上，国外可追溯到20世纪60年代经济合作与发展组织（OECD）提出的"脱钩（decoupling）"概念，国内则可追溯到第十一个五年规划提出的"节能减排"和"主体功能区规划"，是指资源使用（包括环境污染）随经济增长而减少的发展。一般来讲，按照单位经济增长的资源使用减少是否引起资源使用总量下降，减量发展主要可以分为相对减量发展和绝对减量发展。

前者是指经济和资源使用均保持正的增长但资源使用增长率小于经济增长率的发展。例如，未来北京人口尽管个别年份可能出现负增长，但按《规划》在2300万人内是可以有所增加的，因而北京人口的减量发展总体上强调的是相对的。

绝对减量发展是指经济保持正增长但资源使用负增长因而资源使用总量下降的发展。例如，按国务院《规划》要求，未来北京建设用地总量是要下降的，因而建设用地的减量发展强调的是绝对的。

应当注意的是，在减量发展，所谓"资源"是物质资源以及劳动力资源，其中，物质资源不仅包括能源原材料，而且也包括空间资源和环境资源。有人可能仅仅强调劳动力投入（进而人口增长）、空间资源使用意义上的减量发展，这是狭义上的减量发展。

把握减量发展的科学概念，还要弄清楚减量发展与循环经济、精明增长、城市收缩的关系。首先，循环经济模式兴起于20世纪60年代的美国并于90年代引入我国，是一种以资源的高效利用和循环利用为核心，以"减量化、再利用、资源化"为原则，以低消耗、低排放、高效率为基本特征的持续发展模式，是对'大量生产、大量消费、大量废弃'的传统增长模式的根本变革。"在循环经济模式中，"减量化、再利用、资源化"最终必然归结为资源消耗建设，但其中仅仅包括投入生产和消费的能源和原料以及容纳排放物的环境资源，不涉及劳动力资源和空间资源。因此，循环经济是减量发展的重要内容但非全部内容。

其次，“精明增长（Smart Growth）”最早兴起于20世纪90年代末的美国，2015年中国开始采纳，它是一种通过提高土地利用效率来控制城市蔓延、保护农地和环境、实现经济发展和人们生活质量提高的发展模式，其核心内容包括：用足城市存量空间，减少盲目扩张；加强对现有社区的重建，重新开发废弃、污染工业用地；城市建设集中紧凑，混合用地功能；鼓励乘坐公共交通工具和步行；保护开放空间和创造舒适的环境。由此可见，精明增长本质上是一种以减少建设占地、保护农地和环境的减量发展模式。精明增长在减量发展具有十分重要的地位，但其显然同样不是减量发展的全部内容。

最后，减量发展不同于“城市收缩”。城市收缩（City Shrinking）是当前国内外城市研究与规划学界研究的重要课题，它是经济负增长即经济衰退的空间表现，其主要标志就是随经济衰退而产生的城市人口总量减少。与此不同，一个城市的减量发展是经济发展而非衰退，其虽可能表现为城市人口总量减少，但这种减少是在经济增长条件下发生的而非经济衰退的表现。因此，减量发展是与作为经济衰退空间表现的城市收缩截然不同的过程，二者不能混为一谈。

13.4.3 地理国情监测在“减量发展”中的作用

“减量发展”要在尽可能减少消耗不可再生资源、传统粗放的生产要素和一般的自然资源的基础上构建新的发展模式。对北京来说，当务之急在于贯彻落实新一轮城市总体规划、实现非首都功能疏解。

1. 地理国情监测在新总规落实中的作用

“减量发展”是首先考虑“土地空间资源”减量基础上的新发展策略。要严控建设增量，就需要对建设规模的现状以及变化做快速、及时的监测与反映。

北京市自2018年起，开展了卫星影像数据统筹与每月卫片执法项目。该项目采集国产亚米级卫星影像，同一区域相邻影像时间间隔不超过45天，正射影像定位精度不低于1：10000DEM要求。在此基础上，每个月均开展用地与房屋建筑的变化图斑监测。通过影像判别100m^2以上的变化图斑，得到变化图斑位置、变化属性，并实地核拍照片，主要用于违法建设查处、土地变更调查、批后用地监管等。

2. 地理国情监测在非首都功能疏解中的作用

2017年2月3日，北京市人民政府办公厅印发《北京市人民政府关于组织开展“疏解整治促提升”专项行动（2017～2020年）的实施意见》（京政发[2017]8号），包括十项工作内容，第一项就是拆除违法建设。具体内容包括“坚决遏制全市新增违法建设，确保新增违法建设零增长。进一步加大全市违法建设拆除量，发挥集中连片拆除违法建设对人口调控的带动效应。扎实推进城六区拆除违法建设工作，全面拆除道路、小街巷、胡同两侧的违法建设。加大违法建设拆除后综合整治和管控力度，确保还绿、复耕比例。”

地理国情监测在北京市严厉打击违法用地违法建设专项行动中发挥了重要作用。

（1）构建了翔实的房屋建筑本底数据库，支撑各类统计工作

北京市地理国情普查与监测在完成国家普查任务的基础上，细化了房屋建筑内容指标，普查了全市国有和集体土地范围内的所有房屋建筑，记录了每一栋房屋建筑的空间位置、占地面积、使用性质、用地性质、地上层数、建筑面积、门牌地址等属性；采集了各级、类道路名称、长度等信息，可为多种统计汇总提供坚实的数据基础。

（2）构建系统平台，支撑查违控违业务工作

开展了“北京市严厉打击违法用地违法建设信息系统平台”，实现了违法建设的统一上报、统一销账，建立了市、区县、街乡镇三级联系，大大提高了违建信息管理的效率，保证了查违控违工作的顺利开展（图 13-1）。

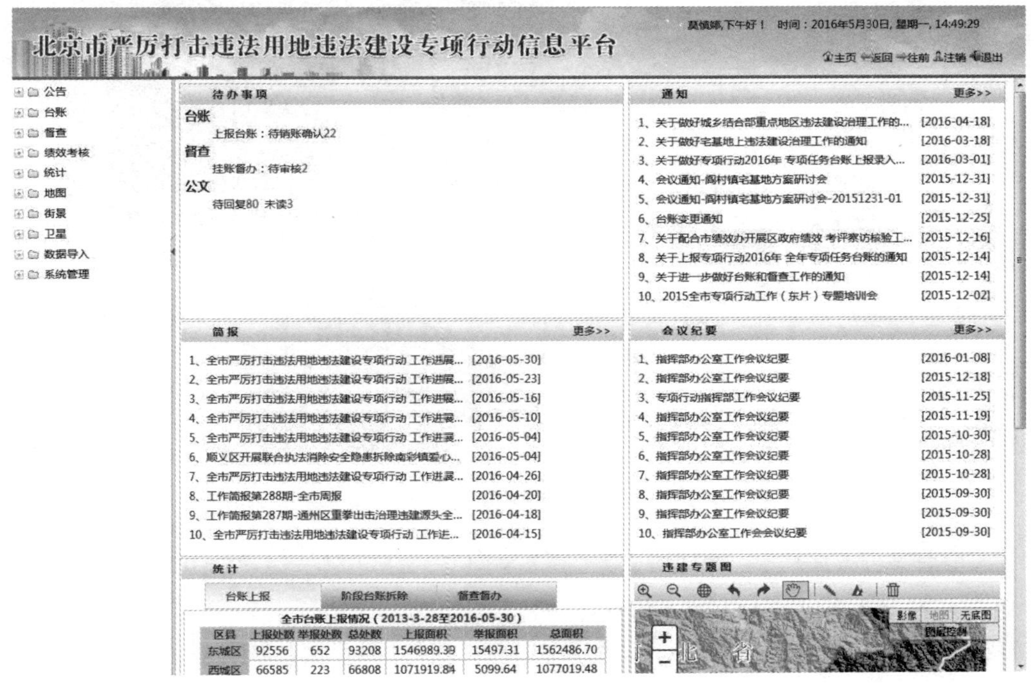

图 13-1 北京市严厉打击违法建设用地违法建设专项行动信息系统平台界面

平台采用了新技术，使用街景技术查处新生违法建设，使用卫星图斑技术查处新生违法建设（图13-2、图13-3）。

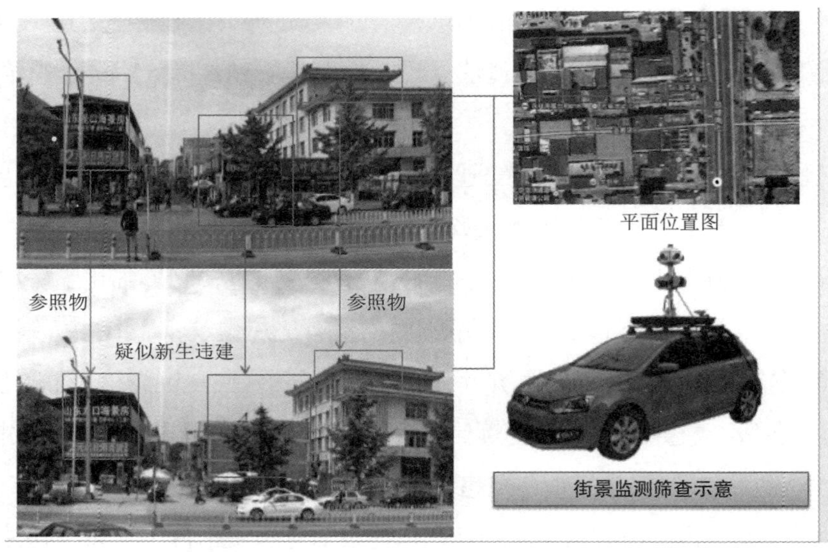

图13-2　街景技术查处新生违法建设

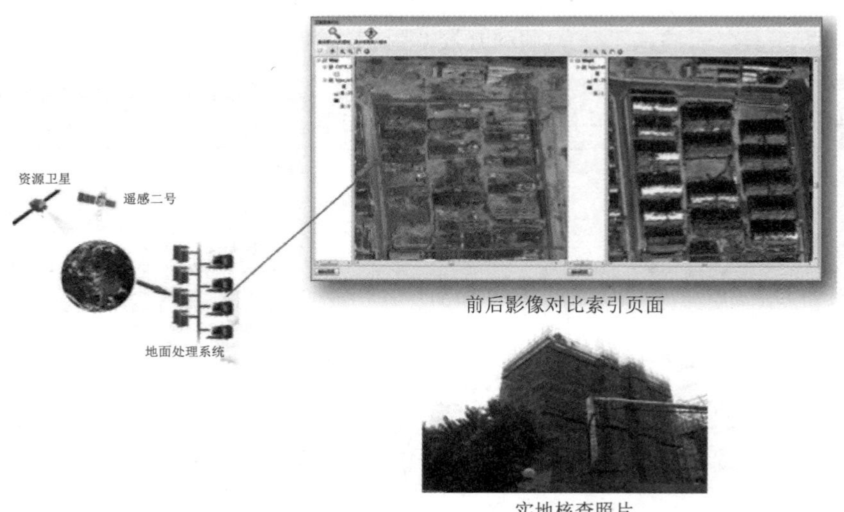

图13-3　卫星图斑技术查处新生违法建设

信息平台成为北京市16个区县、330个街乡镇开展查违控违工作的中枢系统，实现了违法建设发现、查处、督办、监控、考核自动办理流程，将拆违政策机制和信息化系统相结合，辅助实现违法用地违法建设治理工作长效机制建立。通过信息平台，提高市级、区县、乡镇之间的业务对接效率，有效督促区县开展工作；促进违法建设治理工作，提高环境质量，综合提升全市生态文明建设（图13-4）。

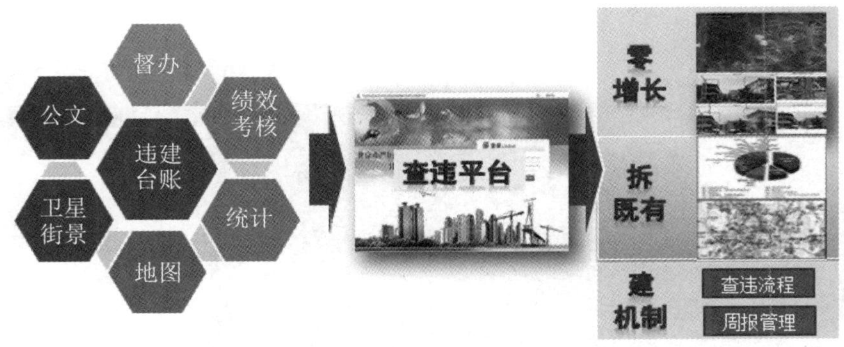

图13-4　查违信息平台

3. 开展第三方核验，确保上报、拆除与实际位置一致

以往北京市违法用地、违法建设主要由各区政府逐级填报，以统计台账为主，数据的空间位置、分布范围、功能结构无法很好地与现状房屋建筑对接，不利于统筹专项行动工作。目前，北京市对违建拆除情况进行了第三方核验，由利益无关的第三方到现场开展统计台账上账和销账核验，以达到保证所有上报台账内容与实际拆除位置及四至一一对应、保证拆除情况与上账台账一致、掌握台账四至内建筑是否全部拆除以及是否“留白增绿”。

第一步：“上账初核验”。根据区县上报的空间图形，利用已有建筑物单体数据，初步核验占地面积与建筑面积（图13-5）。

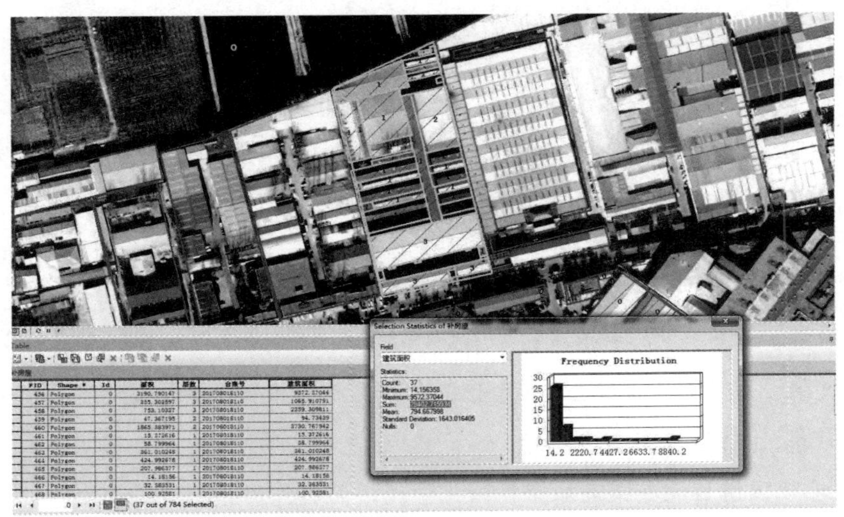

图13-5　台账核验

第二步："上账现场核验"。专业人员用移动设备到现场进行确认，确保四至正确、建筑面积正确。核查其他信息并对拆前信息拍照。在此过程中，需要对台账中空间位置不正确、四至边界过大、涵盖非违建地物等问题逐一进行处理（图13-6）。

图13-6　现场核验

第三步："销账现场核验"。第三方接到销账申请后5个工作日内，现场核验，记录并拍照（图13-7）。

(a)　　　　　(b)

图13-7　实地拍照

(a)已完全销账：场清地平，已无建筑垃圾；(b)未完全销账：有建筑房屋未拆除或建筑垃圾未清理

通过第三方核验工作，让区县上报的台账数据更准确，让查违控违工作更精准、结果更可靠、工作更公平客观。

4. 地理国情监测在提高城市精细化管理方面的作用——以停车为例

城市精细化管理涉及城市的方方面面，"停车难"是其中一个典型的"城市病"问题。首先占道严重，城市不少次干路、支路被占用；其次居住小区内部停车位供应严重不足。由此产生的社会矛盾以及影响消防安全的情况时有发生，也影响了市容环境与社会和谐。原因在于老旧居住小区在建设时，未按照户数标准配置停车位，人民生活水平大幅提高后，机动车数量迅速增长，几乎每户至少一辆机动车，从而造成了停车混乱的局面，“停车难”的问题急需解决。

北京市采用了地理国情数据中的相关要素数据，并结合实地调查等，将停车位分为多种情况，并分别采取了相应设施。第一类，在对于城市广场、街头边角地、闲置地等进行摸排的基础上，结合周边实际停车需求，建议将有条件的地块改造成临时停车场使用，划定明显标识，划定相关区域作为夜间停车使用；第二类，在对机关单位、企事业单位、大型写字楼的停车位情况进行摸排后，建议共享单位大院、大型写字楼停车场供居民夜间使用；同时，还提出了利用腾退违法建设后土地规划停车场、利用地下空间规划停车场、增设地上立体停车楼、制定合理的停车收费政策、建设智能停车共享平台等建议。这种将数据与分析结合、将分析与政策建议挂钩的方式，可以使地理国情监测在城市精细化管理中发挥更大的作用。

13.5 本章小结

新时代，自然资源综合管理、多规合一、减量发展等为城市地理国情监测应用提供了新的主战场，为更好地发挥地理国情信息在生态文明建设中的重要作用提供了更广阔的舞台。

本章分析了自然资源调查、登记与城市地理国情监测之间的关系，从城市自然资源开发利用与资源保护、城市空间规划体系监督实施、落实自然资源管理职责三个方面，分别选取了案例进行介绍；分析了地理国情监测在“多规合一”中的作用，从形成“一张蓝图”、总结形成标准两个方面总结了地理国情监测服务“多规合一”的路径；提出了以北京为代表的特大城市从“增量发展”转变为“减量发展”的发展模式转变，并从新总规落实、非首都功能疏解、提高城市精细化管理三个方面探索了地理国情监测在“减量发展”中能发挥的作用。

本章参考文献

[1] 程鹏飞，刘纪平，翟亮．聚焦自然资源管理 实现地理国情监测新跨越[J]．中国测绘，2018（03）:4-9.

[2] 自然资源统一确权登记办法（试行）（国土资发[2016]192号）.

[3] 杜秀红．对领导干部自然资源资产离任审计方法的探讨[N]．中国审计报，2019-01-09（006）.

[4] 唐勇军，李鹏，马文超．水资源资产负债表编制研究——基于领导干部离任审计视角[J]．水利经济，2018，36（05）:13-20，75-76.

[5] 肖建华，甄云鹏，罗名海．城市地理国情普查监测的实践与思考[J]．城市勘测，2017（03）:5-12.

[6] 巨亚光．浅析城市地理国情普查监测的实践探索[J]．建材与装饰，2018（23）:208-209.

[7] 朱江，尹向东．城市空间规划的“多规合一”与协调机制[J]．上海城市管理，2016，25（04）:58-61.

[8] 桂德竹，张月，刘芳，徐坤，王硕，贾宗仁．常态化地理国情监测内涵的再认识[J]．测绘通报，2017（02）:133-137.

[9] 张永姣，方创琳．空间规划协调与多规合一研究：评述与展望[J]．城市规划学刊，2016（02）:78-87.

[10] 崔许锋，王珍珍．“多规合一”的历史演进与优化路径[J]．中国名城，2018（08）:34-39.

[11] 杜青峰，万碧玉，王益等．智慧城市背景下的“多规合一”标准探究[J]．智能建筑与智慧城市，2017（12）:32-38.

[12] 唐颖斌．为海南省推进多规合一改革夯基筑路[J]．中国测绘，2017（01）:4-9.

[13] 仇保兴．“减量发展”：首都开启高质量发展的新航标[N]．北京日报，2018-05-28（014）.

[14] 北京进入“减量发展”时代的新挑战[J]．中关村，2017（11）:38.

[15] 张杨，刘慧敏，吴康等．减量视角下北京与上海的城市总规对比[J]．西部人居环境学刊，2018，33（03）:9-12.

[16] 刘波．北京要靠先进规划实现“减量发展”[N]．21世纪经济报道，2018-12-12（004）.

第14章

新技术下的城市地理国情监测

14.1 概述

伴随着网络技术、大数据技术和人工智能技术的发展，20世纪90年代起到20世纪末期，人类逐渐进入网络时代，解决连接与社会结构问题；2000 ~ 2010年，人类逐渐进入大数据时代，解决内容与再现的问题；2010 ~ 2020年，人类逐渐进入人工智能时代，解决海量数据的处理和决策问题。三者叠加，当前我们所经历的时代变革可以称之为人类历史上最为重大的文明进化与变革。测绘地理信息技术的变革与事业的转型，将不可避免地被历史的洪流所卷携。

本章分别从网络时代、大数据时代、人工智能时代三个方面，介绍了相关新技术的发展趋势以及地理国情监测如何与最新的技术相结合。

14.2 网络时代下的地理国情监测

14.2.1 网络时代与“互联网+”

最早的网络出现于20世纪60年代，被用于军事目的。20世纪90年代，万维网兴起，大规模网络真正进入普通大众的日常生活。当前，全球网民已经突破40亿，中国网民已经超过7.72亿。网络早已成为人们日常生活中必不可少的组成部分。

网络时代对人类社会造成了巨大的改变，其一是解决连接问题，从最早的基本的设备与设备的连接，到使用互联网的主体——人与人之间的连接，形成了覆盖社会各个角落的网络社会，最终要实现万物的互联，也就是物联网，从而彻底解决社会主体客体之间的广泛连接，并在此基础上实现物质资源与知识思想的充分交换与调度；其二是在连接的基础上，形成了与传统静态中心型社会相区别的非中心的网络动态社会结构，从而产生了完全与传统社会不同的社会活动行为方式和社会协调机制。

由于互联网的出现带来了新的便利尤其是信息交流的便利，不可避免对传统行业形态下的商业模式产生冲击。网络时代下，中国互联网相关技术、相关企业发展迅速，在世界舞台上占据了一席之地，推动了社会经济的变革与发展。2015年3月，李克强总理在《2015年政府工作报告》中，制定“互联网+”行动计划，正式把“互联网+”纳入国家发展战略。从此，“互联网+”的概念如日中天，广为人知。2015年7月4日，国务院印发《国务院关于积极推进“互联网+”行动的指导意见》。2016年5月31日，教育部、国家语委在京发布《中国语言生活状况报告（2016）》。“互联网+”入选十大新词和十个流行语。

“互联网+”是专门针对传统企业转型所提出的概念，指的是互联网与传统行业相结合的过程。“互联网+”不是简单的两者相加，而是利用信息技术及互联网平台，使互联网与传统行业深度融合，在互联网的帮助下，实现更优质的信息交流，进一步减少信息不对等、提高产能，进而创造新的发展生态。如果说“互联网思维”是一种“商业模式”的话，那么“互联网+”可以理解为一种对企业发展的改变策略及指导思想。比如，互联网+餐饮的O2O模式，提供的餐饮服务没有任何改变，但通过打通“线上线下”，解决了信息不对称问题，降低了信息获取的成本，提高了商业利润。当前出现的互联网金融、在线教育、智慧医疗及智慧农业等商业形态，都是“互联网+”的典型内容。这些行业内的企业通过与互联网技术相结合，成功完成了从传统企业到互联网+企业的转型，获得了不俗的发展前景。

14.2.2 “互联网+”地理国情监测数据获取

传统行业做“互联网+”的目的，其实就是一个中心思想：降低成本，提高效率，提升服务用户体验。把“互联网+”应用到地理国情监测数据获取中，可有以下方面：

1. 扩大数据汇聚途径

地理国情普查涉及的专题众多，数据来源广泛。目前，专题信息主要还是采用通过政府部门收集、线下汇交的办法。但是在互联网时代，地理国情监测在数据获取、采集与更新时，可以借力互联网。一方面，丰富的互联网数据资源具有更新快、属性信息丰富等特点，可与地理国情数据形成对照，一定程度上可以起到补充的作用；另一方面，可以通过建立社会公众反馈的互联网渠道进行信息快速更新。

网络爬虫是当前获取互联网数据的非常重要的途径。网络爬虫是一个功能很强大的自动提取网页的程序，为搜索引擎从万维网下载网页，是搜索引擎的重要组成部分。它通过请求站点上的HTML文档访问某一站点。它遍历Web空间，不断从一个站点移动到另一个站点，自动建立索引，并加入到网页数据库中。通过网络爬虫，可以大规模获取互联网上公开的由社会机构获取生产的、或是由政府部门权威发布的地物要素空间位置与属性，再与地理国情数据结合，可以使得数据空间位置权威、精准、精细，同时又属性丰富、动静态结合，为后续分析与应用奠定良好基础（图14-1）。

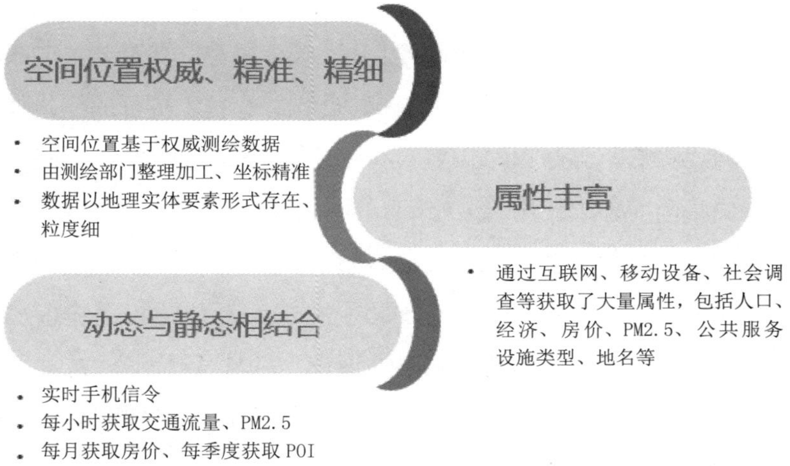

图14-1 数据汇聚内容

2. 基于移动互联网的众包式数据采集与更新

地理国情监测目前主流的采集与更新作业方式，仍然是以大规模作业为主，即集中人员、集中设备、集中采集、集中更新。这种采集方式，成本较高、质量较有保障、采集内容相对单一，适用于更新周期较长（如一年）的全要素更新。然而，随着地理国情数据更加广泛地应用到社会生产与生活中，可能要求更新周期大大加快、采集内容更为丰富，相应的采集与更新手段也要发生改变。

众包指的是一个公司或机构把过去由员工执行的工作任务，以自由自愿的形式外包给非特定的（而且通常是大型的）大众网络的做法。目前，智能手机具有一定的计算能力、足够的存储空间、高速的通讯效率，具有GNSS定位、照相、定姿等功能，可开发相应APP等，采取数据众包的模式，进行地理国情监测数据更新。

14.2.3 “互联网+”地理国情监测应用服务

地理国情普查历时三年，五万多测绘人参与，成果十分丰富，常态化的地理国情监测也在逐步开展。数据的生命在于应用，地理国情监测数据也不例外。要融入和服务国家经济社会发展主战场，就要不断深化地理国情监测成果的应用领域。“做给谁用”是地理国情监测成果深化应用面临的首要问题。新《测绘法》明确要发挥地理国情监测成果在政府决策、经济社会发展和社会公众服务中的作用，要认真做好普查成果数据发布和解读工作，拓展测绘地理信息公共服务的广度和深度，让社会公众和市场主体充分了解和开发应用普查数据。要紧密结合政府决策和管理需要，从宏观和微观、定量和定性、整体和局部等方面，充分挖掘地理国情普查成果蕴含的价值，创造性地做好普查成果分析和应用工作。要抓紧建立普查与监测数据共享机制，打破部门、区域之间的数据壁垒和信息孤岛，向社会提供更好的公共服务。

地理国情监测成果可以提供给政府部门、行业单位与社会大众使用。怎么提供、怎么用提供给政府部门使用，做决策者的眼睛和智囊；提供给行业单位使用，做行业发展的助推剂；提供给社会大众使用，做公众出行的小帮手。这些都涉及如何更好地将信息传播出去、服务更多人。“互联网+”就是“互联网+各个传统行业”，但这并不是简单的两者相加，而是利用信息通信技术以及互联网平台，让互联网与传统行业进行深度融合，创造新的发展生态。因此，在地理国情监测成果应用方面，“互联网”+大有可为。

互联网是在不断演变的。Web 1.0时代开始于1994年，其主要特征是大量使用静态的 HTML 网页来发布信息，并开始使用浏览器来获取信息，这个时候主要是单向的信息传递。通过Web万维网，互联网上的资源，可以在一个网页里比较直观地表示出来，而且资源之间，在网页上可以任意链接。Web1.0的本质是聚合、联合、搜索，其聚合的对象是巨量、无序的网络信息。Web1.0 只解决了人对信息搜索、聚合的需求，而没有解决人与人之间沟通、互动和参与的需求，所以Web2.0应运而生。在Web2.0中，软件被当成一种服务，Internet从一系列网站演化成一个成熟的为最终用户提供网络应用的服务平台，强调用户的参与、在线的网络协作、数据储存的网络化、社会关系网络、RSS应用以及文件的共享等成为Web2.0发展的主要支撑和表现。

Web2.0模式大大激发了创造和创新的积极性，使Internet重新变得生机勃勃。Web 2.0的典型应用包括Blog、Wiki、RSS、Tag、SNS、P2P、IM等。Web3.0是Internet发展的必然趋势，是Web2.0的进一步发展和延伸。对Web3.0的定义是网站内的信息可以直接和其他网站相关信息进行交互，能通过第三方信息平台同时对多家网站的信息进行整合使用；用户在Internet上拥有直接的数据，并能在不同网站上使用；完全基于Web，用浏览器即可以实现复杂的系统程序才具有的功能。Web3.0浏览器会把网络当成一个可以满足任何查询需求的大型信息库。Web3.0的本质是深度参与、生命体验以及体现网民参与的价值。

与互联网发展阶段对应，“互联网+”地理国情监测应用服务也可分为以下三个版本：

（1）1.0版，即通过静态的HTML来发布地理国情监测信息。最为明显的案例就是通过各个政府网站发布的第一次全国地理国情普查公报，主要是单向地将地理国情普查的权威结论向公众发布。公众仅仅能发表评论意见，参与度弱。同时，信息高度概括，往往一个省只有一份由文字、图表构成的公报、寥寥数页内容，普通研究者和社会公众继续深入挖掘信息的难度很大。

（2）2.0版，即将地理国情监测数据成果变成一个网上的软件服务。比如建立地理国情信息平台，通过浏览器，以软件服务的形式将数据成果提供用户使用。这种以网页形式提供的软件服务具有良好的交互性，用户可以根据自己的需求，对关注区域的地理国情监测的数据成果进行详细查看、全面浏览、搜索查询、统计分析等。值得说明的是，目前，由于地理国情普查基础数据仍然需要保密，含有最全面、最细粒度的地理国情数据的地理国情信息平台主要还是建立在政府内网等与互联网物理隔离的网络上，主要提供给政府部门用户使用，普通大众用户尚不能直接使用。

（3）3.0版，即将地理国情监测数据成果转化为知识服务。目前，地理国情信息监测平台中的数据即使采用全文搜索技术，也只能按照关键字搜索，搜索结果还是以文档列表的形式。当用户问一个问题的时候，是需要用户在下面排序的结果中，自己来找到所需要的答案，并不能直接给出最精准的答案。而现在最新的谷歌、百度等搜索引擎，已经可以对一些简单问题进行回答，如搜索“北京的面积”，能直接反馈出“1.641万km^2”这样的结果。地理国情普查与监测成果丰富，尤其是在空间相关的信息上更是细致、准确、权威，未来地理国情监测也应能支持类似的知识服务。

14.3 大数据时代下的地理国情监测

14.3.1 大数据时代的到来

最早提出“大数据”时代到来的是全球知名咨询公司麦肯锡，麦肯锡称：“数据，已经渗透到当今每一个行业和业务职能领域，成为重要的生产因素。人们对于海量数据的挖掘和运用，预示着新一波生产率增长和消费者盈余浪潮的到来。”“大数据”在物理学、生物学、环境生态学等领域以及军事、金融、通讯等行业存在已有时日，却因为近年来互联网和信息行业的发展而引起人们关注。进入2012年，大数据（big data）一词越来越多地被提及，人们用它来描述和定义信息爆炸时代产生的海量数据，并命名与之相关的技术发展与创新。2015年9月国务院印发《促进大数据发展行动纲要》，大数据发展行动正式成为国家计划。

网络时代解决了连接问题后，在网络上交换的内容则就相应形成了数据。如果把网络体系形容成高速公路，那么大数据就是高速公路上奔驰的车流。随着网络在真实社会中的不断扩展，就不断将传统的真实社会以数据的方式采集、存储、传导、使用、再现。随着移动通信的加入，将移动通信和互联网二者结合起来，成为一体，就形成了移动互联网，而随着移动通信从2G、3G、4G的不断发展，移动互联网速度不断加快，移动终端设备爆发式发展，由移动终端设备所产生的数据几何级增长。而目前正在积极推动的5G通信，具备比4G更高的性能，支持0.1 ～ 1Gbps的用户体验速率，每平方公里一百万的连接数密度，毫秒级的端到端时延，一旦建成使用，必将极大推动物联网的发展、实现“万物互联”，也必将带来数据的极大丰富、数据量的爆发式增长。

网络社会扩展的边界就是人类大数据扩展的边界。因此，大数据时代，是网络社会形成后的自然产物，是网络时代在网络载体中信息内容世界的描述。从这个意义上讲，大数据时代的本质就是通过互联网体系观测、模拟和再现整个传统真实世界的时代，其既包括对人类世界的数字化观测、模拟、再现，也包括对自然世界的观察、模拟、再现。

14.3.2 城市地理国情监测数据获取向全面感知方向发展

关于什么是大数据，有很多定义，莫衷一是。不过大家对于数据的4V特征比较认可，就是数据体量巨大、数据类型繁多、高价值、处理速度快（实时性）。城市空间大数据，顾名思义，就是具有空间信息的大数据。城市空间大数据的来源与内容如图14-2所示。

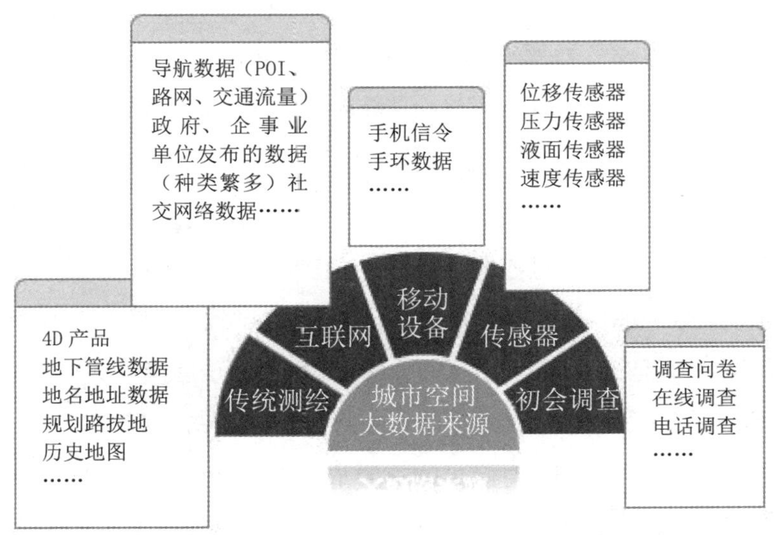

图14-2 城市空间大数据来源

城市地理国情监测数据要丰富城市空间大数据，就需要利用更多手段，来获取更逼真、更精细、更准确、更广泛、更快速、更实时的城市数据，从而实现对城市地物各种特征信息的全面感知。

1. 全维度感知——从二维到三维

传统的地理信息数据主要是二维数据，比如4D产品（4D，即DLG、DOM、DEM、DRG）、工程测量图、专题地图等。近年来，三维采集方式层出不穷，三维地理信息数据也随之产生。

三维采集方式包括三维激光扫描、基于多视点多视角的照片建模技术、三维SAR等方法：（1）三维激光扫描技术利用激光测距的原理，通过记录被测物体表面大量的密集的点的三维坐标、反射率和纹理等信息，可快速复建出被测目标的三维模型及线、面、体等各种图件数据。按照载体的不同，三维激光扫描系统又可分为机载、车载、地面和手持型几类。（2）基于多视点多视角的照片建模技术是一种利用对物体从多个角度拍摄的二维图像集，重建出物体三维模型，形成原始场景三维构造的过程。例如，现在热门的航空倾斜摄影测量技术，就是一种基于多视点多视角的照片建模技术。（3）三维SAR成像系统是一种新型SAR系统。其一般采用波束下视工作方式，在切航迹方向放置阵列天线，结合载荷平台的直线运动，合成一个虚拟面阵天线，从而获得沿航迹和切航迹方向的二维高分辨力；利用脉冲压缩技术所获得的高度向分辨力，最终获得具有三维分辨能力的三维SAR系统。

目前，常见的通过三维采集方式生成的三维地理信息数据主要有：点云数据、Mesh模型、单体化模型。点云数据是将扫描资料以点的形式记录，每一个点包含有三维坐标，有些可能含有颜色信息或反射强度信息。Mesh模型简单地理解就是整个场景看上去和真实世界相同，但是整个场景是"一张皮"，内部地物无法区分。单体化模型则是将场景中的建筑、道路等要素一个个与其他周边地物区别开来。如果说二维地理信息数据是对真实世界的抽象，那么三维地理信息数据就是对真实世界的再现与重现。三维地理信息数据拓展了城市地理国情监测数据的维度，天然具有直观性，蕴含了丰富的信息，不仅有利于直接展示，更有利于后续信息与知识的挖掘。

2. 全方位感知——从室外到室内，从地上、水上到地下、水下

传统的地理信息数据采集时定位的重要依据之一是GNSS系统，接收机通过接收GNSS系统的卫星定位信号，解算自身位置。由于卫星定位信号遇到障碍后受到干扰、衰减严重，因此室内无法收到准确的卫星定位信号，也就无法准确解算与定位。传统的地理信息数据成果也主要是室外的数据，比如通过卫星遥感、航空遥感甚至是人工测量的手段，获取室外信息。

随着技术的进步，室内定位技术正在兴起，包括"普通GNSS接收机+伪卫星""基站定位""室内协同导航（如与WiFi、蓝牙、红外线等组合定位）"等，室内定位问题已经得到相当程度上的解决。同时，室内三维建模技术也正在快速推进。目前也有多种方法，如"室内定位+室外移动测量方法"、"即时定位与地图构建技术（Simultaneous Localization and Mapping，简称SLAM）"，甚至还有通过"建筑信息模型"（Building Information Model，简称BIM）来获取室内三维信息等技术。

此外，随着探地雷达技术的发展、水下测量技术的发展，测绘作业的范围也从传统的地上，扩展到了地下、水下。相应的地下管线测量、地下空间测量、水底地形测量等，都已经如火如荼地开展。这些信息的获取，与室内三维信息一道，对传统的室外信息是个极大的补充，有利于从全方位了解与掌握城市地理国情信息。

3. 全时段感知——从静态到动态

从静态到动态感知体现在以下两个方面：

一是快速感知。传统测绘地理信息行业采集的数据空间精度很高，但是时间频率较低，如基本比例尺地形图更新，几个月、一年甚至几年都很常见。随着大数据时

代到来，地理信息数据采集的时间频率可能变成天、小时甚至秒级。比如手机信令数据，通过对个人的位置的统计与计算，每5分钟就能生成一个覆盖城市的精细网格化人口统计产品。

二是感知移动。传统测绘一般感知的是静态地物，如房屋、道路等建成后基本不会移动的物体。随着技术的进步，从卫星拍摄或地面高处拍摄的视频感知移动物体已经成为可能。从卫星成像初创公司Skybox公布的北京机场飞机起飞的卫星视频来看，在卫星轨道高度来感知整个城市的移动物体（如汽车、飞机、舰艇）等已经成为可能。

实现从静态到动态的全时段感知，对于城市地理国情监测数据的更新具有非常重要的作用，有利于提高已有地物的更新速度，有可能开拓针对移动物体的全新监测角度。

4．全粒度感知——从粗粒度到细粒度

一般来说，如无特殊要求，在进行城市地理国情监测时候，数据粒度大多在几米或是几十米。举个例子而言，一般采集房屋建筑数据，会采集房屋角点信息，很少会去采集房屋门、窗的信息；一般采集道路数据，会采集道路中线、道路边线、路牌、行道树，但是不会采集树叶的信息。

随着测量手段的进步，细粒度地物的采集与提取成为可能。比如，采用移动测量车、利用三维激光扫描手段结合照片，就可以提取出建筑物的门窗的真实位置、大小等信息，有可能为公安部门安保、消防等所用；可以提取出被树叶遮挡住的路牌信息，为市政、道路管理部门提供有效管理信息。

14.3.3 城市地理国情监测数据分析向空间大数据挖掘方向发展

要谈空间大数据挖掘，首先要与空间统计分析的概念有所区别。简单来理解，统计分析出的是数据、数据挖掘出的是知识。举个最浅显的例子，问“长江有多长？”，答“长江有约6300km长”，这是一个对长度的统计分析；而如果再加一句“长江是中国第一长的河流”，这就是一个对数据挖掘后形成的知识了。城市地理国情监测数据的统计分析固然重要，也是我国掌握我国基本国情的重要手段，但是在此基础上的数据挖掘，才是发现问题、提出建议的重要方法，才是城市地理国情监测数据服务于国民经济主战场的必经之路。

空间数据挖掘是指从空间数据库中抽取没有清楚表现出来的隐含的知识和空

间关系，并发现其中有用的特征和模式的理论、方法和技术。空间数据挖掘和知识发现的过程大致可分为以下多个步骤：数据准备、数据选择、数据预处理、数据缩减或者数据变换、确定数据挖掘目标、确定知识发现算法、数据挖掘、模式解释、知识评价等。空间数据挖掘的方法有很多种，而且在不断发展之中，新的方法层出不穷。以下是一些常用的方法及其在城市地理国情监测分析中的应用：

1. 统计分析方法

统计分析一直是分析空间数据的常用方法，着重于空间物体和现象的非空间特性分析。统计方法有较强的理论基础，拥有大量成熟的算法。上述举例中得出“长江是中国第一长的河流”这个结论就是采用了极值法这种统计分析中最简单的一种方法得出的。

2. 空间分析方法

利用GIS的各种空间分析模型和空间操作对GIS数据库中的数据进行深加工，从而产生新的信息和知识。常用的空间分析方法有综合属性数据分析、拓扑分析、缓冲区分析、距离分析、叠置分析、地形分析、趋势面分析、预测分析等，可发现目标在空间上的相连、相邻和共生等关联规则，或发现目标之间的最短路径、最优路径等辅助决策知识。比如城市地理国情监测中对于学校、医院等公共服务设施的充裕度分析，就用到了缓冲区分析，来计算公共服务设施的服务范围，同时还用到了叠加分析，来分析公共服务设施是否覆盖全面、是否已经满足了需求。

3. 机器学习方法

机器学习（Machine Learning，ML）是一门多领域交叉学科，涉及概率论、统计学、逼近论、凸分析、算法复杂度理论等多门学科。专门研究计算机怎样模拟或实现人类的学习行为，以获取新的知识或技能，重新组织已有的知识结构使之不断改善自身的性能。近年来，机器学习方法蓬勃发展。用于空间数据挖掘的机器学习方法有归纳学习法、空间关联规则挖掘方法、聚类方法、分类方法、神经网络方法、决策树方法、粗集理论、模糊集理论、遗传算法等。城市地理国情监测中，可以用决策树方法进行土地适宜性评价，用空间聚类方法进行城市功能区划分，用信息熵来测度城市离散空间场相关性，用元胞自动机来预测城市土地空间结构和人口的演变，用遗传算法拟合和预测城市群中心移动等。

4. 可视化方法

可视化方法是数据分析所常用的、最直观的一种方法，很多时候，一张优秀的图，比几十页数据报表都更有力。地理信息数据常常以地图、专题图等形式体现，具有可视化的传统。大数据时代，除了传统的分色专题图、符号级别专题图以及各类图表等方式外，还有一些新的可视化方法，如用热力图来表达人口聚集情况、用流线分析图通常要表示出人流以及车流等的路线及方向、用和弦图来表示城市与城市间的关系和交通流量、用三维立体图来表示城市土地利用强度等。图14-3正是用三维立体的形式，来表达北京城市的建筑量在城市中的分布，中心城区的建设强度明显高于其他区域。图14-4是对北京行政副中心通州人口流动的分析图，分别研究了人从哪里来，以及人往哪里去。

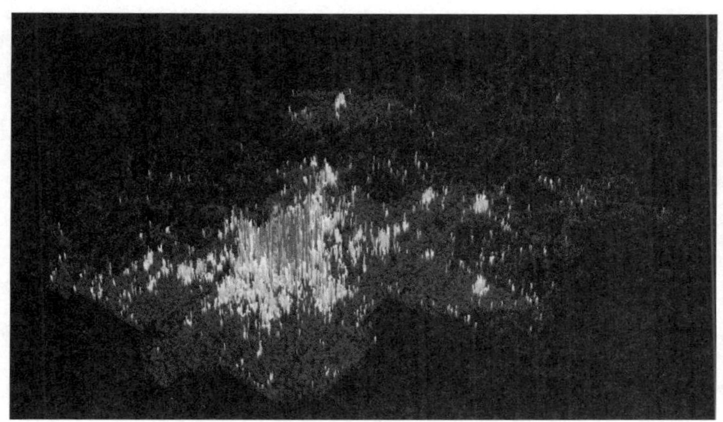

图14-3　三维立体的城市土地利用强度

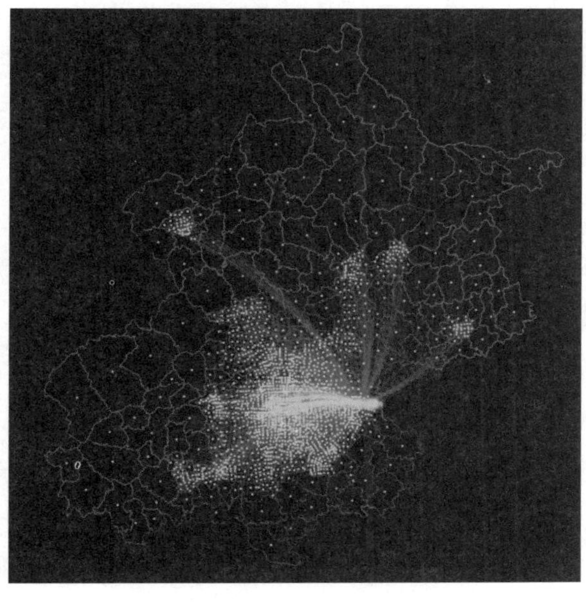

图14-4　通州人口流动的分析图

14.4 人工智能时代下的地理国情监测

14.4.1 人工智能时代的曙光

用机器模拟人、代替人的思想自古有之。《列子汤问》就记载周穆王时代的偃师给周穆王曾经进献过一个机器人，言语自如、惟妙惟肖。意大利著名艺术家、科学家达·芬奇的手稿中亦描述了人形机器人的设计方案。现代意义的人工智能，是指图灵于1950年设计的思想实验，即图灵测试，即，如果在一个隔离的房间中，根据对问题的回答，测试者无法区分被测者是人还是机器，即可以认为机器具有了人的智能。进入2010年以来，陆续有不同国籍的研究者报告在不同领域中，机器有可能已经通过了图灵测试。2016年的阿尔法狗战胜李世石，更体现出了人工智能领域进展的飞速。IBM近年来不断完善其沃森人工智能平台，并将其建立成开放的人工智能接口，为通过互联网为整个社会的各个领域提供人工智能服务的方案解决。更有一批科学家认为，21世纪中期，真正可以与人类思维相媲美的人工智能将出现。而在现实应用层面，在大量的网络平台上，一些基本的人工智能服务已经在被大量应用（如电子商务平台上的客服服务）。可以说，无论从哪个角度，人类正处于整体迈入人工智能时代的过渡期，嵌入人类各个方面生产生活的人工智能时代并不会太远。

人工智能在广泛社会行为中的作用，由浅入深可以分为以下三个层次：

一是信息收集辅助与智能筛选，如目前的各类搜索引擎，其内在都是采用智能化的搜索机器人算法，在广域的网络中不断读取分析，并汇集而来。当用户在使用搜索引擎时，根据用户的搜索习惯，给出相对最有可能满足用户需求的排序结果。不同的个体在使用同样的关键词进行检索时，会得到不同的结果。

二是识别应答接受模糊任务并完成。目前最常见的命令输入依然是要用固定形式的格式化命令来实现的，如搜索引擎的“关键字+搜索”就是一种格式化命令。但是随着自然语言处理等技术的发展，用Siri等语音助手直接下达任务已经迅猛发展，以声音、图像、动作等多种交互手段，为人类提供更有效的决策与行为方案参考并根据人的命令指示而完成工作。

三是自主的判断与决策。在这一层面中，机器可以根据环境条件的变化自主决定最优的行动方案，从而在更大程度上模拟和替代人的行为，并形成对前两个层面能力实现统合，形成完整的人工智能功能体。比如阿尔法狗就是在这一层面的探索，其他如车载自动驾驶，自主无人机以及更广泛的人形机器人，都要在一定程度上实现自主的判断与决策。当然，人工智能最高的层次是实现机器自主意识的出现。这将远超机器拥有自主的判断与决策能力层面，也远超了本书讨论的范畴。

14.4.2 城市地理国情监测数据处理向智能化方向发展

如前所述，大数据时代产生了海量数据，而从数据到信息，需要大量的处理工作，可以说，大数据是促生人工智能领域的最初和最重要的驱动。城市地理国情监测所生产的大量空间数据，原来是人工处理，后来发展为工厂化生产无结构数据，到目前是智能化生产有结构数据并进行一定程度的人工编辑。以下从几个侧面，展现城市地理国情监测数据智能化处理的最新进展：

1. 遥感影像的智能化处理

城市地理国情监测数据最大的数据源之一就是卫星遥感影像。目前，主要还是通过人工视觉，从遥感影像上提取地表覆盖、识别地物及其变化等。一直以来，对遥感影像的机器识别是学界研究的重点，也形成了多种方法与工具。然而，通过机器对大规模、高分辨率的遥感影像进行识别，在正确率、效率上与人工识别仍然存在一定距离，在尺度较大、精度要求较高的城市地理国情监测中应用效果欠佳。

深度学习是最近兴起的一种机器学习算法，目前已经在图像识别、语音识别等领域大放异彩，打败世界围棋冠军的阿尔法狗，就采用了深度学习的算法。模拟人脑的深度学习方法突破了传统分类方法中过度依赖人工定义特征的困难，已在二维场景分类解译方面表现出极大潜力。

2. 点云数据的智能化处理

三维激光扫描直接对地球表面进行三维密集采样，可快速获取具有三维坐标（X, Y, Z）和一定属性（反射强度等）的海量、不规则空间分布三维点云。三维点云的精细分类是从杂乱无序的点云中识别与提取人工与自然地物要素的过程，是数字地面模型生成、复杂场景三维重建等后续应用的基础。据此，国内外许多学者进行了深入研究并取得了一定的进展，在特征计算基础上，利用逐点分类方法或分割聚类分类方法对点云标识，并对目标进行提取。甚至还有一些利用深度学习方法进行三维点云场景的尝试与应用。

在城市地理国情监测中，通过对机载点云的智能化处理，可以获得城市的DEM、DSM等；通过对车载点云的智能化处理，可以识别更为精细的地物，如车道、路牌标识等。当然，在三维点云场景的精细分类方面，还面临许多难题：海量三维数据集样本库的建立，适用于三维结构特征学习的神经网络模型的构建及其在大场景三维数据解译中的应用。顾及目标及其结构的语义理解，三维目标多尺度全局与局部特征的学习，先验知识或第三方辅助数据引导下的多目标分类与提取方法，是未来的重要研究方向。

3．自动化、智能化的大数据处理平台

大数据时代，需要处理的数据源发生了根本的变化，各种传感器成为主要数据来源。传感器数量庞大、传感器数据获取间隔时间短，从而导致获取数据量激增、数据处理时间要求极短、数据处理的自动化程度要求极高。在面对空间大数据时，传统GIS数据处理平台遇到了很多问题，要在多方面进行升级。

（1）基础设施要升级为云。大数据带来了存储设施的升级，云计算是大数据时代非常重要、也是非常基础的IT基础设施。传统GIS数据处理平台大多面向关系型数据库，与云存储普遍采用的非关系型数据库、对象存储差距较大。要对空间大数据进行处理，除了关系型数据外，还要能接纳文件型数据、HDFS分布式文件系统、Hive数据源、以及云存储等文件数据存储类型。

（2）系统结构要升级为分布式。传统GIS数据系统结构不管是单机版、C/S版、还是B/S版，都主要是中心式的，1台或几台服务器是数据处理的中心节点。而云计算是分布式的，庞大的GIS数据需要进行分散处理、但又形成集中的结果，就需要将系统结构进行改变与升级。

（3）处理时长要迈向实时化。随着传感器数据获取间隔不断缩短，从数据获取到得出结论，要求的时间越来越短，与此同时，一次处理的数据量却无比庞大。对此，传统GIS数据处理中“先图形化再处理分析”的串行处理思路是不适用的。“分布式处理”、“处理后图形化”、“并行计算”等处理思路与方法，是GIS处理平台不断缩短处理时长、实现处理实时化的必由之路。

（4）处理算法要不断智能化。如前所述，以深度学习为代表的人工智能数据处理算法正在蓬勃发展。未来，机器对数据的处理能力将越来越接近人能达到的水平。未来的数据处理平台也必然会集成相应的算法。

14.4.3 城市地理国情监测应用服务向智慧化方向发展

2017年11月15日，科技部在北京召开新一代人工智能发展规划暨重大科技项目启动会，会上，科技部公布了4家开放创新平台名单，分别是百度公司、腾讯公司、阿里云公司和科大讯飞公司，主要的方向是：百度的自动驾驶、阿里的城市大脑、腾讯的医学影像处理、科大讯飞的语音识别。前三者都和空间大数据有关。以阿里的城市大脑为例，在城市的各个角落，每时每刻都有数据诞生：视频监控记录下每辆车的行驶状况；线圈记录下这些车辆的行驶速度和数量；很多出租车司机每日用手机接单，看似非常随机，其实它的轨迹在不经意间都被留了下来；公交车上的刷卡机记录下有多少人在什么时段乘坐了公共交通。而这些数据想要真正地被用起来不是一件简单的事。除了交通，城市大脑还可以将能源、供水等基础设施全部数据化，连接散落在城市各个单元的数据资源，打通“神经网络”，对整个城市进行全局实时分析，让数据帮助城市来做思考和决策，打造一座能够自我调节、与人类良性互动的城市。

城市地理国情监测接收、产生各种各样的时空数据，有时甚至给人的感觉是数据过多、信息过杂。如何从纷繁复杂的信息中提取人们需要的知识，才是关键问题。人工智能时代，利用数据支撑决策才是价值所在，城市地理国情监测应用也要利用大数据、云计算等挖掘数据的有效信息，对城市进行建模，对抽象数据进行有效转换与分析，形成智慧化的空间辅助决策。

14.5 本章小结

本章分析了“互联网+”的概念以及带来的变革，从扩大数据汇聚途径、众包式数据采集与更新等方面分析了“互联网+”在地理国情监测数据获取中的应用；从互联网发展的三个阶段，提出了“互联网+”地理国情监测应用服务的三个版本。分析了大数据时代带来的变革，提出城市地理国情监测数据获取向“全维度、全方位、全时段、全粒度”的全面感知方向发展，数据分析向空间大数据挖掘方向发展的两个趋势。分析了人工智能时代带来的变革，提出城市地理国情监测数据处理向智能化方向发展、应用服务向智慧化方向发展的两个趋势。

在新技术条件下，城市地理国情监测必将不断加大科技创新力度，持续保持技术先进性，实现全面感知城市空间大数据，自动智能实时处理数据，分析挖掘得出智慧化结论，拓展地理国情监测服务范围，扩大地理国情监测应用服务领域。

本章参考文献

[1] 人工智能时代的政府适应与转型. 何哲. 2016年09月01日09:17. 来源：人民网-理论频道 http://theory.people.com.cn/n1/2016/0901/c40531-28682976.html

[2] https://baike.baidu.com/item/web/150564?fr=aladdin 百度百科_web

[3] https://baike.baidu.com/item/互联网+/12277003 百度百科_互联网+

[4] 依法监测，深化应用——从地理国情监测的角度看新《测绘法》http://www.upsei.cn/shownews.aspx?id=3554

[5] https://baike.baidu.com/item/大数据时代/4644597?fr=aladdin 百度百科_大数据时代

[6] https://baike.baidu.com/item/三维激光扫描仪/5796256?fr=aladdin 百度百科_三维激光扫描仪

[7] 董超. 基于多视点的三维重建系统中数字图像集的对象提取算法研究[D]. 北京：北京大学，2010.

[8] 王银波. 新型阵列三维SAR关键技术研究[D]. 成都：电子科技大学，2009.

[9] https://baike.baidu.com/item/空间数据挖掘/444393?fr=aladdin 百度百科_空间数据挖掘

[10] 张新长，马林兵等. 地理信息系统数据库[M]. 北京：科学出版社，2005.

[11] 杨必胜，梁福逊，黄荣刚. 三维激光扫描点云数据处理研究进展、挑战与趋势[J]. 测绘学报，2017，46(10)：1509-1516.

[12] 王坚：城市发展需要建立一个数据大脑 http://soft.zhiding.cn/software_zone/2016/1014/3084392.shtml

附图（以北京市为例）

一、遥感影解译样本

图 1-1 解译样本——旱地

图 1-2 解译样本——阔叶林

图 1-3 解译样本——高密度低矮房屋建筑区

图 1-4　解译样本——铁路

图 1-5　解译样本——堤坝

图 1-6　解译样本——岩石地表

二、普查公报图件

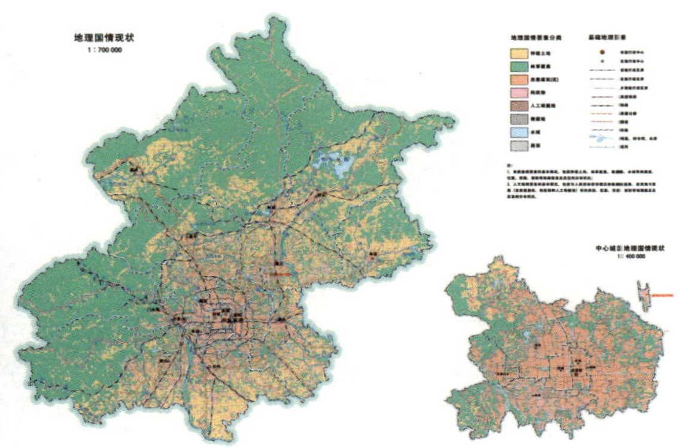

图 2-1 地理国情

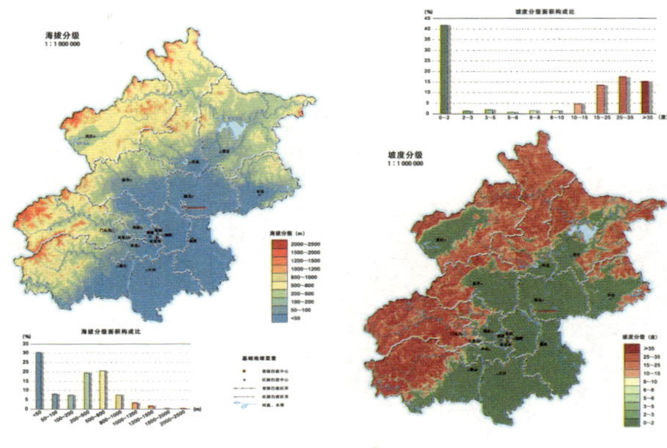

图 2-2 高程带分布、坡度带分布

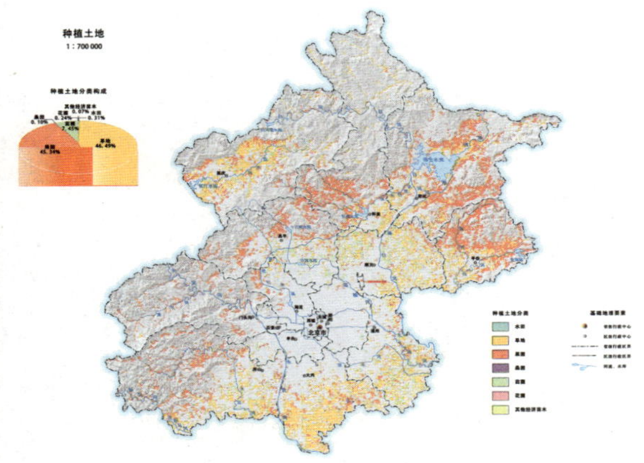

图 2-3 种植土地分布图

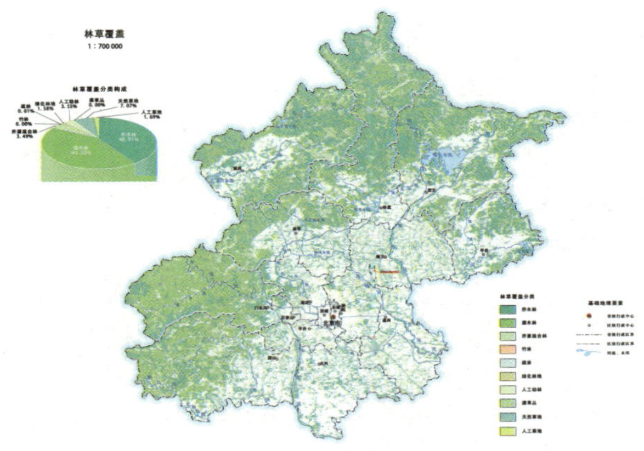

图 2-4 林草覆盖分布图

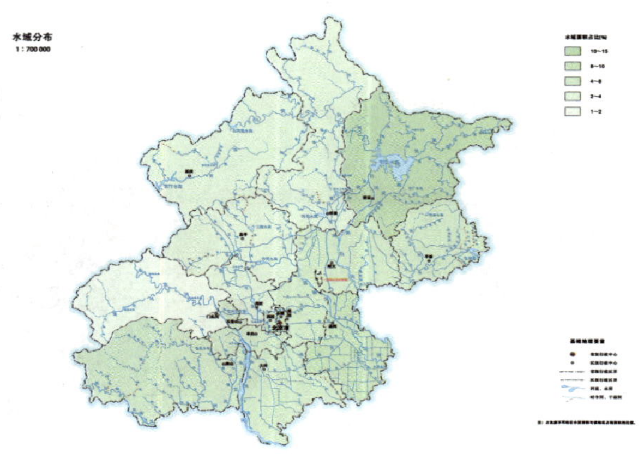

图2-5　水域分布

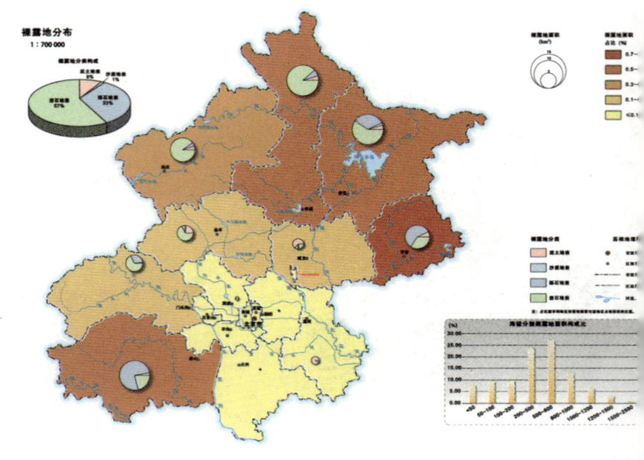

图2-6　荒漠与裸露地表

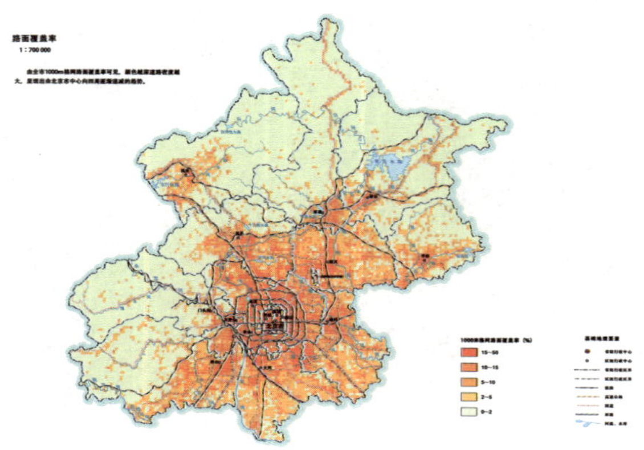

图2-7　道路密度

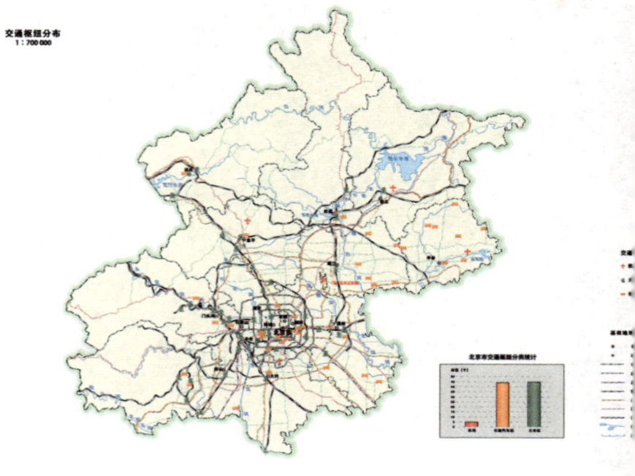

图2-8　交通枢纽分布

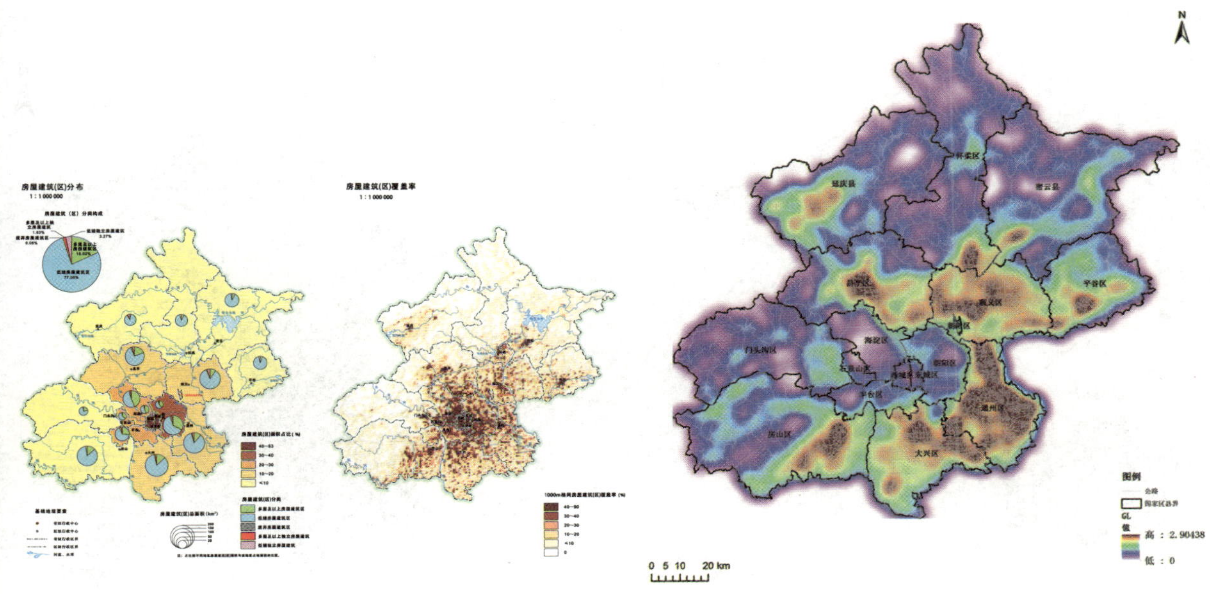

图2-9　房屋建筑分布和房屋建筑覆盖率

图3-2　北京市公路密度分析现状

三、城市空间分布格局

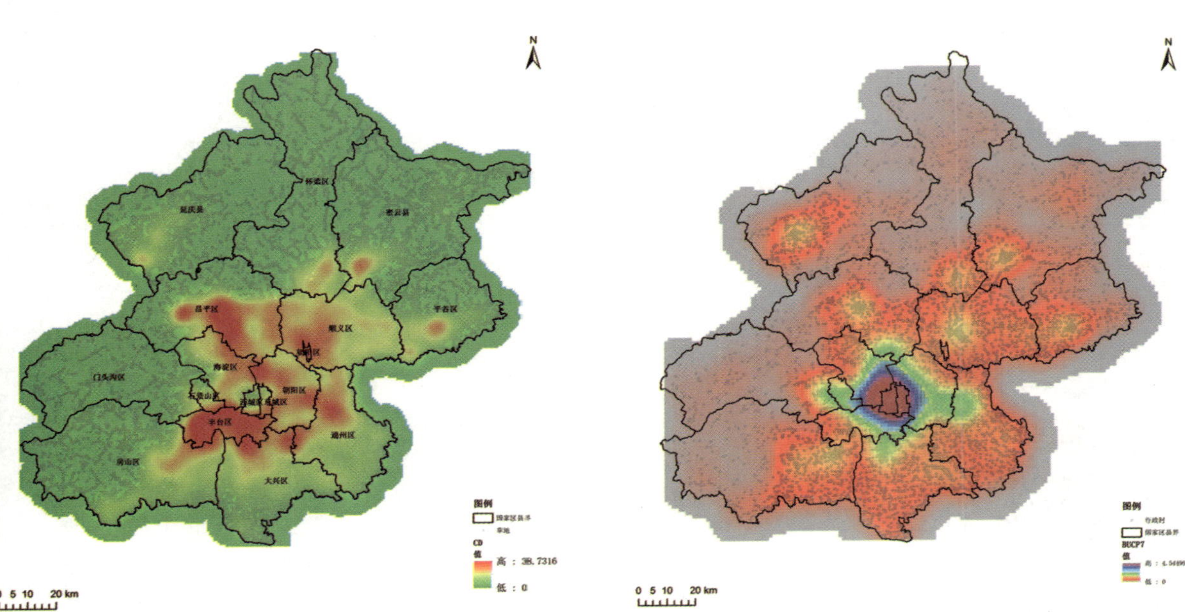

图3-1　北京市草地密度分析现状

图3-3　北京市行政村密度分析现状

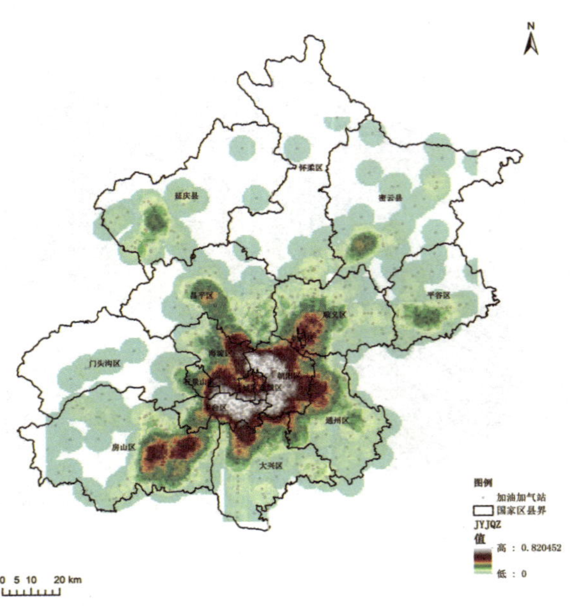

图 3-4　北京市加油加气站密度分析现状

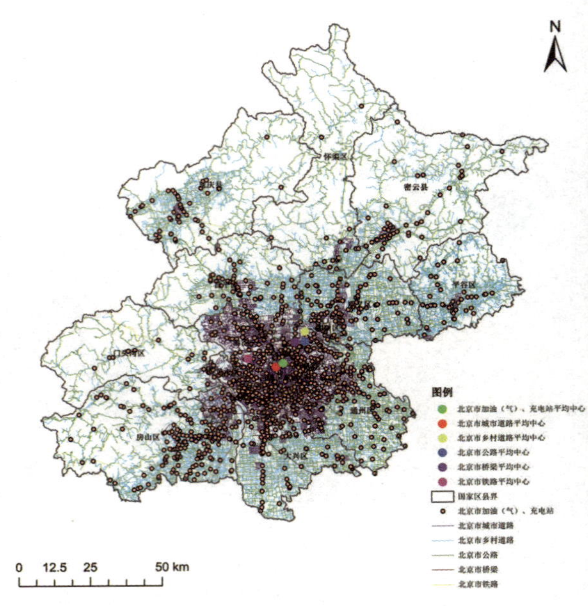

图 3-5　北京市交通网络、交通枢纽水平指数——平均中心

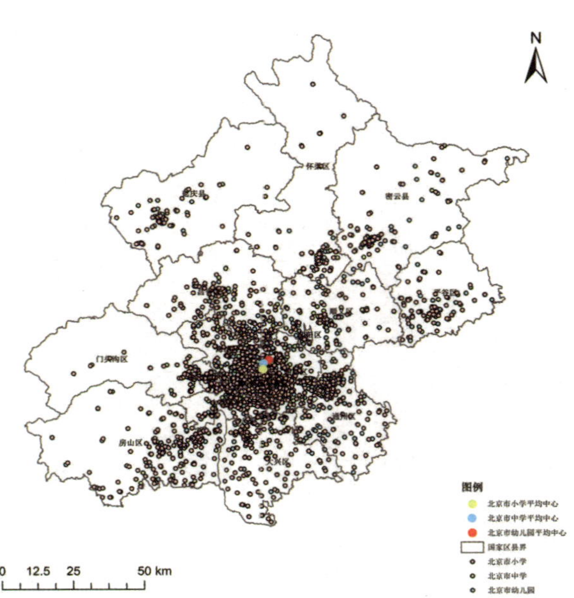

图 3-6　北京市教育水平指数——平均中心

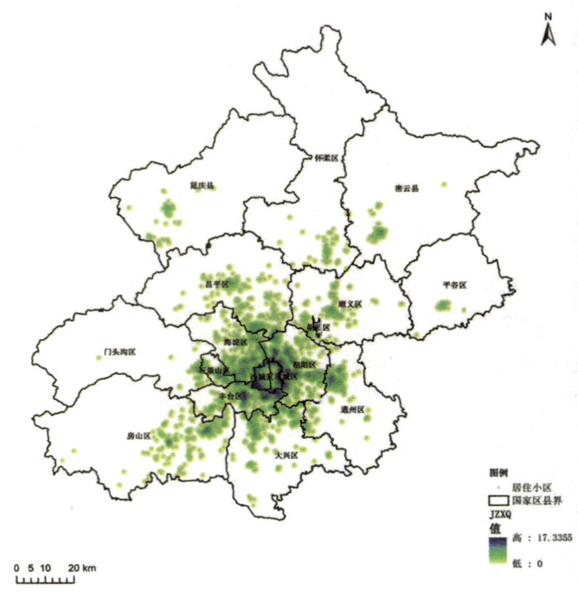

图 3-7　北京市居住小区密度分析现状

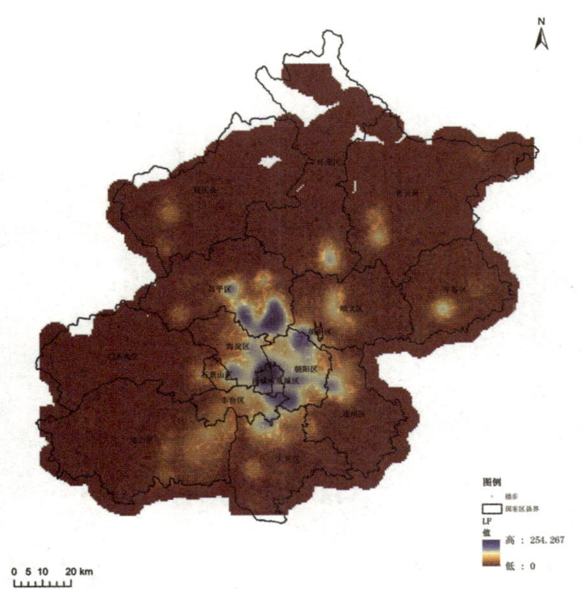

图 3-8 北京市楼房密度分析现状

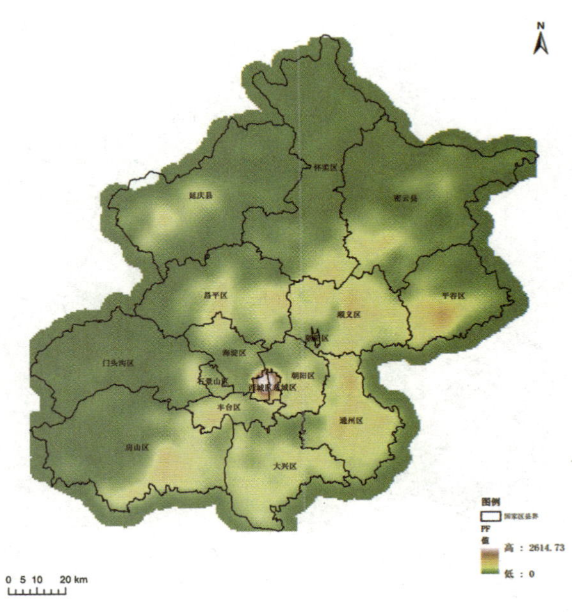

图 3-9 北京市平房密度分析现状

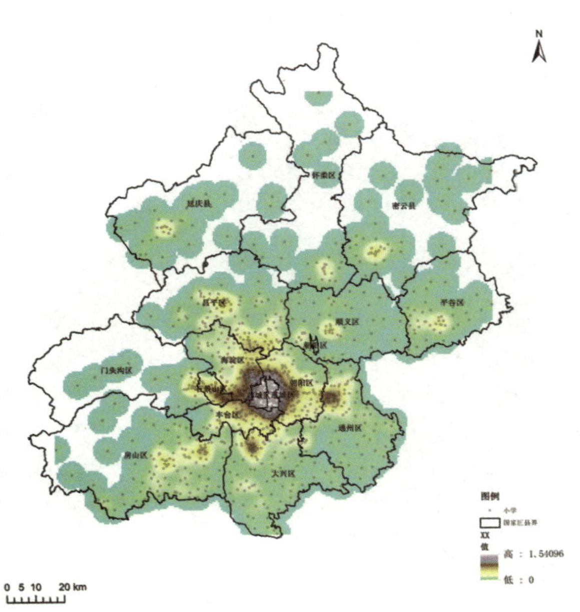

图 3-10 北京市小学密度分析现状

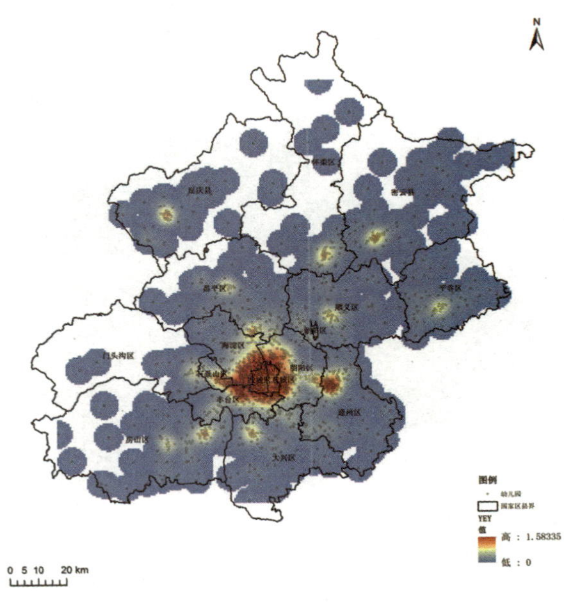

图 3-11 北京市幼儿园密度分析现状

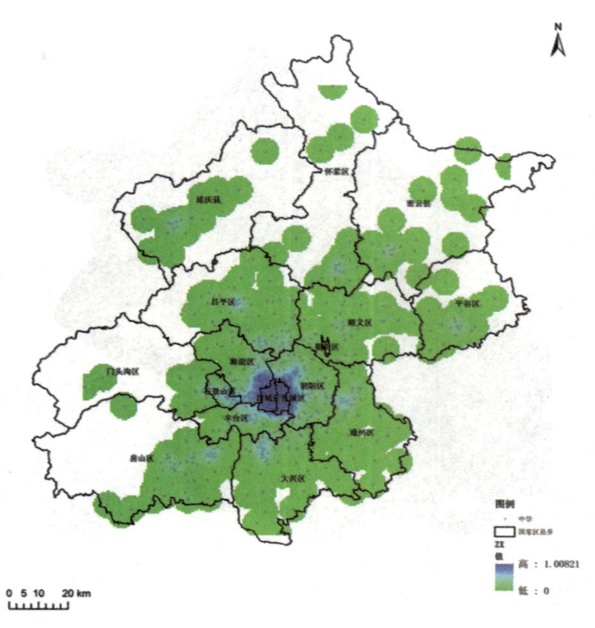

图 3-12　北京市中学密度分析现状

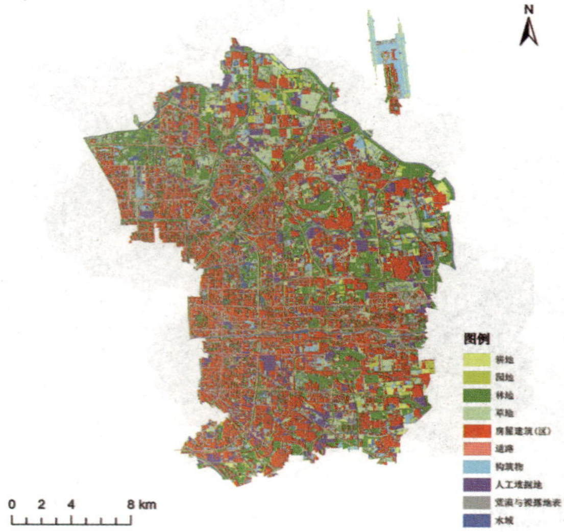

图 4-2　北京市朝阳区地表覆盖景观格局分布图

四、城市景观格局

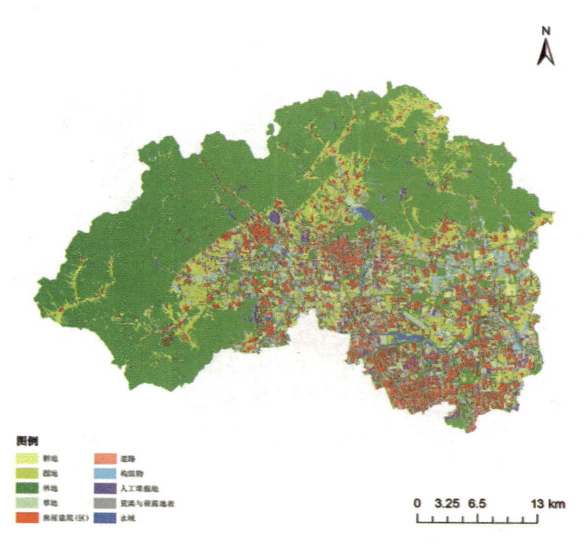

图 4-1　北京市昌平区地表覆盖景观格局分布图

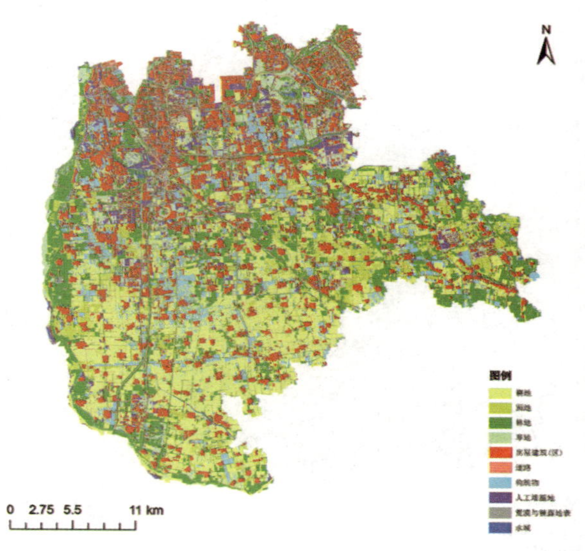

图 4-3　北京市大兴区地表覆盖景观格局分布图

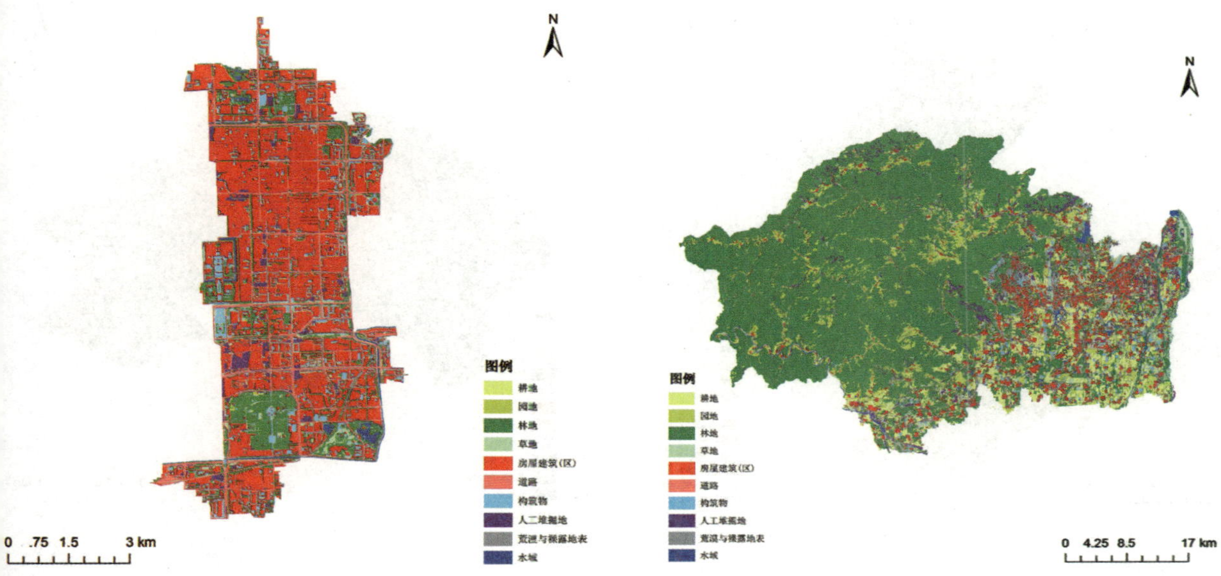

图4-4 北京市东城区地表覆盖景观格局分布图

图4-5 北京市房山区地表覆盖景观格局分布图

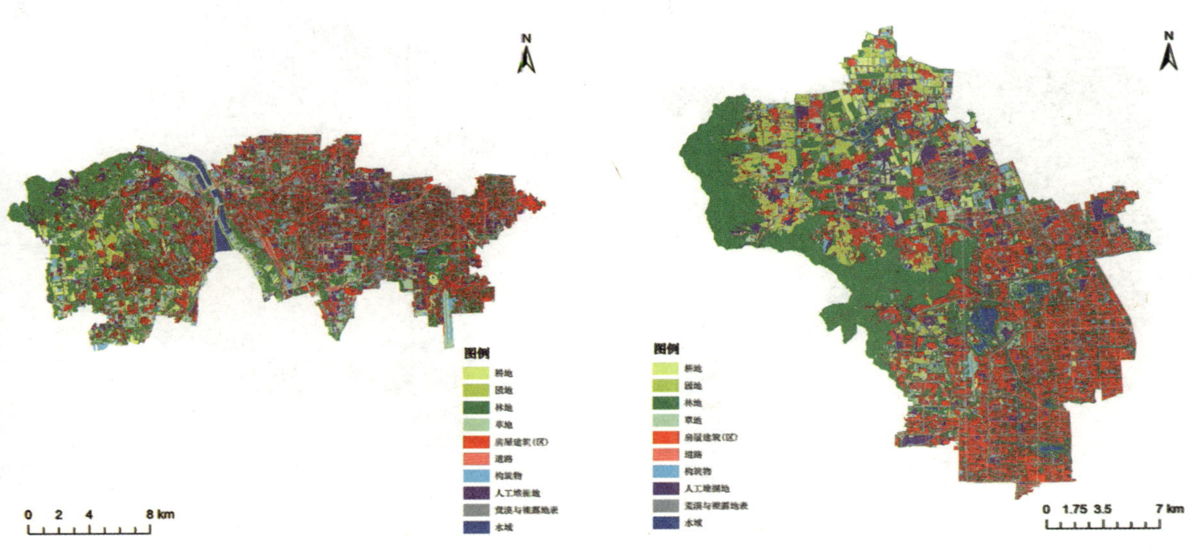

图4-6 北京市丰台区地表覆盖景观格局分布图

图4-7 北京市海淀区地表覆盖景观格局分布图

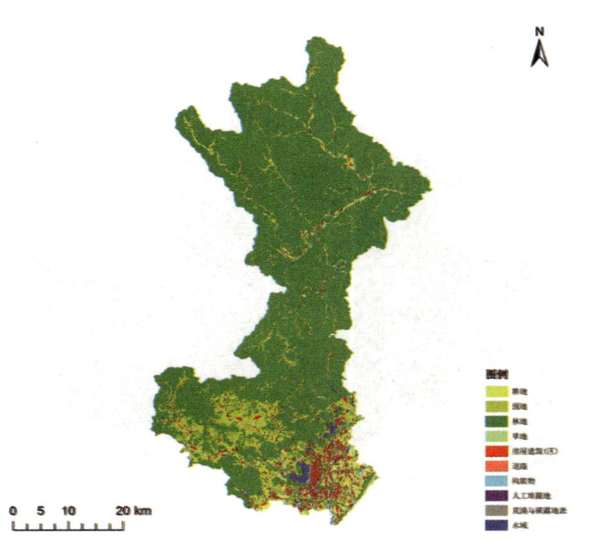

图 4-8　北京市怀柔区地表覆盖景观格局分布图

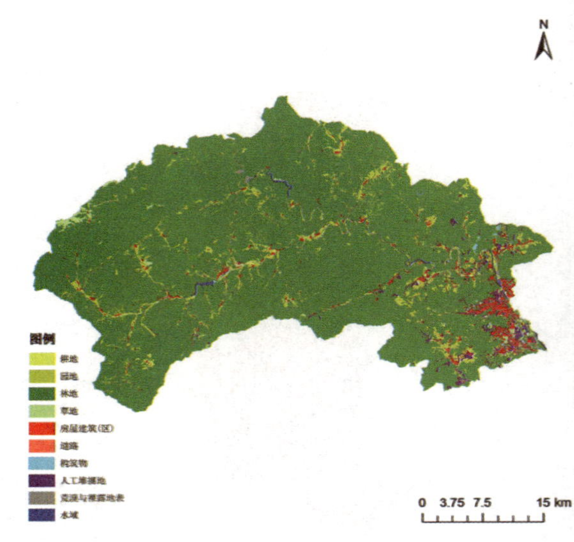

图 4-9　北京市门头沟区地表覆盖景观格局分布图

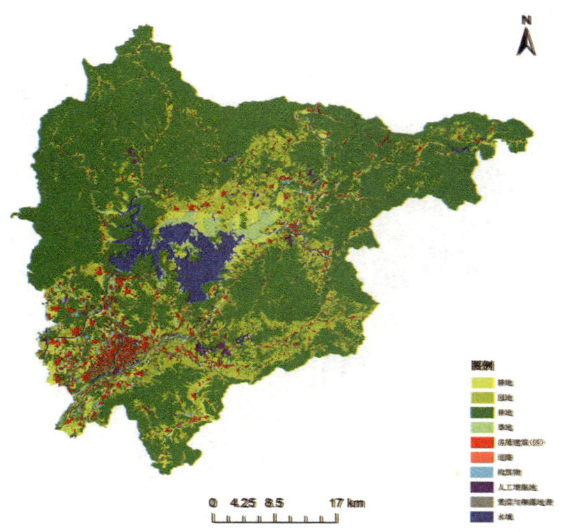

图 4-10　北京市密云区地表覆盖景观格局分布图

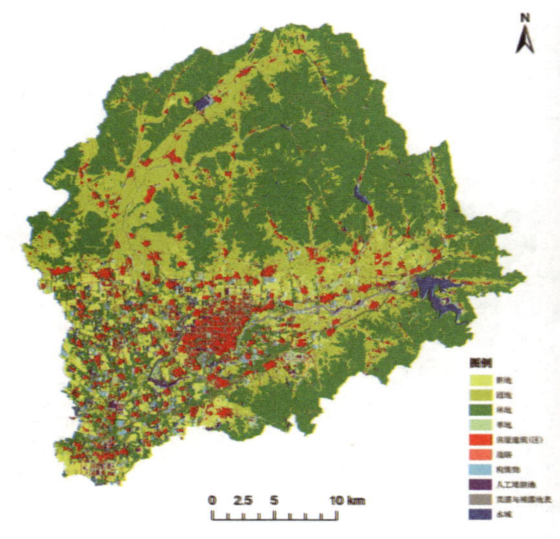

图 4-11　北京市平谷区地表覆盖景观格局分布图

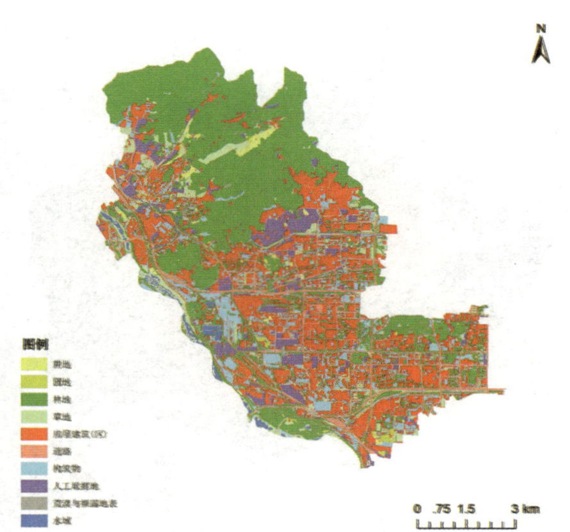

图 4-12 北京市石景山区地表覆盖景观格局分布图

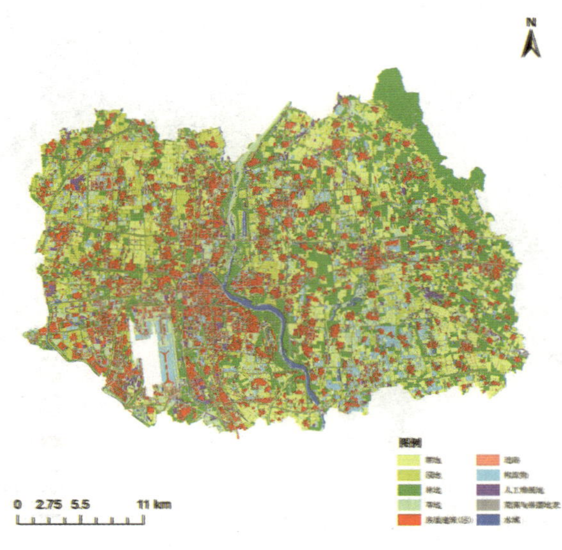

图 4-13 北京市顺义区地表覆盖景观格局分布图

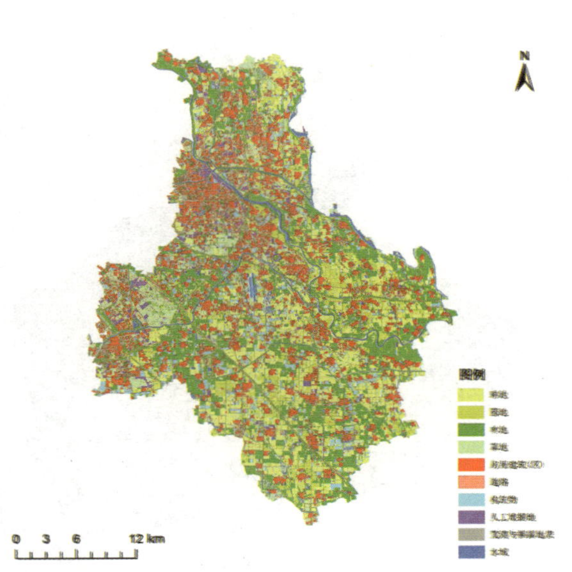

图 4-14 北京市通州区地表覆盖景观格局分布图

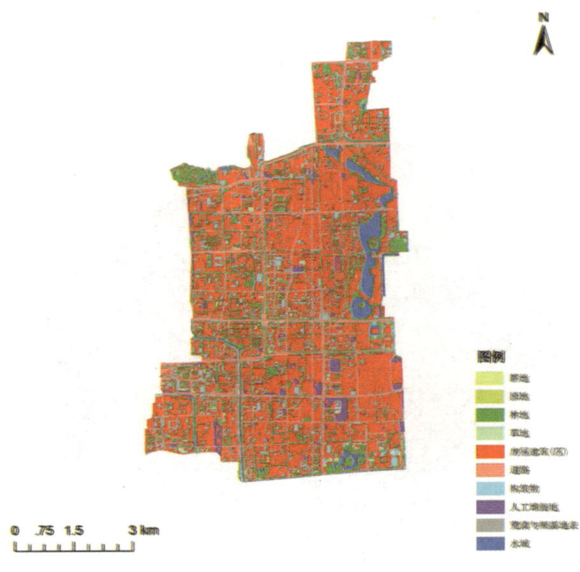

图 4-15 北京市西城区地表覆盖景观格局分布图

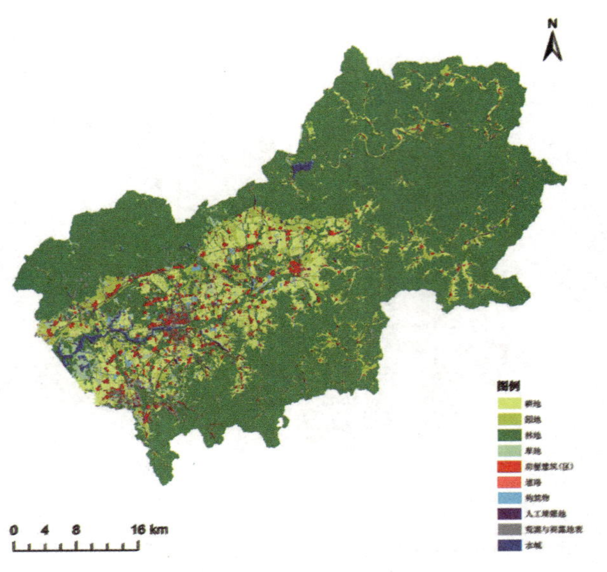

图 4-16　北京市延庆区地表覆盖景观格局分布图

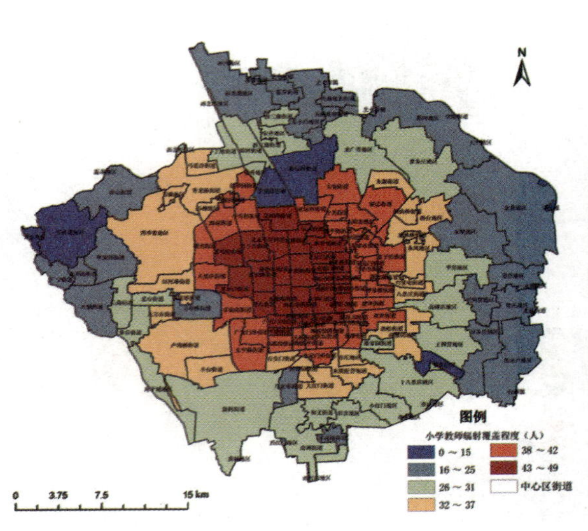

图 5-2　中心区小学辐射覆盖程度

五、覆盖程度

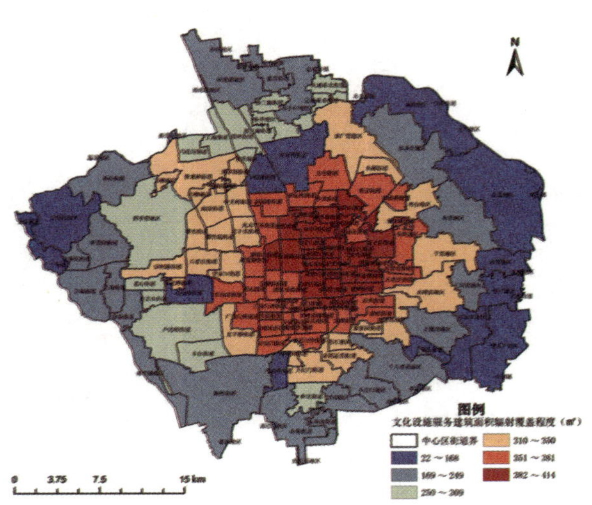

图 5-1　中心区文化设施辐射覆盖程度

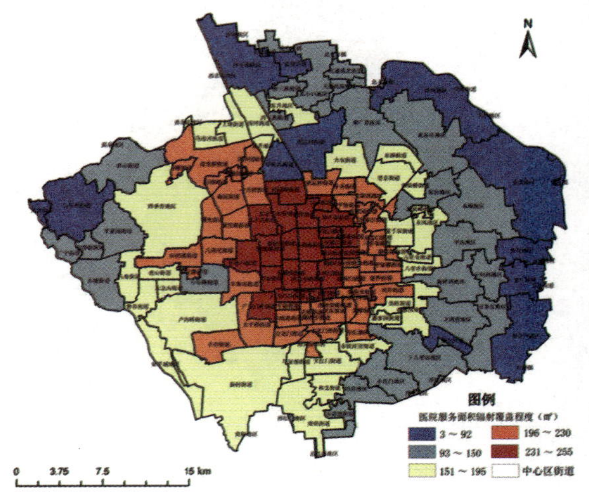

图 5-3　中心区医院辐射覆盖程度

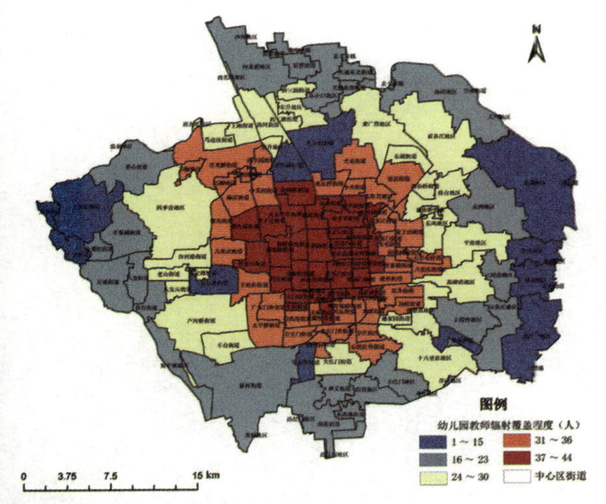

图 5-4 中心区幼儿园辐射覆盖程度

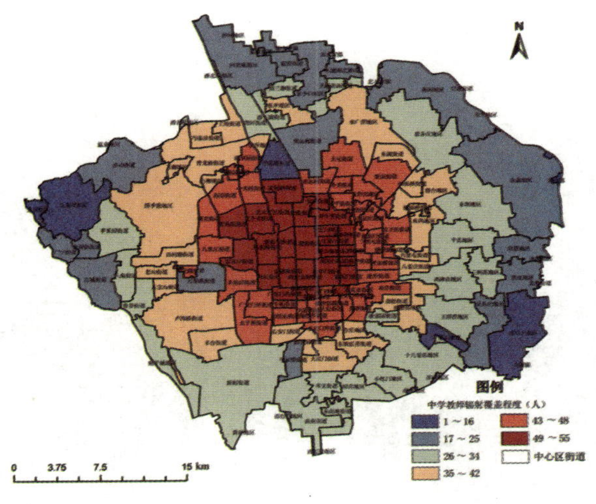

图 5-5 中心区中学辐射覆盖程度

六、交通通达性

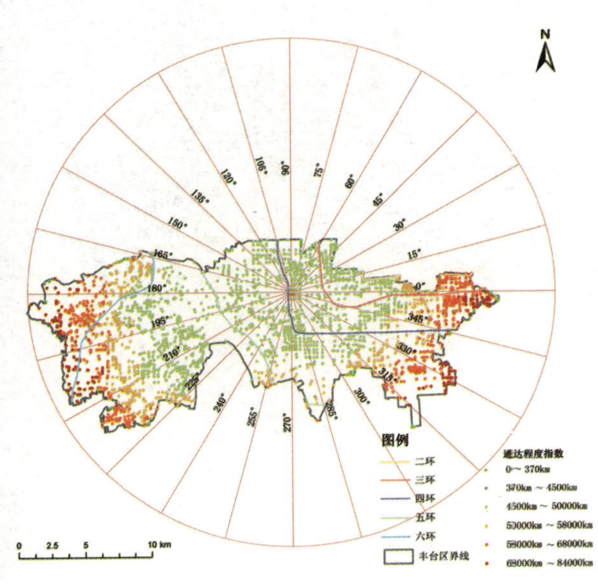

图 6-1 丰台区交通网络通达程度图

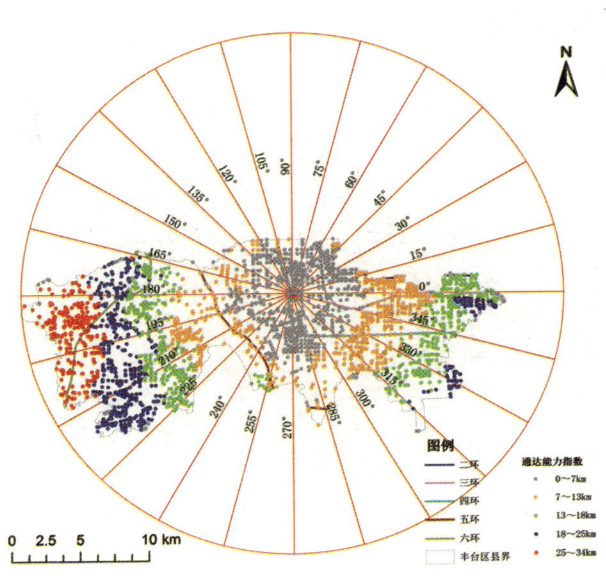

图 6-2 丰台区交通网络通达能力图

图 6-3　丰台区路网分布图

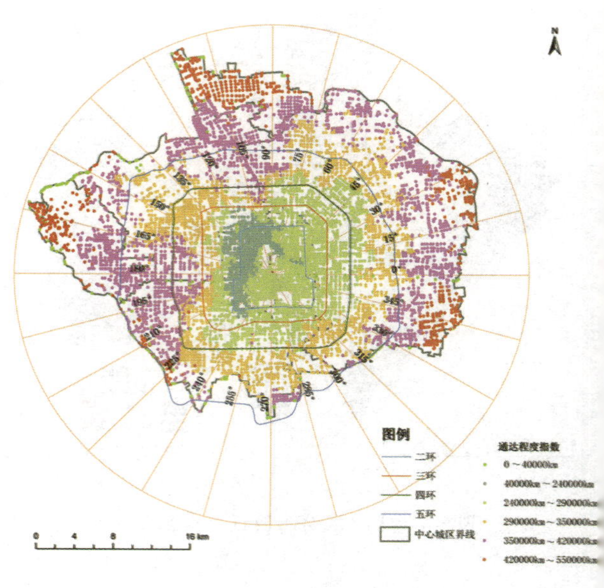

图 6-4　中心城区交通网络通达程度图

图 6-5　中心城区路网分布图

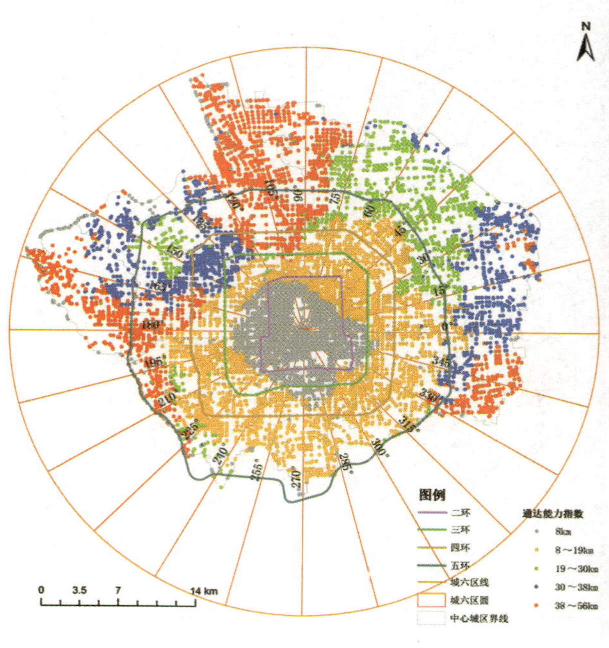

图 6-6　中心城区通达能力指数图

七、基础设施布局

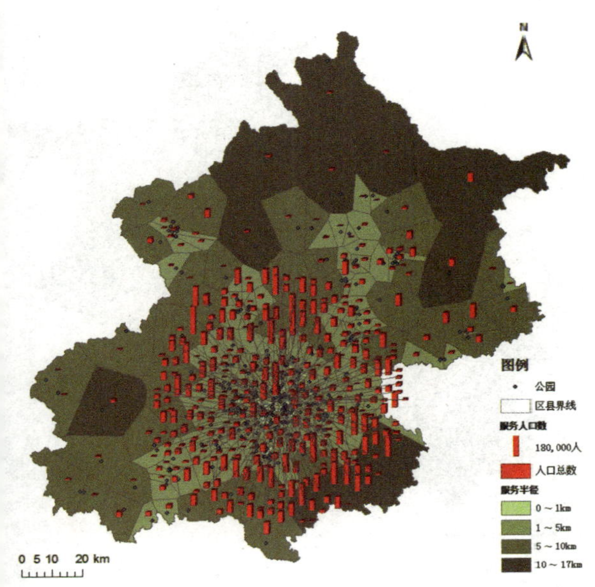

图 7-1 北京市公园服务人口数量及服务范围统计地图

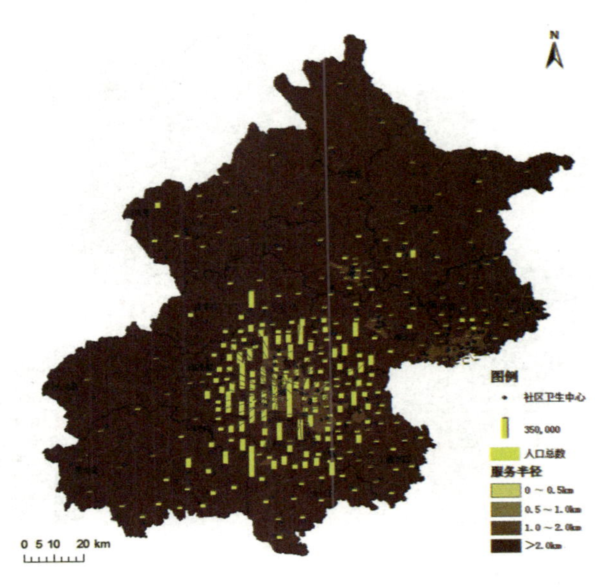

图 7-2 北京市社区卫生中心服务人口数量及服务范围统计地图

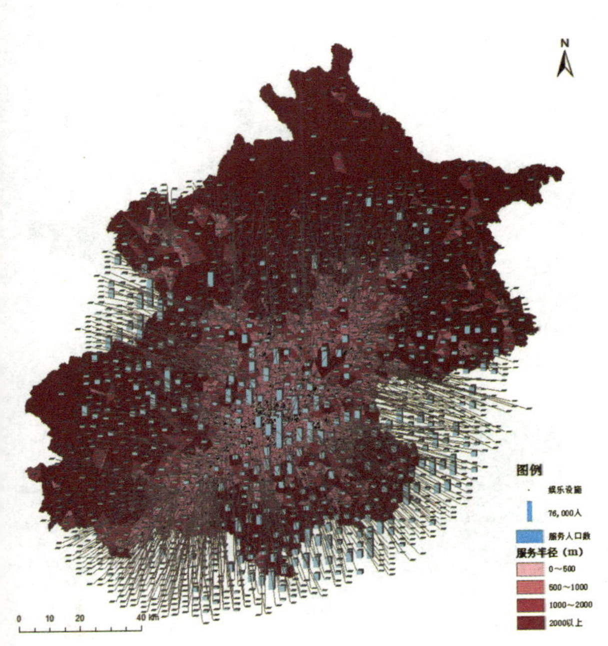

图 7-3 北京市文化娱乐服务人口数量及服务范围统计地图

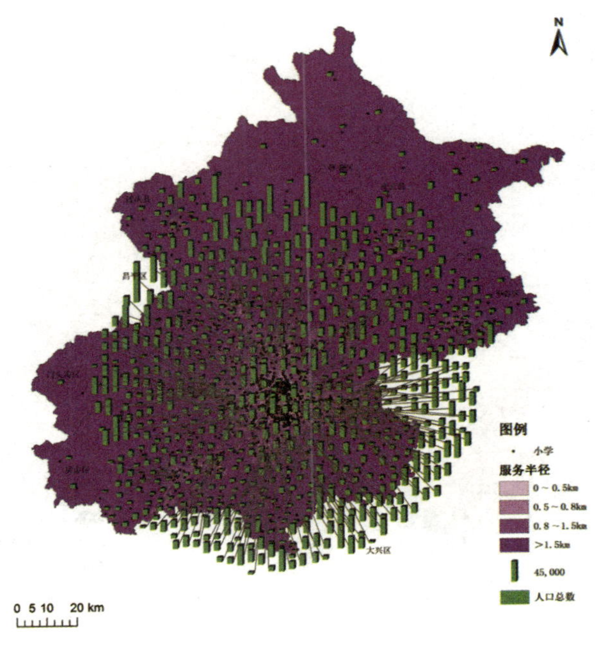

图 7-4 北京市小学服务人口数量及服务范围统计地图

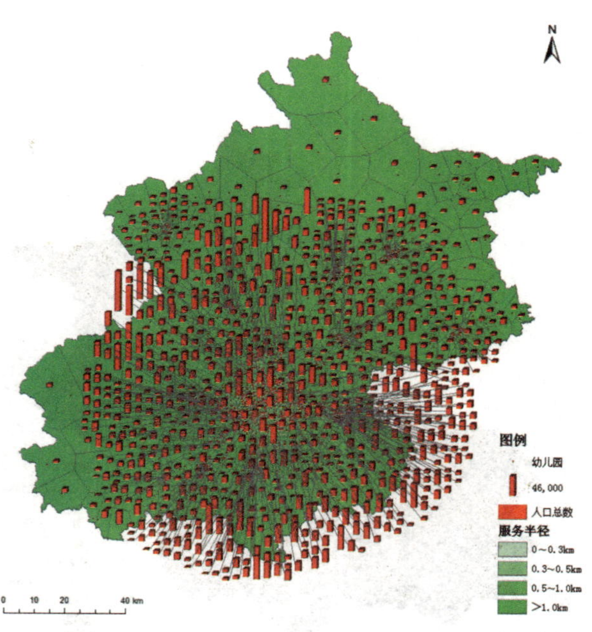

图 7-5 北京市幼儿园服务人口数量及服务范围统计地图

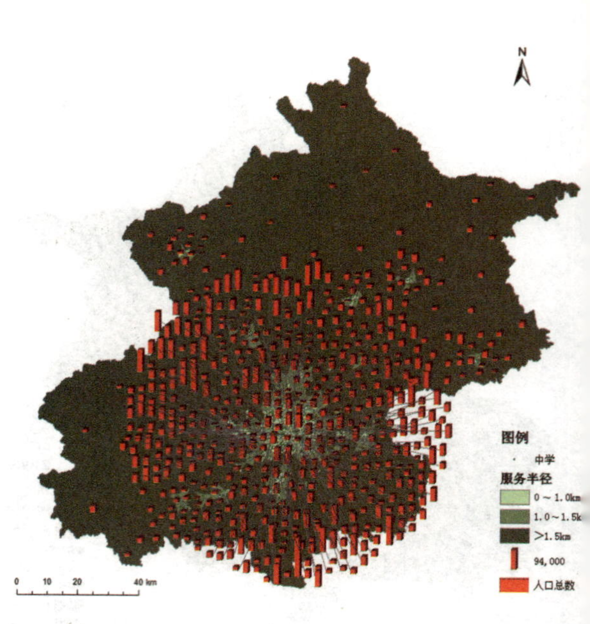

图 7-6 北京市中学服务人口数量及服务范围统计地图

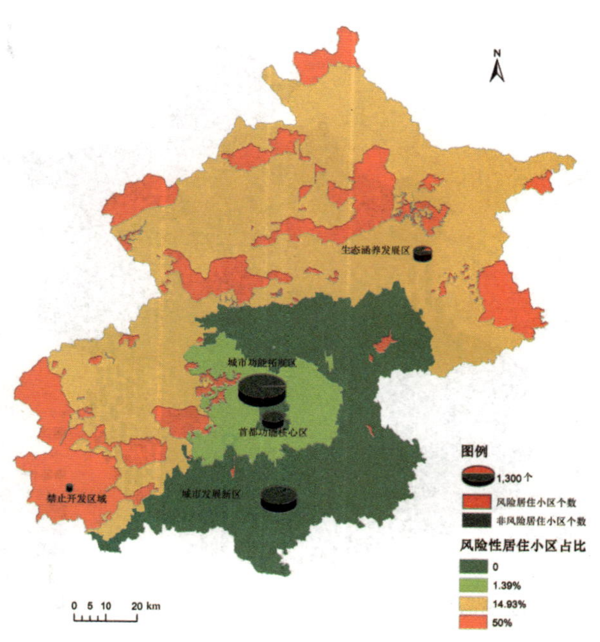

图 7-7 北京市主体功能区风险性居住小区占比分布图

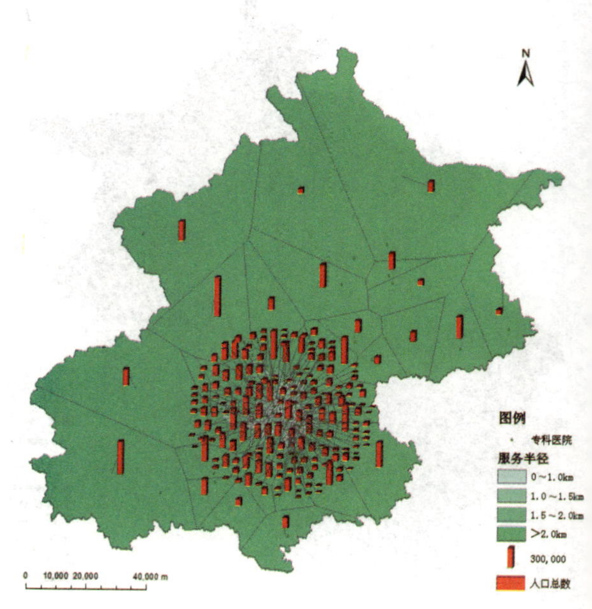

图 7-8 北京市专科医院服务人口数量及服务范围统计地

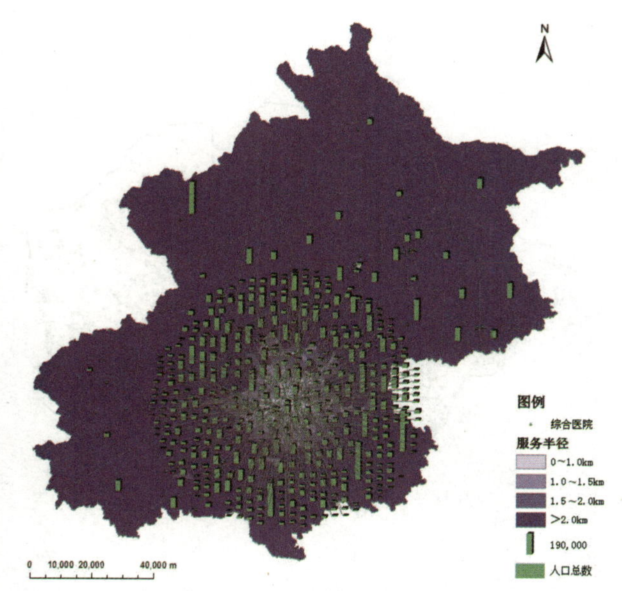

图 7-9 北京市综合医院服务人口数量及服务范围统计地图

图 8-2 1956 年北京中心城用地现状

八、城市景观扩张

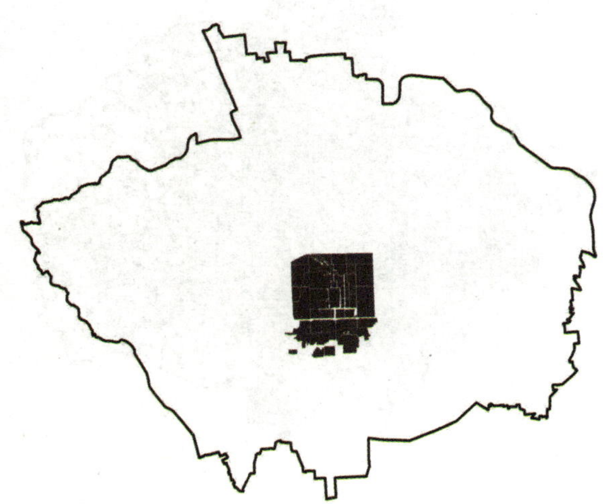

图 8-1 1934 年北京中心城用地现状

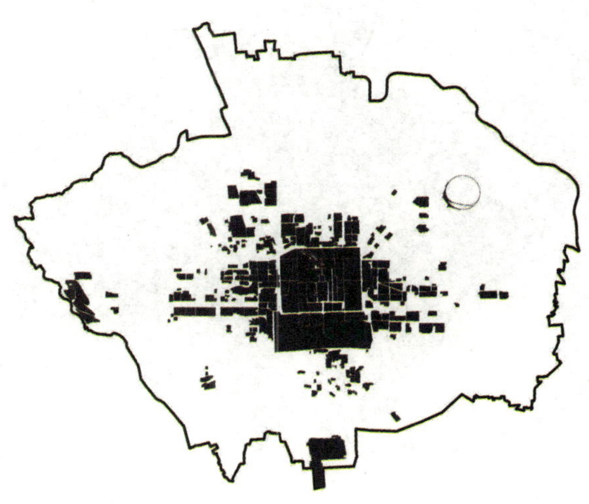

图 8-3 1965 年北京中心城用地现状

图 8-4　1975 年北京中心城用地现状

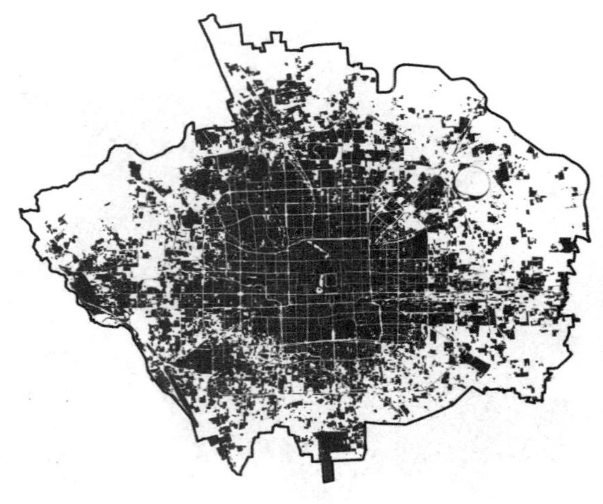

图 8-5　1996 年北京中心城用地现状

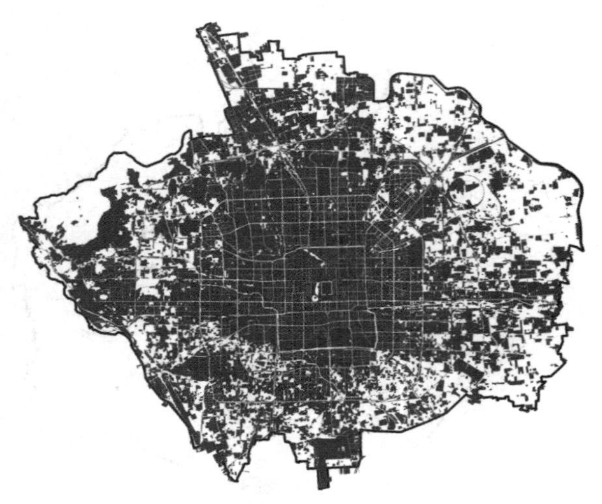

图 8-6　2003 年北京中心城用地现状

图 8-7　2007 年北京中心城用地现状

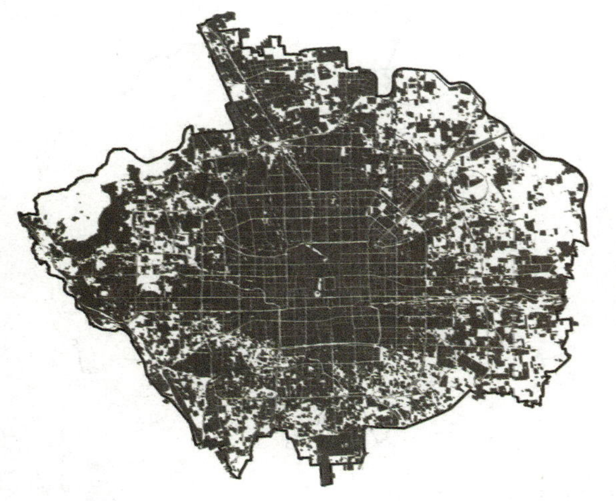

图 8-8　2009 年北京中心城用地现状

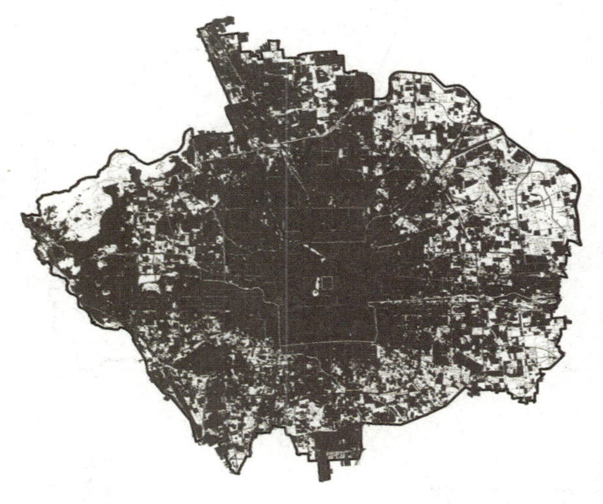

图 8-9　2015 年北京中心城用地现状

九、房屋建筑专题

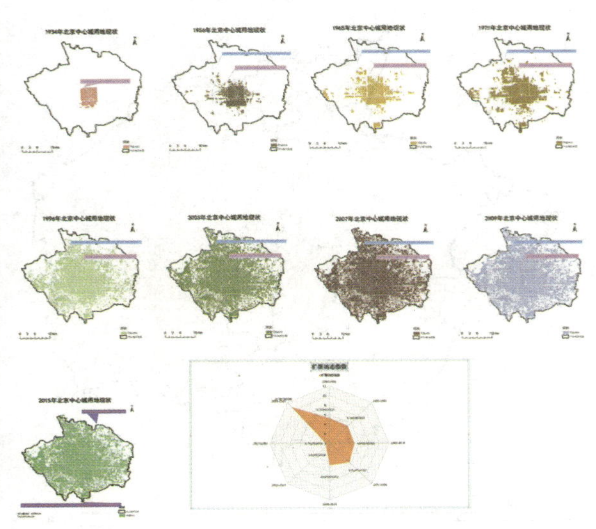

图 8-10　城市发展指数之 1934 ~ 2015 年北京中心城扩展动态指数

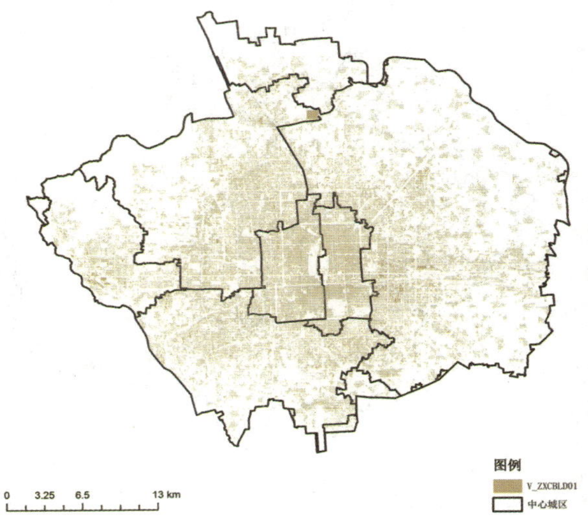

图 9-1　中心城区建筑现状 2001

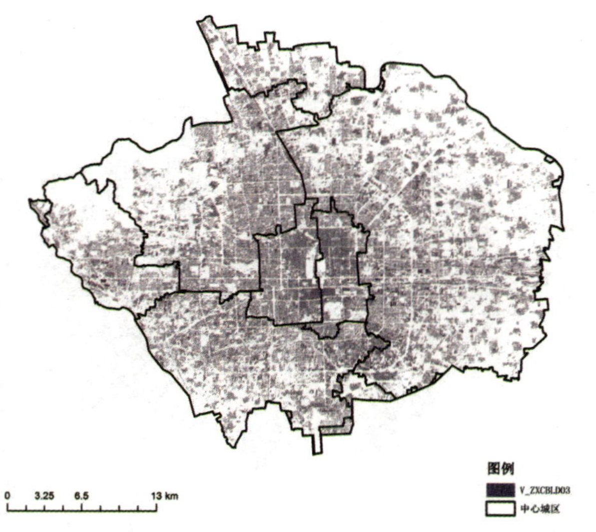

图 9-2　中心城区建筑现状 2003

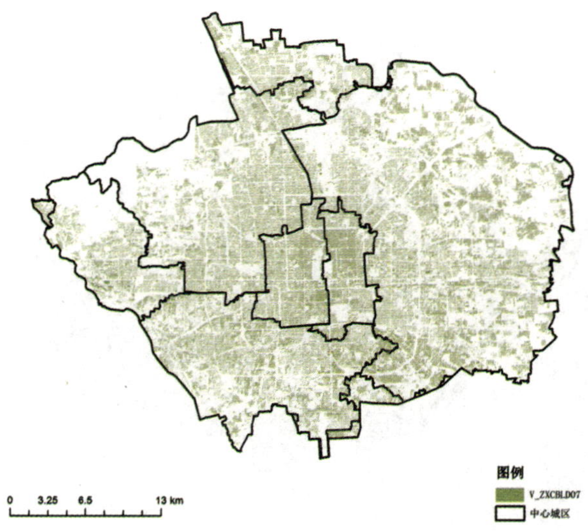

图 9-3　中心城区建筑现状 2007

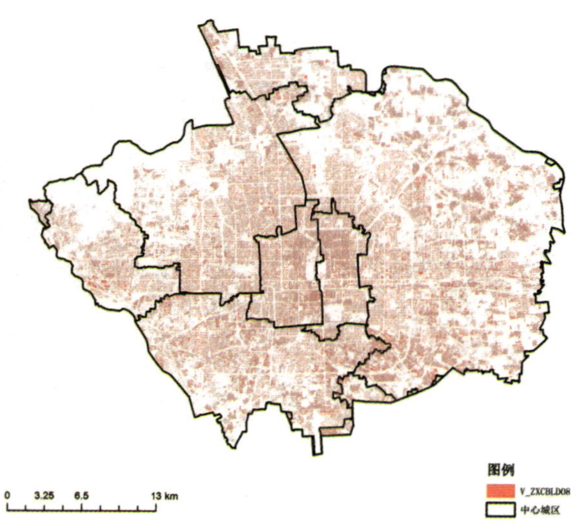

图 9-4　中心城区建筑现状 2008

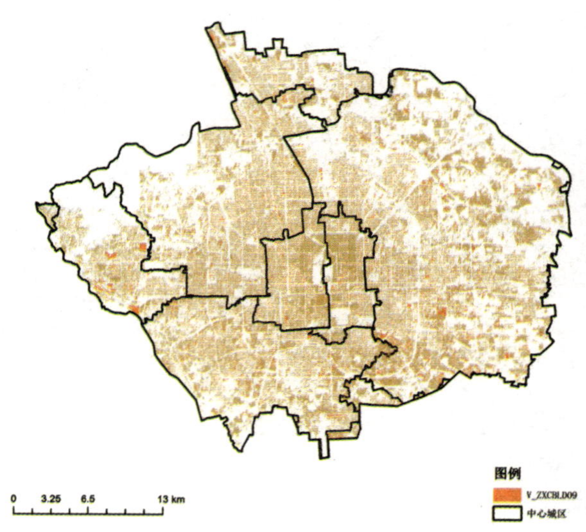

图 9-5　中心城区建筑现状 2009

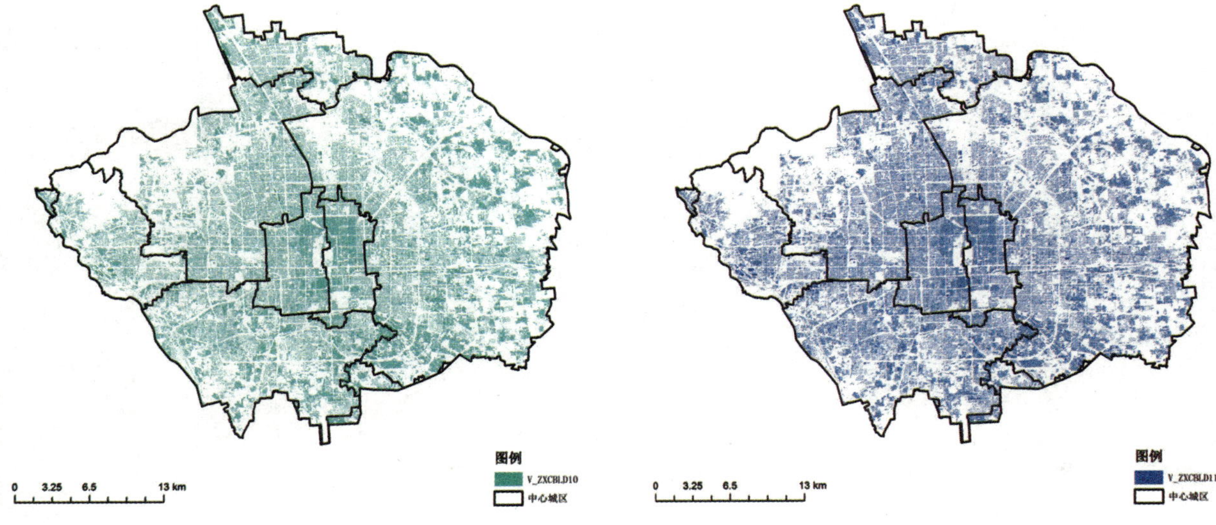

图 9-6 中心城区建筑现状 2010

图 9-7 中心城区建筑现状 2011

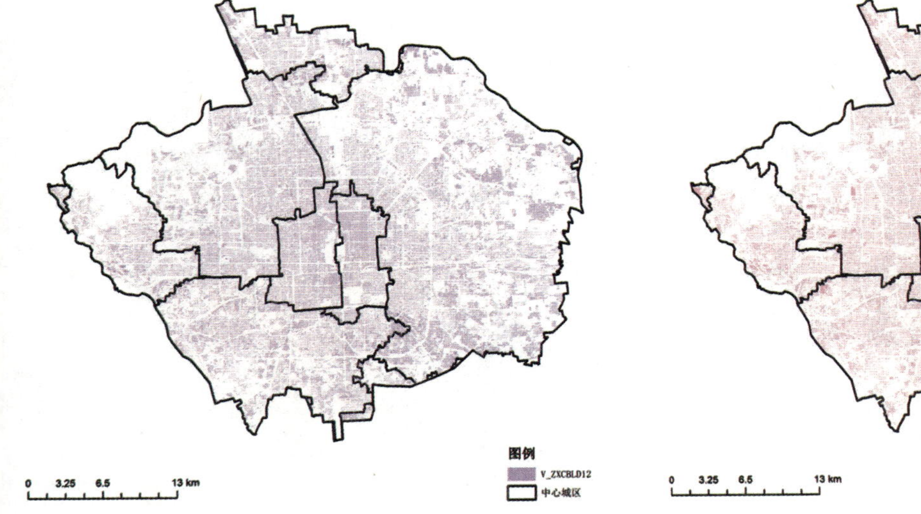

图 9-8 中心城区建筑现状 2012

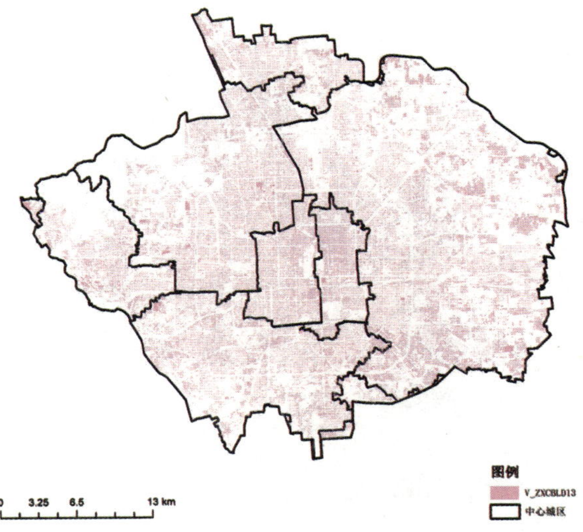

图 9-9 中心城区建筑现状 2013

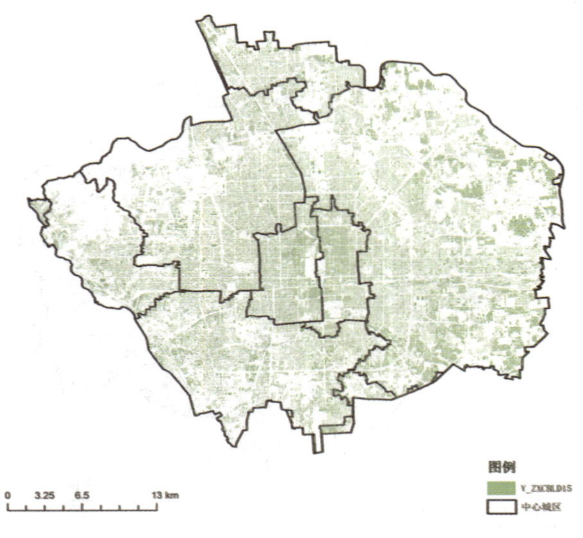

图 9-10　中心城区建筑现状 2015

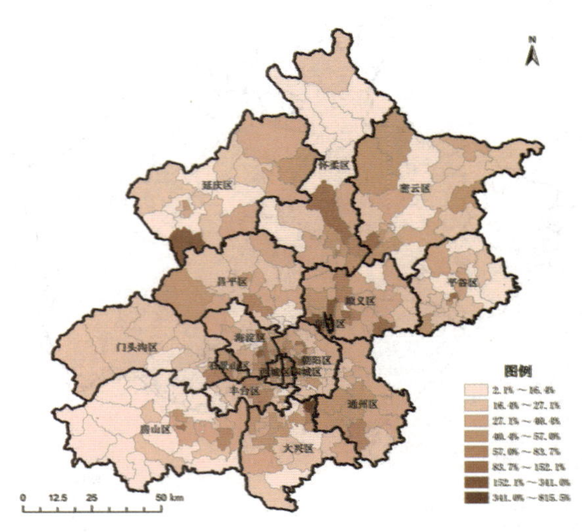

图 10-2　北京市各街道职住平衡指数分析

十、人口专题

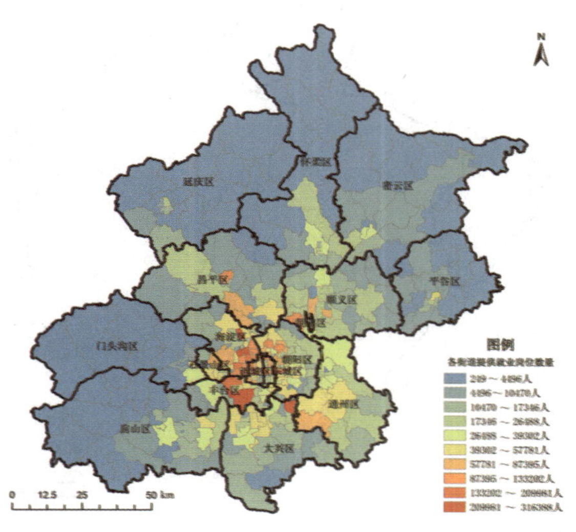

图 10-1　北京市各街道就业岗位空间分析

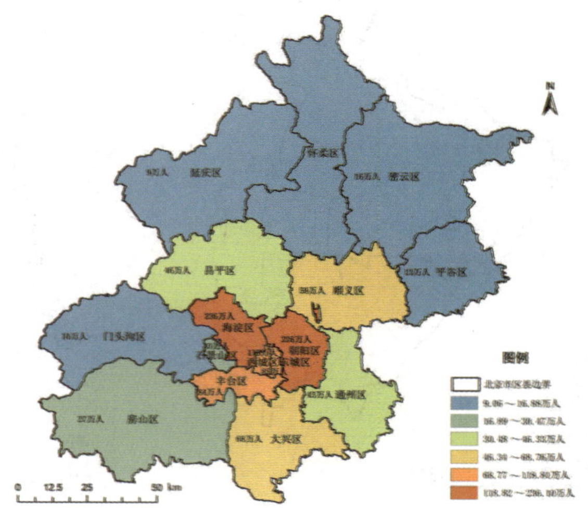

图 10-3　北京市各区就业岗位空间分析

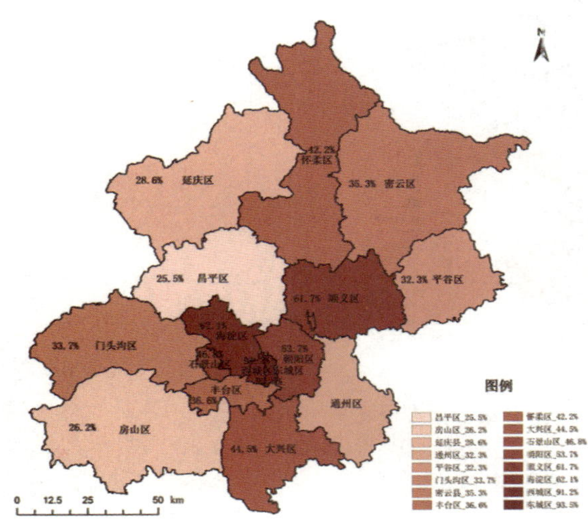

图 10-4 北京市各区职住平衡指数分析

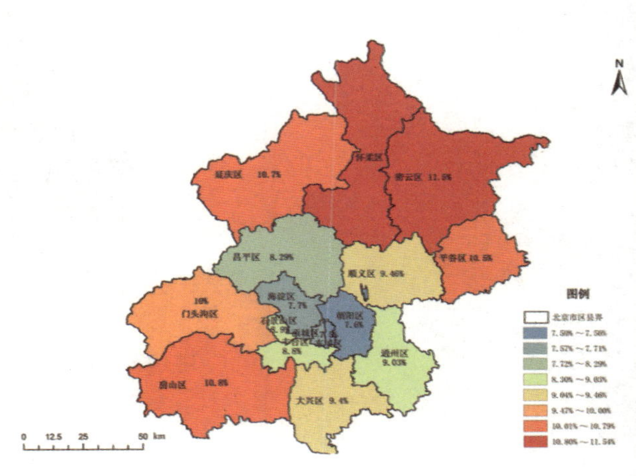

图 10-5 北京市各区 0 ～ 14 岁人口占比空间分布统计

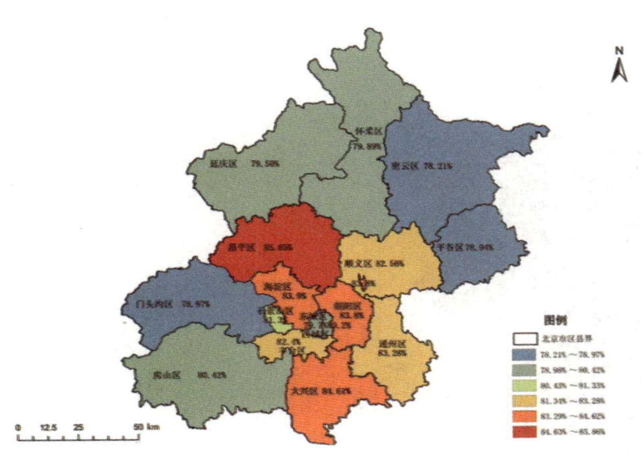

图 10-6 北京市各区 15 ～ 64 岁人口占比空间分布统计

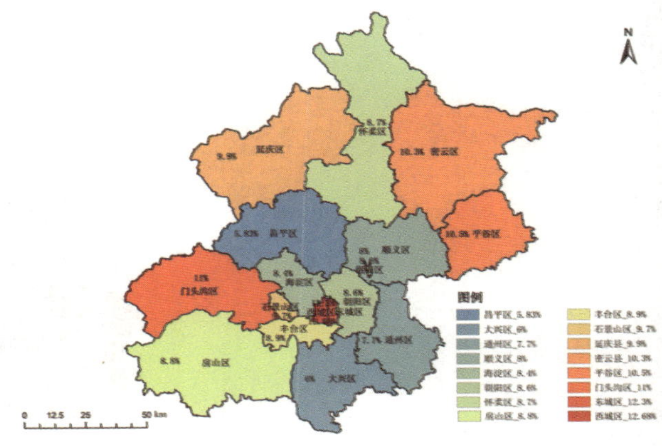

图 10-7 北京市各区 65 岁以上人口占比空间分布统计

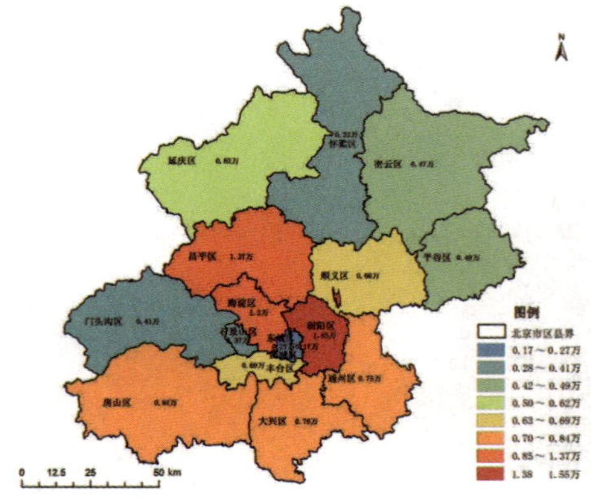

图 10-8 北京市各区2014年养老床位分布情况图

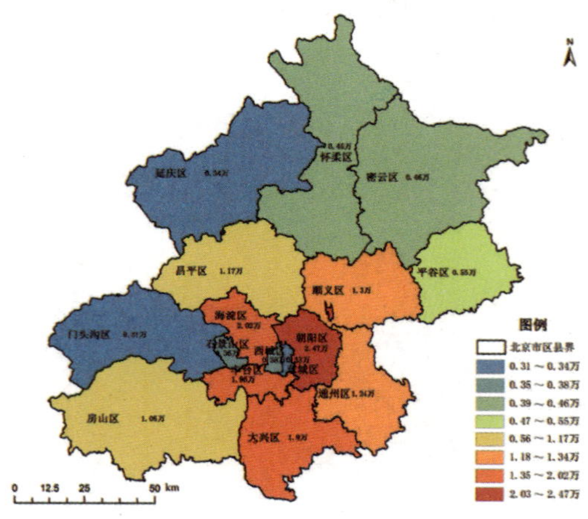

图 10-9 北京市各区2020年养老床位规划目标分布图

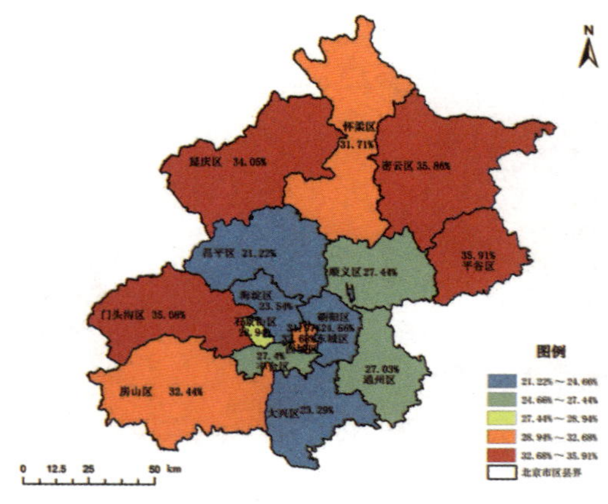

图 10-10 北京市各区总抚养比分析

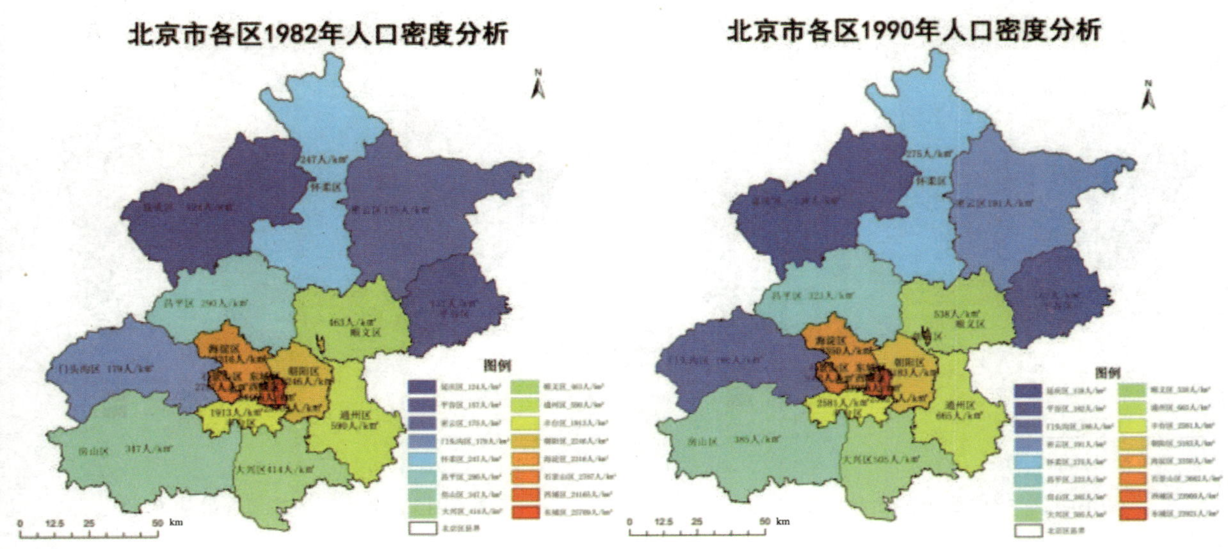

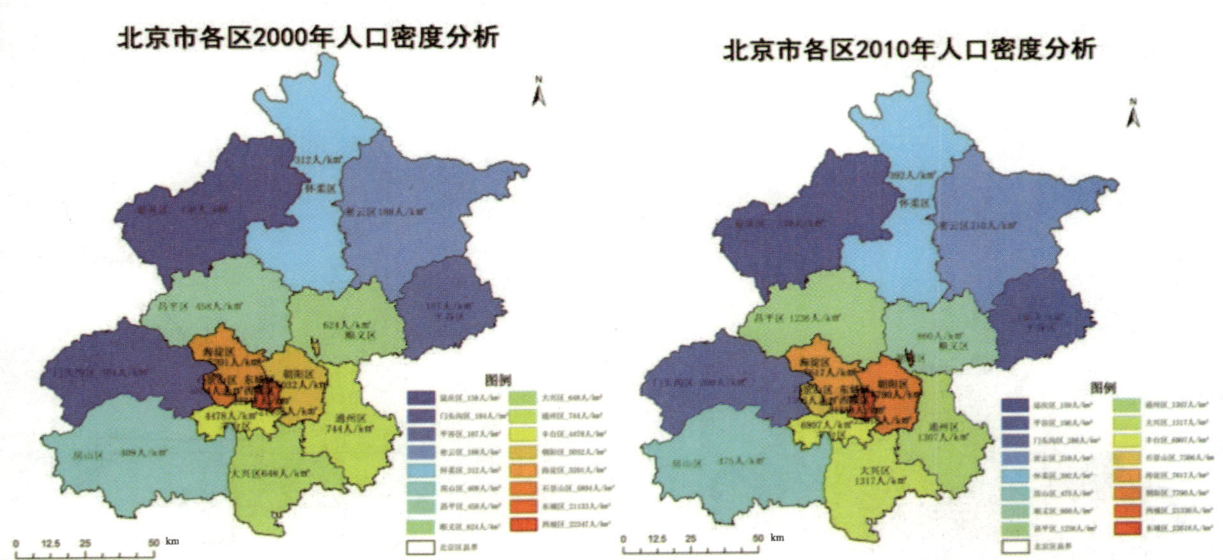

图10-11 北京市人口密度时空分布图

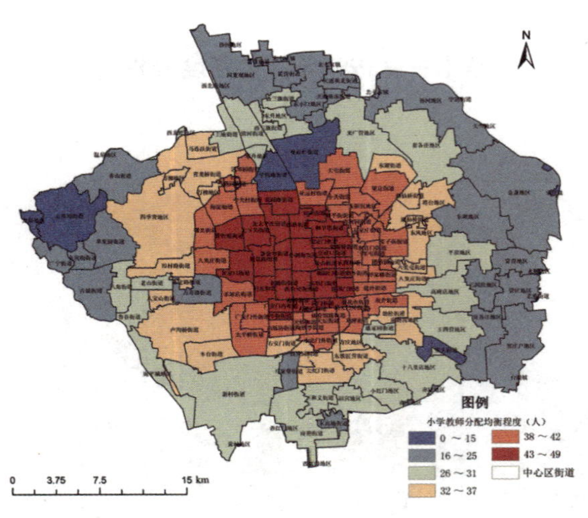

图 10-12　中心区小学分配均衡程度

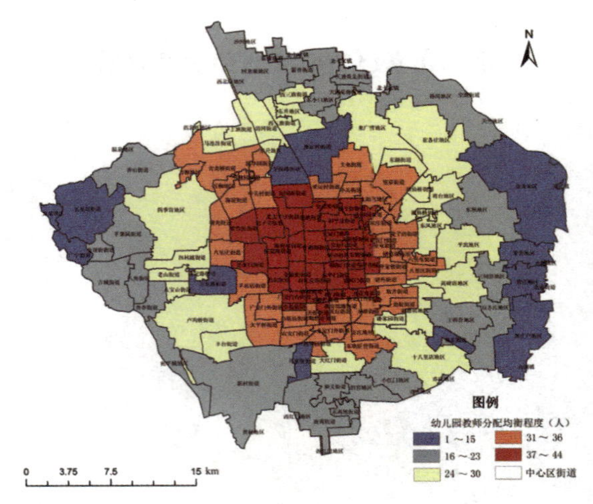

图 10-13　中心区幼儿园分配均衡程度

十一、交通专题

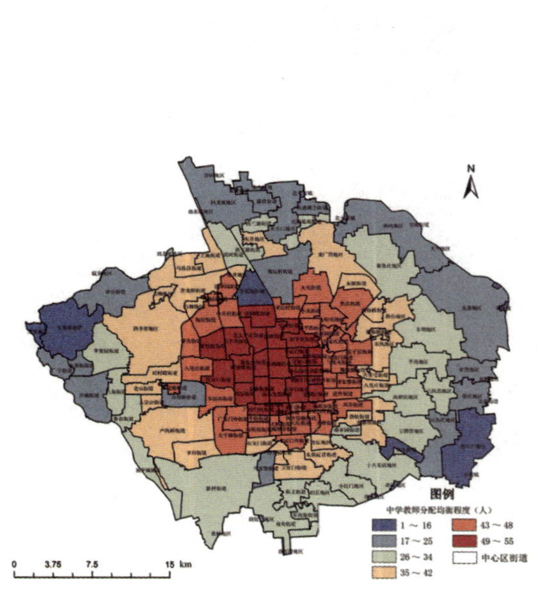

图 10-14　中心区中学分配均衡程度

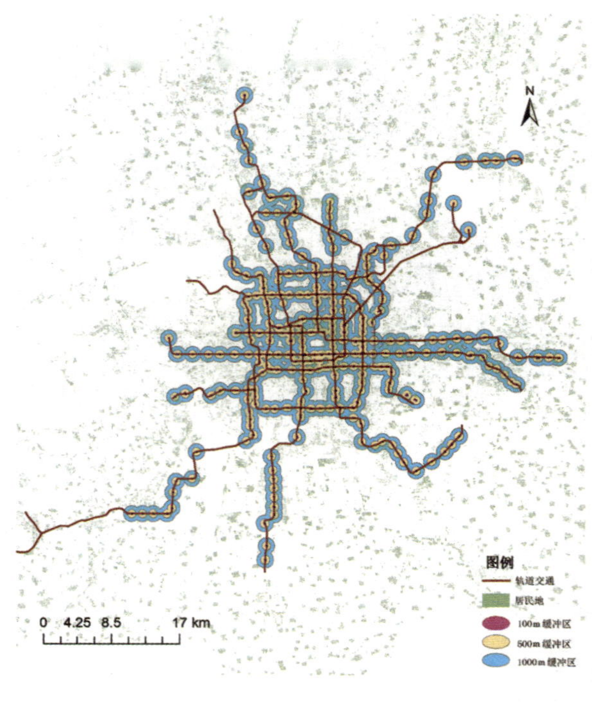

图 11-1　北京市轨道交通站点对居民地服务范围分布图

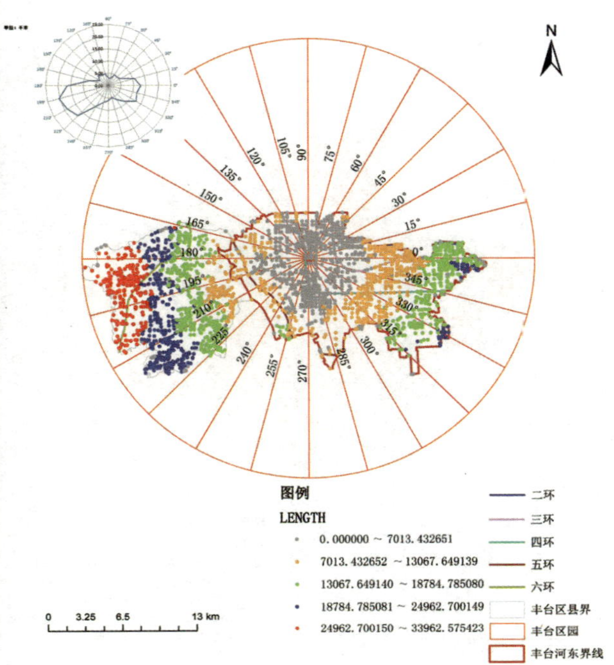

图 11-2 丰台区到中心点距离含圆分布图(河东地区)

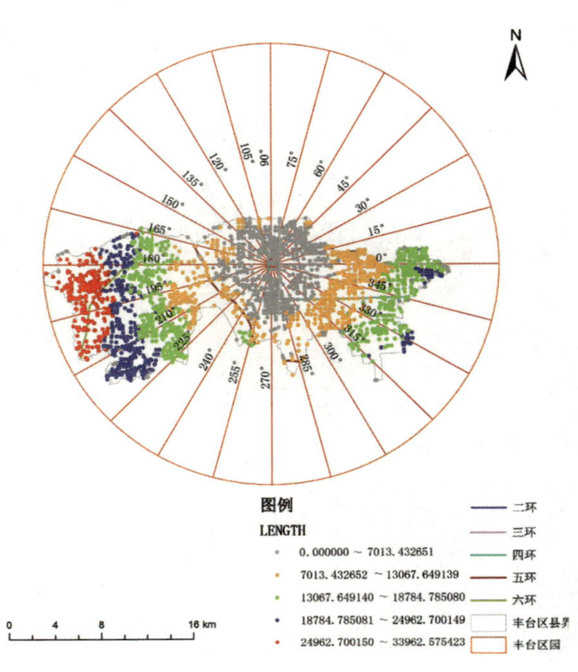

图 11-3 丰台区到中心点距离含圆分布图

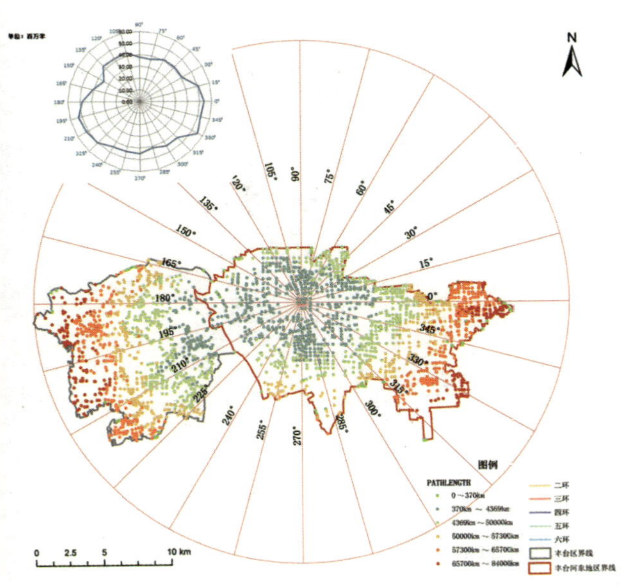

图 11-4 丰台区通达程度含圆分布图(河东地区)

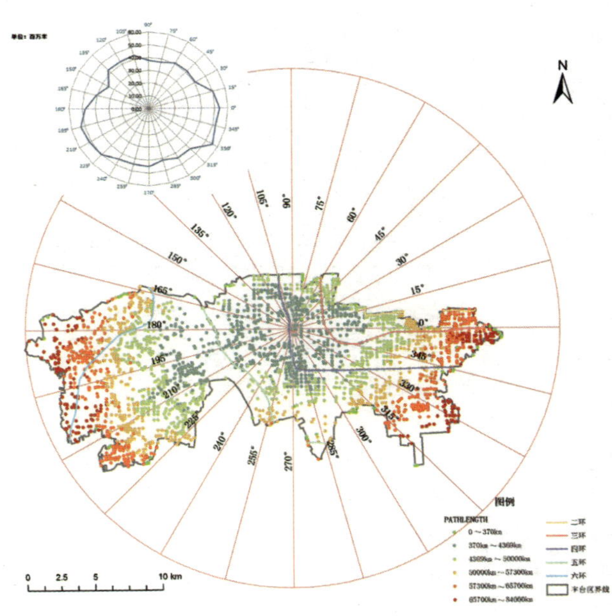

图 11-5 丰台区通达指数含圆分布图

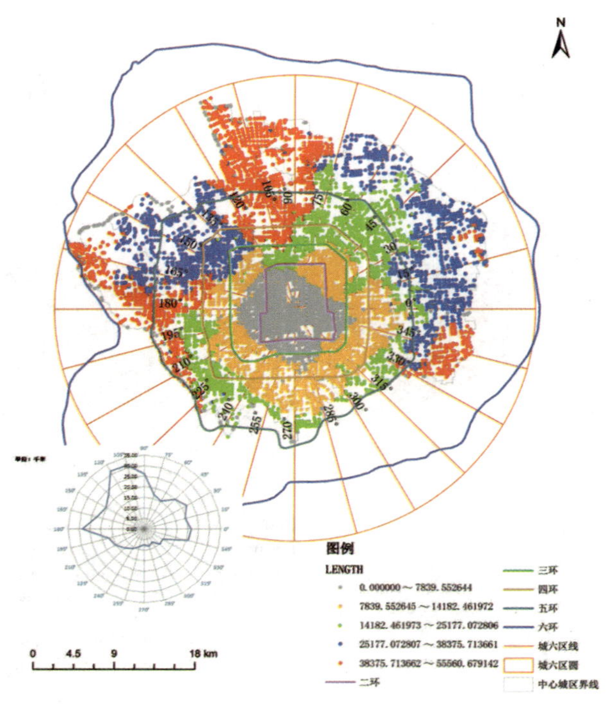

图 11-6　中心城区到中心点距离含圆分布图

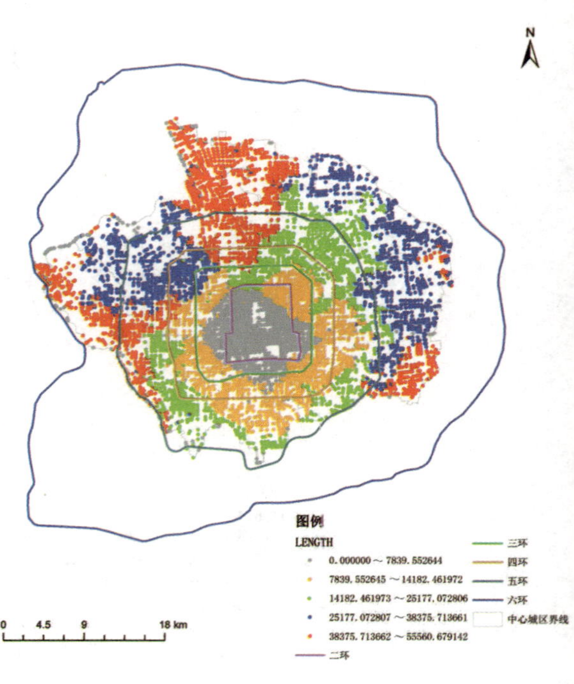

图 11-7　中心城区各点到中心点距离分布图

图 11-8　中心城区轨道交通站点对居民地服务范围分布图

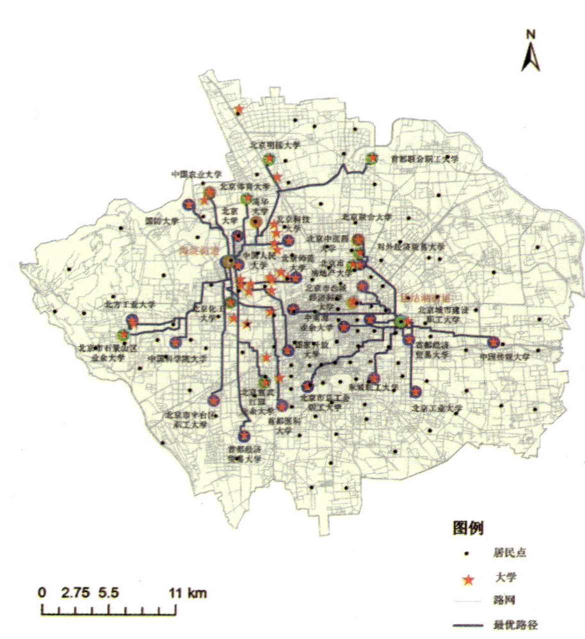

图 11-9　中心城区居民点到大学最优路径空间分布图

十二、生态环境专题

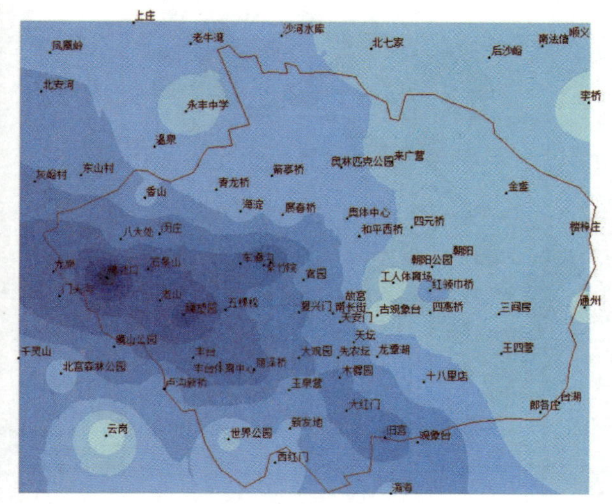

图 12-1　2011 年 6 月 23 日暴雨空间分布和面雨量计算

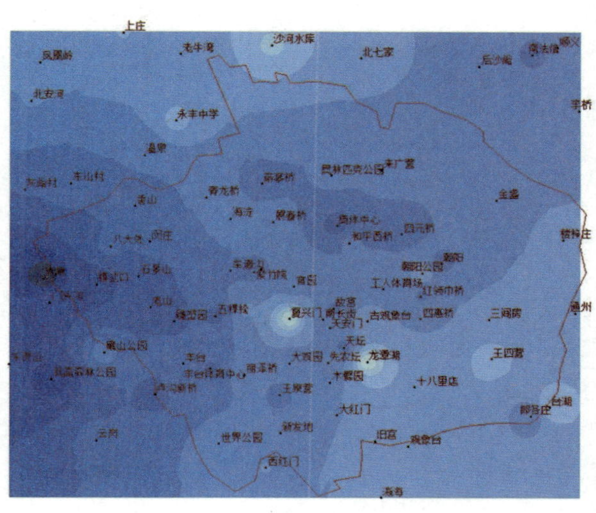

图 12-2　2012 年 7 月 21 日暴雨空间分布和面雨量计算

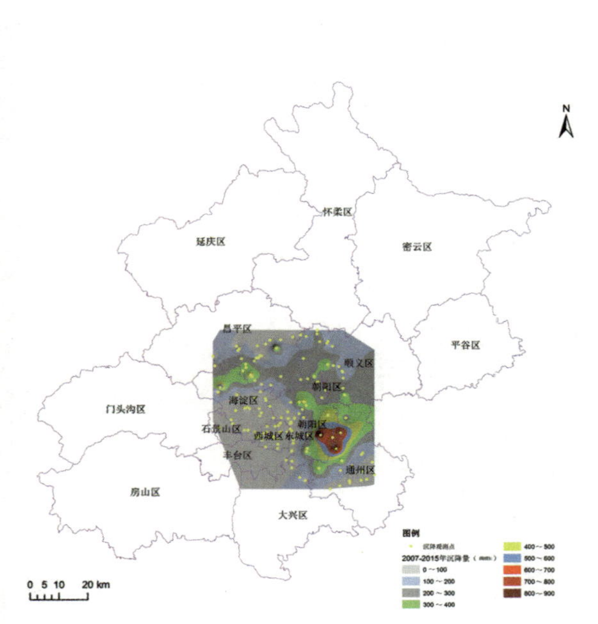

图 12-3　北京市 2007 ~ 2015 年累积地面沉降的三维立体图

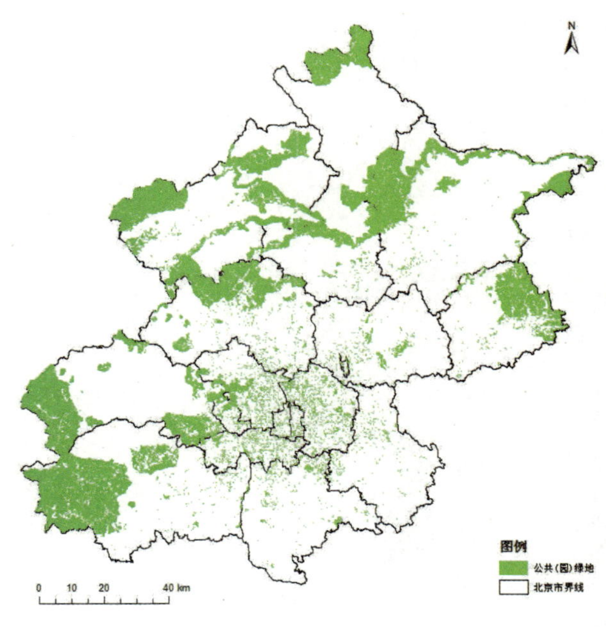

图 12-4　北京市公共(园)绿地用地分布图

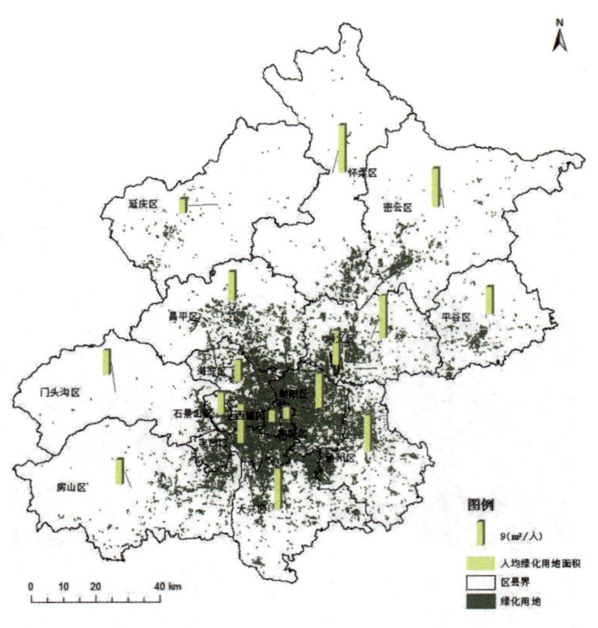

图 12-5 北京市绿化用地分布及人均绿化用地统计图

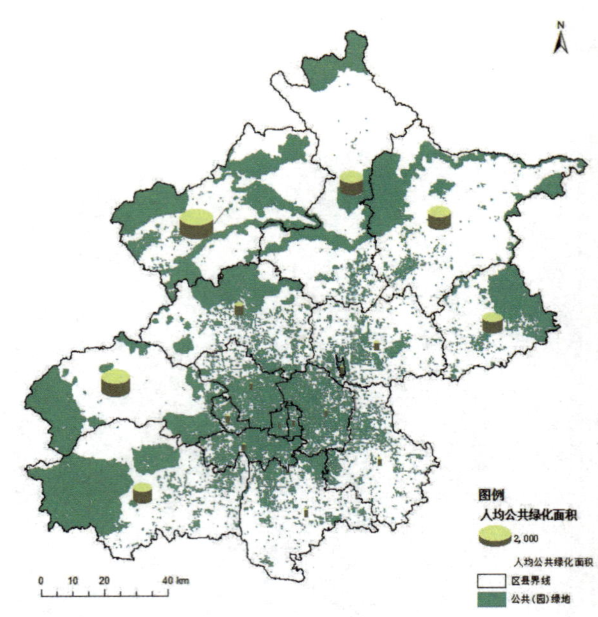

图 12-6 北京市人均公共(园)绿地面积统计图